DIE ZENTRIFUGALVENTILATOREN UND ZENTRIFUGALPUMPEN

UND IHRE ANTRIEBSMASCHINEN

DER ELEKTROMOTOR UND DIE KLEINDAMPFTURBINE IN DER HEIZUNGSTECHNIK

VON

OBERINGENIEUR

VALERIUS HÜTTIG

PROFESSOR AN DER KGL. SÄCHS. TECHNISCHEN HOCHSCHULE
ZU DRESDEN

MIT 85 FIGUREN UND 11 ZAHLENTAFELN IM TEXT UND
AUF 3 TAFELBEILAGEN

SPRINGER-VERLAG BERLIN HEIDELBERG GMBH 1919

Additional material to this book can be downloaded from http://extras.springer.com

ISBN 978-3-662-33635-9   ISBN 978-3-662-34033-2 (eBook)
DOI 10.1007/978-3-662-34033-2

Vorwort.

Die Heizungstechnik greift mit ihren neueren Ausführungen immer mehr in das Gebiet des Maschinenbaues über. Die Bestrebungen, die Abwärme der Wärmekraftmaschinen auszunutzen, haben schon jetzt viele Erfolge erzielt. Durch die Pumpen-Warmwasserheizung in großen Gebäuden und in Fernheizanlagen ist die Zentrifugalpumpe mit ihren gebräuchlichen Antriebsmaschinen, dem Elektromotor und der Dampfturbine, eine unentbehrliche Maschine für den Heizungsfachmann geworden, und für die Beheizung industrieller Bauten, für die großen Werkstätten, Montage- und Flugzeughallen, findet neuerdings die Dampf-Luftheizung unter Anwendung von Zentrifugalventilatoren mehr und mehr Eingang.

Unter diesen Umständen schien es mir als Heizungstechniker doch unumgänglich notwendig, sowohl die Zentrifugalpumpen als auch die Zentrifugalventilatoren in ihrem Verhalten bei den verschiedenen Betriebsverhältnissen eingehender zu studieren. Dabei konnte es nicht ausbleiben, auch deren Antriebsmaschinen, von denen der Elektromotor und die Dampfturbine wohl ausschließlich in Frage kommen, in diese Betrachtungen einzuschließen, weil deren Leistung bei veränderten Betriebsverhältnissen sich ebenfalls ändert, Arbeitssmaschine wie Antriebsmaschine aber als ein Ganzes aufzufassen sind, damit ein möglichst wirtschaftlicher Betrieb erreicht wird. Die hierbei gewonnenen Ergebnisse will ich in dem vorliegenden Buche meinen Fachgenossen unterbreiten, in der Annahme, daß auch in ihnen durch die neueren Ausführungen in unserem Fache das Bedürfnis nach einer kurzen, für den in der Praxis stehenden Ingenieur leicht verständlichen Darstellung der Vorgänge an Zentrifugalpumpen und Zentrifugalventilatoren wachgerufen worden ist.

Über Zentrifugalpumpen und -ventilatoren ist schon sehr viel geschrieben worden, Besseres und Wissenschaftlicheres, als das vorliegende Buch bietet. Was ich jedoch in allen den Arbeiten vermißt habe, ist die Berücksichtigung der in der Praxis auftretenden verschiedenartigen Betriebsverhältnisse, die bei Heizungsanlagen sehr verschieden sind, da sie in der Hauptsache von der jeweiligen Außentemperatur abhängen. Die wertvollsten dieser Arbeiten sind in Zeitschriften verstreut; fast alle aber gehen darauf hinaus, Anleitungen zu geben, mit welchen Mitteln und auf welche Weise Zentrifugalpumpen und -ventilatoren gebaut werden, während das Interesse des Heizungstechnikers in ganz anderer Richtung liegt.

Der Heizungstechniker der Praxis fragt bei den Fabrikanten, die sich mit dem Bau von Pumpen und Ventilatoren, mit Motoren und Dampfturbinen befassen, nach Preis und Lieferfrist unter Angabe der ihm geeignet erscheinenden Daten an und erhält darauf ein Angebot, in welchem die Maximalleistung der angefragten Maschine unter ganz bestimmten Verhältnissen, unter denen der Fabrikant seine Gewährleistung verstanden wissen will, angegeben ist.

Wie verschiedenartig aber die Betriebsverhältnisse sich bei Heizungsanlagen gestalten, wissen wir Heizungstechniker am besten. Dem Fabrikanten einer Zentrifugalpumpe oder eines Ventilators können diese vielgestaltigen Verhältnisse gar nicht angegeben werden. Bei dem heutigen Wettbewerb, der auf allen Gebieten, also auch dem des Pumpen- und Ventilatorbaues, besteht und der auch den Heizungsfachmann nötigt, auf billigen Einkauf zu achten, wird natürlich in sehr vielen Fällen dasjenige Angebot bevorzugt werden, das im Preise das niedrigste ist.

Wird z. B. bei einem Zentrifugalventilator lediglich danach gefragt, ob derselbe die ausbedungene Maximalleistung erreicht, so werden die im Abschnitt „Zentrifugalventilatoren" gegebenen Aufklärungen zeigen, unter welchen verschiedenen Verhältnissen die gleiche Luftmenge gefördert werden kann, wie unterschiedlich aber hierbei auch der Kraftbedarf ist.

Es ist dann nicht zu verwundern, daß Anlagen zustande kommen, bei denen ein Wirkungsgrad von Ventilator und Motor von nicht mehr als 20 Proz. erreicht wird — wie Professor Dr. *Brabbée* in einer Beschreibung einer Lüftungsanlage in der Zeitschrift des Vereins Deutscher Ingenieure (1912) mitteilt.

Die größte Leistung einer Zentrifugalpumpe in einer Warmwasserheizung oder eines Ventilators einer Luftheizungsanlage wird — außer beim Anheizen — nur an wenigen Tagen des Jahres erforderlich sein. Es ist deshalb für den Heizungstechniker wissenswert, wie sich die Betriebsverhältnisse, insbesondere der Kraftverbrauch, bei geringerer Beanspruchung gestalten. Hierüber Aufklärung zu geben, ist der Zweck des vorliegenden Buches.

Es war mir nun nicht möglich, die vielen in Deutschland allein bestehenden Ausführungsarten von Zentrifugalpumpen und Zentrifugalventilatoren zu berücksichtigen. Eine sehr bekannte Zentrifugalventilatorenfabrik antwortete auf das Ersuchen um Überlassung einiger graphischer Darstellungen der Leistungen und des Kraftbedarfes ihrer Ventilatoren, sie müsse davon Abstand nehmen, solche Darstellungen der Öffentlichkeit zu übergeben, weil die Konkurrenz dann noch viel bessere und schönere Darstellungen auf Grund solcher Veröffentlichungen konstruiere (!). Die Antwort ist sehr bezeichnend, sie steht in engem Zusammenhange mit dem oben über den Wettbewerb Gesagten.

Ich habe deshalb das Verfahren angegeben, nach welchem der Heizungsfachmann in der Lage ist, sich aus den in den Preislisten der Fabrikanten enthaltenen Angaben die graphischen Darstellungen für Leistung und Kraftbedarf von Zentrifugalpumpen und Ventilatoren selbst herzustellen. Nicht immer werden die so gefundenen Werte mit der Wirklichkeit genau übereinstimmen, indessen ist zu beachten, daß die ganze Berechnungsweise einer Heizungsanlage auf Annahmen beruht, und daß schon die Grundlage jeder weiteren Berechnung, nämlich die Wärmeverlustberechnung von Gebäuden, den Anspruch auf absolute Genauigkeit keinesfalls machen kann.

Von diesem Standpunkte aus bitte ich, die in dem vorliegenden Buche enthaltenen Berechnungsverfahren sowohl für Ventilatoren und Pumpen als auch für Dampfturbinen und Elektromotoren beurteilen zu wollen.

Bei der Beurteilung des Buches bitte ich noch berücksichtigen zu wollen, daß der in ihm behandelte Stoff den verschiedenen Gebieten des Maschinenbaues angehört und sogar Spezialgebiete betrifft, die dem Heizungstechniker ferner liegen. Trotzdem habe ich — in Erkenntnis, daß wir Heizungstechniker dem Fabrikanten doch zunächst angeben müssen, welche Anforderungen wir an sein Fabrikat stellen — es unternommen, diese Spezialgebiete zu streifen, um meine Fachgenossen mit dem Verhalten der von ihnen angewendeten Maschinen näher bekannt zu machen und zu zeigen, welche Anforderungen gestellt werden können. Sollte daher die Darstellung den den Stoff voll und ganz beherrschenden Spezialisten nicht in allen Teilen befriedigen, so bitte ich um Nachsicht.

Im übrigen wird es mir eine Genugtuung sein, wenn das Buch manchem jüngeren Kollegen Anregung gibt, sich für die einschlägige Fachliteratur noch weiter zu interessieren.

Der Verfasser.

Inhaltsverzeichnis.

I. Kapitel.

Ventilatoren und Zentrifugalpumpen.

1. Die theoretische Druckhöhe.

Die theoretischen Grundlagen zur Berechnung von Zentrifugalpumpen und Zentrifugalventilatoren sind die gleichen, obwohl der Zweck der einen die Förderung von Wasser oder einer anderen tropfbaren Flüssigkeit, die der Ventilatoren luftförmiger Stoffe ist.

Blaess[1] weist nach, daß es gleichgültig ist, ob eine Zentrifugalpumpe Wasser oder Luft fördert; das geförderte Volumen ist bei gleicher Drehzahl angenähert dasselbe. Es ist daher berechtigt, beide Maschinenarten zunächst zugleich zu behandeln. Im übrigen muß vorausgeschickt werden, daß ihre Berechnung sich immer noch auf manche Annahmen stützt, daß aber die Bestimmung der Leistung und des Kraftbedarfes eines neu herzustellenden Ventilators oder einer Zentrifugalpumpe auf Grund bereits ausgeführter Maschinen gleicher Bauart möglich ist.

Jedenfalls empfiehlt es sich, für jede neu hergestellte Maschine die charakteristischen Beziehungen zwischen Fördermenge, Druck, Umdrehungszahl und Wirkungsgrad auf dem Prüffelde zu ermitteln und die hierfür gewonnenen Werte graphisch darzustellen.

Bei der Berechnung geht man von der Bestimmung der theoretischen Druckhöhe oder Förderhöhe aus, also von der Ermittlung des Druckunterschiedes, welcher bei irgendeiner Drehzahl und bei widerstandslosem Durchströmen der Flüssigkeit zwischen Saugseite und Druckseite entstehen müßte.

Diese theoretische Druckhöhe wird in Wirklichkeit nicht erreicht, weil das zu fördernde Medium nicht stoßfrei in die Maschine eintritt, weil es Reibungen an den Flächen des Kreisels ausgesetzt ist, und weil auch durch rückläufige Bewegungen der Flüssigkeit Verluste entstehen. Die tatsächliche, erreichbare Druckhöhe ist deshalb geringer, und das Verhältnis derselben zur theoretischen Druckhöhe, ausgedrückt durch

$$\frac{h_{\text{eff}}}{H_{\text{theor}}} = \eta_{\text{man}} \tag{1}$$

wird der manometrische Wirkungsgrad η_{man} genannt.

---

[1] Über Zentrifugalpumpen und Ventilatoren von *V. Blaess*. München, Oldenbourg, 1907.

Hüttig, Zentrifugalventilatoren. 1

Zur Ermittlung der theoretischen Druckhöhe wird die folgende Gleichung benutzt [1]

$$H = \frac{u_2^2 - u_1^2}{2\,g} - \frac{w_2^2 - w_1^2}{2\,g} + \frac{v_2^2 - v_1^2}{2\,g} \,.$$ (2)

In dieser Gleichung bezeichnen

H die theoretische Druckhöhe in m der zu fördernden Flüssigkeit (bei Luft also die Luftsäule in m, die, mit dem Gewichte der Luft, in kg/cbm, multipliziert, H in mm Wassersäule (WS) ergibt);

u_1 und u_2 die Umfangsgeschwindigkeit am äußeren und am inneren Radumfange, in m/sec;

w_1 und w_2 die relative Durchflußgeschwindigkeit zwischen zwei Radschaufeln, d. h. diejenige Geschwindigkeit, mit der sich die Flüssigkeit an der Schaufel entlang bewegt, während die Schaufeln selbst eine Bewegung ausführen. w_1 und w_2 sind also die Durchflußgeschwindigkeiten am inneren bzw. äußeren Umfange des Rades;

v_1 und v_2 die zugehörenden absoluten Geschwindigkeiten der Flüssigkeit.

Die Fig. 1 und 2 verdeutlichen diese Bezeichnungen ohne weiteres. In Fig. 1 sind die Umfangsgeschwindigkeiten u_1 bzw. u_2 tangential und in irgend-

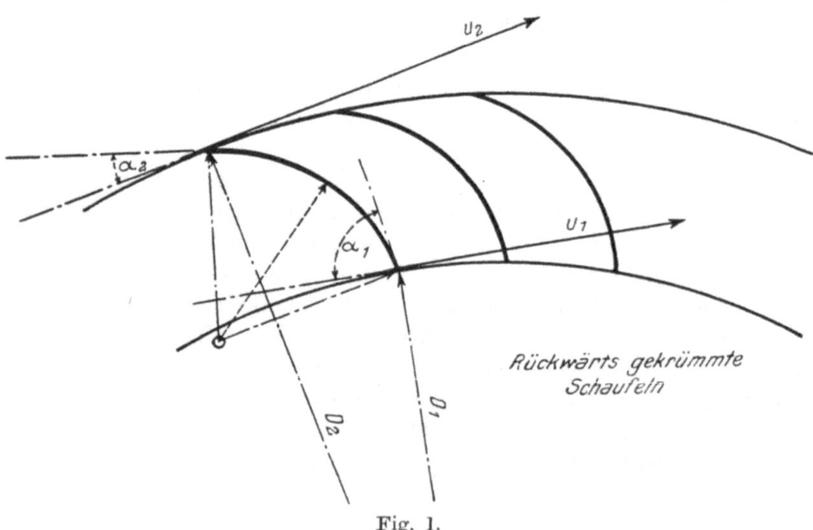

Fig. 1.

einem Maßstabe an den Schaufelenden angetragen. Angenommen, es seien an einem Ventilator oder einer Zentrifugalpumpe durch Messung bei einer

---

[1] Siehe Hütte, Des Ing. Taschenbuch, Abt. II. — *Biel*, Die Wirkungsweise der Kreiselpumpen und Ventilatoren. Zeitschr. d. Ver. Deutsch. Ing. 1908, S. 442. — *v. Ihering*, Gebläse. Berlin, J. Springer, 1913, S. 656.

gewissen Drehzahl n die erreichte Druckhöhe h und die Menge Q festgestellt worden; es sei nun die theoretische Druckhöhe H zu ermitteln.

Ist r_2 der äußere und r_1 der innere Radius des Flügelrades in m, $(r_2 - r_1)$ also die radiale Schaufelhöhe, so ergeben sich die Umfangsgeschwindigkeiten bei n Umdrehungen in der Minute aus

$$u_2 = \frac{2\,r_2\,\pi\,n}{60}$$

$$u_1 = \frac{2\,r_1\,\pi\,n}{60}$$

mit $2\,r_2 = D_2 =$ Durchmesser in m, ist

$$u_2 = \frac{D_2\,\pi \cdot n}{60} = 0{,}05236\ D_2 \cdot n \ \text{in m/sec} \tag{3a}$$

und

$$u_1 = u_2\,\frac{D_1}{D_2}\ \text{in m/sec.} \tag{3b}$$

Die Durchflußgeschwindigkeiten w_1 und w_2 ergeben sich aus der sekundlichen Durchflußmenge Q und dem Durchflußquerschnitt.

Fig. 2 stellt die Abwicklung eines Schaufelrades dar. Die Schaufeln sind nach vorwärts gekrümmt, sie besitzen die Breite b_1 am inneren und b_2 am äußeren Radumfange; α_1 bzw. α_2 sind die Winkel, welche die Radschaufeln mit den tangential an die Durchmesser angelegten Linien der Umfangsgeschwindigkeiten u_1 und u_2 bilden (s. auch Fig. 1). Dann sind die Durchflußquerschnitte (wenn zunächst die Schaufelstärken unberücksichtigt bleiben)

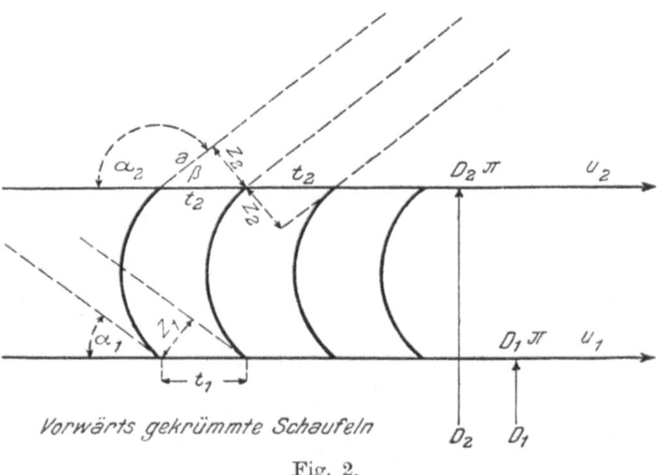

Fig. 2.

$$F_1 = D_1 \cdot \pi \cdot \sin\alpha_1 \cdot b_1 \tag{4a}$$

am inneren Radumfange,

$$F_2 = D_2 \cdot \pi \cdot \sin\alpha_2 \cdot b_2 \tag{4b}$$

am äußeren Radumfange.

Der Abstand zweier Schaufeln, mit z bezeichnet, richtet sich nach der Krümmung der Schaufel, also nach dem Winkel α, und es ist, wenn t die Teilung bezeichnet:

$$\frac{z_1}{t_1} = \sin\alpha_1, \quad \text{daher} \quad z_1 = t\sin\alpha_1$$

Über den ganzen inneren Radumfang ist $\sum (t_1) = D_1\,\pi$, deshalb die Summe der Abstände der einzelnen Schaufeln

$$\sum (z_1) = \sum (t_1)\sin\alpha_1 = D_1\,\pi\sin\alpha_1\;.$$

Ist der Winkel $\alpha = 90°$, d. h. es stehen die Schaufeln radial oder sie endigen radial, so ist $\sin\alpha = 1$, und daraus folgt

$$\sum (z) = D\,\pi\,,$$

d. h. die Summe der Abstände ist gleich dem inneren bzw. dem äußeren Radumfange.

In Fig. 2 ist $\alpha_2 > 90$, deshalb ist

$$z_2 = t_2\sin(180° \cdot \alpha_2) = +\sin\beta_2\cdot t_2$$

(und auch ohne Berücksichtigung der Schaufelstärke), der Durchflußquerschnitt

$$F_2 = D_2\cdot\pi\cdot\sin(180° - \alpha_2)\cdot b_2\;.$$

Ist die Schaufelstärke beträchtlich, wie z. B. bei Zentrifugalpumpen, und sind s Schaufeln von δ mm Stärke vorhanden, so sind die Durchflußquerschnitte

$$F_1 = (D_1\cdot\pi\cdot\sin\alpha_1 - s\cdot\delta)\,b_1\,, \tag{4c}$$

$$F_2 = (D_2\cdot\pi\cdot\sin\alpha_2 - s\cdot\delta)\,b_2\,. \tag{4d}$$

Z. B. (Fig. 1): Ein Ventilator mit 20 rückwärts gebogenen Schaufeln von $\delta = 2$ mm Stärke und $b_1 = b_2 = 0{,}150$ m Breite habe einen inneren Raddurchmesser

$$D_1 = 0{,}550 \text{ m},$$

einen äußeren Raddurchmesser

$$D_2 = 0{,}700 \text{ m},$$

$$\alpha_1 = 80°\,, \qquad \sin\alpha_1 = 0{,}985\,,$$

$$\alpha_2 = 20°\,, \qquad \sin\alpha_2 = 0{,}342\,,$$

dann ist:

$$F_1 = (0{,}55\cdot 3{,}14\cdot 0{,}985 - 20\cdot 0{,}002)\,0{,}150 = 0{,}249 \text{ qm},$$

$$F_2 = (0{,}70\cdot 3{,}14\cdot 0{,}342 - 20\cdot 0{,}002)\,0{,}150 = 0{,}107 \text{ qm}.$$

Beträgt die sekundlich vom Ventilator geförderte Luftmenge 1,50 cbm, so ist die relative Ein- und Austrittsgeschwindigkeit $w = \dfrac{Q}{F}$ m/sec,

$$w_1 = \frac{1{,}50}{0{,}249} = 6{,}024 \text{ m/sec},$$

$$w_2 = \frac{1{,}50}{0{,}107} = 14{,}02 \text{ m/sec}.$$

Die Größe und Richtung der Umfanggeschwindigkeiten und der relativen Ein- und Austrittgeschwindigkeiten sind demnach mit Hilfe der Gleichungen (3) und (4) bestimmbar, es fehlen zur Aufstellung der Gleichung (2) nur noch die absoluten Geschwindigkeiten v_1 und v_2, zu deren Ermittlung man das Geschwindigkeitsdiagramm konstruiert (vgl. Fig. 3), das, da alle drei Geschwindigkeiten in Abhängigkeit voneinander stehen, ganz analog einem Kräfteparallelogramm zusammengesetzt wird.

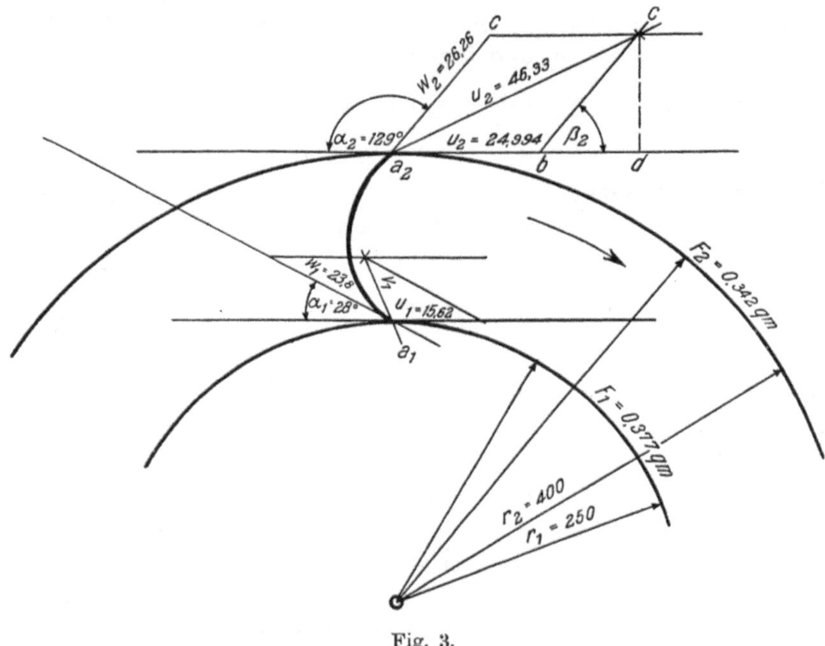

Fig. 3.

In Fig. 3 ist z. B. ein Flügelrad eines Ventilators von folgenden Abmessungen dargestellt:

$$D_1 = 0{,}50 \text{ m}; \qquad D_2 = 0{,}80 \text{ m}.$$

$\alpha_1 = 28°, \quad \sin\alpha_1 = 0{,}469 ; \qquad \alpha_2 = 129°, \quad \sin\alpha_2 = 0{,}777.$

Anzahl der Schaufeln $s = 25$, Stärke derselben $\delta = 2$ mm,

Breite der Schaufeln $b_1 = 0{,}55$; $b_2 = 0{,}18$ m,

Luftmenge $Q = 8{,}993$ cbm/sec,

Umlaufzahl $n = 597/\text{min}$,

$F_1 = (0{,}50 \cdot 3{,}14 \cdot 0{,}469 - 25 \cdot 0{,}002) \cdot 0{,}55 = 0{,}3773$ qm,

$F_2 = (0{,}80 \cdot 3{,}14 \cdot 0{,}777 - 25 \cdot 0{,}002) \cdot 0{,}18 = 0{,}3424$ qm,

$$u_1 = \frac{0{,}5 \cdot 3{,}14 \cdot 597}{60} = 15{,}621 \text{ m/sec,}$$

$$u_2 = u_1 \cdot \frac{0{,}80}{0{,}50} = 15{,}621 \cdot 1{,}6 = 24{,}994 \text{ m/sec,}$$

$$w_1 = \frac{8{,}993}{0{,}3773} = 23{,}835 \text{ m/sec,}$$

$$w_2 = \frac{8{,}993}{0{,}3424} = 26{,}264 \text{ m/sec.}$$

Die absoluten Geschwindigkeiten v_1 und v_2 ergeben sich aus folgender Betrachtung: Es sind in Fig. 3 die gefundenen Werte von u_2 und w_2 maßstäblich bei a_2 in der Richtung der Geschwindigkeiten gezeichnet, so daß das Geschwindigkeitsparallelogramm konstruiert werden kann. Aus diesem folgt: $a_2\,b = u_2$ und $a_2\,e = w_2$ und ferner

$$v_2^2 = \overline{c\,d}^2 + \overline{a_2\,d}^2 ,$$

$$\overline{a_2\,d} = \overline{a_2\,b} + \overline{b\,d} = u_2 + b\,d .$$

Der Winkel β_2 ist bekannt, es ist

$$\beta_2 = (180° - \alpha_2)$$

und

$$\cos\beta_2 = \frac{b\,d]}{b\,c} = -\cos\alpha_2 ,$$

daher

$$\overline{b\,d} = \overline{b\,c} \cdot \cos\beta_2 .$$

Es ist aber $\overline{b\,c} = w_2$, da $a\,b\,c\,e$ als Parallelogramm gezeichnet wurde.
 Daraus folgt

$$\overline{b\,d} = w_2 \cos\beta_2 .$$

Ferner ist

$$\overline{c\,d}^2 = w_2^2 - \overline{b\,d}^2$$

oder

$$\overline{c\,d}^2 = w_2^2 - (w_2 \cos\beta_2)^2 ,$$

außerdem ist

$$\overline{a_2\,b} = u_2 .$$

Es folgt deshalb aus obiger Gleichung: $v_2^2 = \overline{c\,d}^2 + \overline{a\,d}^2$,

$$v_2^2 = w_2^2 - w_2^2\cos^2\beta_2 + (u_2 + w_2\cos\beta_2)^2 ,$$
$$= w_2^2 - w_2^2\cos^2\beta_2 + u_2^2 + 2\,u_2\,w_2\cos\beta_2 + w_2^2\cos^2\beta_2 ,$$
$$v_2^2 = u_2^2 + 2\,u_2\,w_2\cos\beta_2 + w_2^2 ,$$
$$v_2 = \sqrt{u_2^2 + 2\,u_2\,w_2\cos\beta_2 + w_2^2}$$

oder mit $\cos\beta_2 = -\cos\alpha_2$,

$$v_2 = \sqrt{u_2^2 + w_2^2 - 2\,u_2\,w_2\,(-\cos\alpha_2)} . \tag{5a}$$

Nach Einsetzen der Werte ist

$$v_2^2 = 24{,}994^2 + 2 \cdot 24{,}994 \cdot 26{,}264 \cdot 0{,}629 + 26{,}264^2 = 2146{,}53 ,$$
$$v_2 = \sqrt{2146{,}53} = 46{,}330 \text{ m/sec.}$$

Für v_1 gilt, in ganz gleicher Weise berechnet,

$$v_1 = \sqrt{u_1^2 + w_1^2 - 2\,u_1\,w_1\cos\alpha_1} \tag{5b}$$

und nach Einsetzen der Zahlenwerte

$$v_1 = \sqrt{15{,}62^2 + 23{,}83^2 - 2 \cdot 15{,}62 \cdot 23{,}83 \cdot 0{,}883} ,$$
$$v_1 = 12{,}645 \text{ m/sec.}$$

Da nun v_1 und v_2 durch die Werte von w_1 und w_2 sowie u_1 und u_2 gegeben sind, so läßt sich die Gleichung (2) durch Einsetzen der Werte von u und w vereinfachen, und es ergibt sich für die theoretische Druckhöhe die Gleichung:

$$H = \frac{u_2^2 \mp u_2\, w_2 \cos\alpha_2}{g} - \frac{u_1^2 \pm u_1\, w_1 \cos\alpha_1}{g}\ {}^1. \tag{6}$$

Die Gleichung hat den Vorteil gegenüber Gleichung (2), daß die Werte von v_1 und v_2 nicht erst berechnet werden müssen.

Für den vorliegenden Fall ist

$$H = \frac{24{,}994^2 + 24{,}994 \cdot 26{,}264 \cdot 0{,}629}{9{,}81} - \frac{15{,}621^2 - 15{,}621 \cdot 23{,}835 \cdot 0{,}883}{9{,}81},$$

$$H = 114{,}41 \text{ m Luftsäule.}$$

Schreiben wir die Gleichung (6)

$$g H = u_2(u_2 \mp w_2 \cos\alpha_2) - u_1(u_1 \mp w_1 \cos\alpha_1) \tag{7}$$

und setzen

$$(u_2 \mp w_2 \cos\alpha_2) = a_2\,,$$
$$(u_1 \mp w_1 \cos\alpha_1) = a_1\,,$$

also

$$g H = u_2 \cdot a_2 - u_1\, a_1\,, \tag{7a}$$

so ist sofort ersichtlich, daß die theoretische Druckhöhe am größten wird, wenn $u_1\, a_1 = 0$ ist.

Nun ist in Fig. 4 nach dem Vorhergehenden

$$u_2 = a_2 + b_2\,, \qquad a_2 = u_2 - b_2\,,$$
$$u_1 = a_1 + b_1\,, \qquad a_1 = u_1 - b_1\,,$$

ferner ist

$$b_2 = w_2 \cdot \cos\beta = w_2 \cdot -\cos\alpha_2\,,$$
$$b_1 = w_1 \cdot \cos\alpha_1\,.$$

Demnach

$$a_2 = u_2 - b_2 = u_2 - w_2 \cdot -\cos\alpha_2\,,$$
$$a_1 = u_1 - b_1 = u_1 - w_1 \cos\alpha_1\,,$$

a_1 ist aber die Projektion von v_1 auf u_1, und es wird $a_1 = 0$, wenn v_1 senkrecht auf u_1 steht, also dann, wenn die Flüssigkeit radial in das Flügelrad einströmt; damit wird auch in der Gleichung (7a) das Glied $u_1\, a_1 = 0$ und Gleichung (7) lautet dann

$$g H = u_2(u_2 \mp w_2 \cos\alpha_2)\,.$$

Für radiale Einströmung ist daher

$$H = \frac{u_2^2 \mp u_2\, w_2 \cos\alpha_2}{g}\,.$$

---

[1] Ist α_2 oder α_1 kleiner als $90°$, so ist das Vorzeichen des zweiten Gliedes im Zähler negativ. Ist dagegen α_2 oder α_1 größer als $90°$, so wird auch der Cosinus negativ und damit das zweite Glied im Zähler positiv.

Ist hier wieder α_2 größer als $90°$, so gilt

$$H = \frac{u_2^2 - u_2 w_2 (- \cos\alpha_2)}{g} = \frac{u_2^2 + u_2 w_2 \cos\alpha_2}{g} \,, \qquad (8)$$

ist α_2 kleiner als $90°$, so ist

$$H = \frac{u_2^2 - u_2 w_2 \cos\alpha_2}{g} \,.$$

Um danach die Druckhöhe möglichst günstig zu gestalten — denn hiervon hängt.auch der Leistungsverbrauch bzw. der Wirkungsgrad ab —, wird man stets radiale Einströmung anstreben. Wie aber aus Fig. 4 und aus den

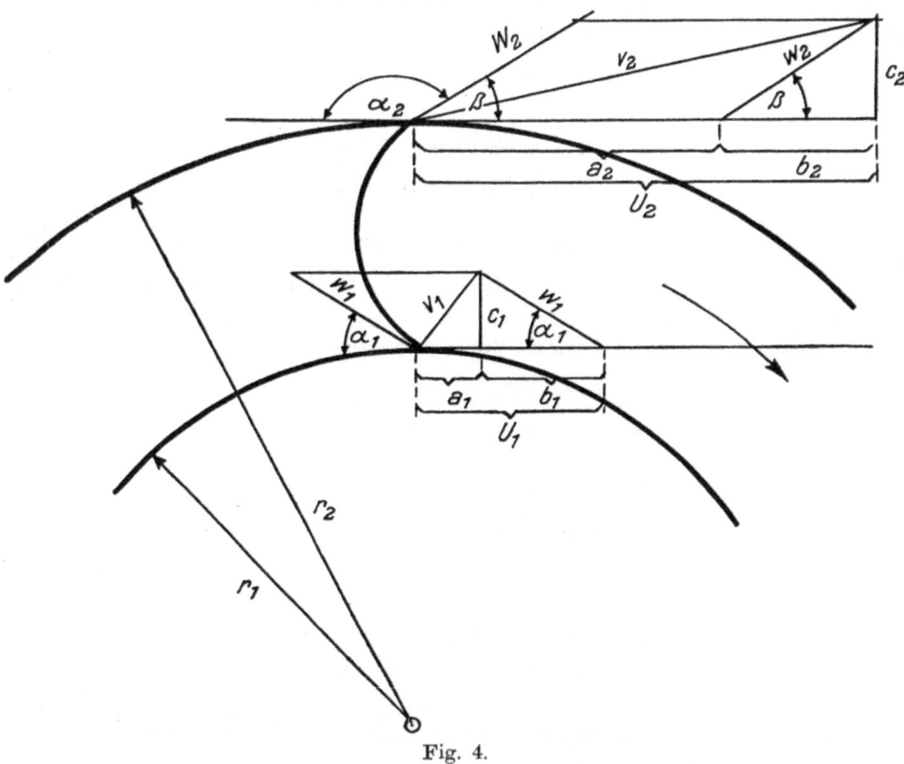

Fig. 4.

Geschwindigkeitsdiagrammen überhaupt zu ersehen ist, ist die radiale Einströmung, die also die größte Druckhöhe erzielen läßt, von der Umfangsgeschwindigkeit und der Fördermenge abhängig. Bei einer bestimmten Umfangsgeschwindigkeit und einer bestimmten Fördermenge, von deren Größe die Komponente der Relativgeschwindigkeit w des Geschwindigkeitsdiagrammes abhängt, ist daher eine größte Druckhöhe erreichbar. Es kommt dies auch im Wirkungsgrade zum Ausdruck, der bei einer bestimmten Leistung ein Maximum erreicht:

Bei radial auslaufenden Schaufeln ist $\alpha_2 = 90°$ und daher

$$\cos\alpha_2 = 0 \, ,$$

damit geht Gleichung (8) über in

$$H = \frac{u_2^2}{g} \text{ in m Luftsäule.} \qquad (9)$$

Fassen wir die entwickelten Gleichungen nochmals zusammen, so ist

1. für vorwärts gekrümmte Schaufeln

a) α_1 kleiner als $90°$; α_2 größer als $90°$

$$H = \frac{u_2^2 + u_2\,w_2\cos\alpha_2}{g} - \frac{u_1^2 - u_1\,w_1\cos\alpha_1}{g} \, ,$$

b) $\alpha_1 = 90°$ (Schaufelfuß radial)

$$H = \frac{u_2^2 + u_2\,w_2\cos\alpha_2}{g} \, ;$$

2. für radial auslaufende Schaufeln

a) α_1 kleiner als $90°$; $\alpha_2 = 90°$

$$H = \frac{u_2^2}{g} - \frac{u_1^2 - u_1\,w_1\cos\alpha_1}{g} \, ,$$

b) $\alpha_1 = 90°$; $\alpha_2 = 90°$

$$H = \frac{u_2^2}{g} \, ;$$

3. für rückwärts gekrümmte Schaufeln

a) α_1 größer als $90°$; α_2 kleiner als $90°$

$$H = \frac{u_2^2 - u_2\,w_2\cos\alpha_2}{g} - \frac{u_1^2 + u_1\,w_1\cos\alpha_1}{g} \, ,$$

b) $\alpha_1 = 90°$ (Schaufelfuß radial); α_2 kleiner als $90°$

$$H = \frac{u_2^2 - u_2\,w_2\cos\alpha_2}{g} \, .$$

Ein Beispiel für Fall 3b:

Es sei ein Ventilator gegeben mit 75 rückwärts gekrümmten Schaufeln von $b_1 = b_2 = 0{,}140$ m Breite und 1 mm Stärke. Die Umlaufzahl betrage 500/min, die geförderte Luftmenge $Q = 0{,}8$ cbm/sec.

Ferner sei

$$D_1 = 0{,}656 \text{ m}; \qquad D_2 = 0{,}700 \text{ m}.$$

$$\alpha_1 = 90°; \qquad \cos\alpha_1 = 0; \qquad \sin\alpha_1 = 1 \, .$$

$$\alpha_2 = 30°; \qquad \cos\alpha_2 = 0{,}866; \qquad \sin\alpha_2 = 0{,}5 \, .$$

Nach Gleichung $4c$ und $4d$ ist

$$F_1 = (0{,}656 \cdot 3{,}14 \cdot 1 \quad - 75 \cdot 0{,}001) \cdot 0{,}14 = 0{,}2779 \text{ qcm,}$$

$$F_2 = (0{,}700 \cdot 3{,}14 \cdot 0{,}5 - 75 \cdot 0{,}001) \cdot 0{,}14 = 0{,}1434 \text{ qcm,}$$

dann ist

$$w_1 = \frac{0,8}{0,2779} = 2,879 \text{ m/sec,}$$

$$w_2 = \frac{0,8}{0,1434} = 5,579 \text{ m/sec,}$$

$$u_2 = \frac{0,700 \cdot 3,14 \cdot 500}{60} = 18,316 \text{ m/sec,}$$

$$u_1 = \frac{D_1}{D_2} \cdot u_2 = \frac{0,656}{0,700} \cdot 18,316 = 17,167 \text{ m/sec.}$$

Bei der Gestaltung der Schaufeln ist radialer Eintritt der Luft in die Schaufeln anzunehmen, weshalb

$$H = \frac{u_2^2 - u_2\, w_2 \cos\alpha_2}{g} = \frac{18,316^2 - 18,316 \cdot 5,579 \cdot 0,866}{9,81},$$

$$H = 25,2 \text{ m Luftsäule.}$$

Bei Annahme eines Gewichtes für 1 cbm Luft $\gamma = 1,2$ kg/cbm, entsprechend einer Temperatur von etwa 20° bei 760 mm Barometerstand, ist die theoretische Druckhöhe

$$H = 25,2 \cdot 1,2 = 30,25 \text{ mm WS.}$$

Ist die Temperatur der geförderten Luft niedriger oder höher, so ändert sich demnach auch die Druckhöhe im Verhältnisse der Luftgewichte. Es ist z. B. das Gewicht von 1 cbm Luft von 70° $\gamma = 1,029$ (bei B = 760 mm); infolgedessen ist hierfür

$$H = 25,2 \cdot 1,029 = 25,92 \text{ mm WS.}$$

Dasselbe gilt auch für die wirklich erreichte Druckhöhe h. Ist diese z. B. für Luft von 20° mit 50 mm WS angegeben, so beträgt sie bei Luft von 70°

$$h = \frac{50 \cdot 1,029}{1,20} = 42,9 \text{ mm WS.}$$

2. Beispiel:

Eine Zentrifugalpumpe, deren Laufrad in Fig. 5 schematisch dargestellt ist, habe folgende Abmessungen:

$$D_1 = 0,100 \text{ m}; \qquad D_2 = 0,200 \text{ m.}$$

$$\alpha_1 = \alpha_2 = 45°; \qquad \cos 45° = 0,707; \qquad \sin 45° = 0,707\,.$$

8 Schaufeln, $b_1 = b_2 = 0,010$ m.

Schaufeldicke $\delta = 0,003$ m.

Umlaufzahl $n = 1500$/min,

$$Q = 0,005 \text{ cbm/sec.}$$

Radeintrittquerschnitt:

$$F_1 = (0,100 \cdot 3,14 \cdot 0,707 - 8 \cdot 0,003) \cdot 0,010 = 0,00198 \text{ qm.}$$

Radaustrittquerschnitt:

$$F_2 = (0{,}200 \cdot 3{,}14 \cdot 0{,}707 - 8 \cdot 0{,}003) \cdot 0{,}010 = 0{,}00420 \text{ qm},$$

$$w_1 = \frac{0{,}005}{0{,}00198} = 2{,}525 \text{ m/sec},$$

$$w_2 = \frac{0{,}005}{0{,}00420} = 1{,}190 \text{ m/sec},$$

$$u_1 = \frac{0{,}100 \cdot 3{,}14 \cdot 1500}{60} = 7{,}850 \text{ m/sec},$$

$$u_2 = \frac{0{,}200}{0{,}100} \cdot 7{,}850 = 15{,}700 \text{ m/sec},$$

$$H = \frac{u_2^2 - u_2\, w_2 \cos\alpha_2}{g} - \frac{u_1^2 - u_1\, w_1 \cos\alpha_1}{g} =$$

$$H = \frac{15{,}7^2 - 15{,}7 \cdot 1{,}190 \cdot 0{,}707}{9{,}81} - \frac{7{,}85^2 - 7{,}85 \cdot 2{,}525 \cdot 0{,}707}{9{,}81}$$

$$= 18{,}927 \text{ m WS}.$$

Es ist nun wünschenswert, die Änderung, welche die theoretische Druckhöhe erfährt, zu kennen, wenn sich Umlaufzahl und Fördermenge ändern.

Hierzu gelangt man, wenn man die Geschwindigkeiten w_1 und w_2 mit Q und u_1 mit u_2 in Verbindung bringt. Diese Größen stehen untereinander, sowie auch mit F_1 und F_2 in bestimmten Beziehungen, die folgendermaßen ausgedrückt werden können:

$$\frac{u_1}{u_2} = \frac{D_1}{D_2} = c_1 \,,$$

so daß $\qquad u_1 = c_1\, u_2 \,,$

$$\frac{w_1}{w_2} = \frac{F_2}{F_1} = c_2 \,,$$

woraus $w_1 = c_2\, w_2$ sich ergibt.

Die Gleichung (6)

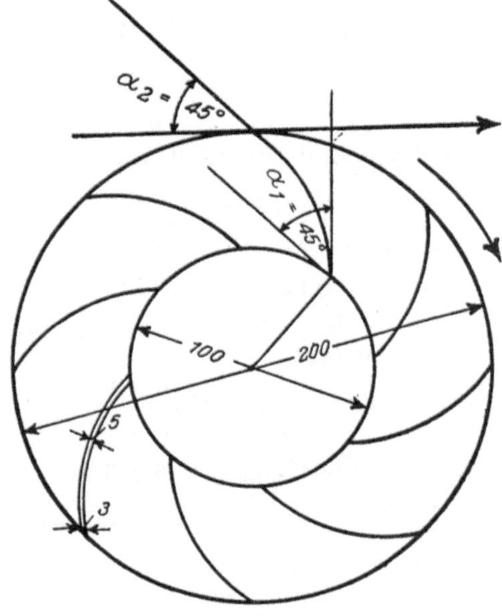

Fig. 5.

$$gH = u_2^2 - u_2\, w_2 \cos\alpha_2 - u_1^2 + u_1\, w_1 \cdot \cos\alpha_1$$

kann deshalb geschrieben werden:

$$gH = u_2^2 - u_2\, w_2 \cos\alpha_2 - c_1^2\, u_2^2 + c_1\, u_2\, c_2\, w_2 \cos\alpha_1$$

$$= u_2^2(1 - c_1^2) - u_2\, w_2(\cos\alpha_2 - c_1\, c_2 \cos\alpha_1) \,. \tag{10}$$

Ersetzt man nun noch w_2 durch $\dfrac{Q}{F_2}$, so sind für einen gegebenen **Ventilator** oder eine Pumpe nur die Werte u_2 und Q veränderlich, alle übrigen sind konstant, können also in festen Zahlenwerten ausgedrückt werden und dann lautet die Gleichung für die theoretische Druckhöhe

$$g\,H = k_1\,u_2^2 \mp k_2\,u_2\,Q\,,\tag{11}$$

worin k_1 und k_2 die aus den Zahlenwerten zu ermittelnden Konstanten bedeuten, deren Bestimmung aus dem folgenden Beispiele hervorgeht.

Auf Seite 5 war ein Beispiel für die Berechnung von H für einen Ventilator gegeben, wo

$$\begin{aligned}
u_1 &= 15{,}621 \text{ m/sec,} & u_2 &= 24{,}994 \text{ m/sec;}\\
D_1 &= 0{,}50 \text{ m,} & D_2 &= 0{,}80 \text{ m;}\\
w_1 &= 23{,}835\,, & w_2 &= 26{,}264\;;\\
F_1 &= 0{,}3773 \text{ qm,} & F_2 &= 0{,}3424 \text{ qm;}\\
\alpha_1 &= 28^\circ\,, & \cos\alpha_1 &= 0{,}883\;;\\
\alpha_2 &= 129^\circ\,, & \cos\alpha_2 &= -0{,}629\;;\\
Q &= 8{,}993 \text{ cbm/sec;}
\end{aligned}$$

$$u_1 = \frac{0{,}50}{0{,}80}\cdot u_2 = 0{,}625\,u_2\;; \quad c_1 = 0{,}625\;;$$

$$w_1 = \frac{F_2}{F_1}\,w_2 = \frac{0{,}3424}{0{,}3773}\cdot w_2 = 0{,}9075\,w_2\;; \quad c_2 = 0{,}9075\,.$$

Nach Gleichung (10) ist dann, unter Beachtung, daß $\cos\alpha_2 = -0{,}629$ ist,

$$\begin{aligned}
g\,H &= 24{,}994^2\,(1 - 0{,}625^2) - 24{,}994\cdot 26{,}264\,[-0{,}629 - (0{,}625\cdot 0{,}9075\cdot 0{,}883)]\\
&= u_2^2\,(1 - 0{,}625^2) - u_2\,w_2\,[-0{,}629 - (0{,}625\cdot 0{,}9075\cdot 0{,}883)]\\
&= u_2^2\cdot 0{,}609 - u_2\,w_2\,(-1{,}130)\,,
\end{aligned}$$

mit $w_2 = \dfrac{Q}{0{,}3424}$ ist für das vorliegende Beispiel $k_1 = 0{,}609$ und $k_2 = 3{,}300$,

$$g\,H = 0{,}609\,u_2^2 + 3{,}300\,u_2\,Q\,,$$

$$H = 0{,}062\,u_2^2 + 0{,}336\,u_2\,Q\,,$$

mit $u_2 = 24{,}994$ und $Q = 8{,}993$ ist

$$H = 114{,}25 \text{ m Luftsäule.}$$

(Die kleine Differenz gegenüber $H = 114{,}41$ ergibt sich durch die Abrundungen der Konstanten.)

Bei gleichbleibender Umlaufzahl ($u_2 = 24{,}994$) kann somit die theoretische Druckhöhe aus obiger Gleichung für die verschiedenen Werte von Q ermittelt werden, sie ist in Fig. 6 für einen Ventilator mit vorwärts gekrümmten Schaufeln dargestellt. Es sei gleich hier bemerkt, daß die Linie für die wirkliche Druckhöhe meist einen wesentlich abweichenden Verlauf nimmt. Als Beispiel für den Verlauf der wirklichen Drucklinie können die in Fig. 12 punktiert gezeichneten Linien für den Gesamtdruck p_g angesehen werden. Die hier dargestellten Schaulinien sind die eines Ventilators mit vorwärts gekrümmten Schaufeln.

Für das oben erwähnte Beispiel 2 einer Zentrifugalpumpe ist

$$c_1 = \frac{u_2}{u_1} = \frac{15{,}70}{7\,85} = 0{,}5 \, ,$$

$$c_2 = \frac{w_1}{w_2} = \frac{2{,}525}{1{,}190} = 2{,}122 \, .$$

Danach, da $\cos\alpha_1 = \cos\alpha_2 = 0{,}707$, ergibt sich

$$gH = u_2^2\,(1 - 0{,}5^2) - u_2\,w_2 \cdot (0{,}707 - 0{,}5 \cdot 2{,}122 \cdot 0{,}707)$$
$$= u_2^2 \cdot 0{,}75 - u_2\,w_2 \cdot (-0{,}043)$$
$$= 0{,}75 \cdot u_2^2 + 0{,}043 \cdot u_2\,w_2 \, .$$

Es war $Q = 0{,}005$ cbm/sec und $F_2 = 0{,}00420$, daher ist

$$gH = 0{,}75\,u_2^2 + \frac{0{,}043 \cdot Q}{0{,}0042} \cdot u_2 = 0{,}75\,u_2^2 + 10{,}238\,u_2\,Q \, ,$$

$$H = 0{,}0765\,u_2^2 + 1{,}044\,u_2\,Q \, .$$

Demnach $k_1 = 0{,}0765$ und $k_2 = 1{,}044$.

Mit $u_2 = 15{,}7$ und $Q = 0{,}005$ cbm/sec ist

$$H = 18{,}938 \text{ m WS (vgl. das Beispiel auf Seite 11).}$$

Es sind hier die Berechnungen der theoretischen Druckhöhe eines Ventilators oder einer Zentrifugalpumpe angegeben, wobei die Annahme gemacht ist, daß die Strömung durch das Laufrad reibungslos erfolgt. Die Berechnungen gelten einmal für eine beliebige Umlaufzahl und ferner für gleichbleibende Umlaufzahl bei Veränderung der Fördermenge Q.

Wie aus der Zusammenstellung der Gleichungen auf Seite 9 ersichtlich ist, ergibt sich auf Grund der allgemeinen Gleichung mit zunehmender Umlaufzahl eine Steigerung der Druckhöhe und ebenso eine Steigerung derselben bei zunehmender Fördermenge.

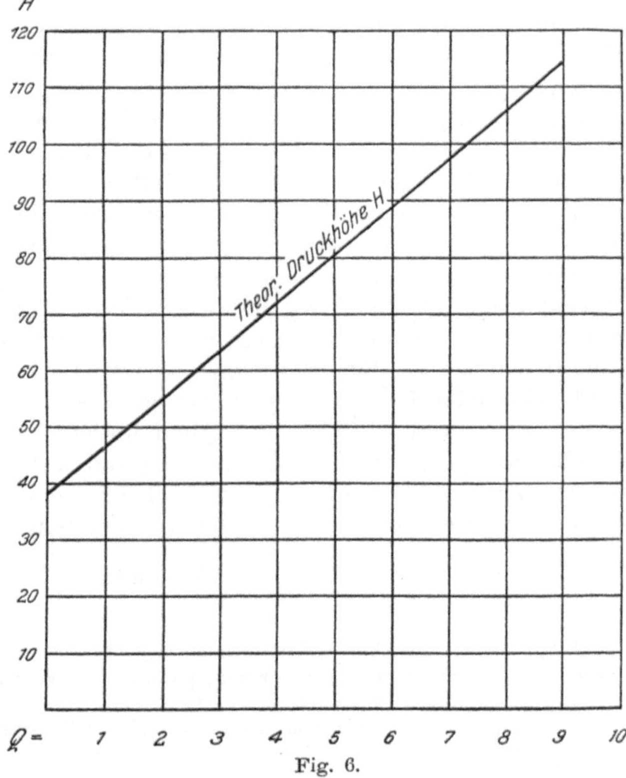

Fig. 6.

Zu beachten ist aber, daß die obigen Betrachtungen sich auf den Gesamtdruck beziehen, der — wie die folgenden Abschnitte zeigen werden — von dem gewöhnlich in den Diagrammen von Ventilatoren zu findenden statischen Drucke zu unterscheiden ist.

Das Verhältnis der theoretischen Druckhöhe zu der erzeugten Druckhöhe ist der manometrische Wirkungsgrad[1].

2. Fördermenge, Förderhöhe und Druckmessungen.

Wie aus dem Abschnitte über die theoretische Druckhöhe hervorgeht, haben Zentrifugalventilatoren und Zentrifugalpumpen vieles gemeinsam. Infolgedessen stehen auch Fördermenge, Förderhöhe oder Druckhöhe, Umlaufzahl und Leistungsverbrauch bei beiden in den gleichen Beziehungen zueinander.

Unter Fördermenge ist die von der Maschine in einem gewissen Zeitabschnitte fortbewegte, luftförmige oder tropfbar flüssige Menge zu verstehen. Bei Ventilatoren wird diese Menge in cbm/stunde oder cbm/sec, bei Zentrifugalpumpen ebenso oder in l/min bzw. in l/sec gemessen.

Unter Förderhöhe oder Druckhöhe vesteht man bei Ventilatoren die vom Ventilator erzeugte Druckdifferenz, die durch die Drehbewegung des Flügelrades verursacht wird. Da diese Druckdifferenz gewöhnlich mit Hilfe von Wassermanometern, das sind mit Wasser gefüllte U-förmige Glasröhrchen, gemessen wird, auf deren Wasserspiegel die bewegte Luft saugend oder drückend einwirkt, so ist die Druckdifferenz an einer meist mit Millimeterteilung versehenen Skala direkt als Druck ablesbar.

Bei einer Pumpe, sei es nun Kolbenpumpe oder Zentrifugalpumpe, stellt man sich unter Förderhöhe gewöhnlich den Höhenunterschied der Wasserspiegel zweier Gefäße vor, wobei die Pumpe das Wasser von dem unteren zum oberen Wasserspiegel heben soll. Dieser Höhenunterschied braucht nicht tatsächlich zu bestehen, er kann auch durch Druckmesser vor und hinter der Pumpe als Druckunterschied angezeigt werden, wie bei den Umwälzpumpen in Pumpenwarmwasserheizungen. Trotzdem wird er als Förderhöhe oder Druckhöhe in m WS gemessen.

Das Produkt aus Fördermenge Q und Förderhöhe h ist die Leistung L ([2], die aber noch einer näheren Bestimmung durch die Beziehung auf die Zeit bedarf. Wird die Fördermenge, die in 1 Sekunde gefördert wird, in kg gemessen, und die Höhe in m, so entsteht die Leistung.

$$L = Q \cdot h \text{ in mkg/sec} \tag{12}$$

---

[1] Vgl. auch „Mitteilungen über Forschungsarbeiten", Heft 42, Verlag von Springer, Berlin — und „Wirkungsweise der Kreiselpumpen und Ventilatoren", *R. Biel*, Zeitschr. d. Ver. deutsch. Ing. 1908, S. 442.

[2] Näheres hierüber wird noch in der besonderen Behandlung der Ventilatoren und der Pumpen gesagt.

und da 75 Sekunden-Meterkilogramm $= 1$ Pferdestärke sind, so ergibt

$$\frac{Q \cdot h}{75} = N \tag{13}$$

die **Leistung der Pumpe in Pferdestärken**[1].

Beim Ventilator ist die Förderhöhe ebenfalls so aufzufassen, wie bei einer Pumpe; nur fördert der Ventilator Luft, deren Menge in cbm gemessen wird, deshalb bezeichnet Förderhöhe eine Luftsäule von der Höhe h in m der geförderten Luft. Das Gewicht der geförderten Luftmenge (V in cbm/sec) ist $V \cdot \gamma$, wenn γ das Gewicht von 1 cbm dieser Luft bezeichnet. Die Leistung des Ventilators zur Fortbewegung dieser sekundlichen Luftmenge V unter Überwindung der Förderhöhe h bzw. Erzeugung eines Druckunterschiedes, welcher einer Luftsäule von h (m) gleichkommt, ist nach Gleichung (12) demnach

$$L = V \gamma \cdot h \text{ in mkg/sec.}$$

Die Höhe h der Luftsäule ist aber nur in der schon angedeuteten Weise durch Manometer zu messen, also durch ihr Gewicht in kg. Ist die Luftsäule z. B. 10 m hoch und wiegt 1 cbm derselben 1,02 kg, so ist das Gewicht der Luftsäule 10,2 kg. Wenn nun ein Wassermanometer einen Druck von $p = 10{,}2$ mm WS $= 10{,}2$ kg/qm anzeigt, so ist daraus zu schließen, daß — sofern 1 cbm dieser Luft eben 1,02 kg wiegt, was aus Barometerstand, Temperatur und Feuchtigkeitsgehalt zu bestimmen ist — die Luftsäule eine Höhe

$$h = \frac{p}{\gamma} = \frac{10{,}2}{1{,}02} = 10{,}0 \text{ m} \tag{14}$$

besitzt.

Wird also der von einem Ventilator erzeugte Druck in mm WS gemessen — woraus die Förderhöhe nach Gleichung (14) berechnet werden kann —, so ist die Leistung des Ventilators

$$L = V \cdot \gamma \cdot h = V \gamma \frac{p}{\gamma} = V \cdot p \text{ in mkg/sec.} \tag{15}$$

Die Leistung L eines Ventilators wird daher durch das Produkt aus Luftmenge V in cbm/sec und Druck p in mm WS in mkg/sec dargestellt oder in Pferdestärken ausgedrückt:

$$N = \frac{V \cdot p}{75} \text{ in PS.} \tag{16}$$

Druck: Der technische Begriff Druck ist allgemein bekannt, weshalb er hier nicht auseinandergesetzt zu werden braucht. Die Druckmessungen bei Ventilatoren und Pumpen erstrecken sich auf die Messungen von Luft- oder Flüssigkeitssäulen.

---

[1] Zu unterscheiden hiervon ist der **Leistungsverbrauch**, der den mechanischen Wirkungsgrad einschließt. — Der Leistungsverbrauch ist die von der Antriebmaschine an die Welle des Ventilators oder der Pumpe abgegebene Leistung.

Im vorliegenden Falle sollen stets die entstehenden Drücke oder Pressungen bei Ventilatoren in mm WS, bei Pumpen in m WS gemessen werden. Bei strömenden Flüssigkeiten aber unterscheidet man zwischen statischem Drucke p_s und dynamischem Drucke p_d.

Ersterer ist der Druck, den z. B. ein auf einer Dampfleitung angebrachtes Manometer anzeigt. Der statische Druck ist die Pressung, die eine in Ruhe befindliche oder strömende Flüssigkeit gegen die Wandungen ihres Behälters (Rohrwandung, Kanalwand) ausübt.

Dagegen tritt der dynamische Druck nur bei der Bewegung der Flüssigkeit auf. Er ist der Druck, den die Flüssigkeit gegen eine in die Strömung gehaltene Scheibe ausübt, und seine Größe ist einmal vom Gewicht, dann aber auch von der Geschwindigkeit der strömenden Flüssigkeit abhängig, und wird ausgedrückt durch:

$$p_d = \frac{w^2\,\gamma}{2\,g}\,. \tag{17}$$

worin w die Geschwindigkeit der Flüssigkeit in m/sec und γ das Gewicht der Maßeinheit bedeuten.

Beide Drücke, der statische Druck und der dynamische, ergeben zusammen den Gesamtdruck:

$$p_g = p_s + p_d\,. \tag{18}$$

In welcher Weise die Drücke gemessen werden, geht aus Fig. 7 hervor.

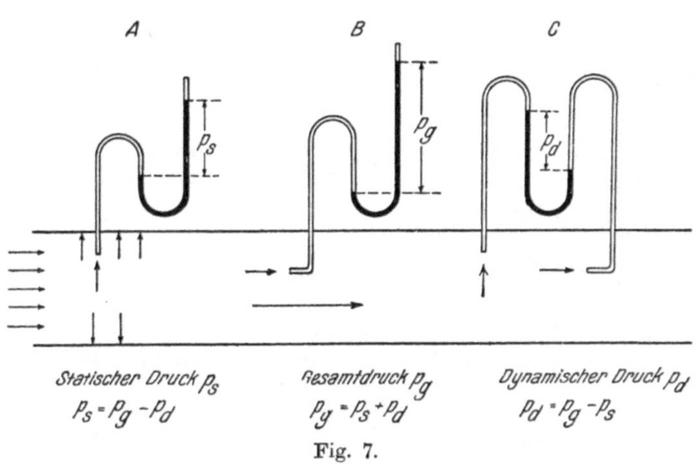

Fig. 7.

Die Figur stellt ein Luftrohr dar, in welches drei aus Glasröhren hergestellte Wassermanometer A, B und C eingesetzt sind.

Durch das Manometer A wird der statische Druck p_s in mm WS in dem Luftrohre gemessen (in Fig. 7 als Druck gegen die Rohrwandungen durch Pfeile gekennzeichnet). Der im Luftstrome bestehende Druck pflanzt sich auf das im Glasrohr enthaltene Wasser fort und verursacht den Unterschied der Wasserspiegel. (Die Messung fällt nicht genau aus, weil der Luftstrom bei Geschwindigkeit auch eine saugende Wirkung auf das in das Rohr hineinragende Ende des Manometers ausübt, wodurch der statische Druck um einige Prozente zu niedrig angegeben wird. Der Fehler steht im Verhältnisse des statischen zum dynamischen Drucke.)

Das Manometer B mißt außer dem statischen Drucke p_s zugleich den dynamischen Druck, $p_d = \dfrac{w^2\gamma}{2g}$, und es zeigt daher den Gesamtdruck p_g infolge seines gegen den Strom gerichteten Endes an.

$$p_g = p_s + \frac{w^2\gamma}{2g} = p_s + p_d \, . \tag{19}$$

Da nun der dynamische Druck die Differenz

$$p_d = p_g - p_s \tag{20}$$

darstellt, so wird mit dem Manometer C, einer Vereinigung von Manometer A und B, der dynamische Druck gemessen.

Handelt es sich um genaue Messungen, so ist das Staurohr von Prof. Dr. *Prandtl* (das von der Firma *Rosenmüller*, Dresden-N. 6 angefertigt wird) anzuwenden. (Vgl. Regeln für Leistungsversuche an Ventilatoren und Kompressoren, Zeitschr. d. Ver. deutsch. Ing. 1912, S. 1834 und Mitteilungen der Prüfungsanstalt für Heizungs- und Lüftungseinrichtungen, Heft 1, S. 42, Verlag von Oldenbourg, München.)

Bei Messungen der Drücke in Wasserleitungen wird man genaue Federmanometer (wie sie auch zum Messen des Dampfdruckes dienen) verwenden unter gleichzeitiger Benutzung eines Wassermessers, mit dessen Hilfe die Geschwindigkeit des Wassers in der Leitung ermittelt werden kann. Wenn man die Drücke — wie meist üblich — von dem atmosphärischen Drucke der Umgebung aus rechnet (nicht also von vollkommener Luftleere ausgeht), so ist Unterdruck und Überdruck zu unterscheiden. In der Saugleitung einer Pumpe besteht z. B. Unterdruck, in der Druckleitung Überdruck. Zur Unterscheidung wird der Unterdruck mit dem Minuszeichen, der Überdruck mit dem Pluszeichen versehen. Der statische Druck kann als Unterdruck sowie auch als Überdruck auftreten, desgleichen auch der Gesamtdruck, dagegen erhält der dynamische Druck stets das Pluszeichen.

Betrachten wir z. B. die Druckverhältnisse an einem Ventilator, der mit einer Saugleitung und einer Druckleitung versehen ist, so herrscht am Eintritt in die Saugleitung der atmosphärische Druck. Je nach Maßgabe der Widerstände der Saugleitung entsteht zunehmender, statischer Unterdruck $(-p_s)$ bis zum Eintritt des Luftstromes in den Ventilator; indessen wird ein dem Luftstrome entgegengehaltenes Manometer oder eine Stauscheibe infolge des Anpralles der strömenden Luft den dynamischen Druck stets positiv anzeigen. — Da nun der Gesamtdruck sich aus statischem und dynamischem Drucke zusammensetzt, so wird, falls der statische Druck größer ist als der dynamische, wie in Fig. 8 auch der Gesamtdruck auf der Eintrittsseite am Ventilator (p_{ge}) sich als Unterdruck zeigen.

$$-p_s + p_d = -p_{ge} \, .$$

In der Druckleitung ist der statische Druck immer positiv, er nimmt dann ab bis zur Austrittsöffnung der Druckleitung, entsprechend der Abnahme der Widerstände der Leitung, um sich am Ende der Leitung mit dem Drucke der Umgebung auszugleichen, so daß dann nur noch dynamischer Druck herrscht. Der Gesamtdruck in der Druckleitung hat seinen größten Wert an der Ventilatoraustrittsöffnung. Aus dem Gesamtdrucke an der Eintrittsöffnung des Ventilators und dem Gesamtdrucke in dem Ausblasequerschnitte desselben setzt sich die vom Ventilator erzeugte Druckdifferenz zusammen, die für die Leistung des Ventilators maßgebend ist und den Leistungsdruck p

$$p = p_{ga} - (-p_{ge}) \text{ in mm WS}$$

darstellt (siehe Fig. 8).

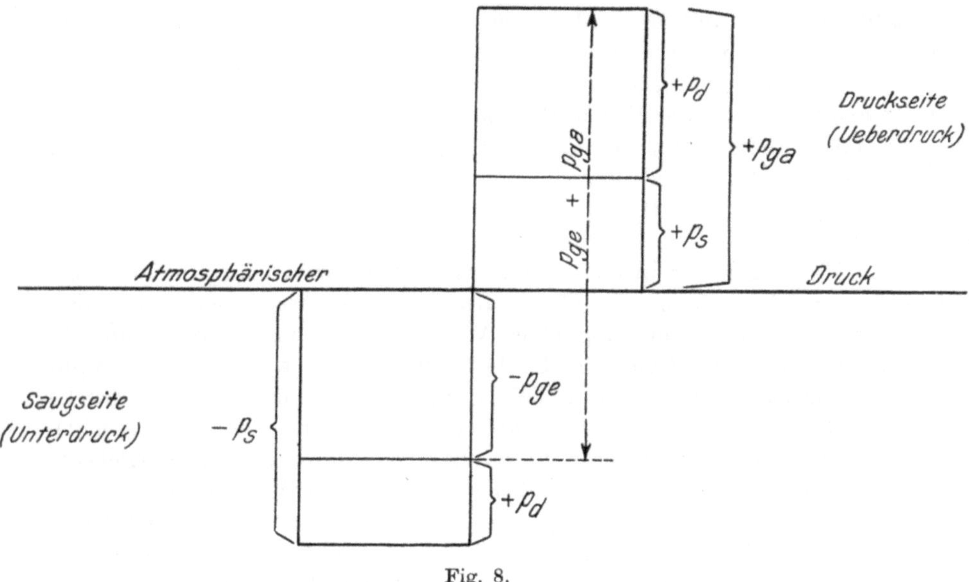

Fig. 8.

Bei Höhenunterschieden sind die einander gegenüberstehenden Luftsäulen zu vergleichen. Wenn z. B. ein Luftausblasrohr in einer Halle mit einer Lufttemperatur von $+10°$ 5 m abwärts geführt wird, selbst aber Luft von $70°$ fördert, so drückt die das Ausblaserohr umgebende Luft, deren Gewicht mit $\gamma = 1{,}25$ kg/cbm angenommen sei, gegen die austretende Luft mit einem Drucke

$$5 \cdot (1{,}25 - 1{,}03) = 1{,}10 \text{ mm WS,}$$

da die Luft im Ausblaserohr nur 1,03 cbm/kg wiegt.

Dieser Druck ist den Widerständen im Ausblaserohr hinzuzufügen. In den meisten Fällen werden Höhenunterschiede bei Luftheizanlagen mit Ventilatorbetrieb vernachlässigt werden können.

Ausführliche Darstellungen der Druckmessungen sind in den Erläuterungen zu den „Regeln für Leistungsversuche an Ventilatoren und Kompressoren" von Prof. Dr. *L. Prandtl* enthalten, die in der Zeitschrift des Vereins deutscher Ingenieure, Jahrgang 1912, Seite 1834 veröffentlicht sind.

3. Widerstände in Rohrleitungen. Umwandlung von dynamischem in statischen Druck.

Zur Fortbewegung von tropfbaren, dampf- oder luftförmigen Flüssigkeiten müssen Druckunterschiede in den zur Fortleitung dienenden Leitungen erzeugt werden. Soll z. B. Dampf von einem Kessel aus durch eine Rohrleitung nach einem entfernt gelegenen Punkte der Leitung hinströmen, so muß im Kessel ein höherer Druck als am Ende der Leitung herrschen. Dasselbe gilt auch für Wasserleitungen wie für Luftleitungen.

Wird am Ende der Leitung ein Gegendruck geschaffen, so nimmt die Geschwindigkeit der Strömung nach Maßgabe diese Gegendruckes mehr und mehr ab, bis die Strömung ganz aufhört, sobald Druck und Gegendruck gleich sind.

Der Zweck der Ventilatoren und der Pumpen ist also, einen Druck zu erzeugen, damit die Strömung eingeleitet und aufrechterhalten wird.

Der erzeugten Strömung stellen sich die Widerstände der Leitung entgegen, die sich aus Reibungswiderständen und Einzelwiderständen zusammensetzen. Die Berechnung dieser Widerstände ist in dem bekannten Leitfaden zum Berechnen und Entwerfen von Heizungs- und Lüftungsanlagen von *Rietschel-Brabbée* (Verlag von Julius Springer, Berlin) ausgezeichnet dargestellt, insbesondere ist dieser Gegenstand in dem neuesten Buche von *Brabbée*: Rohrberechnungen in der Heiz- und Lüftungstechnik (Verlag Springer) und in dem im Verlage von Oldenbourg (München) erschienenen Buche: Die Strömung in Röhren und die Berechnung weitverzweigter Leitungen und Kanäle von Dr.-Ing. *Blaess* behandelt

Es sei nur auf eines aufmerksam gemacht: Zur Bestimmung der Widerstände in einem Kanal- oder Rohrnetz dient nach *Brabbée* folgende Gleichung:

$$H = (l\,R + Z) \text{ in mm WS}[1], \tag{21}$$

welche sowohl für Wasser als auch für Luft Gültigkeit hat.

In derselben bedeuten:

R den Reibungswiderstand für 1,0 m Leitung in mm WS,

l die Länge der Leitung in m,

Z die Summe der Einzelwiderstände in mm WS.

Die hiermit ermittelten Widerstände sind noch um die Geschwindigkeitshöhe oder den dynamischen Druck p_d zu vermehren; dann erst ergibt sich der am Anfange der Leitung erforderliche Gesamtdruck[2].

Wenn also z. B. ein Ventilator die Luft aus seiner Umgebung direkt entnimmt und in ein Rohr, die Druckrohrleitung, ausbläst, so ist der vom

---

[1] Die Gleichung ist aus „Rohrberechnungen in der Heizungs- und Lüftungstechnik" von *Brabbée*. — Näheres daselbst.

[2] Diese Geschwindigkeitshöhe kann natürlich auch in dem Klammerausdrucke der Gleichung (21) mitenthalten sein. — Sie wird hier mit Rücksicht auf die folgenden Betrachtungen besonders behandelt.

Ventilator zu erzeugende Gesamtdruck p_g (in mm WS)

$$p_g = H + \frac{w^2 \gamma}{2\,g} \, ,$$

worin w die am Ende der Leitung auftretende Austrittsgeschwindigkeit bedeutet.

Beispiel: Ein Ventilator bläst in eine gerade Druckleitung ohne Abzweige (also $Z = 0$) von 600 mm Durchmesser und 50 m Länge und fördert 2,0 cbm Luft in der Sekunde von einem Gewichte $= 1,2$ kg/cbm. Dann ist (nach *Brabbée*)

$$R = 0,085 \, ; \qquad R\,l = 50 \cdot 0,085 = 4,25 \text{ mm WS};$$
$$w_a = 7,08 \text{ m/sec.}$$

Daraus folgt die am Anfange der Leitung, also am Ausblasequerschnitte des Ventilators, erforderliche Gesamtdruckhöhe:

$$p_g = H + p_d = (l\,R + Z) + \frac{w^2 \gamma}{2\,g} \, , \tag{22}$$
$$p_g = (4,25 + 0) + 3,07 = 7,32 \text{ mm WS.}$$

Auch bei verzweigten Leitungen, sofern nur die Widerstände richtig berechnet sind, also auch unter Berücksichtigung etwaiger Geschwindigkeitsänderungen, ergibt sich die Gesamtdruckhöhe aus der obigen Gleichung, wobei man ebenso für die Austrittsgeschwindigkeit w die Geschwindigkeit in der an den Ventilator unmittelbar angeschlossenen Rohrleitung setzen kann. Die Gesamtdruckhöhe, welche am Anfange der Druckleitung bestehen muß, ist:

$$p_g = (l\,R + Z) + \frac{w_l^2 \gamma}{2\,g} \tag{23}$$

worin w_l die Geschwindigkeit am Anfange der Leitung bedeutet.

Es interessiert uns nun noch, wie dieser Gesamtdruck p_g an der Ausblasöffnung sich aus dem statischen Drucke und dem dynamischen Drucke zusammensetzt. An der Ausblasöffnung eines Ventilators besteht nur dynamischer Druck, sofern der Ventilator frei ausbläst, während der statische Druck gleich dem der Umgebung, also gleich Null ist, wenn nicht mit absoluten Drücken gerechnet wird. Dagegen tritt sofort statischer Druck auf, wenn die ausgeblasene Luft in einen geschlossenen Raum oder eine Rohrleitung geleitet wird. Es verwandelt sich also der dynamische Druck in statischen, teilweise oder ganz, je nachdem die Einrichtung hierzu getroffen ist und die Verhältnisse es erfordern. In fast allen Fällen ist statischer und dynamischer Druck zu erzeugen.

Die Umwandlung von dynamischem Drucke in statischen geht durch eine Verlangsamung des Flüssigkeitsstromes vor sich, und zwar nach der Gleichung

$$p_s = \frac{w_1^2 \gamma}{2\,g} - \frac{w_2^2 \gamma}{2\,g} \, . \tag{24}$$

Diese Gleichung gilt in allen Fällen, wo kontinuierliche Strömung vorhanden ist, also sowohl für Ventilatoren als auch für Pumpen, und da durch die

Widerstände in Rohrleitungen statischer Druck hervorgerufen wird, wie eingangs schon erwähnt wurde, so kommt es darauf an, die Geschwindigkeit am Austritt des Ventilators wenigstens zum Teil in statischen Druck umzusetzen.

Zu diesem Zwecke werden sowohl Zentrifugalventilatoren als auch Zentrifugalpumpen mit einem allmählich sich erweiternden Gehäuse versehen, dessen Fortsetzung, ebenfalls in dieser Weise ausgebildet, dann Diffusor genannt wird.

Der Diffusor ist ein kegelförmig erweitertes Rohrstück, welches an das Gehäuse eines Zentrifugalventilators oder einer Zentrifugalpumpe angeschlossen wird und die Aufgabe hat, die Geschwindigkeit der aus dem Ventilator oder der Pumpe austretenden Flüssigkeit allmählich auf diejenige Geschwindigkeit herabzumindern, die in dem Rohrnetz herrschen soll, damit statischer Druck zur Überwindung der Leitungswiderstände gewonnen wird.

Der theoretische Gewinn an statischem Drucke durch Verminderung der Geschwindigkeit in dem Diffusor ist:

$$p'_s = \frac{w_a^2\,\gamma}{2\,g} - \frac{w_l^2\,\gamma}{2\,g}\,, \tag{25}$$

wenn mit w_a die Geschwindigkeit an der Austrittsöffnung des Ventilators, also am Anfange des Diffusors, und w_l die Geschwindigkeit am Ende desselben, also beim Eintritt in die Rohrleitung, bezeichnet werden. In Wirklichkeit ist der Gewinn an statischem Drucke geringer, je nach Gestaltung des Diffusors.

Das Weitere wird in den betreffenden Abschnitten über Ventilatoren und Pumpen gesagt werden.

4. Beziehungen zwischen Fördermenge, Förderhöhe und Drehzahl.

Bei der Ausarbeitung eines Entwurfes einer Lüftungsanlage oder einer Pumpenwarmwasserheizung berechnet der Entwerfende die Querschnitte der Luftleitungen oder der Wasserleitungen aus der gegebenen Fördermenge und nach Annahme der Geschwindigkeiten; er stellt dann den Widerstand der Rohrleitungen fest und fragt nun bei der Ventilatorfabrik oder der Pumpenfabrik nach Kraftbedarf und Kosten der betreffenden Maschine unter Angabe der berechneten Widerstände und der Fördermenge an.

Nun ist aber zu bedenken, daß die volle Leistung eines Ventilators einer Luftheizungsanlage oder einer Pumpe einer Pumpenwarmwasserheizung nicht dauernd in Anspruch genommen wird; denn je nach der Außentemperatur ist eine Regelung des Wärmebedarfes und damit auch der Bewegung des Wärmeträgers, sei dieser nun Luft oder Wasser, vorzunehmen. Da aber hier Pumpe oder Ventilator diese Bewegung verursachen, so muß sich die Regelung auch auf den Gang dieser Maschine erstrecken. In welchen Grenzen eine solche Regelung zu halten ist, ist Sache des entwerfenden und ausführenden Ingenieurs und nicht des Fabrikanten, und wenn von vielen Lüftungsanlagen nur wenige den an sie zu stellenden Anforderungen sowohl hinsichtlich der Leistung als auch des Kraftverbrauchs nachkommen. so trifft den Ersteller der Anlage zum großen Teile die Schuld.

Es genügt also nicht, zu wissen, daß ein Ventilator imstande ist, stündlich die verlangte größte Luftmenge zu fördern, es muß vielmehr auch ermittelt werden, wie sich der Betrieb bei geringeren Leistungen gestaltet, d. h. in welchen Beziehungen dann Fördermenge, Druckhöhe, Leistungsverbrauch und Wirkungsgrad unter Einbeziehung der Antriebmaschine zueinander stehen. Jeder Heizungsfachmann wird es als einen Unfug ersten Ranges ansehen, eine Heizungsanlage bei jeder Außentemperatur voll zu beanspruchen und zur Regelung der Raumtemperaturen die Fenster zu öffnen. Ebenso ist es wirtschaftlich unzulässig, einen Ventilator oder eine Zentrifugalpumpe einer Heizungsanlage unter allen Umständen mit voller Leistung zu betreiben, ohne Rücksicht auf den Leistungsverbrauch, wenn schon drei Viertel oder die Hälfte der Leistung genügt.

Es ist daher unumgänglich notwendig, bei jedem Entwurfe einer Heizungsanlage, die maschinelle Einrichtungen zu ihrem Betriebe erfordert, sich über die wirtschaftlichen Betriebsverhältnisse Klarheit zu verschaffen.

Die hier zu behandelnden Beziehungen zwischen Fördermenge, Druckhöhe, Umlaufzahl und Kraftverbrauch sind bei den Ventilatoren ganz ähnliche wie bei den Zentrifugalpumpen und kommen in den folgenden Gleichungen zum Ausdrucke.

Bezeichnen:

h_1 die wirkliche Förderhöhe (Gesamtdruck bzw. Gesamtdruckdifferenz $(p_{g2} - p_{g1})$ bei

n_1 Umdrehungen und bei

Q_1 Fördermenge

h_2 und Q_2 Förderhöhe und Fördermenge derselben Maschine bei

n_2 Umdrehungen,

so ist

$$\frac{h_1}{h_2} = \frac{n_1^2}{n_2^2} = \left(\frac{n_1}{n_2}\right)^2 \tag{26}$$

und

$$\frac{Q_1}{Q_2} = \frac{n_1}{n_2}. \tag{27}$$

Hiernach ist also die Förderhöhe proportional dem Quadrate und die Fördermenge direkt proportional der Umlaufzahl n.

Aus den beiden Gleichungen (26) und (27) können noch die folgenden abgeleitet werden:

$$\left(\frac{Q_1}{Q_2}\right)^2 = \frac{h_1}{h_2}, \tag{28}$$

$$\frac{Q_1}{Q_2} = \sqrt{\frac{h_1}{h_2}}. \tag{29}$$

Zeigt z. B. ein Ventilator folgende zusammengehörende Werte:

Druck in mm WS	$=$	10	20	30	40	50	70
Umlaufzahl in der Min.	$n =$	440	620	760	880	985	1160
Luftmenge in cbm/sec	$Q =$	0,99	1,39	1,70	1,97	2,20	2,60

so ergibt sich aus

$$h_1 : h_2 = n_1{}^2 : n_2{}^2 \,,$$

$$\frac{h_1}{h_2} = \frac{10}{20} = \frac{n_1^2}{n_2^2} = \frac{440^2}{620^2} = \frac{193\,600}{384\,400} = 0,5 \,.$$

Es seien gegeben: h_1 und n_1; es wird $h_2 = 40$ mm gewählt, so ist die hierzu erforderliche Umlaufzahl aus

$$n_2 = \sqrt{\frac{n_1^2\,h_2}{h_1}} = n_1 \sqrt{\frac{h_2}{h_1}} \tag{30}$$

zu ermitteln, sie ist für $n_1 = 440$ und $h_1 = 10$ mm

$$n_2 = \sqrt{\frac{440^2 \cdot 40}{10}} = \sqrt{774\,400} = 880 \text{ in der Minute.}$$

Ebenso verhalten sich die geförderten Luftmengen zueinander:

$$Q_1 : Q_2 = n_1 : n_2 \,,$$

$$\frac{Q_1}{Q_2} = \frac{0,99}{1,39} = 0,712 = \frac{n_1}{n_2} = \frac{440}{620} \,.$$

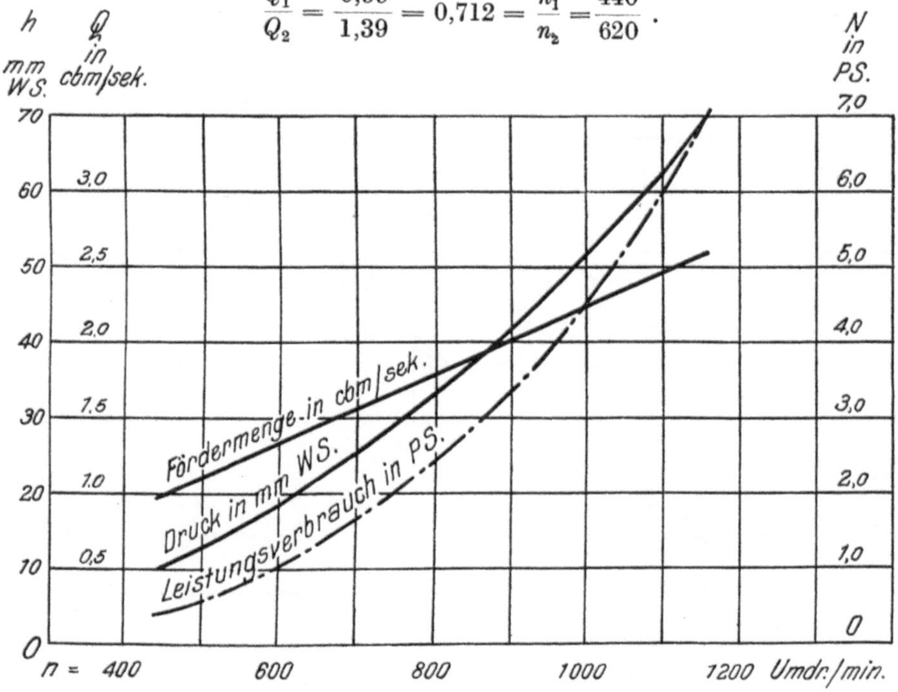

Fig. 9.

Schaulinien eines Ventilators auf die Drehzahlen bezogen.

Ist z. B. $n_1 = 620$ bei $Q_1 = 1{,}39$ und soll die Luftmenge $Q_2 = 1{,}97$ cbm/sec betragen, so muß die Umlaufzahl

$$n_2 = \frac{n_1\,Q_2}{Q_1} = \frac{620 \cdot 1{,}97}{1{,}39} = 880 \text{ in der Minute}$$

betragen.

Vorausgesetzt sind hierbei in beiden Fällen gleichbleibende Verhältnisse der Lüftungsanlage, worauf später noch zurückzukommen ist.

Am übersichtlichsten können diese Beziehungen der Werte Q, h und n graphisch wiedergegeben werden. Fig. 9 gibt dieselben des oben erwähnten Ventilators, Fig. 10 die einer leitradlosen Niederdruck-Zentrifugalpumpe wieder.

Eine andere, üblichere Darstellung ist in den folgenden Figuren gebraucht, wobei die Fördermenge in die Abszisse und die Förderhöhe in die Ordinate gelegt sind.

Sind also die Fördermenge Q_1 eines Ventilators oder einer Zentrifugalpumpe, die dazugehörende erzeugte Druckhöhe und die Umlaufzahl n be-

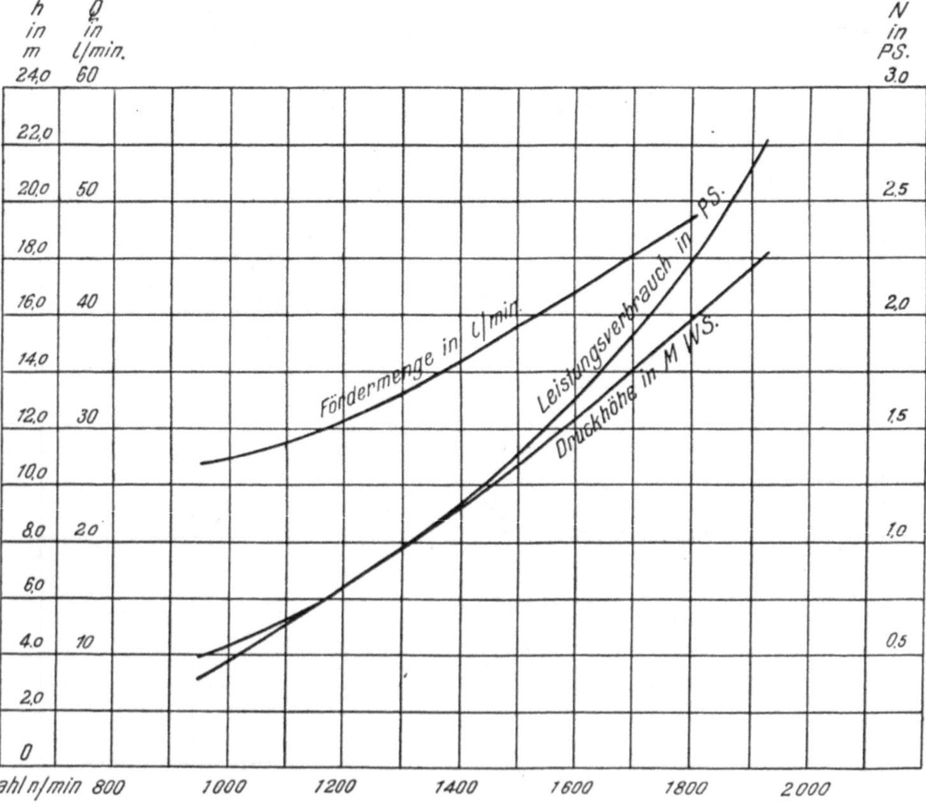

Fig. 10.

Schaulinien einer Zentrifugalpumpe auf die Drehzahlen bezogen.

kannt, so können, mit Hilfe der obigen Gleichungen, sofort die Werte Q_2, h_2 und n_2 bestimmt werden.

Die Linien, die sich durch Aufzeichnung der Gleichungen (28) und (29) ergeben, sind Parabeln (vgl. Fig. 12), für welche die Gleichung gilt

$$\frac{Q}{\sqrt{h}} = \text{konstant,} \tag{31}$$

denn aus Gleichung (29) ergibt sich

$$\frac{Q_1}{\sqrt{h_1}} = \frac{Q_2}{\sqrt{h_2}} = \frac{Q_3}{\sqrt{h_3}} \text{ usf.}$$

Diese Parabeln kommen in allen weiteren Darstellungen von Betriebsverhältnissen bei den Zentrifugalpumpen und Zentrifugalventilatoren vor.

Eine dritte Beziehung, nämlich zwischen Leistung und Umlaufzahl, ergibt sich aus der Zusammenstellung der Gleichungen (26) und (27). Es ist

$$\frac{h_1}{h_2} = \frac{n_1^2}{n_2^2} = \left(\frac{n_1}{n_2}\right)^2$$

und

$$\frac{Q_1}{Q_2} = \frac{n_1}{n_2}.$$

Da nun die Leistung sich aus Fördermenge und Druckhöhe zusammensetzt, so muß auch

$$\frac{Q_1 \, h_1}{Q_2 \, h_2} = \frac{n_1 \, n_1^2}{n_2 \, n_2^2} = \frac{n_1^3}{n_2^3}$$

sein. Demnach ist:

$$\frac{L_1}{L_2} = \frac{Q_1 \, h_1}{Q_2 \, h_2} = \left(\frac{n_1}{n_2}\right)^3. \tag{32}$$

Die Leistung wächst in der dritten Potenz der Drehzahlen.

Bis hierher konnten Zentrifugalpumpen und Ventilatoren gemeinsam behandelt werden; für die weiteren Betrachtungen empfiehlt sich eine Trennung.

A. Zentrifugalventilatoren.

5. Messungen zur Bestimmung der Leistung und des Leistungsverbrauches.

Wie oben schon erwähnt, versteht man unter der Leistung eines Ventilators die Fortbewegung der Luftmenge V unter Erzeugung einer Druckdifferenz p vor und hinter dem Ventilator (vgl. S. 15, Gleichung 15). Die Leistung ist also das Produkt aus Luftmenge und Druckhöhe.

$$L = V \cdot p.$$

Entnimmt der Ventilator die Luft ohne Saugleitung dem Raume, in welchem er selbst steht, so entspricht der Druck vor dem Ventilator dem äußeren Luftdrucke, und der Druck hinter dem Ventilator in der an ihn angeschlossenen Leitung ist dann der Gesamtdruck: $p_g = p_s + p_d$. Befinden sich dagegen vor dem Ventilator Widerstände, etwa in Gestalt einer Saugleitung oder eines Lufterhitzers mit Anschlußstück zur Eintrittsöffnung des Ventilators, so ist auch hier vor dem Ventilator Gesamtdruck p_g, statischer Druck p_s und dynamischer Druck p_d zu unterscheiden, und zwar wird der Gesamtdruck dann unterhalb des äußeren Druckes liegen (also negativ sein).

Die Leistung des Ventilators ist dann

$$L = V \cdot p_g = V(p_{ga} - p_{ge}) \text{ in mkg/sec,}$$

worin p_{ge} den Gesamtdruck vor, p_{ga} den Gesamtdruck hinter dem Ventilator und V die geförderte Luftmenge, auf die Zeiteinheit bezogen, bezeichnen.

Hierzu ist noch folgendes zu bemerken:

Wenn die Leistung eines Ventilators bestimmt werden soll[1], so ist nach den vom Verein deutscher Ingenieure aufgestellten Regeln über Leistungsversuche an Ventilatoren und Kompressoren[2]

$$L = \frac{V_0 \gamma_0}{\gamma_e} p_{ge} \ln \frac{p_{ga}}{p_{ge}} \text{ in mkg/sec,} \tag{33}$$

worin bezeichnen:

V_0 das vom Ventilator geförderte Volumen in cbm/sec und

γ_0 das Gewicht von 1 cbm Luft, an der Stelle, wo das Volumen oder die Geschwindigkeit des Luftstromes gemessen wird,

p_{ge} bzw. p_{ga} den Gesamtdruck vor und hinter dem Ventilator in kg/qm oder mm WS,

γ_e das Gewicht von 1 cbm Luft bei dem Drucke p_{ge} .

Die Gleichung (33) ist hauptsächlich für Kompressoren bestimmt, bei denen größere Pressungsunterschiede als bei Ventilatoren vorkommen. Für letztere genügt die einfachere Gleichung

$$L = V_m(p_{ga} - p_{ge}) \,, \tag{34}$$

worin V_m das Luftvolumen bei der mittleren Pressung $\dfrac{p_{ga} + p_{ge}}{2}$ und der zu p_{ge} (also vor dem Ventilator) gehörenden Temperatur t_e bedeutet.

Kann also die Luftmenge, aus örtlichen Gründen, nicht unmittelbar am Ventilator gemessen werden, aber in irgendeinem anderen Querschnitte der Luftleitung, so sind wenigstens die Temperatur, wie auch die

---

[1] Eine ausführliche Darstellung über Vornahme von Messungen ist in *Gramberg*, Technische Messungen bei Maschinenuntersuchungen (Berlin, Springer, 1914) enthalten.

[2] Vgl. Zeitschr. d. Ver. deutsch. Ing. 1912, S. 1795. — Es sind im folgenden, abweichend von den bisherigen Bezeichnungen, die gewählt, welche in den Regeln angegeben sind. Bei Pumpen wird die Fördermenge meist mit Q und die Druckhöhe mit H bzw. h bezeichnet; wegen der bisherigen gemeinsamen Behandlung von Pumpen und Ventilatoren sind daher die früheren Bezeichnungen gerechtfertigt.

Drücke, in möglichster Nähe des Ventilators zu messen. Ist die Temperatur da, wo die Luftmenge gemessen wird, t_0, der Druck p_0 und die Luftmenge V_0, so ist das mittlere Volumen V_m, bezogen auf die Drücke p_0, p_{ge} und p_{ga}

$$V_m = V_0 \frac{p_0\,(t_e + 273)}{\dfrac{p_{ga} + p_{ge}}{2}\,(t_0 + 273)}\,. \tag{35}$$

Wir nehmen an, die einfachen Wassermanometer, welche in den Luftkanal hineinragen (U-förmige Glasröhre), zeigten nur statischen Druck an, während für die Leistungsbestimmung die Gesamtdrücke zu messen sind. Zu dem Zwecke sind die am Ventilator liegenden Querschnitte, die Ein- und Austrittsöffnungen F_e und F_a zu messen, die Luftmenge selbst aber an Stellen, für die man möglichst wirbelfreie Strömung annehmen kann.

Die Luftmenge wird am einfachsten durch Anemometer bestimmt[1], wobei der Meßquerschnitt in gleiche Teile zu teilen ist, in denen man die jeweilige Luftmenge einzeln ermittelt und daraus dann die Gesamtluftmenge bestimmt.

Nach Feststellung der Luftmenge ergibt sich die Geschwindigkeit in den Meßquerschnitten und nach Ermittelung der zugehörigen Werte von γ aus

$$V_0\,\gamma_0 = F_e\,w_e\,\gamma_e = F_a\,w_a\,\gamma_a \tag{36}$$

die jeweilige Geschwindigkeit w_e und w_a an Ein- und Austrittsöffnung des Ventilators.

Damit sind wir aber auch in der Lage, die dynamischen Drücke $p_d = \dfrac{w^2 \gamma}{2\,g}$ zu bestimmen, und, da die Manometer den statischen Druck p_s anzeigen, ferner noch die Gesamtdrücke vor und hinter dem Ventilator aus

$$p_{ge} = p_{se} + p_{de} = p_{se} + \frac{w_e^2\,\gamma_e}{2\,g} \ \text{ in mm WS,} \tag{37}$$

$$p_{ga} = p_{sa} + p_{da} = p_{sa} + \frac{w_a^2\,\gamma_a}{2\,g} \ \text{ in mm WS} \tag{38}$$

wenn die Gewichte γ_e und γ_a ermittelt werden.

Es ist das Gewicht von 1 cbm Luft

$$\gamma = \frac{0,001\,293}{760\,(1 + 0,00\,367\ t)} \left(B \mp \frac{p_s}{13,6} - 0,375 \cdot \frac{m}{100} \right), \tag{39}$$

worin

t die Temperatur in Celsius,

B den Barometerstand in mm Quecksilbersäule,

m die relative Feuchtigkeit in Prozenten und

13,6 das spez. Gewicht des Quecksilbers

bedeuten.

---

[1] Anemometer machen oft unrichtige Angaben, weshalb sie stets zu prüfen sind. — Meist sind die Angaben zu hoch. — Zuverlässiger sind die Staurohrmessungen.

Beispiel (hierzu Fig. 11): Ein Ventilator sei mit seiner Eintrittsöffnung an eine Saugleitung von 1000 mm Durchmesser angeschlossen, die Eintrittsöffnung habe einen Durchmesser von 700 mm, zu der von der Saugleitung ein Verjüngungsstück überleitet. Die Druckleitung habe einen Durchmesser von 800 mm und die Ventilatoraustrittsöffnung einen Querschnitt von 0,2827 qm.

Vor der Saugleitung befindet sich ein Luftheizapparat, der die vom Ventilator angesaugte Luft auf 62° anwärmt und in der Saugleitung durch seinen Widerstand einen Unterdruck gegenüber dem äußeren Luftdrucke von 8 mm erzeugt.

Die Druckleitung ist eine aus Blechrohren hergestellte, vielfach verzweigte Leitung; vom Ventilator geht das Druckrohr auf eine längere Strecke in gleichem Durchmesser bis zu den Verteilungsleitungen. Vor den Verteilungsleitungen wird bei 800 Umläufen des Ventilators ein statischer

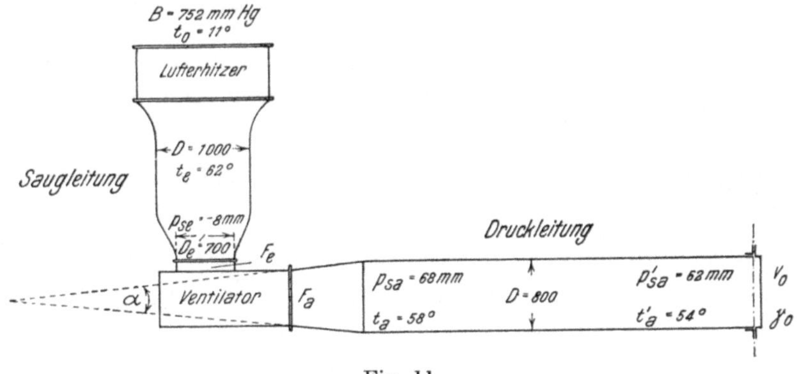

Fig. 11.

Druck $p'_{sa} = 62$ mm WS gemessen. Zum Zwecke der Leistungsbestimmung wird die Druckleitung an dieser Stelle auseinandergenommen und mit einem Schieber versehen, welcher so eingestellt wird, daß wieder 62 mm WS statischer Druck von dem Manometer angezeigt werden. Der Schieber vertritt also die Widerstände der abgeschalteten übrigen Druckleitung.

Die Temperatur der Luft vor dem Schieber betrage 54°, unmittelbar hinter dem Ventilator (in der Strömungsrichtung) 58°, der Druck an dieser Stelle sei $p_{sa} = 68$ mm WS. Es sind dann folgende, auch in Fig. 11 dargestellte Verhältnisse gegeben.

Vor dem Ventilator (vgl. Fig 11):

Durchmesser der Eintrittsöffnung $D_e = 700$.

Querschnitt $F_e = 0,3848$ qm.

Statischer Druck in der Saugleitung $p_{se} = -8$ mm WS.

Temperatur ebendaselbst $t_e = 62°$.

Hinter dem Ventilator:

Durchmesser der Druckleitung $D_a = 800$ mm.

Querschnitt der Austrittsöffnung $F_a = 0,2827$ qm.

Statischer Druck in der Druckleitung hinter dem Ventilator
$$p_{sa} = 68 \text{ mm WS.}$$

Druck kurz vor der Meßstelle $p'_{sa} = 62$ mm WS.

Temperatur entsprechend p_{sa}: $t_a = 58°$.

　　　　„　　　　　　„　　　　p'_{sa}: $t'_a = 54°$.

Barometerstand $B = 752$ mm Hg.

Temperatur der Raumluft $t = 11°$.

Feuchtigkeitsgehalt der Raumluft $m = 65$ Proz.

Die angegebenen Drücke sind die statischen Drücke.

Es ist nun die Leistung des Ventilators zu bestimmen.

Nachdem der Schieber an der Druckleitung so eingestellt wurde, daß der Druck $p'_{sa} = 62$ mm WS beträgt, ist die Luftmenge V_0, welche dem noch frei bleibenden Querschnitte der Schieberöffnung entströmt, mit geeichtem Anemometer zu messen.

Die Messung ergibt $V_0 = 1,85$ cbm/sec von $54°$ bei $p'_{sa} = 62$ mm WS.

Das zugehörige Gewicht von 1 cbm der geförderten Luft vor dem Schieber ist nach Gleichung (39)

$$\gamma = \frac{0,001\,293}{760\,(1 + 0,00\,367 \cdot 54)} \cdot \left(752 - 0,375 \cdot \frac{m}{100}\right).$$

(Es kann angenommen werden, daß der Druck in der Schieberöffnung gleich dem äußeren Drucke ist, weshalb das Glied $\dfrac{p_s}{13,6}$ in Gleichung (39) hier in Fortfall kommt, denn es ist auch bei einigem Unterschiede gegenüber dem äußeren Drucke von nur geringem Einflusse auf das Endresultat.)

Es ist noch m zu berechnen.

Die Raumluft besitzt eine Temperatur von $11°$ und einen relativen Feuchtigkeitsgehalt von 65 Proz.; sie enthält nach der Lufttabelle in 1 cbm:

bei voller Sättigung und 11°	0,010　kg Wasser
daher bei 65 Proz.	0,0065　„　　　„
bei voller Sättigung und 54°	0,0997　„　　　„

Demnach sind 0,0065 kg Wasser in 1 cbm Luft enthalten, woraus für $54°$ Lufttemperatur

$$m = \frac{0,0065}{0,0997} = 0,065 = 6,5\%$$

sich ergibt.

Es ist also für die austretende Luft

$$\gamma_0 = \frac{0,001\,293}{760\,(1 + 0,00\,367 \cdot 54)} \left(752 - 0,375 \cdot \frac{6,5}{100}\right) = 1,068 \text{ kg/cbm.}$$

Für γ_a (in der Austrittsöffnung F_a bei 58°) ist

$$m = \frac{0{,}0065}{0{,}1193} = 0{,}054 = 5{,}4\,\% \,,$$

$$\gamma_a = \frac{0{,}001\,293}{760\,(1 + 0{,}00\,367 \cdot 58)} \cdot \left(752 + \frac{68}{13{,}6} - 0{,}375 \cdot \frac{5{,}4}{100}\right) = 1{,}055 \text{ kg/cbm};$$

für γ_e (in der Eintrittsöffnung F_e bei $t_e = 62°$)

$$m = \frac{0{,}0065}{0{,}1356} = 0{,}048 = 4{,}8\,\% \,,$$

$$\gamma_e = \frac{0{,}001\,293}{760\,(1 + 0{,}00\,367 \cdot 62)} \cdot \left(752 - \frac{8}{13{,}6} - 0{,}375 \cdot \frac{4{,}8}{100}\right) = 1{,}038 \text{ kg/cbm}.$$

Die Geschwindigkeiten in den Querschnitten, an denen die Druckmessungen vorgenommen wurden, sind nach Gleichung (21) aus

$$w = \frac{V_0\,\gamma_0}{F \cdot \gamma}$$

zu berechnen, und es ergibt sich für die Eintrittsöffnung F_e

$$w_e = \frac{V_0\,\gamma_0}{F_e\,\gamma_e} = \frac{1{,}85 \cdot 1{,}068}{0{,}3848 \cdot 1{,}038} = 4{,}947 \text{ m/sec,}$$

für die Druckleitung

$$w_a = \frac{V_0\,\gamma_0}{F_a\,\gamma_a} = \frac{1{.}85 \cdot 1{,}068}{0{,}2827 \cdot 1{,}055} = 6{,}625 \text{ m/sec.}$$

Die Berechnung zeigt, daß der Unterschied der Gewichte γ_0, γ_a und γ_a' nur gering ist, der Feuchtigkeitsgehalt aber fast gar keinen Einfluß auf die Unterschiede der Gewichte hat, weshalb zumeist das Glied $0{,}375 \cdot \dfrac{m}{100}$ in der Klammer in Fortfall kommen kann.

Bei Drücken unter 100 mm WS wird deshalb gewöhnlich $V_0 = V_m$ und $\gamma_0 = \gamma_e = \gamma_a$ gesetzt.

Aus den Geschwindigkeiten lassen sich nun die Gesamtdrücke p_{ge} und p_{ga} ermitteln.

Nach Gleichung (37) und (38) ist der dynamische Druck oder die Geschwindigkeitshöhe:

für die Eintrittsöffnung

$$p_{de} = \frac{\gamma_e\,w_e^2}{2\,g} = \frac{1{,}038 \cdot 4{,}947^2}{19{,}62} = 1{,}294 \text{ mm WS,}$$

für die Austrittsöffnung

$$p_{da} = \frac{\gamma_a\,w_a^2}{2\,g} = \frac{1{,}055 \cdot 6{,}625^2}{19{,}62} = 2{,}360 \text{ mm WS.}$$

Es ist infolgedessen der Gesamtdruck in der Eintrittsöffnung F_e

$$p_{ge} = p_{se} + p_{de} = -8{,}0 + 1{,}294 = -6{,}706 \text{ mm WS,}$$

in der Austrittsöffnung F_a

$$p_{ga} = p_{sa} + p_{da} = 68{,}0 + 2{,}360 = 70{,}360 \text{ mm WS.}$$

Zum Vergleiche der Drücke und zur Vermeidung von $+$- und $-$-Zeichen bedient man sich auch der absoluten Drücke, indem man den in Quecksilbersäule gemessenen Barometerstand in Wassersäulendruck umrechnet.

Der Druck der Außenluft bzw. der Raumluft ist demnach

$$p_0 = 752 \cdot 13{,}596 = 10\,224 \text{ mm WS};$$

der Druck in der Saugleitung

$$p_{ge} = 752 \cdot 13{,}596 - 7{,}0 = 10\,217 \text{ mm},$$

in der Druckleitung

$$p_{ga} = 752 \cdot 13{,}596 + 70{,}4 = 10\,294 \text{ mm}.$$

Das im Ventilator durchströmende mittlere Volumen V_m der Luft ist daher nach Gleichung (35), worin $p_0 =$ dem äußeren Drucke zu setzen ist,

$$V_m = \frac{1{,}85 \cdot 10224\,(62 + 273)}{\dfrac{10\,217 + 10\,294}{2}\,(54 + 273)},$$

$$V_m = 1{,}8895 \text{ cbm/sec}.$$

Der Unterschied zwischen V_0 und V_m beträgt 0,0395 cbm oder 2,13 v. H. Bei der immerhin bestehenden Ungenauigkeit der Messungen fällt dieser Unterschied nicht ins Gewicht, weshalb es zulässig erscheint, bei Pressungen bis etwa 100 mm WS diesen Unterschied zu vernachlässigen und, wie oben schon angegeben war,

$$V_0 = V_m \quad \text{und demnach auch} \quad \gamma_0 = \gamma_e = \gamma_a$$

zu setzen.

Die Leistung des Ventilators ist nun nach Gleichung (34)

$$L = V_m\,(p_{ga} - p_{ge}) = 1{,}8895\,(10\,294 - 10\,217) = 149{,}49 \text{ mkg/sec}.$$

Es kommt also für die Leistungsbestimmung eines Ventilators der jeweilige Gesamtdruck vor und hinter dem Ventilator $(p_g = p_s + p_d)$ in Betracht. In Pferdestärken ausgedrückt ist

$$L = \frac{149{,}49}{75} = 1{,}993 \text{ PS}.$$

Hiervon ist aber der **Leistungsverbrauch** des Ventilators zu unterscheiden. Derselbe hängt vom Wirkungsgrade des Ventilators ab, d. h. die dem Ventilator zuzuführende Leistung ist um so größer, je geringer der Wirkungsgrad ist.

Ist der Wirkungsgrad z. B. 0,6, so muß die Leistungsabgabe der Antriebsmaschine

$$\frac{149{,}49}{0{,}6} = 249{,}15 \text{ mkg/sec}$$

oder

$$\frac{1{,}993}{0{,}6} = 3{,}323 \text{ PS}_{\text{eff}}$$

betragen.

Mit der Angabe, der Wirkungsgrad des Ventilators sei 0,6, wird angedeutet, daß 60 Proz. der der Welle des Ventilators zugeführten Leistung der Antriebsmaschine zur Hervorbringung der Ventilatorleistung L ausgenutzt werden, oder umgekehrt, daß zur Ventilatorleistung $L = V\,(p_{ga} - p_{ge})$ eine $\dfrac{1}{0,6}$ mal so große Leistung von der Antriebsmaschine hervorzubringen ist, weil 40 Proz. durch Widerstände der Luft im Ventilator und Reibung der Ventilatorwelle in den Lagern verlorengehen. Der Wirkungsgrad eines Ventilators ist also das Verhältnis der Ventilatorleistung zur effektiven Leistung der Antriebmaschine an der Welle des Ventilators gemessen,

$$\eta_V = \frac{L_V}{L_M}\,, \tag{36}$$

wenn mit L_V die Leistung des Ventilators, mit L_M die der Antriebsmaschine und zwar in mkg bezeichnet werden.

Beziehen sich die Messungen aber auf Ventilator und Motor zugleich, so ist auch der Wirkungsgrad der Antriebsmaschine zu berücksichtigen. Wenn z. B. der Wirkungsgrad der Antriebsmaschine $\eta_M = 0,85$ ist, so ergibt sich der Gesamtwirkungsgrad

$$\eta = \eta_V \cdot \eta_M\,. \tag{37}$$

Für den vorliegenden Fall wäre demnach der gesamte Leistungsverbrauch von Ventilator und Antriebsmaschine

$$L = \frac{149,49}{0,6 \cdot 0,85} = 293,12 \text{ mkg}$$

oder, in PS ausgedrückt:

$$N = \frac{293,12}{75} = 3,888 \text{ PS.}$$

Fassen wir die Gleichungen zusammen, so ist:

1. die Leistung des Ventilators

$$L_V = V_{\text{sec}}\,(p_{ga} - p_{ge}) \text{ in mkg/sec;}$$

2. der Leistungsverbrauch des Ventilators allein

$$L_e = \frac{V_{\text{sec}}\,(p_{ga} - p_{ge})}{\eta_V} \text{ in mkg/sec}$$

oder

$$N_e = \frac{V_{\text{sec}}\,(p_{ga} - p_{ge})}{\eta_V \cdot 75} \text{ in PS}_{\text{eff}}\,;$$

3. der Leistungsverbrauch der Ventilatoranlage (einschl. Antriebsmotor)

$$N_M = \frac{V\,(p_{ga} - p_{ge})}{\eta_V \cdot \eta_M \cdot 75} \text{ in PS}_{\text{eff}}\,.$$

6. Die gleichwertige Öffnung oder gleichwertige Düse.

Wenn ein Ventilator in den freien Raum ausbläst, so herrscht in der Ausblasöffnung lediglich der aus der Austrittsgeschwindigkeit sich ergebende dynamische Druck, während der statische Druck in der Ausblasöffnung gleich dem Luftdrucke der Umgebung, also gleich Null ist[1]. Wird die Ausblasöffnung geschlossen, so daß also keine Luft austreten kann, obgleich der Ventilator läuft, dann ist die Geschwindigkeit gleich Null und es herrscht infolgedessen nur statischer Druck, weil in diesem Falle (wegen $w = 0$) auch der dynamische Druck (Gleichung 17)

$$p_d = \frac{w^2 \gamma}{2 g}$$

gleich Null wird.

Zwischen diesen beiden Extremen, dem freien Ausblasen und der gänzlich geschlossenen Ausblasöffnung, liegen unendlich viele Abstufungen, die nur davon abhängig sind, inwieweit dem Austritt der Luft aus der Ausblasöffnung ein Widerstand entgegengestellt wird, die aber immer der Gleichung (19) entsprechen: $p_g = p_d + p_s$. In dem Falle des freien Austritts der Luft ist $p_s = 0$, daher $p_g = p_d$, im Falle der geschlossenen Austrittsöffnung ist $p_d = 0$, und deshalb $p_g = p_s$. Der größte Widerstand ist das gänzliche Schließen der Öffnung. Das oben Gesagte gilt auch für die Saugöffnung des Ventilators, nur ist hier bei auftretendem statischen Drucke ein Unterdruck gegenüber dem äußeren Luftdrucke zu verzeichnen (also mit negativem Vorzeichen anzudeuten), wogegen der dynamische Druck stets positiv ist.

In Fig. 12 sind die Drücke, die ein *Sirocco*-Ventilator zu erzeugen vermag, auf Grund von Katalogangaben dargestellt. Auf der Abszisse sind die Fördermengen in cbm/sec, auf der Ordinate die Drücke in mm Wassersäule (WS) gemessen. Die äußere ausgezogene Linie gibt die Fördermengen und Druckhöhen bei freiem Austritt an. Die Linie ist eine Parabel[2].

Zur Konstruktion dieser Parabel genügt eine einzige Angabe, z. B.

$$V = 4{,}2 \text{ cbm/sec}, \qquad p_g = 72 \text{ mm WS.}$$

Die übrigen zueinander gehörenden Werte von V und p_g, welche auf dieser Parabel liegen, sind ohne weiteres aus Gleichung (28) oder (29) zu ermitteln (in welchen nur $V = Q$ und $p_g = h$ einzusetzen sind), sobald nur einer der Werte angenommen wird. Z. B.: Angenommen $V_2 = 3{,}0$ cbm, so folgt aus Gleichung (28)

$$p_{g_2} = p_{g_1} \left(\frac{V_2}{V_1}\right)^2 = 72 \cdot \left(\frac{3{,}0}{4{,}2}\right)^2 = 36{,}8 \text{ mm WS.}$$

Es kann also für jeden angenommenen Wert von V der zugehörige Wert von p_g bestimmt werden, so daß hiermit die Parabel gezeichnet werden kann.

---

[1] Da es sich immer um Ermittlung der vom Ventilator erzeugten Druckdifferenz handelt, wird der Druck der Umgebung hier und im Folgenden als Ausgangspunkt für die Druckangaben betrachtet.

[2] Vgl. Gleichung (31).

Wenn außer den Werten $V = 4{,}2$ und $p_g = 72$ noch die Umlaufzahl n angegeben ist, die hierfür in Frage kommt (im vorliegenden Falle ist nach Fig. 12 $n = 900$), so kann auch mit Hilfe der Gleichungen (26) und (27) für jeden Punkt der Parabel die Umlaufzahl n angegeben werden. Es ist z. B. dann für $V = 3{,}0$ cbm nach Gleichung (27)

$$n_2 = n_1 \frac{V_2}{V_1} = 900\,\frac{3{,}0}{4{,}2} = 642 \text{ Umdrehungen in der Minute.}$$

Da der Voraussetzung nach der Ventilator frei ausbläst, die Ausblasöffnung aber einen Querschnitt $F_a = 0{,}1267$ qm besitzt, so können wir für jede Luftmenge den im Ausblasequerschnitt herrschenden Druck ermitteln, der nach dem Vorhergesagten als reiner dynamischer Druck auftritt und hierbei auch zugleich den Gesamtdruck darstellt.

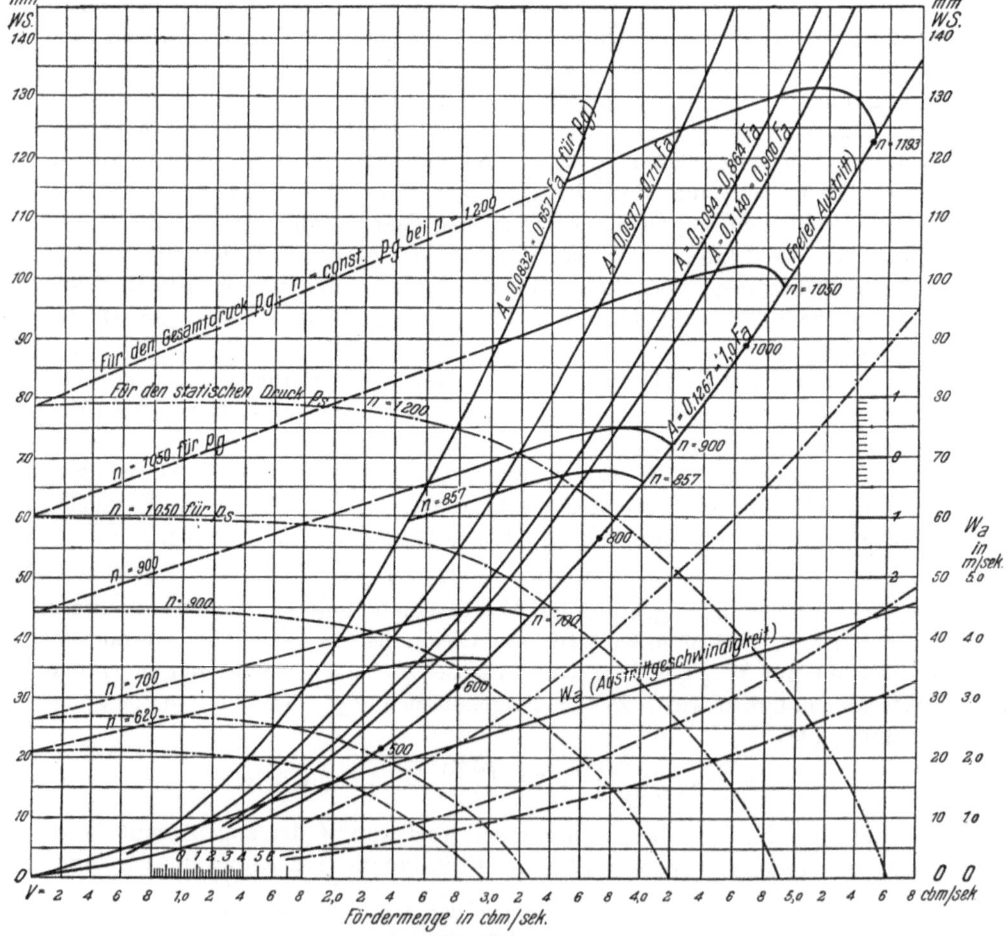

Fig. 12.

Schaulinien eines *Sirocco*-Ventilators Nr. $3^{1}/_{2}$.
Ausblasöffnung $F_a = 0{,}1267$ qm.   Durchmesser des Flügelrades $D = 0{,}445$ m.

Bei $V = 4{,}2$ cbm/sec ist die Austrittsgeschwindigkeit

$$w_a = \frac{4.2}{0{,}1267} = 33{,}18 \text{ m/sec}$$

und mit dem Gewichte $\gamma = 1{,}293$ kg/cbm (Luft von $0°$) ist der dynamische Druck nach Gleichung (17)

$$p_d = \frac{33{,}18^2 \cdot 1{,}293}{19{,}62} = 71{,}95 \text{ rd. } 72 \text{ mm,}$$

wie in Fig. 12 auch zu finden ist.

Die Austrittsgeschwindigkeit w_a zeigt sich als gerade Linie, sie ist in Fig. 12 ebenfalls zu finden.

Da der dynamische Druck in der freien Austrittsöffnung F_a zugleich als der Gesamtdruck p_g anzusehen ist, so daß

$$p_d = p_{ga} = \frac{w_a^2\,\gamma}{2\,g}\,,$$

so folgt, mit $w_a = \dfrac{V}{F_a}$

$$p_d = p_{ga} = \left(\frac{V}{F_a}\right)^2 \frac{\gamma}{2\,g}\,. \tag{40}$$

Hieraus können wir nun auch bei gegebenem V und p_g die Ausblasöffnung ermitteln:

$$F_a = V\sqrt{\frac{\gamma}{2\,g\,p_g}} \text{ in qm.} \tag{41}$$

Betrachten wir als gegeben die Luftmenge $V = 4{,}0$ cbm/sec, so finden wir bei freiem Austritt nach Fig. 12 einen Druck $p_g = p_d = 65{,}6$ mm WS. Ein nächst höher liegender Punkt, für welchen die Umlaufzahl $n = 900$ angegeben ist, ist $V = 4{,}2$ cbm, folglich ist die erforderliche Umlaufzahl für $4{,}0$ cbm nach Gleichung (27)

$$n_2 = 900 \cdot \frac{4{,}0}{4{,}2} = 857 \text{ Umdrehungen in der Minute.}$$

Setzen wir nun an die Ausblasöffnung eine Druckleitung an, so wird dadurch ein Widerstand vorgeschaltet, welcher, wenn sonst nichts geändert wird, insbesondere der Ventilator seine bisherige Umlaufzahl $n = 857$ beibehält, nach den Auseinandersetzungen am Anfange dieses Abschnittes eine Verminderung der Luftmenge zur Folge haben muß.

Wir wollen den Querschnitt dieser Druckleitung so groß wie die Austrittsöffnung wählen; es ist dann eine Druckleitung von $0{,}1267$ qm $= 402$ mm Durchmesser anzubringen. Die Geschwindigkeit ist uns aber unbekannt, da wir die infolge der veränderten Verhältnisse geförderte Luftmenge nicht kennen. Es ist also ohne weiteres nicht möglich, auf diese Weise zu ermitteln, welche Folgen das Vorschalten der Druckleitung vor die Austrittsöffnung mit sich bringt.

Wählen wir einen beliebigen Widerstand, etwa in der Ausführung, daß
wir die Ausblasöffnung um 10 v. H. ihres Querschnittes vermindern, aber
so, daß eine Kontraktionswirkung nicht entsteht, also nach Art einer gut
abgerundeten Düse, die an die Ausblasöffnung angeschlossen wird, so entsteht ebenfalls eine Verminderung der Luftmenge, vorausgesetzt daß die
Drehzahl des Ventilators die gleiche bleibt. Die neue düsenförmige Ausblasöffnung besitzt dann einen Querschnitt $F_a' = 0,9 \cdot 0,1267 = 0,1140$ qm, und
mit Hilfe der Gleichung (40) sind wir in der Lage, für einen beliebig angenommenen Druck $p_g = p_d$, z. B. $p_g = 90$ mm das zugehörige Volumen
zu berechnen.

Aus Gleichung (40) wird

$$V = \frac{F_a'}{\sqrt{\dfrac{\gamma}{2\,g\,p_g}}} \quad \text{in cbm/sec.} \tag{42}$$

Für $p_g = 90$ mm und $\gamma = 1,293$ ist

$$V = \frac{0,1140}{\sqrt{\dfrac{1,293}{19,62 \cdot 90}}} = 4,21 \text{ cbm/sec.}$$

Wir haben damit einen Punkt einer Linie gefunden, für welche $F_a = 0,1140$ qm
und $p_g = 90$ mm ist.

Wie schon oben gezeigt, genügt aber ein solcher Punkt, d. h. ein Wert
von V mit zugehörendem p_g, um die Parabel nach Gleichung (28) zeichnen
zu können. Wir ermitteln deshalb unter Annahme von $p_g = 70, 60, 50$ mm
usw. das zugehörige V und erhalten eine neue Parabel für den Ausblasquerschnitt $F_a' = 0,1140$ qm, wie Fig. 12 zeigt.

Für den freien Ausblasquerschnitt, also auf Parabel $F_a = 0,1267$, war
der Punkt angegeben, wo $n = 900$ ist. Von diesem Punkte aus verläuft eine
Linie, die Linie für gleichbleibende Drehzahl, zuerst wenig ansteigend, dann
fallend, sie ist durch Versuche ermittelt worden und kommt in den Katalogangaben zum Ausdruck. Die Linie für gleichbleibende Drehzahl ($n =$ const.)
schneidet auch die neue Parabel $F_a' = 0,1140$ in Fig. 12. Da nun auch hier
die Gleichungen (28) und (29) gelten und der Schnittpunkt der Linie gleichbleibender Drehzahl ($n = 900$) bei $p_g = 74,8$ mm und $V = 3,83$ cbm liegt,
während wir eine Umlaufzahl $n = 857$ beibehalten wollten, so ist die mit
dieser Umlaufzahl ($n = 857$) geförderte Luftmenge nach Gleichung (27)

$$V = 3,83 \cdot \frac{857}{900} = 3,65 \text{ cbm/sec.}$$

Fig. 12 gibt hierzu auf der Parabel $F_a' = 0,1140$ einen Druck $p_g = 67,5$ mm
an. Wir sehen, daß infolge Vorschaltens des düsenförmigen Widerstandes,
trotz gleichbleibender Umlaufzahl, der Druck von 65,5 mm auf 67,5 mm
gestiegen ist, wogegen die geförderte Luftmenge von 4,0 cbm auf 3,65 cbm
fällt.

Wenn wir nun an Stelle dieses Düsenwiderstandes eine Rohrleitung an die freie Ausblasöffnung ansetzen, durch die der Querschnitt zwar nicht verengt wird, die aber einen gleichgroßen Widerstand infolge der Reibung der Luft an den Rohrwandungen wie die vorher betrachtete Düse aufweist, so bleibt die Luftmenge die gleiche, nämlich 3,65 cbm/sec, aber die Stelle, wo der dynamische Druck den Gesamtdruck darstellt, liegt jetzt am Ende der angeschlossenen Leitung, wo die Luft aus derselben frei austritt, während wir am Ausblasquerschnitt des Ventilators, also am Anfange der Rohrleitung, einen höheren Gesamtdruck ($p_g = 67,5$ mm) erhalten.

Außerdem ist infolge des größeren Querschnittes der freien Ausblasöffnung, da wir die Leitung an den Ventilator direkt anschließen, die Geschwindigkeit geringer geworden als in dem düsenförmigen Widerstand und mit ihr auch der dynamische Druck. Es ist

$$w_a = \frac{3,65}{0,1267} = 28,81 \text{ m/sec,}$$

daraus

$$p_d = \frac{28,8^2 \cdot 1,293}{19,62} = 54,6 \text{ mm WS,}$$

der auch am Ende der angesetzten Leitung besteht. Der Gesamtdruck ist aber $p_g = 67,5$ mm, und nun entsteht, da nach Gleichung (18) $p_g = p_s + p_d$ die Summe von statischem und dynamischem Drucke ist, ein statischer Druck an der Ausblasöffnung, also am Anfange der angesetzten Rohrleitung von

$$p_s = 67,5 - 54,6 = 12,9 \text{ mm.}$$

Der Durchmesser der Rohrleitung war, wie oben schon angedeutet, mit 402 mm angegeben, von gleichem Querschnitt wie die Ausblasöffnung. Wenn demnach für dynamischen Druck 54,6 mm aufzuweisen sind, der Gesamtdruck aber 67,5 mm beträgt, so dürfen die Reibungswiderstände der angeschlossenen Rohrleitung 12,9 mm betragen.

Da uns jetzt die geförderte Luftmenge und daher die Geschwindigkeit der Luft in der Leitung bekannt ist, können wir auch die Reibungswiderstände bestimmen. Bei einer Geschwindigkeit von 28,8 m/sec[1] ist etwa $R = 2,0$ mm WS/m zu setzen, daher wird die Länge der Leitung, die dem Widerstande der düsenförmigen Ausblasöffnung entspricht,

$$l = \frac{12,9}{2} = 6,45 \text{ m.}$$

Das Beispiel zeigt, daß eine Düse von einem Querschnitte $F_a' = 0,1140$ qm, an der Ausblasöffnung angebracht, die gleiche Wirkung hervorruft wie die 6,45 m lange Leitung von 402 mm Durchmesser, sie erhöht den Gesamt-

---

[1] So hohe Geschwindigkeit wird in der Leitung meist nicht gewählt, indessen liegt hier eben die Annahme gleicher Geschwindigkeit in Ausblasöffnung und Leitung vor.

druck auf 67,5 mm WS und vermindert das Volumen gegenüber dem freien Ausblasen auf 3,65 cbm, bei gleichbleibender Drehzahl $n = 857$.

Die Öffnung $F_a' = 0,1140$ ist daher, bei kontraktionslosem Ausflusse, der Leitung von 402 mm Durchmesser und 6,45 m Länge gleichwertig oder äquivalent.

Verlängern wir die Druckleitung von 402 mm Durchmesser so, daß sie eine Länge von 18,6 m erhält, und beabsichtigen durch diese Leitung eine Luftmenge von 3,04 cbm/sec zu fördern, so ist die sekundliche Geschwindigkeit in der Leitung

$$w_l = \frac{3,04}{0,1267} = 24,0 \text{ m/sec}$$

und der dynamische Druck am Ende der Rohrleitung

$$p_d = \frac{24,0^2 \cdot 1,293}{19,62} = 37,9 \text{ mm WS.}$$

Die Widerstandszahl eines Rohres von 402 mm Durchmesser bei $w_l = 24,0$ m ist etwa $R = 1,4$ mm WS/m; daraus ergibt sich ein Gesamtwiderstand $R_l = 1,4 \cdot 18,6 = 26,1$ mm WS. Der Gesamtdruck am Anfange der Leitung muß demnach

$$p_g = p_d + p_s = 37,9 + 26,1 = 64,0 \text{ mm}$$

betragen.

Das entspricht einem Querschnitte einer Ausblasdüse nach Gleichung (40)

$$F_a' = 3,04 \sqrt{\frac{1,293}{19,62 \cdot 64,0}} = 0,0977 \text{ qm.}$$

Mit dem gegebenen Werte $V = 3,04$, $p_g = 64,0$ zeichnen wir in Fig. 12 die Parabel nach Gleichung (28) oder nach Gleichung (29) oder (31) und erhalten nun eine neue Linie für eine **gleichwertige Düse** vom Querschnitt $F_a' = 0,0977$ qm, die von der Linie für $n = 900$ bei $V = 3,19$ und $p_g = 71$ mm geschnitten wird.

Wollen wir noch die Umlaufzahl für $V = 3,04$ und $p_g = 64,0$ ermitteln, so ist dieselbe aus Gleichung (27)

$$n = \frac{3,04 \cdot 900}{3,19} = 857 \, .$$

Da die Leitung von 402 mm Durchmesser und 18,6 m Länge, ferner die Luftmenge $V = 3,04$ cbm/sec gegeben waren, so konnten die Widerstände ermittelt werden, ferner der Gesamtdruck p_g, der sich aus

$$R_l = 1,4 \cdot 18,6 = 26,1 \text{ mm WS} \quad \text{und}$$
$$p_d = \underline{37,9 \text{ ,, \quad \quad ,,}}$$
$$p_g = 64,0 \text{ mm WS}$$

ergab.

Hiernach wurde die Parabel für $V = 3,04$ und $p_g = 64,0$ mm gezeichnet. Aus der in Fig. 12 eingetragenen Linie für die konstante Drehzahl $n = 900$

war es dann möglich, auch die Drehzahl zu bestimmen, welche für die Förderung von 3,04 cbm/sec bei $p_g = 64{,}0$ mm erforderlich ist.

Man sieht also hieraus, wie bei gegebener Leitung und gegebener Luftmenge die graphische Darstellung der Beziehungen eines Ventilators benutzt werden kann, um alle erforderlichen Daten zu ermitteln.

Bedingung hierfür ist aber die **Kenntnis des Verlaufes einer der Kurven für gleichbleibende Umlaufzahl.**

Jeder Punkt einer solchen Linie gibt Fördermenge und Druck eines Wertes einer gleichwertigen Düse an.

Durch jeden Punkt der Linie gleichbleibender Umlaufzahl kann eine Parabel einer gleichwertigen Düse gelegt werden, aus der dann Fördermenge und Druck zu entnehmen sind. (Die in Fig. 12 enthaltenen, aber noch nicht erwähnten Linien werden im folgenden Abschnitte behandelt werden.)

Nach den schon erwähnten Regeln für Leistungsversuche an Ventilatoren und Kompressen ist die gleichwertige Düse oder gleichwertige Öffnung folgendermaßen definiert:

„Die gleichwertige Öffnung der Anlage[1] ist ein Wert, der für die Beurteilung von Ventilationsanlagen in Bergwerken allgemein eingeführt ist; sie bedeutet den Querschnitt einer düsenförmigen Öffnung von der Größe, daß dem Durchflusse von Gasmengen der gleiche Widerstand entgegengesetzt wird wie ihn das an den Ventilator angeschlossene Leitungsnetz (ohne Ventilator) bietet, und ist deshalb zur Kennzeichnung dieses Widerstandes geeignet."

Die gleichwertige Öffnung, mit A bezeichnet, ist dann in den Regeln durch folgende Gleichung gegeben:

$$A = \frac{V}{\mu} \sqrt{\frac{\gamma}{2\,g\,(p_{ga} - p_{ge})}} \text{ in qm,} \tag{43}$$

worin

V die Gasmenge (Luftmenge) in cbm/sec,

γ das Gewicht derselben in kg/cbm,

$p_{ga} - p_{ge}$ den Unterschied der Gesamtdrücke hinter und vor dem Ventilator in mm WS (kg/qm),

μ eine Kontraktionsziffer (bisher $\mu = 0{,}65$)

bedeuten.

Der Wert von $\mu = 0{,}65$ ist nach *Murgue* gewählt und wird zur Beurteilung von Wetterführungen in Bergwerken benutzt. Da es sich aber nur um eine Vergleichsgröße handelt, die eigentlich nur rechnerisch benutzt wird, so ist man übereingekommen, $\mu = 1$ zu setzen, was dem Ausflußkoeffizienten einer gut abgerundeten kurzen Düse entspricht.

Aus diesem Grunde hat man an Stelle des Ausdrucks „gleichwertige Öffnung" auch den Ausdruck „gleichwertige Düse" gewählt, wobei $\mu = 1$

---

[1] Unter „Anlage" wird die gesamte Lüftungseinrichtung, Ventilator einschl. Antriebsmaschine, Luftleitungen und Zubehör verstanden.

gesetzt ist, so daß Gleichung (40) die Form

$$A = V \sqrt{\frac{\gamma}{2g(p_{ga} - p_{ge})}} \quad \text{in qm} \tag{44}$$

annimmt.

Wählt man nun noch, wie allgemein üblich, $\gamma = 1{,}205$, was einer Temperatur der Luft von $20°$ bei 760 mm Barometerstand entspricht, so ist mit $\mu = 0{,}65$

$$A = 0{,}38 \frac{V}{\sqrt{2p_{ga} - p_{ge}}} \quad \text{in qm} \tag{45}$$

mit $\mu = 1$

$$A = 0{,}247 \frac{V}{\sqrt{p_{ga} - p_{ge}}} \quad \text{in qm.} \tag{46}$$

Die Einführung des Begriffes der gleichwertigen Öffnung oder gleichwertigen Düse bietet noch die Möglichkeit, einen Ventilator auf seinem Prüfstande, also schon in der Fabrik, auf seine Leistung hin unter den gleichen Bedingungen zu prüfen, wie sie sich später an der Verwendungsstelle bei angeschlossenen Saug- und Druckleitungen ergeben.

Bei der gleichwertigen Öffnung bestehen, wie schon oben angedeutet wurde und viele Versuche gezeigt haben, die im vorigen Abschnitte behandelten Gesetzmäßigkeiten:

1. Die geförderten Luftmengen verhalten sich wie die Drehzahlen (siehe Gleichung 27):

$$\frac{V_1}{V_2} = \frac{n_1}{V_2}$$

2. Die erzeugten Drücke, d. i. der Unterschied der Pressungen vor und hinter dem Ventilator, verhalten sich wie das Quadrat der Umlaufzahlen:

$$\frac{p'_{ga} - p'_{ge}}{p''_{ga} - p''_{ge}} = \left(\frac{n'}{n''}\right)^2 \quad \text{(s. Gleich. 26).}$$

3. Weil auch der Wirkungsgrad angenähert gleich bleibt, ändert sich der Leistungsverbrauch in der dritten Potenz der Umlaufzahlen:

$$\frac{N'}{N''} = \left(\frac{n'}{n''}\right)^3 \quad \text{(s. Gleich. 32).}$$

In den folgenden Abschnitten wird die Anwendung der gleichwertigen Düse noch erörtert werden.

Die Parabel einer gleichwertigen Düse behält so lange ihre Gültigkeit, d. h. auf ihr werden bei veränderter Umlaufzahl alle zueinander gehörenden Werte von V und p_g gefunden, solange die an den Ventilator angeschlossenen Leitungen nicht verändert werden.

Die gleichwertige Düse war für die Leitung von 6,45 m Länge mit $A = 0{,}1140$ berechnet worden, als aber die Leitung auf 18,6 m verlängert wurde, ergab sich $A = 0{,}0977$ und damit eine andere Parabel, während die Umlaufzahl $n = 857$ für beide Werte von A die gleiche blieb.

7. Die graphischen Darstellungen der Beziehungen zwischen Fördermenge, Druckhöhe und Drehzahl.

Die üblichen graphischen Darstellungen der Beziehungen zwischen Fördermenge, Druckhöhe und Drehzahl eines Ventilators enthalten meist diese Beziehungen unter Angabe nur des statischen Druckes, während der Gesamtdruck noch rechnerisch ermittelt werden muß (vgl. Fig. 13).

In Fig. 12 ist sowohl der statische als auch der Gesamtdruck abzulesen.

In der Hauptsache handelt es sich um die Darstellung der Beziehungen bei konstanter Umlaufzahl. Hierzu ist erforderlich, den Ventilator auf dem Prüffelde zu beobachten. Die hieraus folgenden Ergebnisse sind in den Preislisten der Fabrikanten enthalten.

Für die in Fig. 12 dargestellten Beziehungen eines *Sirocco*-Ventilators Nr. $3^{1}/_{2}$ von 445 mm Raddurchmesser, 0,521 m Durchmesser der Eintrittsöffnung ($F_e = 0{,}2132$ qm) und $0{,}356 \cdot 0{,}356 = 0{,}1267$ qm Ausblasöffnung (F_a) sind folgende Daten eines Kataloges der Firma *White, Child & Beney*[1] über Drehzahlen und Fördermengen benutzt worden, während p_g berechnet wurde.

A) bei freiem Ausblasen.

Drehzahl n/Min.	350	500	600	700	800	900	1000	1100	1193
Fördermenge V cbm/sec	1,63	2,33	2,80	3,27	3,73	4,20	4,66	5,14	5,50
Druck p_g in mm WS (berechnet)	10,66	21,90	31,90	43,55	56,70	71,95	88,60	107,80	123,20

Die Fördermenge ist auf Luft von $0°$ mit $\gamma = 1{,}293$ kg/cbm bezogen. Aus der sekundlichen Fördermenge ergibt sich sofort die Austrittsgeschwindigkeit, da die Ausblasöffnung $F_a = 0{,}1267$ qm bekannt ist. Es ist

$$w_a = \frac{V}{F_a} \text{ m/sec,}$$

z. B. für $V = 3{,}27$ cbm/sec

$$w_a = \frac{3{,}27}{0{,}1267} = 25{,}81 \text{ m/sec.}$$

Der bei dieser Austrittsgeschwindigkeit erzeugte dynamische Druck ist daher bestimmbar:

$$p_d = \frac{w_a^2 \cdot \gamma}{2\,g} = \frac{25{,}81^2 \cdot 1{,}293}{19{,}62} = 43{,}55 \text{ mm WS.}$$

In gleicher Weise ist der zu jeder Fördermenge gehörende Druck berechnet worden, und da der Ventilator frei ausbläst, so ist, wie im vorigen Abschnitt schon erklärt war, der dynamische Druck p_d zugleich auch Gesamtdruck p_g, dessen Werte auf der mit $A = 0{,}1267 = 1{,}0 \ F_a$ bezeichneten Linie liegen.

Wie sich nun der Ventilator verhält, wenn seine Ausblasöffnung nach und nach gedrosselt wird, oder, was nach dem vorhergehenden Abschnitte

---

[1] Die Fabrikation der *Sirocco*-Ventilatoren ist nach Ausbruch des Krieges von der Firma *Th. Fröhlich*-Berlin NW. 7 übernommen worden.

dasselbe ist, Widerstand verursachende Leitungen an den Ventilator angeschlossen werden, ist auf dem Prüffelde zu ermitteln, wobei die Drehzahl konstant zu halten ist.

Zur Darstellung wurden folgende Katalogangaben benutzt (dort bezeichnet unter „Leistung bei Widerstand"):

B) Drehzahl $n = 1050$ (konstant).

Fördermenge V in cbm/sec	3,05	3,42	3,75	4,03	4,28	4,48	4,67
Erzeugter statischer Druck p_s in mm	51	45	38	32	25	19	13

Bei 3,05 cbm/sec zeigt sich ein statischer Druck von 51 mm WS. — Wir denken uns an den Ventilator eine Druckleitung angeschlossen, welche einen Widerstand von 51 mm WS verursacht, dann ist der dynamische Druck ohne weiteres zu ermitteln.

Die Austrittsgeschwindigkeit ist für $V = 3,05$ cbm

$$w_a = \frac{3,05}{0,1267} = 24,1 \text{ m/sec}$$

daher

$$p_d = \frac{24,1^2 \cdot 1,293}{19,62} = 38,2 \text{ mm}$$

und der Gesamtdruck, da der statische Druck gegeben ist:

$$p_g = p_s + p_d = 51,0 + 38,2 = 89,2 \text{ mm}.$$

Der Ventilator bläst nun aber nicht mehr frei aus, sondern überwindet einen Widerstand von 51 mm WS. Bei freiem Ausblasen und 1050 Umdrehungen würde er 4,9 cbm/sec mit 98,5 mm WS aufweisen, wie uns die Parabel für freien Austritt zeigt oder berechnet werden kann.

Der Widerstand, den die Druckleitung verursacht, entspricht nach Gleichung (38) einer gleichwertigen Düse

$$A = 3,05 \cdot \sqrt{\frac{1,293}{19,62 \cdot 89,2}} = 0,0832 \text{ qm}.$$

Es ist also die gleichwertige Düse $A = 0,0832$ qm oder

$$\frac{A}{F_a} = \frac{0,0832}{0,1267} = 0,657,$$

$F_a = 65,7$ v. H. des freien Ausblasquerschnittes.

Für diese gleichwertige Düse ist nun in Fig. 12 die Parabel gezeichnet, auf welche auch bei $V = 3,05$ und $p_g = 89,2$ der Punkt für $n = 1050$ fällt.

In gleicher Weise sind aus den übrigen Angaben der obigen Zusammenstellung B, für welche $n = 1050$ ist, eine Anzahl gleichwertiger Düsen berechnet und die zugehörenden Parabeln gezeichnet worden. Die jedesmal für p_g gefundenen Punkte miteinander verbunden, geben die Linie für die konstante Drehzahl $n = 1050$. Nachdem diese Linie gefunden ist, lassen sich die Linien anderer Umlaufzahlen ohne weiteres durch die Gleichungen (26) und (27) ermitteln, indem die hierfür geltenden Punkte auf den Parabeln der gleichwertigen Düsen gesucht und miteinander verbunden werden. So ist z. B. für $n = 857$ der Punkt auf der Parabel $A = 0{,}0832$ bei

$$V = 3{,}05 \cdot \frac{8{,}57}{1050} = 2{,}49 \text{ cbm/sec}$$

zu finden.

Nun verfolgen wir einmal ·die Angaben des statischen Druckes allein (nach obiger Zusammenstellung B).

Für $V = 3{,}05$ ist $p_s = 51$ mm; für $V = 3{,}42$ ist $p_s = 45$ mm; für $V = 3{,}75$ ist $p_s = 38$ mm und so fort angegeben. Tragen wir diese Werte in Fig. 12 auf, so erhalten wir durch Verbinden der Punkte wiederum eine Linie, für die $n = 1050 = $ const. ist (in Fig. 12 — · — · — gezeichnet).

Auf dieser neuen Linie für konstante Umlaufzahl ergeben sich die zueinander gehörenden Werte von V und p_s und es kann durch jeden Punkt dieser Linie eine Parabel hindurchgelegt werden, welche der Gleichung (31) genügt, nämlich $\dfrac{V}{\sqrt{p_s}} = $ const. (vgl. die — · — · — gezeichneten Parabeln).

Demnach ist es nun auch möglich, auf jeder dieser Parabeln wieder die Punkte zu finden, die für andere Umlaufzahlen gelten und durch Verbinden dieser Punkte erhalten wir die Linien für konstante Drehzahlen, welche die Beziehungen zwischen Fördermenge und statischem Drucke darstellen. (In Fig. 12 punktiert dargestellt.)

Aber auch aus den Gesamtdrücken können wir die statischen Drücke für eine andere Drehzahl als die gegebene bestimmen.

Nehmen wir an, die Linie $n = $ const. $= 1050$ sei für die Gesamtdrücke für eine Anzahl Parabeln der gleichwertigen Düse gegeben, danach sei mit Hilfe der Gleichung (27) $\dfrac{V_1}{V_2} = \dfrac{n_1}{n_2}$ die Linie für $n = 900$ ermittelt worden.

Dann ergibt sich, wie Fig. 12 zeigt, auf der Parabel des freien Austritts $V = 4{,}20$; $p_g = 72{,}0$

$$\text{für } A = 0{,}1140 :· \quad V = 3{,}84, \quad p_g = 75{,}0;$$
$$\text{für } A = 0{,}1090 : \quad V = 3{,}64, \quad p_g = 74{,}0;$$
$$\text{für } A = 0{,}0977 : \quad V = 3{,}19, \quad p_g = 71{,}0 \,.$$

An den Ventilator sind also Leitungen angeschlossen, für deren Widerstände die obigen Werte von A äquivalent sind. Dann können wir den dynamischen Druck in der Ausblasöffnung bestimmen, und zwar ist für $A = F_a = $ freien Austritt $p_d = p_g = 72{,}0$ mm.

$$\text{Ferner für } A = 0{,}1140; \quad p_d = \left(\frac{3{,}84}{0{,}1267}\right)^2 \cdot \frac{1{,}293}{19{,}62} = 60{,}5\,,$$

$$A = 0{,}1090; \quad p_d = \left(\frac{3{,}64}{0{,}1267}\right)^2 \cdot \frac{1{,}293}{19{,}62} = 54{,}8\,,$$

$$A = 0{,}0977; \quad p_d = 42{,}5 \text{ mm} \quad \text{usw.}$$

Daraus ergibt sich für jede dieser gleichwertigen Düsen der **statische Druck** aus $p_g - p_d$, und zwar

für $A = F_a = 0{,}1267$; $p_s = 72{,}0 - 72{,}0 = 0$ mm WS; $V = 4{,}20$ cbm

für $A = 0{,}1140$; $p_s = 75{,}0 - 60{,}5 = 14{,}5$ „   „ $V = 3{,}84$ „

für $A = 0{,}1090$; $p_s = 74{,}0 - 54{,}8 = 19{,}2$ „   „ $V = 3{,}64$ „

für $A = 0{,}0977$; $p_s = 71{,}0 - 42{,}5 = 28{,}5$ „   „ $V = 3{,}19$ „

Verbinden wir diese Punkte miteinander, so erhalten wir die Linie $n =$ const. $= 900$ für die **statischen Drücke**, die der Ventilator bei 900 Umdrehungen erzeugen kann. (In der Darstellung die untere, mit $n = 900$ und mit —·—·— gezeichnete Drehzahllinie.)

Die Drehzahllinien ($n =$ const.), welche die **Gesamtdrücke** und die Linien gleicher Drehzahl, welche die **statischen Drucke** angeben, müssen dort zusammentreffen, wo p_s seinen höchsten Wert erreicht, nämlich $p_s = p_g$ wird, also bei ganz geschlossener Ausblasöffnung mit $V = 0$. Ferner liegen ihre anderen Endpunkte übereinander bei freiem Ausblasen, wo $p_s = 0$ und die Differenz $p_g - p_s = p_d$ ist.

Auf einen weiteren Umstand ist aufmerksam zu machen: Da die äquivalente Düse nur ein in die Rechnung eingeführter Begriff ist, der einen einer Leitung gleichwertigen Widerstand darstellt, während in Wirklichkeit die Ausblasöffnung beim Anschlusse an die Leitung gar nicht verengt wird, sondern frei bleibt, so können wir für jede Fördermenge den dynamischen Druck bestimmen, der dann nur von der sekundlichen Fördermenge, nicht aber von der Umlaufzahl abhängig ist, vielmehr für jede Umlaufzahl gleich bleibt.

So ist z. B. für $V = 2{,}8$, $w_a = 22{,}10$ m/sec, $p_d = 32{,}3$ mm. Dieser Wert gilt sowohl für die Umlaufzahl $n = 620$ wie auch für $n = 700$, wie man sich aus Fig. 12 durch Abmessen des Abstandes der Linien $n =$ const. für den Gesamtdruck von der Linie $n =$ const. für den statischen Druck überzeugen kann.

Infolge dieses für jede Umlaufzahl gleichbleibenden Wertes von p_d, der sich nur mit der Fördermenge ändert, werden vielfach die Beziehungen zwischen Fördermenge, Druck und Umlaufzahl nur für den statischen Druck, nicht für den Gesamtdruck angegeben, wie in Fig. 13 dargestellt ist.

Fig. 13 gibt die charakteristischen Linien eines Ventilators der Firma *Meidinger & Co.* in Basel wieder[1], der einen Ausblasquerschnitt von $F_a = 0{,}55$ m $\cdot$ 0,35 m $= 0{,}1925$ qm besitzt.

Da dieser Ventilator bei $n = 1000$, $V = 2{,}4$ cbm/sec einen statischen Druck $p_s = 48$ mm erzeugt, so ist zunächst

$$p_d = \left(\frac{2{,}4}{0{,}1925}\right)^2 \cdot \frac{1{,}20}{19{,}62} = 9{,}5 \text{ mm (}^2$$

---

[1] Fig. 13 ist nach einem, dem Verfasser von der Firma *Meidinger & Co.* freundlichst überlassenen Originaldiagramm gezeichnet.

[2] Hier ist $\gamma = 1{,}2$ kg/cbm eingesetzt, entsprechend Luft von 20°. Diese Temperatur und dieses Gewicht der Luft wird gewöhnlich bei Leistungsangaben angenommen bzw. werden Versuchswerte auf $\gamma = 1{,}20$ (20°) zum Zwecke des Vergleiches umgerechnet.

und der Gesamtdruck

$$p_g = 48,0 + 9,5 = 57,5 \text{ mm WS.}$$

Bei $n = 1200$ ist $p_s = 82,0$ mm und $p_d = 9,5$ mm, da $V = 2,4$ cbm beibehalten ist:

$$p_g = 82,0 + 9,5 = 91,5 \text{ mm.}$$

Für die Bestimmung des Wertes der gleichwertigen Düse sollte stets der
Gesamtdruck in Rechnung gestellt werden, weil, wie später gezeigt werden
wird, ein Teil des vom Ventilator erzeugten dynamischen Druckes in sta-

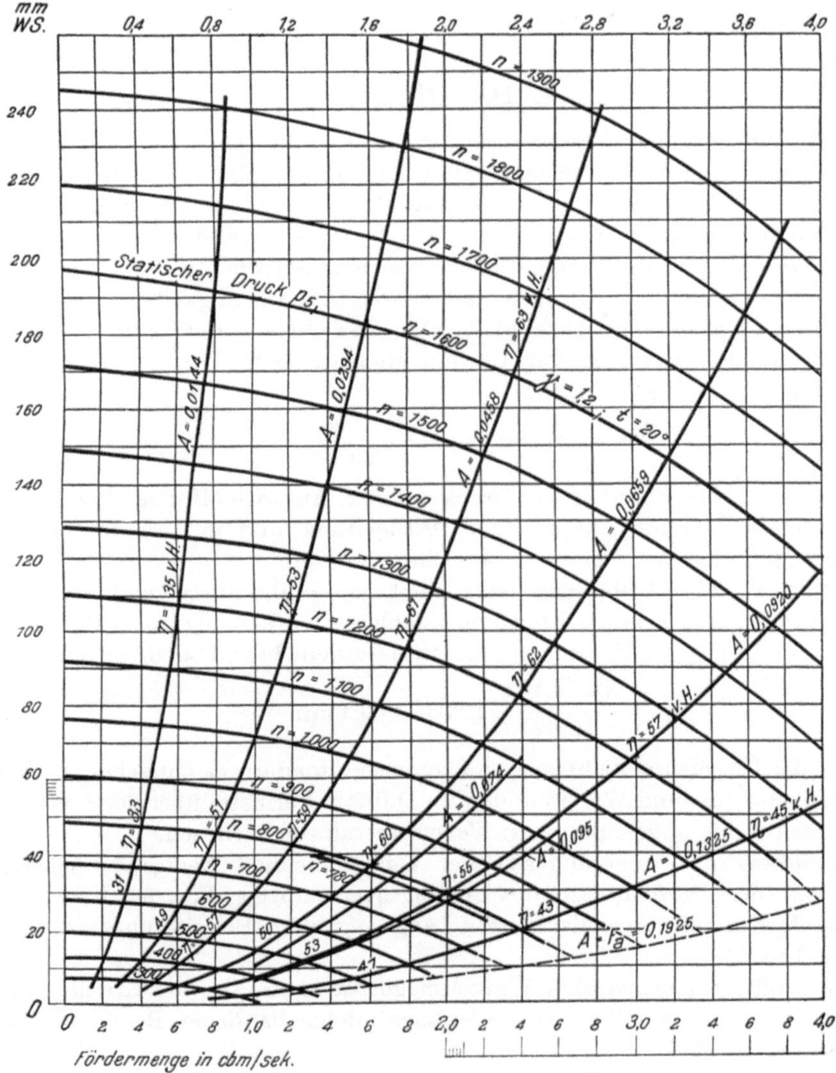

Fig. 13.

Meidinger-Ventilator. $F_a = 0,1925$ qm. $D = 0,700$ m.

tischen Druck umgesetzt werden kann bzw. stets umzusetzen angestrebt werden sollte.

Zur Überwindung der Widerstände in einer Leitung steht, wie in dem Vorhergehenden gezeigt wurde, vornehmlich der vom Ventilator erzeugte statische Druck zur Verfügung, infolgedessen geben manche Ventilatorfabrikanten, in ihren Angeboten nur diesen Druck an. Benutzt man aber für Berechnungen von Ventilatoren nur den statischen Druck, so wird der Ventilator nicht voll ausgenutzt, vielmehr muß auch ein Teil des dynamischen Druckes mit Hilfe eines Diffusors zur Überwindung der Widerstände herangezogen werden.

8. Der Diffusor.

Der Diffusor oder Verteiler ist, wie oben schon erwähnt wurde, ein kegelförmiges Rohrstück, welches den Übergang von der Ventilatorausblasöffnung zur Druckleitung bildet und die Aufgabe hat, den vom Ventilator erzeugten dynamischen Druck wenigstens teilweise in statischen Druck als Beihilfe zur Überwindung der Widerstände umzusetzen.

Die Umwandlung erfolgt nach Maßgabe der Geschwindigkeitsunterschiede.

Unter Voraussetzung gleichbleibenden Gewichtes γ der Luft, da dieses sich nur wenig ändert, ist der Gewinn an statischem Drucke durch Verminderung der Geschwindigkeit

$$p_s' = p_{da} - p_{dl} = \frac{w_a^2 - w_l^2}{2\,g} \cdot \gamma \qquad (47)$$

wenn mit p_{da} der dynamische Druck an der Austrittsöffnung des Ventilators, mit p_{dl} der am Anfange der Druckleitung und mit w_a und w_l die zugehörenden Geschwindigkeiten bezeichnet werden.

Ist z. B. die Ausblasgeschwindigkeit $w_a = 30{,}0$ m/sec und die Geschwindigkeit in der mit Diffusor angeschlossenen Leitung $w_l = 10$ m/sec, so ergibt sich bei $\gamma = 1{,}205$ kg/cbm (genaues Gewicht bei 20° und 760 mm Hg)

$$p_s' = \frac{30^2 - 10^2}{19{,}62} \cdot 1{,}205 = 49{,}1 \text{ mm WS.}$$

Nun ist die Umsetzung nicht eine vollkommene, sondern es entstehen infolge von Wirbelbildung und Widerständen im Diffusor Verluste, über deren Größe leider noch keine abgeschlossenen Versuchsresultate vorliegen.

Inwieweit die Umsetzung sich der Vollkommenheit wenigstens nähert, hängt von dem Verhältnisse des Anfangsquerschnittes F_1 zum Endquerschnitte F_2 des Diffusors, also dessen Länge und dem Erweiterungswinkel α ab (vgl. Fig. 11).

Man sollte versuchen, den Winkel möglichst klein, also die Erweiterung nur allmählich zu gestalten, was allerdings infolge baulicher Beschränkung nicht immer möglich ist.

Wir sind durch den Mangel an einwandfreien Feststellungen über den Wirkungsgrad eines Diffusors zunächst auf Annahmen angewiesen.

Brabbée macht in seinem Buche „Rohrnetzberechnungen" in einem Beispiele die Annahme eines Wirkungsgrades von 90 v. H. Danach würden in der obigen Berechnung des Gewinnes an statischem Drucke nicht 49,1 mm, sondern nur etwa 44,2 mm einzusetzen sein. Je kürzer der Diffusor ist und je unvermittelter der Übergang von der größeren zur geringeren Geschwindigkeit erfolgt, desto niedriger ist der Wirkungsgrad.

Nach Mitteilungne von *Biel* (Forschungsarbeiten Heft 42) ist

$$\xi_{\text{Diff}} = 1 - \frac{\left(\dfrac{F_2}{F_1} - 1\right) \sin \alpha}{\dfrac{F_2}{F_1} + 1} . \tag{48}$$

Eine Klarstellung der Sachlage ergeben folgende Betrachtungen.

Fig. 14 stellt die charakteristischen Linien eines Schrägschaufelgebläser der Firma *Schiele & Co.* in Frankfurt a. M. für $n = 735$ bei $\gamma = 1{,}205$ das.

An diesen Ventilator sei eine Druckleitung angeschlossen, in welcher $(R\,l + Z) = 60$ mm WS Widerstand bei 9,16 cbm/sec Fördermenge und bei 14,4 m/sec Geschwindigkeit am Anfange der Druckleitung zu überwinden sind. Die Ausblasöffnung hat einen Querschnitt von 0,336 qm, während der Ventilator aus dem freien Raume saugt. Dann ist die Geschwindigkeit im Ausblasquerschnitt

$$w_a = \frac{9,16}{0,336} = 27{,}25 \text{ m/sec,}$$

der dynamische Druck hierbei

$$p_{da} = \frac{27{,}25^2 \cdot 1{,}205}{19{,}62} = 45{,}6 \text{ mm WS.}$$

Der dynamische Druck am Anfange der Leitung muß sein

$$p_{dl} = \frac{14{,}4^2 \cdot 1{,}205}{19{,}62} = 12{,}8 \text{ mm WS.}$$

Gefordert wird am Anfange der Leitung, also hinter dem Diffusor, ein Gesamtdruck nach Gleichung (23): $p_g = (l\,R + Z) + \dfrac{w_l^2\,\gamma}{2\,g}$.

$$p_{gl} = 60{,}0 + 12{,}8 = 72{,}8 \text{ mm.}$$

Wäre die Umwandlung von dynamischem Drucke an der Ausblasöffnung des Ventilators bis auf den dynamischen Druck in der Leitung vollkommen, so bestände die Gleichung

$$p_{gl} = p_{sl} + p_{dl} = p_{sa} + p_{da} \tag{49a}$$

oder

$$p_{sl} = p_{da} - p_{dl} + p_{sa} , \tag{49b}$$

woraus sich ein statischer Druck an der Ausblasöffnung ergibt:

$$p_{sa} = p_{sl} + p_{dl} - p_{da}. \tag{50}$$

Für das vorliegende Beispiel wäre

$$p_{sa} = 60 + 12{,}8 - 45{,}6 = 27{,}2 \text{ mm},$$

und der Gesamtdruck in der Ausblasöffnung wäre

$$p_{ga} = p_{sa} + p_{da} = 27{,}2 + 45{,}6 = 72{,}80 \text{ mm},$$

also genau gleich dem Gesamtdrucke, der am Anfange der Leitung bestehen muß.

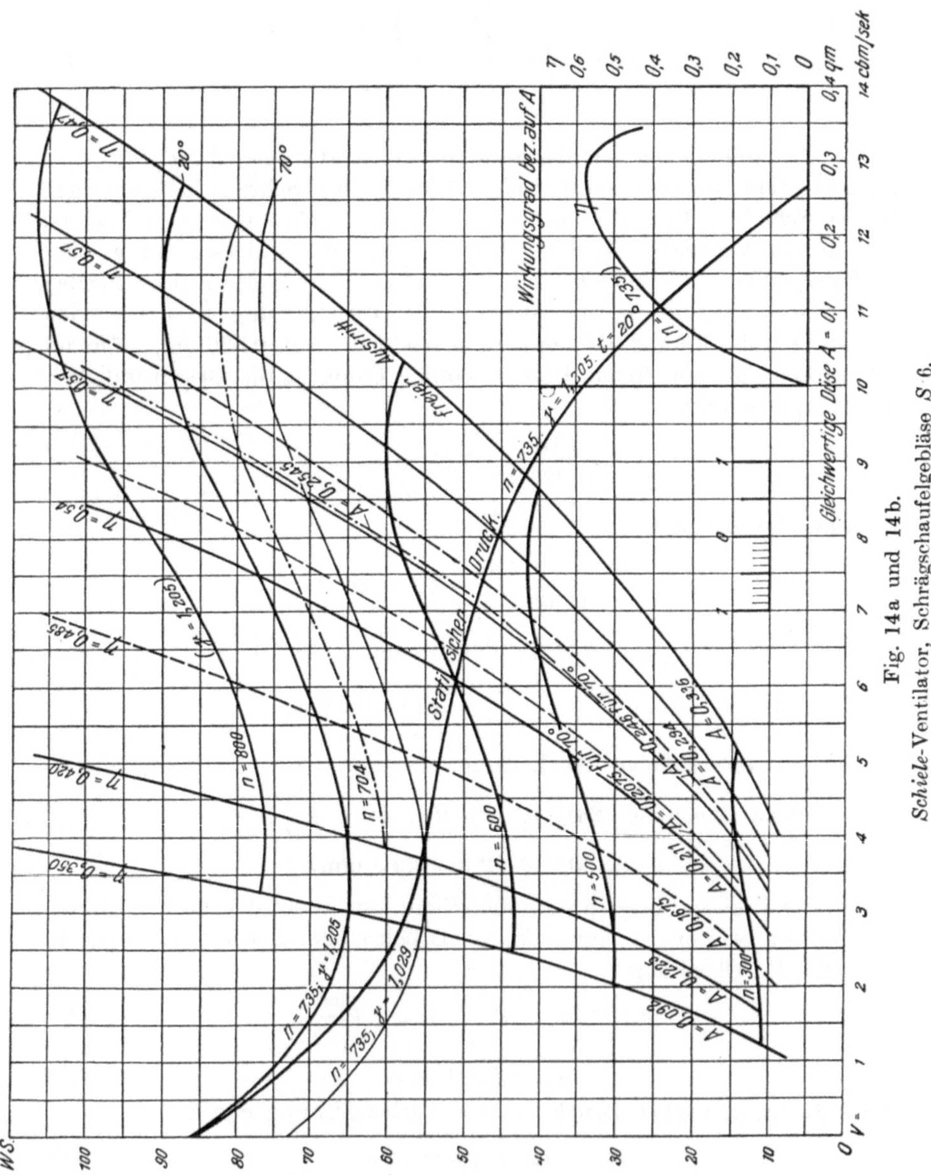

Fig. 14a und 14b. Schiele-Ventilator, Schrägschaufelgebläse S 6.

Nun ist aber die Umsetzung des dynamischen Druckes (45,6 mm) in statischen Druck nicht vollkommen; wir nehmen einen Wirkungsgrad des Diffusors $\xi = 0,80$ an. Dann ist Gleichung (49b) wie folgt zu schreiben:

$$p_{sl} = \xi\,(p_{da} - p_{dl}) + p_{sa} \tag{51}$$

oder für das Zahlenbeispiel

$$60 = 0,8\,(45,6 - 12,8) + p_{sa}\,,$$
$$60 = 0,8 \cdot 32,8 + p_{sa}\,,$$
$$60 = 26,24 + p_{sa}\,.$$

Hieraus ergibt sich der statische Druck am Ventilatoraustritt zu

$$p_{sa} = 60,0 - 26,24 = 33,76 \text{ mm WS},$$

und der Gesamtdruck, der an der Ausblasöffnung danach herrschen muß, ist

$$p_{ga} = p_{sa} + p_{da} = 33,76 + 45,6 = 79,36 \text{ mm WS}$$

oder, um den Gesamtdruck an der Ausblasöffnung sofort anzugeben,

$$p_{ga} = p_{sl} - \xi\,(p_{da} - p_{dl}) + p_{da} \tag{52}$$
$$= 60 - 0,8\,(45,6 - 12,8) + 45,6 = 79,36 \text{ mm WS}.$$

Aus Gleichung (52) ist ersichtlich, daß der vom Ventilator zu erzeugende Druck p_{ga} um so höher sein muß, je geringer der Wirkungsgrad ξ des Diffusors sich gestaltet. Bei $\xi = 0,5$ ist $p_{ga} = 89,2$ mm WS. Mit zunehmendem Drucke steigt natürlich auch die Drehzahl und der Leistungsverbrauch des Ventilators.

Für $V = 9,16$ cbm/sec und $p_{ga} = 79,4$ mm ist die äquivalente Düse nach Gleichung (46), in der $p_{ge} = 0$ zu setzen ist, da der Ventilator die Luft aus dem freien Raume ohne Saugleitung entnimmt:

$$A = 0,247\,\frac{9,16}{\sqrt{79,4}} = 0,254 \text{ qm}.$$

Legen wir durch den Punkt $V = 9,16$ und $p_g = 79,4$ die Parabel der gleichwertigen Düse, indem wir unter Annahme beliebiger anderer Werte von p_g mit Hilfe des obigen Wertes von A das jeweilig zugehörende V nach Gleichung (46) bestimmen, so finden wir, daß diese Linie jene für $n = 735$ bei $V = 9,57$ schneidet, infolgedessen muß die Umlaufzahl bei 9,16 cbm/sec

$$n = 735 \cdot \frac{9,16}{9,57} = 704/\text{Min}.$$

sein.

Damit sind alle erforderlichen Daten für die Aufgabe gewonnen.

Würde man von einer Darstellung, wie Fig. 13, in der nur der statische Druck angegeben ist, ausgegangen sein und den statischen Druck den Widerständen in der Druckleitung gleichgesetzt haben, so erhielte man ein ganz falsches Resultat. Es wäre dann ein Gesamtdruck von $60 + 45,6 = 105,6$ mm WS vom Ventilator zu erzeugen. Der Gesamtdruck braucht aber nur 79,4 mm zu betragen, hiervon sind 6,6 mm WS Verlust im Diffusor, es verbleiben demnach 72,8 mm als Gesamtdruck am Anfange der Druckleitung und von diesen entfallen 12,8 mm auf dynamischen Druck und 60 mm auf die zu überwindenden Widerstände.

Es besteht nun die Frage, wie sich die Verhältnisse gestalten würden, wenn der Ventilator an eine Saugleitung angeschlossen wäre, welche einen Widerstand $p_{sl} = 60$ mm bei $w_l = 14{,}4$ m/sec und eine sekundliche Fördermenge $V = 9{,}16$ cbm aufweist, sonst aber frei ausbläst.

Die Saugöffnung des betrachteten Ventilators hat einen Durchmesser von 0,75 m, also einen Querschnitt $F_e = 0{,}442$ qm.

Der Anschluß von der Leitung, welche 0,90 m Durchmesser haben möge, soll auf die Eintrittsöffnung von 0,75 m durch ein Übergangsstück hergestellt sein. Der statische Druck p_{se} vor dem Ventilator ist

$$p_{sl} = -60 \text{ mm WS.}$$

Er ist negativ, weil am Anfange der Saugleitung, also am Eintritte der Luft der atmosphärische Druck herrscht, durch die Widerstände in der Saugleitung aber ein Unterdruck hervorgerufen wird, der bis zum Ventilator 60 mm WS erreicht.

Außer der Überwindung der Widerstände hat der Ventilator die Aufgabe, der Luft diejenige Geschwindigkeit zu erteilen, die in der Eintrittsöffnung am Ventilator herrschen muß. Diese ist

$$w_e = \frac{9{,}16}{0{,}442} = 20{,}72 \text{ m/sec,}$$

und ihr entspricht ein dynamischer Druck

$$p_{de} = \frac{20{,}72^2 \cdot 1{,}205}{19{,}62} = 26{,}4 \text{ mm WS.}$$

Der dynamische Druck ist aber immer positiv, denn eine in den Luftstrom eingesetzte Stauscheibe wird — trotz des herrschenden Unterdruckes — von dem Luftstrome getroffen, einen Druck auszuhalten haben, der in positivem Sinne zu verzeichnen ist.

Aus statischem und dynamischem Drucke setzt sich der Gesamtdruck zusammen; es ist also der Gesamtdruck an der Saugöffnung

$$p_{ge} = 60{,}0 + 26{,}4 = -33{,}60 \text{ mm WS.}$$

In der Ausblasöffnung des Ventilators ist der Gesamtdruck p_{ga} gleich dem dort herrschenden dynamischen Drucke, da der Ventilator der Voraussetzung nach frei ausbläst

$$p_{ga} = 45{,}6 \text{ mm WS,}$$

wie in dem Beispiele mit einer Druckleitung schon berechnet war.

Die Druckdifferenz, die der Ventilator also zu erzeugen hat, ist

$$(p_{ga} - p_{ge}) = 45{,}6 - (-33{,}6) = 79{,}2 \text{ mm.}$$

Auch hierfür gilt dieselbe Gleichung der äquivalenten Düse wie bei der Druckleitung, denn die Förderhöhe, die durch den zu erzeugenden Druckunterschied vor und hinter dem Ventilator zum Ausdrucke kommt, ist absolut.

Mit $\gamma = 1{,}205$ ist

$$A = 0{,}247 \frac{V}{\sqrt{p_{ga} - p_{ge}}} = \frac{9{,}16}{\sqrt{79{,}2}} = 0{,}254 \text{ qm.}$$

Bei einem anderen Gewichte der Luft ist Gleichung (44) zu benutzen:

$$A = V \sqrt{\frac{\gamma}{2\,g\,(p_{ga} - p_{ge})}}$$

Die Behandlung der Aufgabe zur Ermittlung des Verhaltens des Ventilators mit Hilfe des Diagrammes ist also dieselbe, gleichgültig ob die Widerstände in der Saugleitung oder in der Druckleitung liegen, nur die Berechnung der Gesamtdrücke vor und hinter den Ventilatoren ist eine verschiedene.

Ein in der Saugleitung angebrachtes, einem Diffusor ähnliches, sich verjüngendes Rohrstück, welches den Zweck hat, die Zunahme der Geschwindigkeit der Luft vor Eintritt in den Ventilator allmählich erfolgen zu lassen, wird man nur als Teil der Saugleitung betrachten und seinen Widerstand dem eines Rohrstückes von gleicher Länge und dem mittleren Durchmesser der Verjüngung gleichsetzen.

Der Einströmungsverlust bei einem aus dem freien Raume ansaugenden Ventilator kann vernachlässigt werden, wenn die Saugöffnung mit einem allmählich sich verjüngenden Ansatzstücke versehen ist, so daß an der Saug-öffnung durch das seitliche Heranströmen der Luft keine Kontraktion des Luftstromes entsteht. Nach den vom Verein deutscher Ingenieure über Leistungsversuche an Ventilatoren und Kompressoren aufgestellten Regeln sind auch etwaige hierbei entstehende Verluste dem Ventilator zuzuschreiben. Sie kommen in der vom Ventilator erzeugten Druckhöhe bzw. im Wirkungs-grade des Ventilators zum Ausdrucke.

9. Wirkungsgrad der Zentrifugalventilatoren.

In dem Abschnitte „Messungen zur Bestimmung der Leistung und des Arbeitsverbrauches" war bereits erklärt, was unter Leistung des Ventilators zu verstehen ist. Die Leistung ist das Produkt:

„Fördermenge mal Förderhöhe".

Nach den bisher eingeführten Bezeichnungen wird die Fördermenge in cbm/sec und die Förderhöhe als Druckunterschied vor und hinter dem Ventilator in mm WS gemessen. Die Leistung ist also

$$L = V \cdot p \text{ in mkg/sec,}$$

wenn mit p die vom Ventilator erzeugte Druckdifferenz $(p_{ga} - p_{ge})$, an der Eintritts- und Austrittsöffnung des Ventilators gemessen, bezeichnet wird.

Infolge von Stoßwirkungen und Wirbelbildungen des Luftstromes inner-halb des Ventilatorgehäuses und der Reibung der Welle des Flügelrades in ihren Lagern entstehen Verluste, welche zum Antriebe des Ventilators einen größeren Arbeitsaufwand erfordern, als er sich aus dem Produkte: Fördermenge mal Förderhöhe ergibt und das Verhältnis von Leistung L zur Leistungsabgabe der Antriebsmaschine des Ventilators wird mit Wirkungsgrad des Ventilators bezeichnet:

$$\eta = \frac{L_{\text{Vent.}}}{L_{\text{Mot.}}}. \tag{53}$$

Fördert ein Ventilator 2 cbm in der Sekunde mit einer Druckdifferenz von 10 mm WS und erfordert hierzu eine Leistungsabgabe der Arbeitsmaschine von 0,5 PS $= 0,5 \cdot 75 = 37,5$ mkg/sec, so ist der Wirkungsgrad

$$\eta = \frac{2 \cdot 10}{37,5} = 0,534.$$

Es sind nun oft Meinungsverschiedenheiten zwischen Besteller eines Ventilators und Fabrikant aufgetreten, in welcher Weise die Nutzleistung und aus ihr der Wirkungsgrad zu bestimmen seien. Insbesondere können diese Meinungsverschiedenheiten bei Luftheizungsanlagen schon bei der Bestimmung der Fördermenge eine Rolle spielen, da hier Übereinstimmung hinsichtlich des Volumens und des erforderlichen Druckunterschiedes der geförderten Luft erzielt werden muß. Bekanntlich hängt das Volumen von der Temperatur und dem Druck ab. Bei der Bestellung eines Ventilators sind daher hierüber genaue Angaben unerläßlich.

In demselben Zusammenhange steht der vom Ventilator zu erzeugende Druck. In Fig. 14 sind z. B. die von einem *Schiele*-Ventilator erzeugten Gesamtdrücke bei $n = 735$ für Luft von 20° ($\gamma = 1,205$) und von 70° ($\gamma = 1,029$) angegeben.

Man ersieht aus der Darstellung, welche Unterschiede hier — trotz gleicher Umlaufzahl — bei gleicher Fördermenge zu verzeichnen sind[1].

Die Drücke verhalten sich wie die Luftgewichte:

$$p_{g\,20} : p_{g\,70} = 1,205 : 1,029.$$

Zur Vermeidung solcher Auffassungsunterschiede hat der *Verein deutscher Ingenieure* die „Regeln für Leistungsversuche an Ventilatoren und Kompressoren" aufgestellt. (Veröffentlicht in der Zeitschr. d. Ver. deutsch. Ing. 1912, S. 1795.)

Sehr wertvoll und beachtenswert hierzu sind die Erläuterungen von Prof. Dr. *Prandtl* (Zeitschr. d. Ver. deutsch. Ing. 1912, S. 1834).

---

[1] Bei Leistungsbestimmungen auf dem Prüffelde oder am eingebauten Ventilator sind Volumen und Druck mit d e n Werten in die Rechnung einzustellen, welche die Messungen ergeben. — Nur dann, wenn es sich darum handelt, zu ermitteln, welche Druckdifferenz (welchen (Druck) ein Ventilator bei einer anderen Temperatur der Luft als der, für welche ein von ihm vorliegendes Diagramm gezeichnet ist, oder bei welcher die Messungen vorgenommen wurden, erzeugt, ist die Umrechnung der Drucke im Verhältnisse der zu den Temperaturen gehörenden Luftgewichte erforderlich, während die Fördermenge die gleiche bleibt. — Soll ein Ventilator bei wärmerer Luft den gleichen Druck erzeugen, so muß er schneller laufen.

Schon auf Seite 31 war darauf hingewiesen, wie das mittlere Volumen V_m zu bestimmen ist und inwieweit die bei Zentrifugalventilatoren auftretenden Pressungsunterschiede Vereinfachungen hinsichtlich dessen Berechnung zulassen.

Prandtl schlägt vor, für die Berechnung des Volumens[1] den Gesamtdruck p_g anzunehmen, obwohl das Volumen nicht unter dem Gesamtdrucke, sondern unter dem statischen Drucke p_s steht, der nur einen Teil des Gesamtdruckes bildet. Der Gesamtdruck p_g ist um den dynamischen Druck größer als der statische Druck p_s, weshalb sich mit Annahme von p_g das Volumen um weniges kleiner ergibt. Der dynamische Druck tritt doch dann erst in Erscheinung, wenn der Luftstrom auf einen Gegenstand, z. B. eine Stauscheibe, auftrifft.

Ferner bestehen Meinungsverschiedenheiten bezüglich der Druckmessungen.

Bei Ventilatoren ohne Saugleitung ist nach den „Regeln" der Gesamtdruck gleich dem Drucke im Ansaugeraume zu setzen, also im freien Raume gleich dem Barometerstande bzw. gleich Null, wenn als Ausgangspunkt der Druckmessungen der atmosphärische Druck dient.

Bei Ventilatoren ohne Druckleitung entsteht die Frage, ob die lebendige Kraft des Luftstromes, also der dynamische Druck im Ausblasquerschnitte des Ventilators, mit zur Nutzleistung gerechnet werden darf und hiernach der Wirkungsgrad des Ventilators zu bemessen ist. Bei einem Ventilator mit Druckleitung kann ein Teil des erzeugten dynamischen Druckes in statischen Druck mit Hilfe des Diffusors umgesetzt werden und wird dann mit als Nutzleistung betrachtet.

Die „Regeln" stellen sich daher auf den Standpunkt, daß, wenn die Umsetzung von dynamischem Druck in statischen nicht erfolgt, die Energievergeudung nicht dem Ventilator, sondern der Rohrleitung zur Last zu legen ist.

Es wird deshalb in den Erläuterungen zu den Regeln der Vorschlag gemacht, in allen Fällen, wo die Verwendung des Ventilators nicht feststeht, eine obere Nutzleistung mit Einrechnung der lebendigen Kraft des austretenden Luftstromes, also des dynamischen Druckes an der Ausblasöffnung, und eine untere Nutzleistung mit Ausschluß der lebendigen Kraft des austretenden Luftstromes, also unter Bezugnahme auf den vom Ventilator erzeugten statischen Druck, anzugeben und für beide den Wirkungsgrad zu bestimmen.

Indessen ist auch von diesem Vorschlage keine Anwendung gemacht worden, weil man glaubte, er könne zu falschen Vergleichen führen.

Man ist schließlich zu der Auffassung gelangt, daß bei einem Ventilator mit Diffusor der statische Druck am Austritten de des Diffusors in die Rechnung einzustellen ist, dieser stimmt aber mit dem Drucke der umgebenden Luft überein.

---

[1] Bezieht sich auf Messungen der Fördermenge an einer vom Ventilator entfernt gelegenen Stelle (vgl. Gleich. 35).

Bei Ventilatoren ohne Druckleitung, die keinen Diffusor haben, weil irgendwelche örtliche Gründe entgegenstehen, ist der dynamische Druck, den der Ventilator an der Ausblasöffnung erzeugt, als notwendiges Übel anzusehen und darf er daher in die Nutzleistung eingerechnet werden.

Bei den hier behandelten Ventilatoren ist stets der Gesamtdruck in Rechnung gestellt, weil die Art der Verwendung nicht feststeht, insbesondere der Ventilator je nach Bedarf mit einer Druckleitung oder ohne diese mit einer Saugleitung zu versehen ist, die lebendige Kraft des Luftstromes am Austritt demnach zur Nutzleistung herangezogen werden kann, indem sie in einem Diffusor in Druckenergie umgewandelt wird.

Die Wirkungsgrade sind deshalb auf die aus Fördermenge und Gesamtdruck ermittelte Nutzleistung bezogen.

Nachdem die Beziehungen zwischen Fördermenge, Förderhöhe und Umlaufzahl graphisch dargestellt wurden, liegt es nahe, auch den Wirkungsgrad eines Ventilators graphisch wiederzugeben.

Im allgemeinen wird die Annahme gemacht, daß der Wirkungsgrad, unabhängig von der Umlaufzahl, für die Linien der gleichwertigen Düsen[1] konstant sei, daß also für eine solche Parabel derselbe Wirkungsgrad gilt. (Vgl. die Abhandlung „Die gleichwertige Öffnung einer Lüftungsanlage und die Kennlinien eines Ventilators" von Dr. *M. Kloss*, Zeitschr. d. Ver. deutsch. Ing. 1912, S. 2095.)

Fig. 15 zeigt die charakteristischen Linien eines Ventilators der *Gräfl. Schulenburgschen Maschinenbau-Aktiengesellschaft* in Charlottenburg. Die Linien gleichwertiger Düsen mit $A = 0,436$ und $A = 0,497$ bezeichnet, verlaufen zwischen den Wirkungsgradlinien, die als solche mit $\eta = 50$ v. H., $\eta = 70$ v. H. bezeichnet sind.

Hiernach ist z. B. für

$$V = 14 \text{ cbm/sec} \quad \text{und} \quad p_g = 58 \text{ mm WS}$$

der Wirkungsgrad $\eta = 0,6$.

Aus den Linien für $n =$ const. kann noch mit Hilfe der Gleichung (26) die Umlaufzahl:

$$n = \frac{600 \cdot 14,0}{16,6} = 506$$

ermittelt werden. Die Leistung ist:

$$L = 14 \cdot 58 = 812 \text{ mkg/sec};$$

mit $\eta = 0,6$ ist der Leistungsverbrauch:

$$L = \frac{812}{0,6} = 1353 \text{ mkg/sec}$$

oder

$$N = \frac{1353}{75} = 18 \text{ PS}.$$

---

[1] Sehr oft werden diese Linien der gleichwertigen Düse als Linien gleichbleibender Widerstände bezeichnet, was jedoch insofern unrichtig ist, als doch die Widerstände mit zunehmender Fördermenge größer werden.

In Fig. 13, welche die Kennlinien eines *Meidinger*-Ventilators darstellt, ist dagegen eine Steigerung des Wirkungsgrades mit zunehmender Umlaufzahl durch die an den Linien der gleichwertigen Düsen angeschriebenen Zahlen

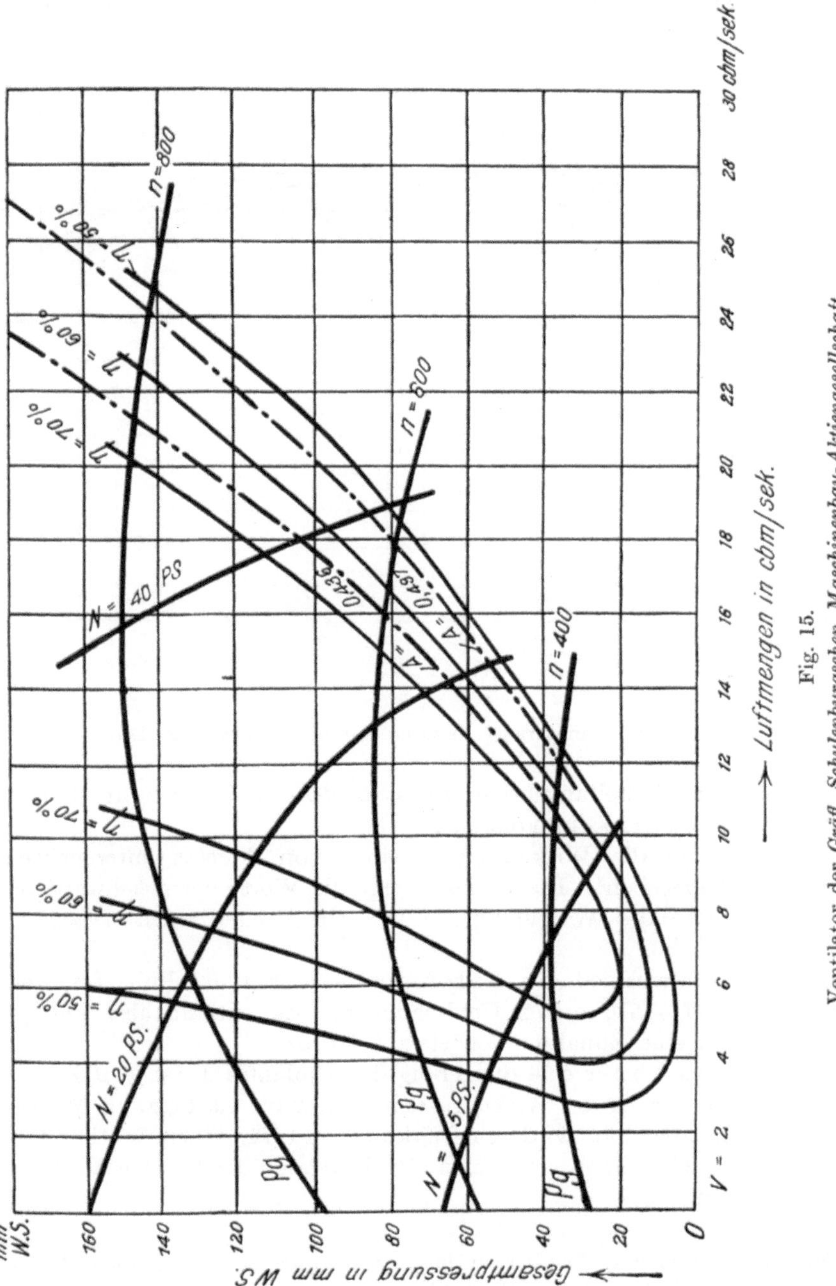

Fig. 15.

Ventilator der Gräfl. Schulenburgschen Maschinenbau-Aktiengesellschaft.

zu bemerken. Der Wirkungsgrad steigt hier z. B. bei der mit $A = 0,0458$ bezeichneten Linie von $\eta = 0,57$ bei $n = 550$ bis $\eta = 0,63$ bei $n = 1600$, es ist also immerhin eine Steigerung um 6 Proz. oder für je 100 Umdrehungen um etwa 0,5 Proz. zu verzeichnen. In Fig. 16 sind diese Wirkungsgrade, auf die gleichwertige Düse A bezogen, dargestellt.

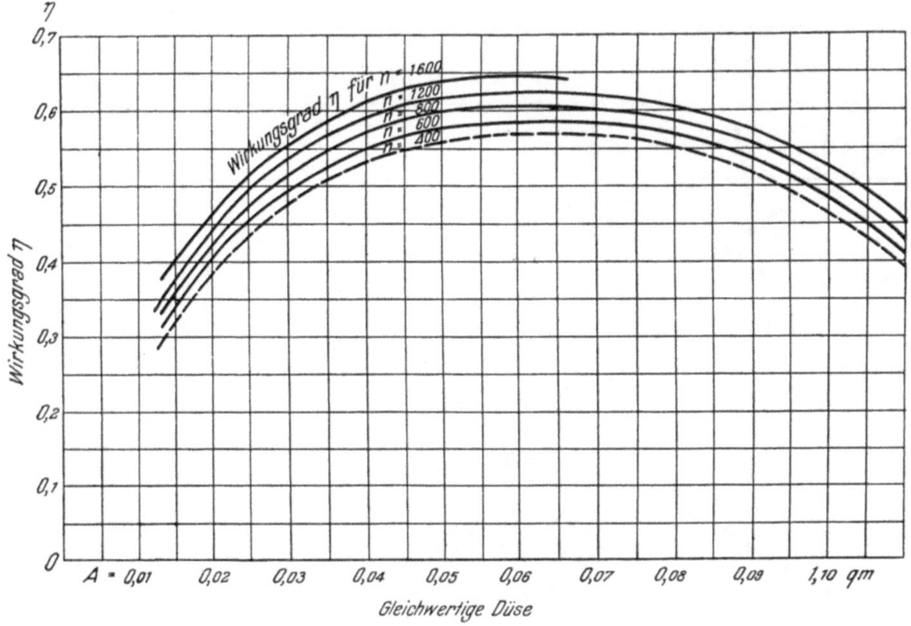

Fig. 16.
Darstellung des Wirkungsgrades, bezogen auf die gleichwertige Düse.

Diese Art der Darstellung bringt zuerst *Brabbée* in der Zeitschr. d. Ver. deutsch. Ing. 1910, S. 1263 in Vorschlag.

In Fig. 17 sind die Wirkungsgrade eines von *Brabbée* untersuchten Ventilators wiedergegeben[1]. Die Abszisse zeigt die Werte der gleichwertigen Düse, die Ordinate die Wirkungsgrade für die Umlaufzahlen $n = 510$, $n = 700$ und $n = 785$.

Der größte Unterschied der Wirkungsgrade beträgt 6,5 Proz. für eine Zunahme von $785 - 510 = 275$ Umdrehungen. Es entfällt also auf je 100 Umdrehungen eine Zunahme von etwa 2,4 Proz.

Man kann demnach für eine Steigerung der Umlaufzahl um je 100 Umdrehungen eine Steigerung des Wirkungsgrades um 1 bis 1,5 Proz. als Mittelwerte annehmen. Sehr oft wird der Wirkungsgrad für einen bestimmten Wert von A bei nicht allzuweit voneinander liegenden Drehzahlen als konstant angenommen.

---

[1] Siehe: Untersuchung an Ventilatoren für Lüftungsanlagen von *Brabbée* u. *Berlowitz*, Zeitschr. d. Ver. deutsch. Ing. 1910, S. 1261.

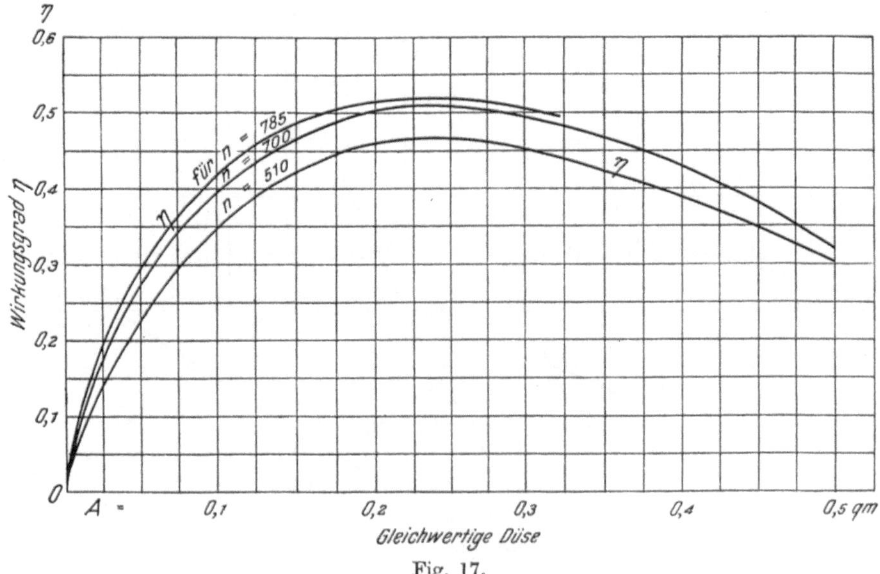

Fig. 17.

Fig. 18 gibt die Kennlinien eines *Siemens*-Ventilators wieder, wobei die Wirkungsgradkurve nicht in Abhängigkeit von der Fördermenge steht, sondern auf die Linien der gleichwertigen Düse bezogen ist, wie aus den Vertikalen von der Drucklinie auf die Wirkungsgradlinie herab zu ersehen ist.

Diese Darstellung des Wirkungsgrades ist zwar häufig anzutreffen, kann aber zu Irrtümern führen. Auf den Linien der gleichwertigen Düse ist der Wirkungsgrad unabhängig von der Umlaufzahl angenähert konstant, wie auch in der Abhandlung, aus der Fig. 18 entnommen ist (Zeitschr. d. Ver. deutsch. Ing. 1912, S. 2100), festgestellt wird.

Zur Ermittlung des Wirkungsgrades ist jeweils die Senkrechte vom Schnittpunkt der Linie der gleichwertigen Düse mit der Drucklinie für $n = 1255$/min auf die Wirkungsgradlinien zu fällen. Der Fußpunkt dieser Senkrechten gibt auf der Wirkungsgradlinie den Wirkungsgrad an.

Wählt man eine Drucklinie für eine andere Umlaufzahl, so ergibt sich ein ganz anderer Wirkungsgrad für die Linien der gleichwertigen Düsen, obwohl er nach der Voraussetzung konstant sein soll. Es müßte also für jede neue Drucklinie gleicher Drehzahlen auch eine neue Wirkungsgradlinie eingetragen werden. Die von *Brabbée* vorgeschlagene Darstellung des Wirkungsgrades als Funktion der gleichwertigen Düse ist jedenfalls vorzuziehen (vgl. Fig. 17).

Deshalb ist auch in Fig. 14b der Wirkungsgrad in dieser Weise dargestellt.

Aus dem Wirkungsgrade ergibt sich nun die erforderliche Leistung der Antriebsmaschine. Entnehmen wir z. B. in Fig. 14 eine Fördermenge von 8,5 cbm/sec, bei welcher der Ventilator einen Gesamtdruck von 84 mm WS

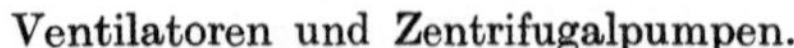

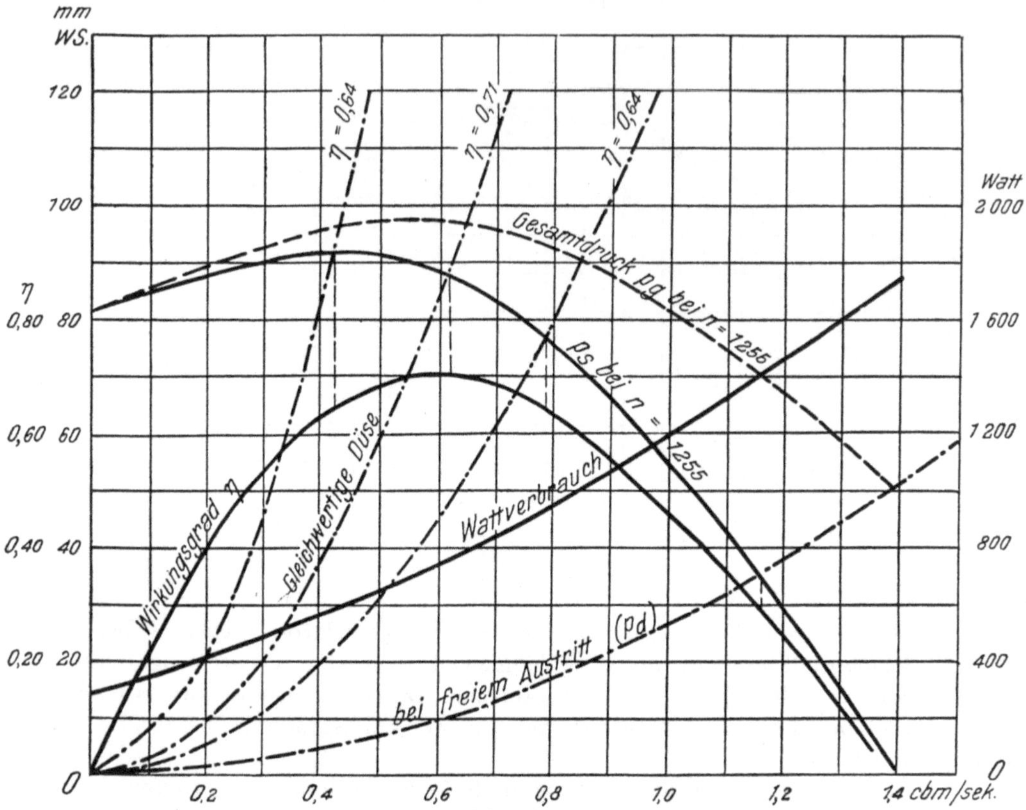

Fig. 18.

aufweist, so ist, mit $\gamma = 1{,}205$, die gleichwertige Düse

$$A = 0{,}247\,\frac{8{,}5}{\sqrt{84}} = 0{,}229 \text{ qm}.$$

Aus Fig. 14b ist der Wirkungsgrad $\eta = 0{,}56$ zu ersehen.
Die Leistung des Ventilators ist

$$L = 8{,}5 \cdot 84 = 714{,}0 \text{ mkg/sec}.$$

Die erforderliche Leistungsabgabe der Arbeitsmaschinen

$$L = \frac{714}{0{,}56} = 1275 \text{ mkg/sec}.$$

In Pferdestärken umgerechnet

$$N_e = \frac{1275}{75} = 7{,}0 \text{ PS}.$$

Um die Leistung in Watt auszudrücken, ist zu beachten, daß 1 mkg/sec
$= 9{,}81$ Watt ist bzw. 1 Watt $= 0{,}102$ mkg/sec. Daher sind

$$1275 \text{ mkg/sec} = 12\,510 \text{ Watt}$$

oder

$$1275 \text{ mkg} = \frac{1275}{0{,}102} = 12\,510 \text{ Watt}.$$

Der Leistungsverbrauch kann damit in die Darstellung eingetragen werden, entweder wie in Fig. 15 in Pferdestärken oder wie in Fig. 18 in Watt, wenn es sich um eine bestimmte Umlaufzahl handelt. Bei mehreren Umlaufzahlen wird die Darstellung unübersichtlich, weshalb sich eine besondere Darstellung des Arbeitsverbrauches empfiehlt.

Wie unzutreffend die Darstellung des Wirkungsgrades in Fig. 18 ist, bei der die Drucklinie für den Gesamtdruck sowie diejenige bei freiem Ausblasen vom Verfasser punktiert eingezeichnet wurden, zeigt folgende Betrachtung. Bei $V = 1,4$ cbm/sec ist die ausgezogene Drucklinie für $n = 1255$ bei 0 angelangt, was nur so verstanden werden kann, daß der Ventilator frei ausbläst, wobei der statische Druck gleich 0, der dynamische Druck, da $F_a = 0,0413$ qm ist,

$$p_d = \left(\frac{1,4}{0,0413} \right)^2 \cdot \frac{1,205}{19,62} = 50,6 \text{ mm WS}$$

alsdann den Gesamtdruck darstellt. (Das Gewicht der Luft ist hierbei mit $\gamma = 1,205$ angenommen, da es in der Abhandlung nicht angegeben ist.)

Für die Leistung bei 1,4 cbm/sec ist ein Wattverbrauch von 1740 Watt angegeben.

Wollte man nur den statischen Druck in Betracht ziehen, so ergäbe sich eine Leistung

$$L = 1,4 \cdot 0 = 0 \text{ mkg.}$$

Es muß also der Gesamtdruck, der in der Ausblasöffnung gleich dem dynamischen Drucke ist, herangezogen werden, denn die Lagerreibung, die bei der Leistung 0 noch in Frage käme, kann nicht 1740 Watt verbrauchen.

Bei freiem Ausblasen ist dann

$$L = 1,4 \cdot 50,6 = 70,84 \text{ mkg/sec,}$$

und bei einem Verbrauche von 1740 Watt ergibt sich ein Wirkungsgrad von

$$\eta = \frac{70,84}{1740 \cdot 0,102} = 0,442 \ .$$

Nach Darstellung des Wirkungsgrades in Fig. 18 ist derselbe aber auch gleich Null, was nicht der Fall sein kann. Die Betrachtung zeigt, daß diese Darstellung des Wirkungsgrades nicht zweckmäßig ist, außerdem ist nach den „Regeln" die Energie des austretenden Luftstromes mit zu berücksichtigen, wenn der Wirkungsgrad berechnet wird.

Über den Wirkungsgrad verschiedener Größen derselben Ventilatorbauart finden sich im Abschnitte „Kennziffern" noch einige Bemerkungen, auf die hier verwiesen wird.

10. Ventilatoren ohne Gehäuse.

Für Lüftungsanlagen in Schulen, Verwaltungsgebäuden, Theatern werden häufig Ventilatoren angewendet, die zwar zu den Zentrifugalventilatoren gehören, aber, entgegen den bisher behandelten, kein Spiralgehäuse besitzen, sondern in einem besonderen Druckraume an freischwingender Welle vor einer Wandöffnung angebracht sind. Diese Bauart von Ventilatoren sollte nur bei Widerständen bis zu höchstens 20 mm WS angewendet werden. Das Flügelrad ist in seiner Bauart dem der Ventilatoren mit Gehäuse durchaus gleich, besitzt also Schaufeln von nur geringer Höhe, wie auch die *Meidinger*-Ventilatoren. Die Saugöffnung wird durch die in der Wand des Druckraumes befindliche Öffnung gebildet.

Infolge des Fehlens des Gehäuses geht die der Luft beim Durchströmen des Flügelrades erteilte Geschwindigkeit zum großen Teil verloren, weshalb der vom Ventilator erzeugte statische Druck in der Hauptsache die in den an den Druckraum angeschlossenen Kanälen auftretenden Widerstände zu überwinden hat. Als Widerstandszahl für den Übergang aus dem Druckraum in den Druckkanal ist

$$\zeta = \left(\frac{f}{f_1} - 1\right)^2$$

zu setzen, worin f den Querschnitt des Druckraumes, f_1 den des Kanales bezeichnen.

Infolge des fehlenden Spiralgehäuses ist auch der Wirkungsgrad dieser Ventilatoren geringer. Zum Vergleich eines solchen Ventilators mit einem eines **gleichgroßen Flügelrades** in Spiralgehäuse dient die nachstehende Zahlentafel:

Meidinger-Ventilator mit Flügelrad 110 mm Durchmesser, $n = 500/\text{min}$.

Ohne Gehäuse			Mit Gehäuse		
Luftmenge cbm/sec	Druck p_s in mm WS	Wirkungsgrad η	Luftmenge cbm/sec	Druck p_s in mm WS	Wirkungsgrad η
1	37	0,28	1	45	0,38
2	34	0,35	2	44	0,45
3	30	0,46	3	40	0,57
4	25	0,45	4	35	0,57
5	28	0,35	5	28	0,54
6	8	0,15	6	18	0,36

Der Ventilator macht 500 Umdrehungen in der Minute. Ein Vergleich läßt sofort den geringeren höchsten Wirkungsgrad ersehen, der beim Ventilator mit Gehäuse 0,57, ohne Gehäuse 0,46 beträgt.

Das dem Verfasser von der Firma *Meidinger* überlassene Originaldiagramm ist in Fig. 19 wiedergegeben. Aus demselben geht hervor, daß zur gleichen Leistung wie der des Ventilators mit Gehäuse die Umlaufzahl größer sein muß, daß aber trotzdem der Wirkungsgrad niedriger bleibt.

Der Ventilator ohne Gehäuse fördert z. B. bei 500 Umdrehungen 3,0 cbm/sec und erzeugt dabei einen statischen Druck von 30 mm WS, während der Ventilator mit Gehäuse bei gleicher Umlaufzahl die gleiche Luftmenge auf einen statischen Druck von 40 mm bringt. Um den gleichen

Druck von 40 mm zu schaffen, muß der Ventilator ohne Gehäuse 560 Umdrehungen machen, wobei ein Wirkungsgrad $\eta = 0,43$ erreicht wird. Der Leistungsverbrauch für gleiche Leistung ist daher:

bei dem Ventilator ohne Gehäuse (siehe obige Zahlentafel)

$$\frac{3 \cdot 40}{75 \cdot 0,43} = 3,7 \text{ PS,}$$

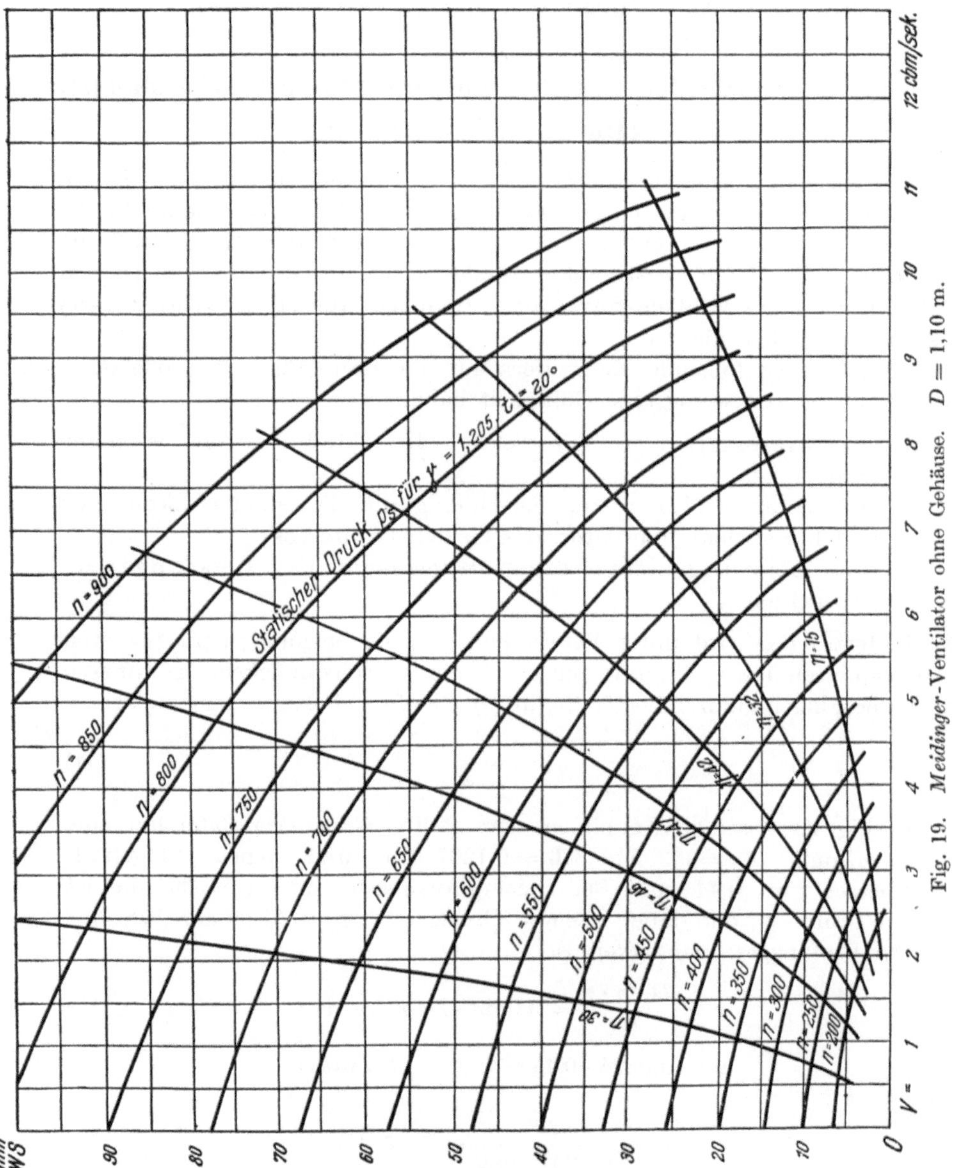

Fig. 19. Meidinger-Ventilator ohne Gehäuse. $D = 1,10$ m.

bei dem Ventilator mit Gehäuse

$$\frac{3 \cdot 40}{75 \cdot 0,57} = 2,8 \text{ PS},$$

also bei letzterem um 25 Proz. geringer.

Dieser Umstand ist bei der Anwendung von Ventilatoren ohne Gehäuse zu beachten. Ihr Vorteil besteht häufig nur in der kürzeren Bauart bei örtlich beschränkten Verhältnissen.

11. Vergleich verschiedener Größen von Ventilatoren gleicher Bauart.
(Die Kennziffern.)

In den Erläuterungen, welche Prof. Dr. *Prandtl* zu den vom *Verein deutscher Ingenieure* aufgestellten „Regeln über Leistungsversuche an Ventilatoren und Kompressoren" verfaßt hat, ist darauf hingewiesen, daß die von einem Ventilator bestimmter Größe bekannten Beziehungen auch auf andere Größen derselben Bauart (derselben Ventilatorart) übertragen werden können.

Prandtl stellt folgende Kennziffern auf, die dann für jede Größe einer Bauart angenähert wenigstens Gültigkeit haben:

1. eine Lieferziffer φ, mit welcher die Fördermenge bestimmt wird;
2. eine Druckziffer ψ zur Berechnung des Druckunterschiedes vor und hinter dem Ventilator, des Gesamtdruckes;
3. eine Leistungsziffer λ zur Berechnung des Leistungsverbrauches.

Die Lieferziffer φ wird unter Verwendung des als bekannt vorausgesetzten Ausblasquerschnitts F_a (in qm) und der Umfanggeschwindigkeit u gewonnen, wozu der Flügelraddurchmesser D (in m) ebenfalls bekannt sein muß:

$$\varphi = \frac{V}{F_a u} . \tag{54}$$

Der in Fig. 12 in seinen Kennlinien dargestellte *Sirocco*-Ventilator hat eine Ausblasöffnung $F_a = 0,356 \cdot 0,356 = 0,1267$ qm und einen Flügelraddurchmesser von 0,445 m. Bei freiem Ausblasen mit $n = 600/\text{min}$ ist $V = 2,80$ cbm/sec, der dabei erzeugte Druck $p_g = p_d = 31,90$ mm WS.

Die Umfanggeschwindigkeit ist

$$u = \frac{D \cdot \pi \cdot n}{60} = 0,0524 \cdot D \cdot n \text{ (m/sec)}. \tag{55}$$

$$u = 0,0524 \cdot 0,445 \cdot 600 = 14,0 \text{ m/sec}.$$

Daraus ist

$$\varphi = \frac{2,8}{0,1267 \cdot 14,0} = 1,58.$$

Für einen anderen *Sirocco*-Ventilator (Nr. 1) ist:

$$V = 0{,}16 \text{ cbm/sec}; \quad F_a = 0{,}0104; \quad D = 0{,}127 \text{ m}; \quad n = 1500/\text{min}.$$

Hieraus ist

$$u = 0{,}0524 \cdot 0{,}127 \cdot 1500 = 10{,}0 \text{ m/sec} .$$

Daher

$$\varphi = \frac{0{,}16}{0{,}0104 \cdot 10} = 1{,}54 .$$

φ weicht also von obigem Resultat nur um 0,04 ab. Bei einem dritten *Si-rocco*-Ventilator, mit etwa zehnmal so großem Raddurchmesser als dem letzteren, $D = 1{,}397$ m, $F_a = 1{,}250$ qm, $V = 57{,}5$ cbm/sec, $n = 275$ ist $\varphi = 1{,}65$.

Daraus ergibt sich, trotz der Verschiedenheiten in der Größe der Ventilatoren, bei **freiem Austritt** ein Mittelwert der Lieferziffern von etwa $\varphi = 1{,}59$[1]. Es kann daher mit Hilfe dieser Lieferziffer φ für einen anderen Ventilator, dessen Flügelraddurchmesser und Ausblasöffnung bekannt sind, die geförderte Luftmenge V nach Annahme einer beliebigen Umlaufzahl aus der Gleichung (54)

$$V = \varphi \cdot F_a u$$

berechnet werden.

Zu ähnlichen Zwecken dienen dann auch die Druckziffer ψ und die Leistungsziffer λ.

Diese Andeutungen zunächst, die eingehende Behandlung soll nun folgen. In den „Regeln" ist gesagt:

a) „Die **Kennlinien** eines Ventilators geben die Abhängigkeit der Druckziffer ψ und des Wirkungsgrades η eines Ventilators von der gleichwertigen Düsenöffnung wieder. (Vergl. Fig. 16 u. 17.)

b) Die **Kennlinien** einer **Ventilatorart** geben die Abhängigkeit der Druckziffer ψ und des Wirkungsgrades η dieser Ventilatorart von dem Verhältnis

$$\frac{\text{Gleichwertige Düse}}{\text{Ausblasquerschnitt}} = \frac{A}{F_a}$$

wieder".

Auf die Beziehungen zwischen Lieferziffer φ und Druckziffer ψ sowie den Wirkungsgrad η wird später zurückgekommen. Insbesondere stehen φ und ψ in ganz bestimmtem Verhältnisse, weshalb hier nur die Druckziffer ψ erwähnt ist.

Wir werden nun diese Sätze an zwei Ventilatoren mit Gehäuse der Firma *Meidinger* verfolgen. Der eine dieser beiden Ventilatoren ist in Fig. 13 dargestellt, der andere in Fig. 20a. In letzterer sind gegenüber dem dem Verfasser zur Verfügung gestellten Originale die Linien für den Gesamtdruck punktiert eingezeichnet. Beim Vergleich der Darstellungen ist nur darauf

---

[1] Die Abweichungen $\varphi = 1{,}58$, $1{,}54$, $1{,}65$ sind auf die Abrundungen in den Angaben zurückzuführen. Jedenfalls sind dieselben nicht so erheblich, daß φ nicht als charakteristisch für die *Sirocco*-Ventilatorbauart angesehen werden könnte. — Bei einem *Meidinger*-Ventilator ergibt sich z. B. $\varphi = 0{,}52$ bei freiem Austritt, also eine ganz andere Zahl.

zu achten, daß in Fig. 13 die Druckangaben in doppelter Größe wie in Fig. 20a gezeichnet sind. Die beiden Ventilatoren sind von ganz gleicher Bauart und haben folgende Abmessungen, auf die es hier ankommt:

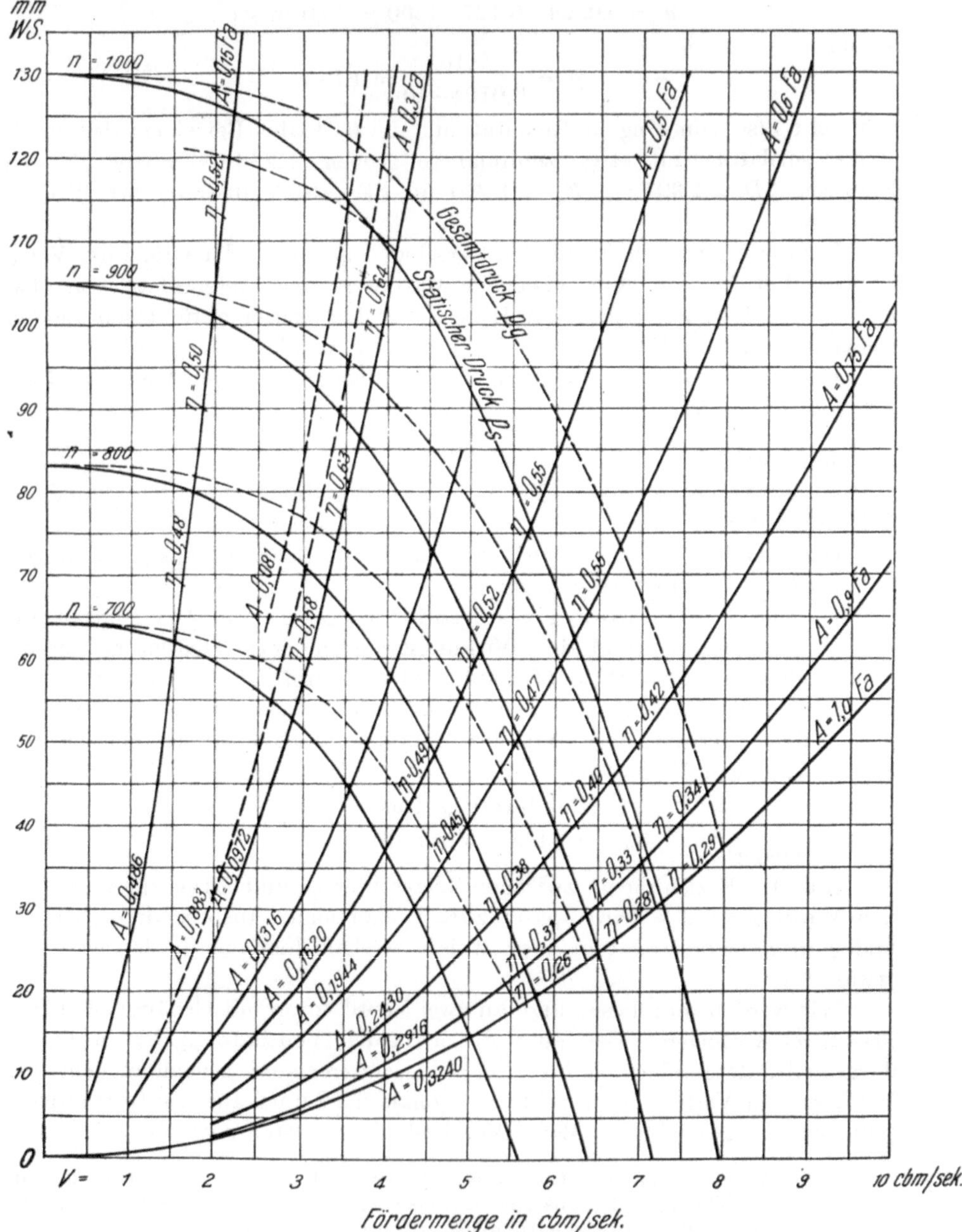

Fig. 20a.

Meidinger-Ventilator. $F_a = 0{,}324$ qm. $D = 0{,}900$ m.

Ventilator nach Fig. 20 a.

$D = 900$ mm Durchmesser (Flügelraddurchmesser).

$F_a = 0,72 \cdot 0,45 = 0,3240$ qm (Ausblasquerschnitt).

Ventilator nach Fig. 13.

$D = 700$ mm Durchmesser. $F_a = 0,55 \cdot 0,35 = 0,1925$ qm.

In Fig. 13 gibt die unterste Linie der gleichwertigen Düse (punktiert vom Verfasser eingezeichnet) den dynamischen Druck p_{da} bei freiem Ausblasen an.

Zur Ermittlung des jeweiligen Gesamtdruckes ist dieser Druck p_{da} zu dem zu irgendeiner Fördermenge zugehörigen statischen Drucke p_s, der durch die übrigen Linien der gleichwertigen Düse angegeben wird, hinzuzurechnen. Wenn also z. B. bei $n = 1000$ und $V = 2,4$ ein $p_s = 47,5$ mm angegeben ist, so ist noch $p_{da} = 9,5$ hinzuzurechnen, wie die Linie für freien Austritt bei $V = 2,4$ angibt, somit ist $p_g = 57,0$ mm.

Wir bestimmen zunächst die **Lieferziffer** bei freiem Ausblasen an dem Ventilator nach Fig. 20 a ($D = 900$ mm) und vergleichen diesen Wert mit dem des Ventilators nach Fig. 13.

Aus Fig. 20 entnehmen wir

$$n = 1000; \quad V = 7,98 \text{ bei freiem Austritt}: \quad p_g = 37 \text{ mm}.$$

$$A = 0,247 \cdot \frac{7,98}{\sqrt{37}} = 0,324 \text{ (nach Gleichung 46)}.$$

wie es auch sein muß, da hier $A = F_a$ ist ($A = 1,0\,F_a$). Bei $n = 1000$ ist (siehe Gleichung 55)

$$u = 0,0524 \cdot 0,9 \cdot 1000 = 47,15 \text{ m/sec}.$$

Daher

$$\varphi = \frac{V}{F_a \cdot u} = \frac{7,98}{0,324 \cdot 47,15} = 0,52$$

(also wesentlich verschieden von dem oben für die *Sirocco*-Ventilatoren berechneten Werte). Für den Ventilator $D = 700$ mm nach Fig. 13 ist, ebenfalls bei freiem Austritt, mit $n = 700$; $V = 2,34$; $p_g = 9,0$; $u = 25,5$:

$$A = 0,247 \cdot \frac{2,34}{\sqrt{9,0}} = 0,1925; \quad (A = 1,0\,F_a);$$

$$\varphi = \frac{2,34}{0,1925 \cdot 25,5} = 0,48\,.$$

Der Unterschied ist nur 0,04; als Mittelwert kann also für alle *Meidinger*-Ventilatoren mit Gehäuse bei $A = F_a$ (freiem Ausblasen) $\varphi = 0,5$ angenommen werden.

Für eine Linie der gleichwertigen Düse ist $\varphi = $ const. So z. B. nach Fig. 20 a für $n = 700$; $V = 5,57$; $u = 33,02$; $A = 0,324$ qm:

$$\varphi = \frac{5,57}{0,324 \cdot 33,02} = 0,52 \quad \text{(wie oben bei } n = 1000\text{)}.$$

Dasselbe gilt für die anderen Linien der gleichwertigen Düse, nämlich $\varphi = $ const. unabhängig von der Umlaufzahl.

Dagegen ergibt sich für einen anderen Wert A der gleichwertigen Düse auch ein anderer Wert von φ. Z. B. (nach Fig. 20 a) $(D = 900)$

$$n = 1000\,, \quad V = 6{,}11\,, \quad p_g = 87\,, \quad u = 47{,}15\,, \quad F_a = 0{,}324:$$

$$A = 0{,}247 \cdot \frac{6{,}11}{\sqrt{87}} = 0{,}1620 \text{ qm,}$$

$$\varphi = \frac{6{,}11}{0{,}324 \cdot 47{,}15} = 0{,}40\,.$$

Für die Linie $A = 0{,}1620$ ist nun φ konstant, d. h. unabhängig von der Umlaufzahl, während sich für $A = 0{,}324$ ein Wert $\varphi = 0{,}522$ ergab.

Nach Fig. 13 $(D = 700)$

$$n = 800; \quad V = 2{,}0; \quad p_g = 25{,}0 + 7{,}0 = 32{,}0 \text{ mm}; \quad u = 29{,}3; \quad F_a = 0{,}1925$$

$$A = 0{,}247 \cdot \frac{2{,}0}{\sqrt{32}} = 0{,}0873 \text{ qm,}$$

$$\varphi = \frac{2{,}0}{0{,}1925 \cdot 29{,}3} = 0{,}36\,.$$

So erhält man für jeden Wert A einer gleichwertigen Düse einen bestimmten und für die hierzu gehörige Parabel konstanten Wert von φ.

Um nun diese Werte von φ der beiden Ventilatoren miteinander vergleichen zu können (der eine ist für $A = 0{,}1620$ mit $\varphi = 0{,}40$, der andere für $A = 0{,}0873$ mit $\varphi = 0{,}36$ berechnet), sind Beziehungen zwischen den beiden Ventilatorgrößen herzustellen, die in dem Verhältnis der gleichwertigen Düse zum Ausblasquerschnitt F_a gewonnen werden.

Für den Ventilator $D = 900$ mm ist z. B.

$$\frac{A}{F_a} = \frac{0{,}1620}{0{,}324} = 0{,}5\,;$$

$$\varphi = 0{,}40\,;$$

für den anderen Ventilator $D = 700$ mm ist

$$\frac{A}{F_a} = \frac{0{,}0873}{0{,}1925} = 0{,}45\,;$$

$$\varphi = 0{,}36\,.$$

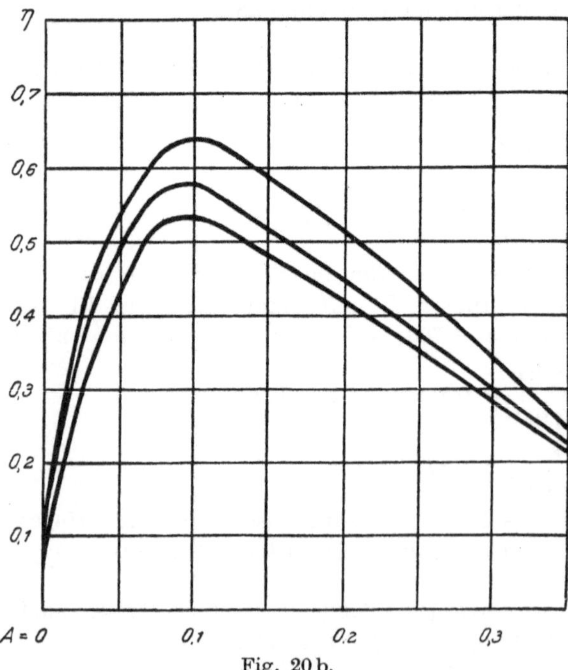

Fig. 20 b.

Wirkungsgrad η über A für Ventilator nach Fig. 20 a für die Drehzahlen $n = 1000$, $n = 800$, $n = 700/\text{min}$.

Berechnen wir in der oben angegebenen Weise die Werte von φ und tragen sie als Ordinaten zu den Abszissen $\dfrac{A}{F_a}$ auf, wie in Fig. 21, so erhalten wir für gleiche Werte von $\dfrac{A}{F_a}$ auch gleiche Werte von φ und damit eine Linie φ, die für beide Ventilatoren, überhaupt für die Ventilatoren gleicher Bauart, Gültigkeit hat. (Kleine Abweichungen sind natürlich vorhanden.) Die in Fig. 21 angegebene Linie φ entspricht Mittelwerten der betrachteten Ventilatoren.

Zum Beweise der Gültigkeit der φ-Linie für beide Ventilatoren nehmen wir an, von dem Ventilator nach Fig. 20a wären nur der Durchmesser $D = 900$ mm und $F_a = 0,324$ qm bekannt, und es soll für eine Fördermenge $V = 6,0$ cbm/sec und $p_g = 64$ die Umlaufzahl gesucht werden. Zunächst ermitteln wir den gleichwertigen Düsenquerschnitt:

$$A = 0,247 \cdot \frac{6,0}{\sqrt{64}} = 0,1852 \text{ qm.}$$

Hiermit ist

$$\frac{A}{F_a} = \frac{0,1852}{0,3240} = 0,572 \; .$$

Aus Fig. 21 entnehmen wir für $\dfrac{A}{F_a} = 0,572$ den Wert von $\varphi = 0,43$, demnach ist aus Gleichung (54)

$$u = \frac{V}{F_a \cdot \varphi} = \frac{6,0}{0,324 \cdot 0,43} = 43,1 \text{ m/sec,}$$

und aus Gleichung (55) ergibt sich

$$n = \frac{u \cdot 60}{D \cdot \pi} = \frac{u}{0,0524 \cdot 43,1} = 915/\text{min}$$

in guter Übereinstimmung mit der Fig. 20a, wenn wir dort bei $V = 6,0$ die Druckhöhe $p_g = 64$ mm aufsuchen, die über $n = 900$ liegt.

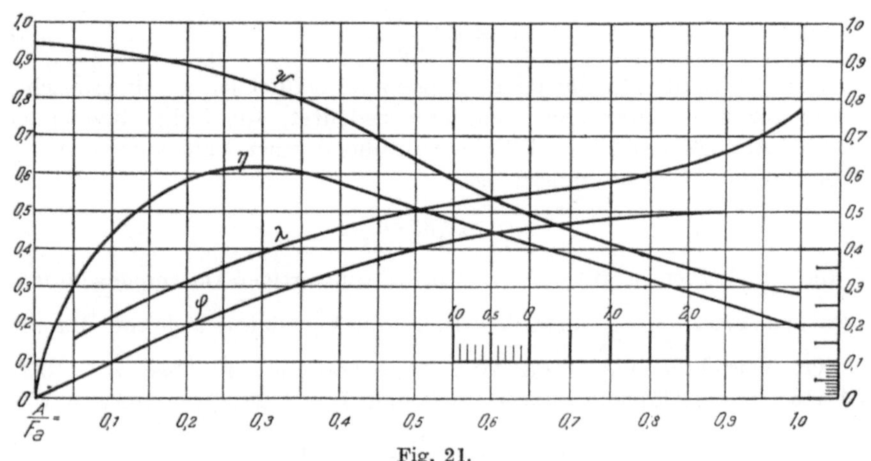

Fig. 21.

Kennziffern der *Meidinger*-Ventilatoren mit Gehäuse.

5*

Von dem in Fig. 13 dargestellten Ventilator sei gegeben: $D = 700$ mm, $F_a = 0,1925$. Es soll die Umlaufzahl für $V = 3,6$, $p_g = 144$ gesucht werden.

$$A = 0,247 \cdot \frac{3,6}{\sqrt{144}} = 0,0741 \,,$$

$$\frac{A}{F_a} = \frac{0,0741}{0,1925} = 0,385 \,;$$

nach Fig. 21 ist hierfür

$$\varphi = 0,33 \,,$$

$$u = \frac{3,6}{0,1925 \cdot 0,33} = 56,7 \text{ m/sec,}$$

$$n = \frac{56,7}{0,0524 \cdot 0,70} = 1545/\text{min}$$

Ziehen wir noch den Druck $p_{da} = 22$ mm (vgl. Fig. 13) von $p_g = 144$ mm ab, so erhalten wir $p_s = 122$ mm und damit in Übereinstimmung mit Fig. 13 die Umlaufzahl 1545, zwischen den Linien für $n = 1500$ und 1600 liegend. Unter Benutzung der Fig. 21 ist also für beide Ventilatoren bei beliebigen Werten von V und p die Umlaufzahl bestimmt worden.

In dieser Weise gelten die Kennziffern für Ventilatoren, die in geometrischem Sinne einander ähnlich sind.

Bei Ventilatoren ohne Gehäuse, von denen später noch die Rede sein wird, muß der aus Flügelraddurchmesser und Flügelradbreite gebildete Querschnitt als Ausblasquerschnitt betrachtet werden, wobei die Querschnittverengung durch die Schaufeln vernachlässigt werden kann.

Für die Druckziffer ψ gelten nun ganz ähnliche Beziehungen.
Die Druckziffer ist:

$$\psi = \frac{p_g \cdot 2g}{\gamma \cdot u^2} \tag{56}$$

oder

$$p_g = \psi \frac{\gamma \cdot u^2}{2g} \,, \tag{57}$$

worin p_g = Gesamtdruck, die Druckdifferenz (einschließlich des dynamischen Druckes) vor und hinter dem Ventilator bedeutet, wie bisher bezeichnet.

Unter Annahme von $\gamma = 1,20$, entsprechend einer Lufttemperatur von $20°$ bei 760 mm Barometerstand, ist

$$\psi = 16,35 \cdot \frac{p_g}{u^2} \,. \tag{58}$$

Auch die Druckziffer ist auf den Wert des gleichwertigen Düsenquerschnittes zu beziehen bzw. auf $\dfrac{A}{F_a}$ beim Vergleich von Ventilatoren gleicher Bauart. Für den Ventilator nach Fig. 20a ($D = 900$ mm) ist bei $n = 1000$; $u = 47,16$; $u^2 = 2223$; $F_a = 0,324$, z. B. mit $V = 5,25$; $p_g = 102$ mm WS:

$$A = 0,247 \cdot \frac{5,25}{\sqrt{102}} = 0,1284 \,;$$

bezogen auf den Ausblasquerschnitt

$$\frac{A}{F_a} = \frac{0,1284}{0,3240} = 0,396.$$

Hier ist nach Gleichung (58)

$$\psi = 16,35 \cdot \frac{102}{2223} = 0,751.$$

Für den Ventilator nach Fig. 13 $(D = 700 \text{ mm})$, $F_a = 0,1925$, ist bei $n = 800$; $u = 29,3$; $u^2 = 858,5$. Nach Fig. 13 ist mit $V = 1,2$; $p_g = 42 + 3 = 45$ mm WS:

$$A = 0,247 \cdot \frac{1,2}{\sqrt{45}} = 0,0442,$$

$$\frac{A}{F_a} = \frac{0,0442}{0,1925} = 0,230,$$

$$\psi = 16,35 \cdot \frac{45}{858,5} = 0,86$$

Betrachtet man in Fig. 21 die ψ-Linie, so findet man beide soeben berechnete Werte von ψ in dieser einen Linie, die also für beide Ventilatoren auch gültig ist. Kleine Abweichungen sind natürlich auch hier vorhanden, weshalb in Fig. 21 die Mittelwerte von ψ als Funktion von $\frac{A}{F_a}$ (wie vorher die Lieferziffer φ) aufgetragen sind. (Für $\frac{A}{F_a} = 0,230$ ist in Fig. 21 $\psi = 0,87$ statt 0,86.) Die Abweichungen sind, wie obige Berechnungen von φ an zwei verschiedenen Ventilatoren ergaben, von nur geringer Bedeutung für das Gesamtergebnis. Im übrigen gilt das für die Lieferziffer φ Gesagte auch für die Druckziffer ψ.

Zur praktischen Anwendung diene folgendes Beispiel:

In dem Kataloge von *Meidinger* ist ein Ventilator angegeben: $D = 1,4$ m; $F_a = 1,10 \cdot 0,70 = 0,77$ qm; es soll für die Umlaufzahl $n = 520$ die Drucklinie berechnet werden und aus dieser die Fördermenge.

Nach Fig. 21 ist für

$\frac{A}{F_a} = 0,1$	0,3	0,5	0,7	0,9	1,0
$\psi = 0,925$	0,835	0,635	0,450	0,320	0,280

Der Gesamtdruck p_g ist aus Gleichung (57) zu bestimmen:

$$p_g = \psi \frac{\gamma}{2g} u^2;$$

und es folgt daraus z. B. für $\frac{A}{F_a} = 0,5$, da $u = 38,15$ ist:

$$p_g = 0,635 \frac{1,2}{19,62} \cdot 38,15^2 = 56,6 \text{ mm WS.}$$

In gleicher Weise die übrigen Werte von p_g berechnet, ergibt folgende Zahlenreihe:

$\dfrac{A}{F_a} = 0{,}1$	0,3	0,5	0,7	0,9	1,0
$p_g = 83{,}2$	74,4	56,6	40,1	28,5	24,9

Da nun F_a bekannt ist, so folgt aus $\dfrac{A}{F_a} = 0{,}5$:

$$A = 0{,}5\, F_a \quad \text{oder} \quad A = 0{,}5 \cdot 0{,}77 = 0{,}385;$$

und ferner mit $p_g = 56{,}6$ aus

$$A = 0{,}247\, \frac{V}{\sqrt{p_g}}\ \text{qm.}$$

$$V = \frac{A \cdot \sqrt{p_g}}{0{,}247} = \frac{0{,}385 \cdot \sqrt{56{,}6}}{0{,}247} = 11{,}72\ \text{cbm/sec.}$$

Auf einfacherem Wege finden wir V, wenn wir die φ-Linie in Fig. 21 benutzen, die nach Gleichung (54)

$$V = \varphi \cdot Fa \cdot u\ .$$

Für $\dfrac{A}{F_a} = 0{,}5$ ist $\varphi = 0{,}4$, demnach

$$V = 0{,}4 \cdot 0{,}77 \cdot 38{,}15 = 11{,}74\ \text{cbm/sec.}$$

In gleicher Weise könnten nun die übrigen Werte von V für die oben berechneten Drücke bestimmt werden, so daß es möglich ist, mit Hilfe der φ- und ψ-Linien die zueinander gehörenden Werte von V und p_g bei einer bestimmten Drehzahl zu ermitteln und die Linien für konstante Drehzahlen graphisch darzustellen.

Kleine Abweichungen werden sich allerdings immer ergeben, da solche schon bei Abrundungen der Zahlenwerte entstehen.

Durch den gleichwertigen Düsenquerschnitt A bzw. den Ausdruck $\dfrac{A}{F_a}$, welcher den gleichwertigen Düsenquerschnitt in Bruchteilen des freien Ausblasquerschnittes angibt, besteht eine Beziehung zwischen φ und ψ, nämlich:

$$\varphi = \frac{A}{F_a}\sqrt{\psi}\ , \tag{59}$$

so daß zu den verschiedenen Werten von ψ auch die zugehörenden Werte von φ sogleich berechnet werden können.

In Fig. 21 ist z. B. $\varphi = 0{,}42$ bei $\dfrac{A}{F_a} = 0{,}55$. Aus Gleichung (59) ist:

$$\psi = \left(\varphi\, \frac{F_a}{A}\right)^2 \tag{60}$$

oder

$$\psi = \left(\frac{0{,}42}{0{,}55}\right)^2 = 0{,}584\ ,$$

wie auch aus Fig. 21 zu entnehmen ist.

Bezeichnet man das Verhältnis $\dfrac{A}{F_a}$ mit α, so ist

$$\varphi = \alpha \sqrt{\psi} \tag{61}$$

und

$$\psi = \left(\frac{\varphi}{\alpha}\right)^2. \tag{62}$$

Hiernach genügt also, eine der beiden Linien für eine bestimmte Ventilatorbauart zu berechnen und aufzuzeichnen, um daraus die andere zu ermitteln.

(Bei Benutzung der oberen Skala des Rechenschiebers lassen sich diese Rechnungsoperationen rasch ausführen, wie überhaupt der Rechenschieber gerade für die vorliegenden Berechnungen ausgezeichnete Dienste leistet.)

Als dritte Kennziffer war die Leistungsziffer λ angegeben. Die Leistungsziffer ist für die Ermittlung der Leistungsabgabe der Antriebsmaschine bestimmt. Wird diese Leistungsabgabe mit L_a bezeichnet, so ist

$$L_a = \lambda \cdot F_a \cdot \frac{\gamma u^3}{2_g} \text{ mkg/sec}, \tag{63}$$

andererseits ist, mit η als Wirkungsgradzahl des Ventilators,

$$L_a = \frac{V \cdot p_g}{\eta} \text{ mkg/sec}, \tag{64}$$

und da

$$V = \varphi F_a \cdot u \quad \text{(Gleichung 54)}$$

und

$$p_g = \frac{\gamma u^2}{2_g} \quad \text{(Gleichung 57)},$$

ferner

$$\lambda = \frac{L_a}{F_a \gamma \dfrac{u^3}{2_g}},$$

so folgt hieraus

$$\lambda = \frac{\varphi \psi}{\eta}. \tag{65}$$

Der Wirkungsgrad des Ventilators aber muß nun bekannt sein. Es ist klar, daß da, wo Fördermenge und Gesamtdruck in Abhängigkeit von der Bauart Übereinstimmung zeigen, auch die Wirkungsgrade sich angenähert wenigstens auf die gleiche Grundlage bringen lassen müssen. Ist also der Wirkungsgrad für einen Ventilator bekannt, so kann auch auf die Wirkungsgrade anderer Ventilatorgrößen der gleichen Bauart geschlossen werden.

In den Fig. 13 und 20 a sind die Wirkungsgrade für die Linien gleichwertiger Düsenquerschnitte angegeben, so daß sie auf $\dfrac{A}{F_a}$ bezogen als Mittelwerte in Fig. 21 nach Gleichung (65) eingetragen werden konnten; außerdem ist in Fig. 20 b η über A gezeichnet.

Damit sind wir nun auch in der Lage, die Linie λ aus $\dfrac{\varphi\,\psi}{\eta}$ zu berechnen.

Da aber aus den Linien φ und ψ bereits die Fördermenge und der Gesamtdruck ermittelt werden können, so wird man der Einfachheit halber wohl in den meisten Fällen die Gleichung (64) vorziehen.

Die vorstehenden Betrachtungen zeigen, daß, wenn der Wirkungsgrad η gegeben ist, nur noch eine Linie, entweder die φ-Linie oder die ψ-Linie, gegeben zu sein brauchen, um alle mechanischen Eigenschaften eines Ventilators bei bekanntem Flügelraddurchmesser D und Ausblasquerschnitt F_a zu ermitteln und graphisch darstellen zu können.

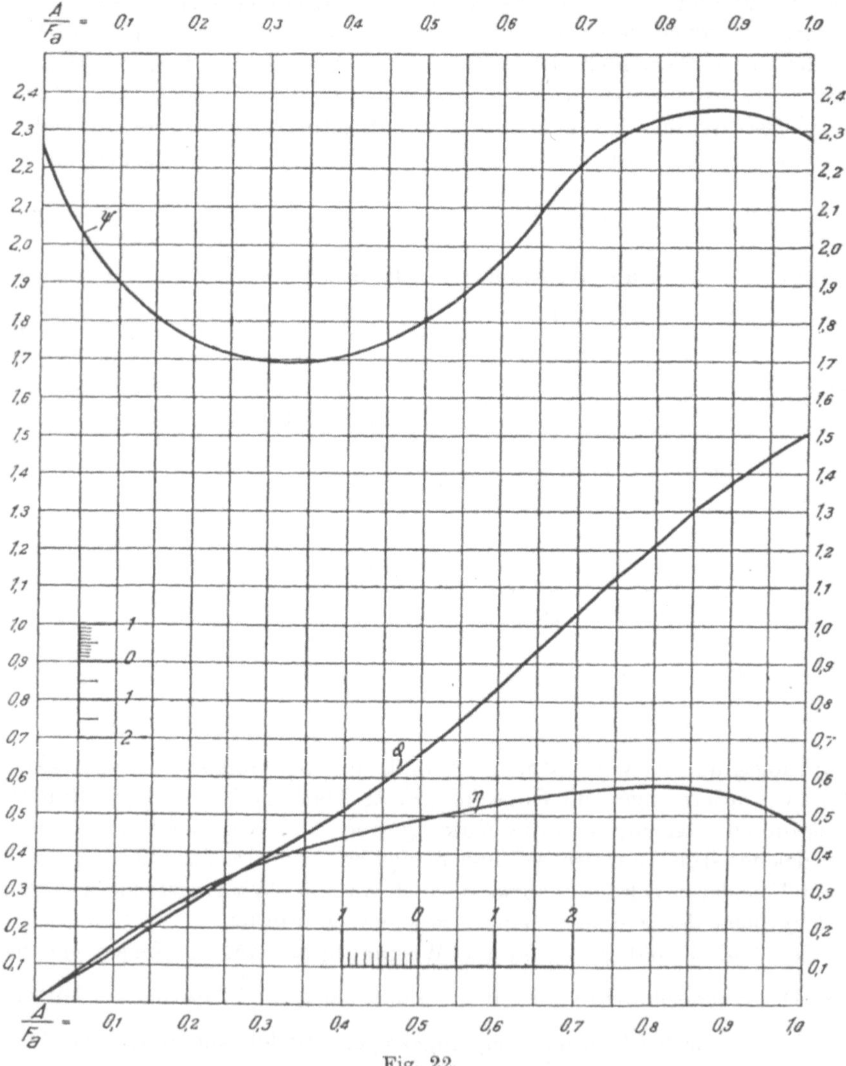

Fig. 22.

Kennziffern der *Schiele*-Schrägschaufelgebläse.

Ist z. B. eine der Linien für gleiche Drehzahl mit Hilfe der Gleichung (57) berechnet und aufgezeichnet, so ergeben sich die Werte für die übrigen Drehzahlen sehr einfach auf den Linien für den gleichwertigen Düsenquerschnitt aus den bekannten Gleichungen (26) und (27):

$$\frac{V_1}{V_2} = \frac{n_1}{n_2} \quad \text{bzw.} \quad \frac{p_{g_1}}{p_{g_2}} = \left(\frac{n_1}{n_2}\right)^2.$$

In Fig. 22 sind die Kennziffern der von der Firma *Schiele & Co.* in Frankfurt hergestellten Schrägschaufelgebläse enthalten.

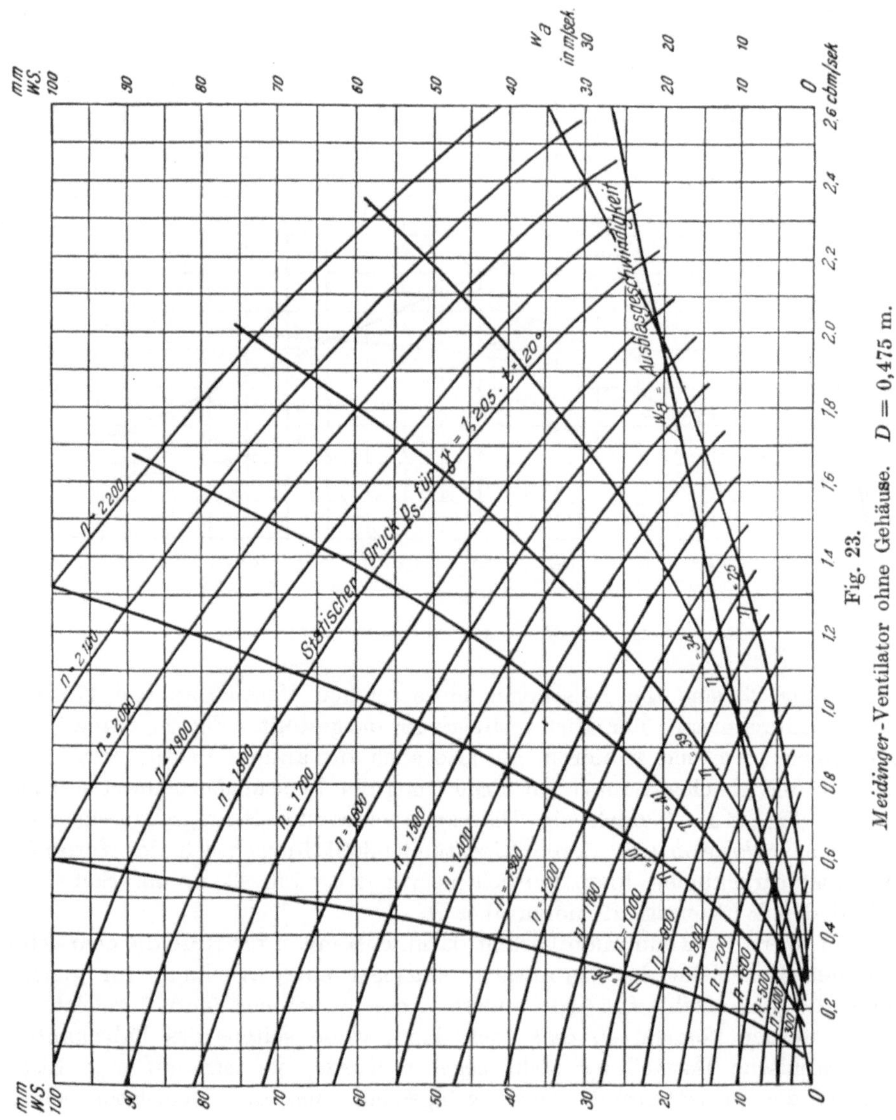

Fig. 23.

Meidinger-Ventilator ohne Gehäuse. $D = 0,475$ m.

Es sei dann hier nochmals auf die ausgezeichneten Erläuterungen, die Prof. Dr. *Prandtl* zu den „Regeln für Leistungsversuche an Ventilatoren und Kompressoren" geschrieben hat und denen die vorstehenden Entwicklungen entnommen sind, hingewiesen.

Bei den Ventilatoren ohne Gehäuse ist als Ausblasquerschnitt F_a das Produkt aus Radumfang und Schaufelbreite zu betrachten, wobei die Verengung durch die Schaufeln unberücksichtigt bleiben kann.

Der Wirkungsgrad dieser Ventilatoren ist wesentlich niedriger als derjenige der Ventilatoren mit Gehäuse, weil das als Diffusor wirkende Gehäuse eben fehlt.

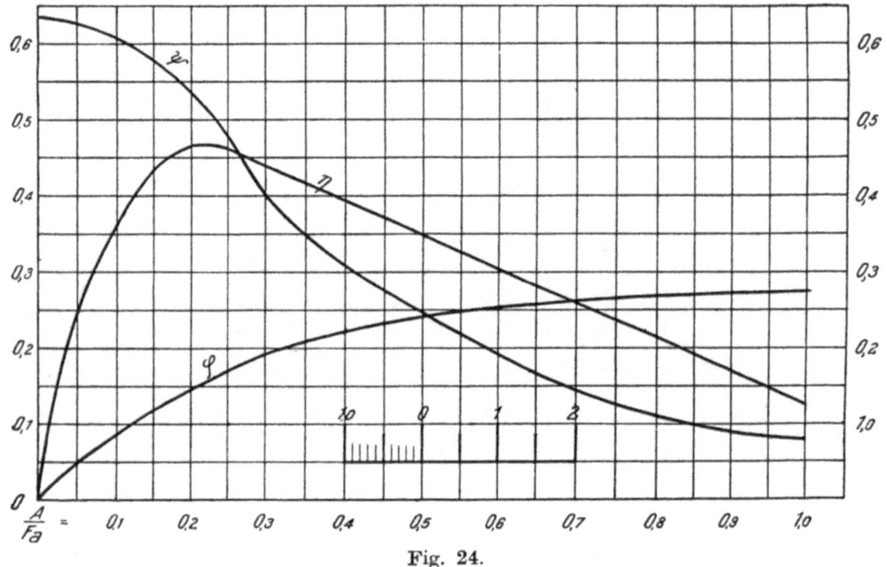

Fig. 24.

Kennziffern der *Meidinger*-Ventilatoren ohne Gehäuse.

In Fig. 23 sind die Leistungen eines solchen Ventilators von 475 mm Flügelraddurchmesser der Firma *Meidinger* dargestellt. Fig. 24 enthält die Kennlinien ψ, φ und η hierzu, die also auch für andere Ventilatoren ohne Gehäuse und gleicher Bauart zur Ermittlung der Leistungen benutzt werden können, Fig. 25a ist noch ein Diagramm eines der Schrägschaufelgebläse der Firma *Schiele & Co.*, deren Eigentümlichkeit hinsichtlich des Verlaufes der Gesamtdrucklinien hier deutlich hervortritt. Fig. 25b, auf Seite 76, enthält den Wirkungsgrad hierzu über A.

Der Wert der Kennlinien besteht darin, daß mit ihrer Hilfe die charakteristischen Linien (in der Hauptsache zunächst eine Drucklinie für gleichbleibende Umlaufzahl) für jede andere Größe derselben Ventilatorenart ermittelt werden können, so daß auch dann, wenn seitens des Fabrikanten eine graphische Darstellung nicht gegeben wurde, sondern nur eine Liste vorliegt, der projektierende Heizungsingenieur sich den Ventilator selbst

wählen und sein Verhalten beobachten kann. Das Aufzeichnen der Kennlinien wird bei Entwurfsarbeiten oder bei ausgeführten Anlagen zur Aufklärung über das Verhalten eines Ventilators oft gute Dienste leisten.

12. Schlottergebläse.

Eine Ventilatorbauart sei noch erwähnt, die nicht zu den Zentrifugalventilatoren, sondern zu den Schraubenventilatoren zu zählen ist, die aber
doch hinsichtlich der Leistung den Zentrifugalventilatoren gleichkommt und im Wirkungsgrade die-
selben sogar übertrifft, nämlich das
Schlottergebläse. Dasselbe hat seinen
Namen von dem Konstrukteur
Schlotter und wird von den *Siemens-
Schuckert-Werken* gebaut.

Eine eingehende Untersuchung
eines Schlottergebläses von Professor
Dr. *Brabbée* und Dr.-Ing. *Berlowitz*
findet sich im Heft 4 (Juli 1914)
der Beihefte zum „Gesundheitsingenieur" (Verlag von R. Oldenbourg, München). Ferner ist eine
weitere Untersuchung eines Schlottergebläses von den Professoren
Grübler und *Lewicki* im Laboratorium
der Technischen Hochschule zu
Dresden vorgenommen worden (vgl.
Fig. 28). Beide Untersuchungen
ergeben Wirkungsgrade von rund
78 Proz., also eine Höhe des Wirkungsgrades, die nach den vorangehenden Darstellungen von Zentrifugalventilatoren nicht erreicht wird.

Auch die Fördermenge der
untersuchten Gebläse reicht bis zu
8,5 und 10,2 cbm/sec (vgl. Fig. 26
bis 29).

Die Drehzahlen können bis 3000
in der Minute gesteigert werden
(vgl. Fig. 28), so daß sich das Schlottergebläse für eine direkte Kupplung mit Dampfturbinen eignet, bei
denen solche hohe Drehzahlen wegen
des mit diesen steigenden Wirkungsgrades gern gewählt werden.

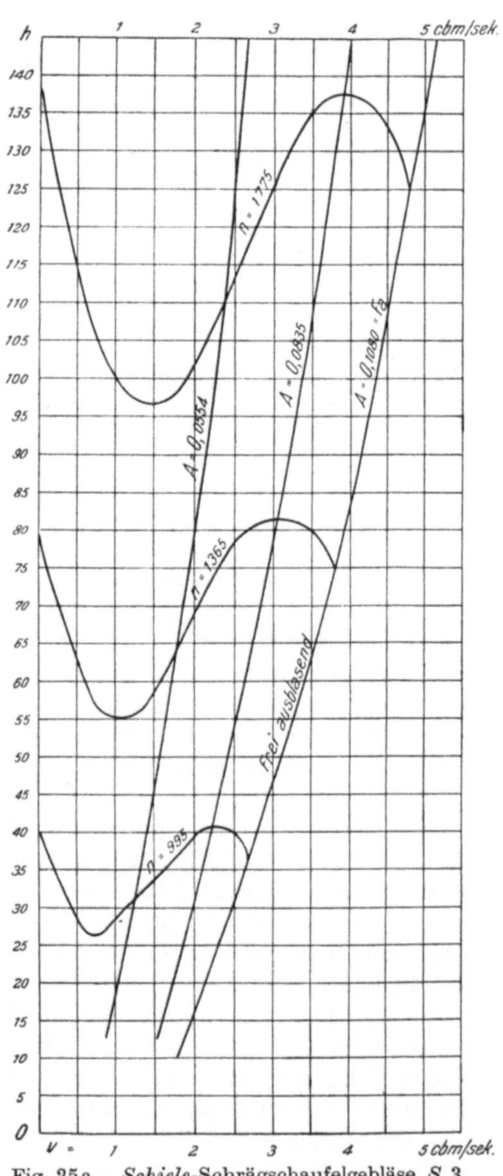

Fig. 25a. *Schiele*-Schrägschaufelgebläse *S* 3.

Allerdings ist der Betrieb mit Schlottergebläse dann nicht geräuschlos. Fig. 26 zeigt die hier gewählte Darstellung von Fördermenge und Gesamtdruck für das von *Brabbée* und *Berlowitz* untersuchte Gebläse, dessen Flügelraddurchmesser $D = 0{,}70$ m und dessen Ausblasöffnung $F_a = 0{,}466$ qm beträgt, bei einem Durchmesser $D_a = 0{,}77$ m.

In Fig. 27 sind die bei $n = 1200$ erreichten Wirkungsgrade, auf die gleichwertige Düse $A = 0{,}247 \cdot \dfrac{V}{\sqrt{p_g}}$ bezogen, dargestellt.

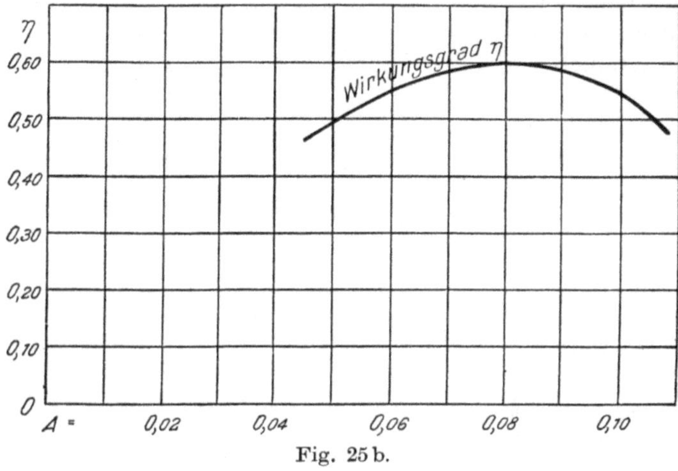

Fig. 25 b.

Wirkungsgrad η zu Fig. 25 a.

Der Wirkungsgrad steigt bis zu $\eta = 0{,}788$ an, und zwar bei dem Werte $A = 0{,}35$, also einem Verhältnisse

$$\frac{A}{F_a} = 0{,}75 \;.$$

Man sieht demnach auch hier, daß der höchste Wirkungsgrad etwa bei $^3/_4$ des Ausblasquerschnittes liegt.

Wie zwei weitere Linien der Wirkungsgrade in Fig. 26, und zwar für $n = 1000$ und $n = 1400$, zeigen, liegt der höchste Wirkungsgrad bei $n = 1200$.

In der Darstellung Fig. 28 ist der höchste Wirkungsgrad $\eta = 0{,}772$ bei $n = 2400$ erreicht worden. Der Durchmesser des Flügelrades dieses Gebläses war $D = 0{,}60$ m und $F_a = 0{,}342$ bei $D_a = 0{,}66$ m. Auf Grund der Versuche von *Brabbée* und *Berlowitz*, die außerordentlich genau durchgeführt sind, sind dann die Kennlinien φ, ψ, η und λ des in Fig. 26 dargestellten Schlottergebläses berechnet worden, die in Fig. 29 enthalten sind und, nach obigen Darlegungen auf Seite 68, auch für die übrigen Schlottergebläse gelten.

Die Bauart der Schlottergebläse ist die eines Schraubenventilators und bedingt daher zum Anschlusse einer Saugleitung die Anordnung einer Kammer, in der der Motor untergebracht wird. Gegebenenfalls muß die Welle des Ventilators verlängert und durch einen Krümmer der Saugleitung hindurchgeführt werden.

Die schon eingangs erwähnten Versuche von *Brabbée* und *Berlowitz* geben interessante Aufklärung auch hinsichtlich des Meßverfahrens zur Feststellung der mittleren Geschwindigkeit in Luftleitungen und Druckkammern. Es sei deshalb hierauf nochmals hingewiesen.

Ein Nachteil der Schlottergebläse scheint in den Anschaffungskosten zu liegen, da die Preise der Gebläse recht ansehnliche sind.

Wenn daher auch der Wirkungsgrad der Gebläse ein hoher ist, so werden die Anschaffungskosten doch die mit höherem Wirkungsgrade erzielbaren Ersparnisse zum mindesten wieder aufheben.

13. Verhalten der Ventilatoren bei Änderung der Betriebsverhältnisse.

Es soll für eine Montagehalle eine Dampfluftheizungsanlage ausgeführt werden, für welche sich aus der Wärmeverlustberechnung bei —20° Außentemperatur eine stündliche Luftmenge von 33 000 cbm von 70° ergeben hat.

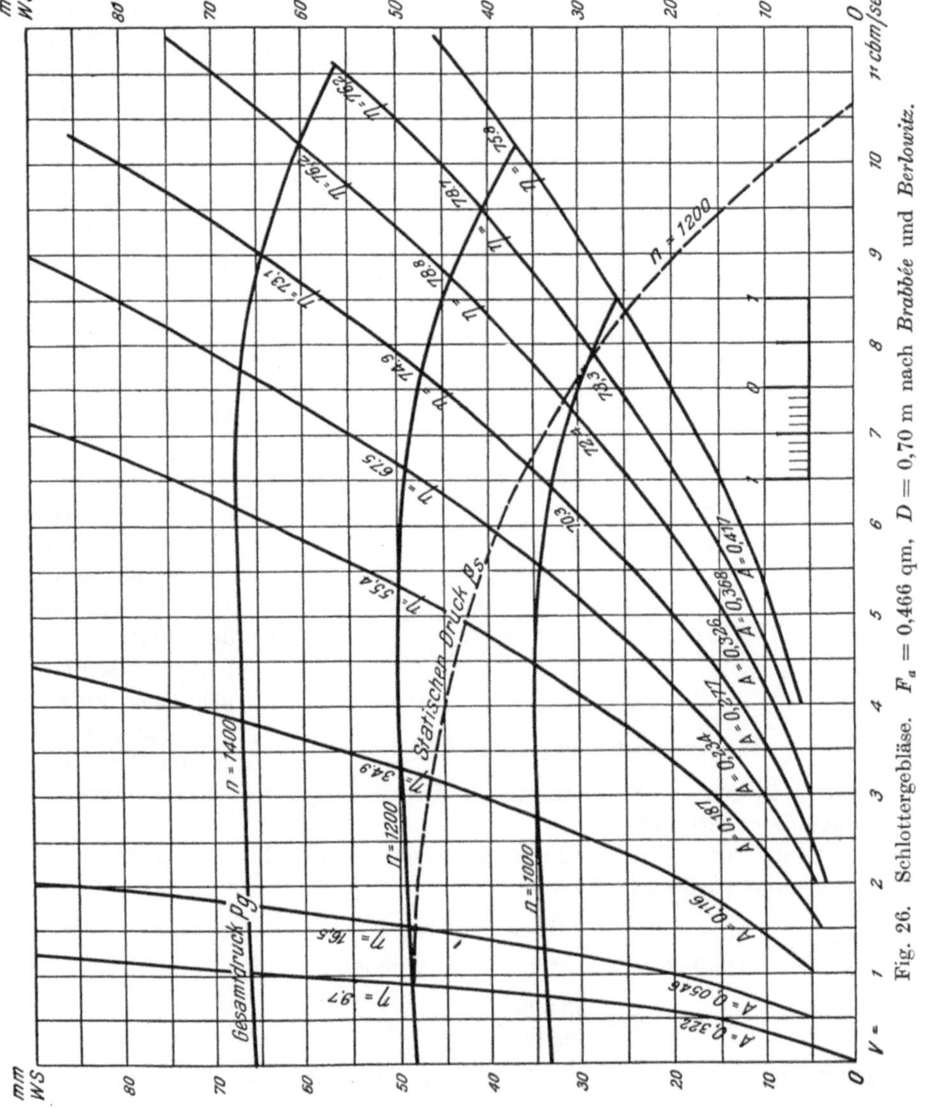

Fig. 26. Schlottergebläse. $F_a = 0{,}466$ qm, $D = 0{,}70$ m nach Brabbée und Berlowitz.

Zur Verteilung der Luft in der Halle soll eine aus Blechrohren hergestellte Druckleitung dienen, welche mit einem Diffusor an den Ventilator anzuschließen ist. Die Rohrleitung hat am Anschlusse an den Diffusor einen Durchmesser von 900 mm und teilt sich danach in zwei langgestreckte Abzweige, von denen der eine mit einer Abschlußklappe versehen ist, so daß die Luft auch nur durch den einen Abzweig geleitet werden kann.

Zur Verminderung der Wärmeleistung ist in einem Falle die Luftmenge herabzusetzen, in einem zweiten Falle die Abschlußklappe zu schließen.

Die Gesamtwiderstände $(l\,R + Z)$ in der Druckleitung betragen 48 mm WS, wenn die obengenannten 33000 cbm/std gefördert werden, dagegen 36 mm WS an der Stelle der Abzweige. Die Leitung von 900 mm Durchmesser bis zu den Abzweigen besitzt also 12 mm WS Widerstand, $(l\,R + Z) = 12$ mm WS. Die Luft wird aus dem Raume durch einen Lufterhitzer hindurch vom Ventilator angesaugt. Der Widerstand des Lufterhitzers beträgt einschließlich einer kurzen Saugleitung 26 mm WS. Der

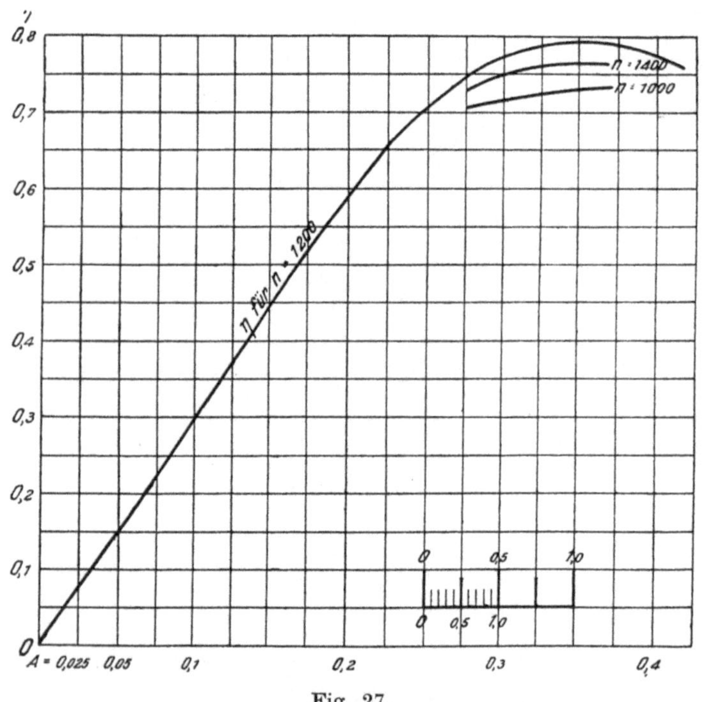

Fig. 27.

Wirkungsgrad η zu Fig. 26.

Lufterhitzer ist mit der Saugöffnung des Ventilators durch ein kegelförmiges Übergangsstück verbunden.

Als Ventilator soll ein Schrägschaufelgebläse der Firma *Schiele & Co.* gewählt werden (siehe Fig. 14 a u. b).

Berechnung:

Bei $V = 33\,000$ cbm/std ist die Fördermenge

$$V = \frac{33\,000}{3600} = 9{,}17 \text{ cbm/sec.}$$

Der Lufttemperatur von 70° entspricht ein Gewicht $\gamma = 1{,}03$ kg/cbm.

Werden die dynamischen Drücke zunächst unberücksichtigt gelassen, so ergibt sich aus einer überschlägigen Berechnung der Druck, den der Ventilator zu erzeugen hat, aus 48 mm in der Druckleitung und — 26 mm auf der Saugseite — zusammen also 73 mm WS bei Luft von 70°. Bei Luft von 20°, deren Gewicht $\gamma = 1,20$ ist, ist dagegen ein Druck von

$$\frac{73 \cdot 1,20}{1,03} = 85 \text{ mm WS}$$

erforderlich.

In Fig. 24 sind die Kennlinien φ, ψ und η der Schrägschaufelgebläse der Firma *Schiele & Co.* dargestellt. Der höchste Wirkungsgrad dieser Ventilatoren $\eta = 0,58$ wird bei $\dfrac{A}{F_a} = 0,8$ erreicht, wonach also $A = 0,8\,F_a$ ist, also bei etwa $^3/_4$ des Ausblasquerschnittes. In der Preisliste der Firma ist für

$$V = \frac{33\,000}{60} = 550$$

cbm/min mit $A = \frac{3}{4}\,F_a$ und etwa 85 mm Druck das Schrägschaufelgebläse S 6 zu finden, welches folgende Daten hierbei aufweist:

$V = 563$ cbm/min
$p_g = 85$ mm
$n = 730$/min

Ausblasöffnung $= \frac{3}{4}\,F_a$.

Die übrigen Gebläse fördern bei 85 mm Druck mehr oder weniger (z. B. S 5 : 602 cbm; S 7 : 863 cbm; S 4 : 283 cbm), jedoch bei voller Ausblasöffnung $A = F_a$,

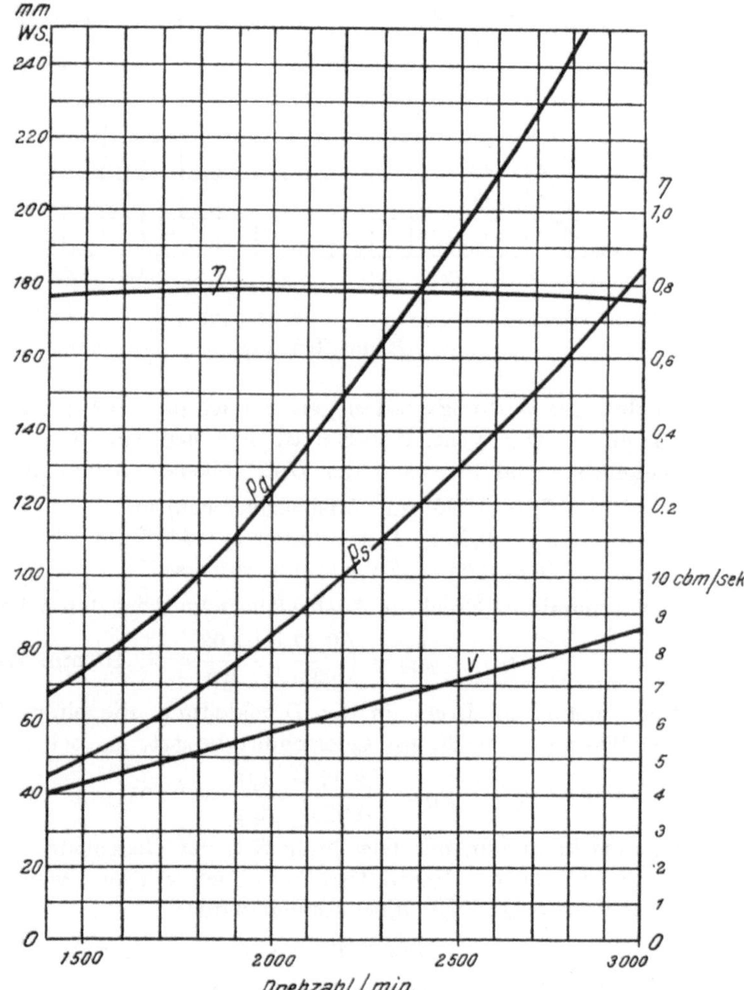

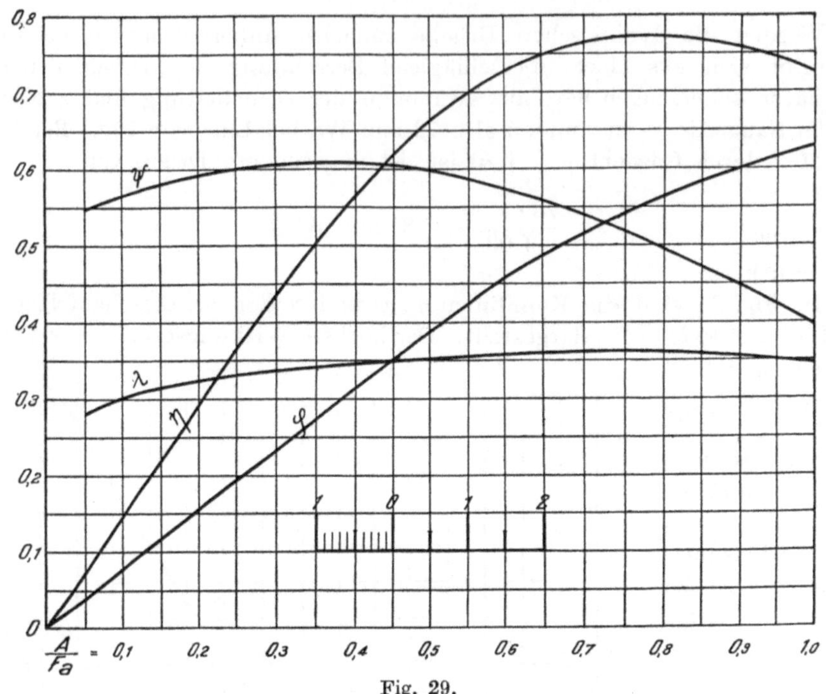

Fig. 29.

Kennziffern der Schlottergebläse.

so daß der Wirkungsgrad η geringer ist ($\eta = 0,47$) oder, wie S 7 bei $\frac{4}{5} F_a$, 863 cbm. Der Ventilator S 6 ist hiernach für den vorliegenden Fall der geeignetste und hat nach der Liste folgende Abmessungen:

$F_a = 0,336$ qm (Ausblasquerschnitt),

$F_e = 0,75$ m Durchmesser $= 0,4418$ qm (Saugöffnung),

$D = 0,65$ m Flügelraddurchmesser.

Der dynamische Druck im Ausblasquerschnitt ist daher bei $V = 9,17$ cbm/sec:

$$p_{da} = \left(\frac{9,17}{0,336}\right)^2 \cdot \frac{1,03}{2\,g} = 39,10 \text{ mm WS.}$$

Der dynamische Druck in der Druckleitung, die einen Anfangsdurchmesser von 900 mm $= 0,636$ qm Querschnitt besitzt, ist bei $V = 9,17$ cbm/sec:

$$p_{dl} = \left(\frac{9,17}{0,636}\right)^2 \cdot \frac{1,03}{2\,g} = 10,91 \text{ mm WS.}$$

Hieraus kann nun mit Gleichung (52) der Gesamtdruck in dem **Ausblas-querschnitt** des Ventilators berechnet werden, wenn der Wirkungsgrad des Diffusors $\xi = 0,8$ angenommen wird[1]:

$$p_{ga} = p_{sl} - \xi\,(p_{da} - p_{dl}) + p_{da},$$

---

[1] Der Wirkungsgrad $\xi = 0,8$ würde mit den gegebenen Querschnitten nach Gleichung (48) einem Diffusor von etwa 1,0 m Länge bei einem Erweiterungswinkel $\alpha = 40°$ entsprechon.

worin nach der Aufgabe $p_{sl} = 48$ mm, entsprechend den Gesamtwiderständen der Druckleitung, einzusetzen ist. Der Gesamtdruck hinter dem Ventilator ist dann:

$$p_{ga} = 48{,}00 - 0{,}8 \, (39{,}10 - 10{,}91) + 39{,}10 = 64{,}55 \text{ mm WS}$$

bei Luft von 70°.

Der Gesamtdruck v o r dem Ventilator setzt sich zusammen aus dem Unterdruck, den der Widerstand des Lufterhitzers und der kurzen Saugleitung verursacht und der 26 mm beträgt, und dem dynamischen Druck im Eintrittquerschnitte. Letzterer ist:

$$p_{de} = \left(\frac{9{,}17}{0{,}4418}\right)^2 \cdot \frac{1{,}03}{2\,\mathrm{g}} = 22{,}60 \text{ mm WS.}$$

Der Gesamtdruck im Ansaugquerschnitt ist demnach

$$p_{ge} = -\,26{,}00 + 22{,}60 = -\,3{,}40 \text{ mm}$$

bei Luft von 70°.

Damit ist der vor und hinter dem Ventilator herrschende Druckunterschied bei $V = 9{,}17$ cbm/sec und 70°:

$$p_{ga} - p_{ge} = (64{,}55 - (-3{,}40)) = 67{,}95 \text{ mm WS.}$$

Soll dieselbe Luftmenge bei einer Temperatur von 20° gefördert werden, so ist der hierbei zu erzeugende Druckunterschied

$$p_g = \frac{67{,}95 \cdot 1{,}20}{1{,}03} = 79{,}2 \text{ mm WS}$$

bei Luft von 20°.

In Fig. 14a finden wir die Schaulinien eines solchen Ventilators S 6 und darin die für $V = 9{,}17$ bei $p_g = 79{,}2$ mm geltende Linie des gleichwertigen Düsenquerschnittes punktiert eingetragen. Es ist

$$A = 0{,}247 \cdot \frac{9{,}17}{\sqrt{79{,}2}} = 0{,}2545.$$

Das Diagramm gilt für Luft von 20°, weshalb die Umrechnung des Druckes von Luft von 70° auf 20° erforderlich war. Es ist aber zu beachten, daß die Fördermenge V nahezu unabhängig von der Temperatur ist, daß also der Ventilator bei gleicher Drehzahl stets eine bestimmte Luftmenge (cbm) fördert, während der dabei erzeugte Druck vom Gewicht der Luft (kg/cbm) abhängt.

Die Drehzahl des Ventilators können wir aus der Drucklinie $n = 735$ ermitteln.

Die punktierte Linie für $A = 0{,}2545$ (fast parallel mit $A = 0{,}251$) schneidet die Drucklinie $n = 735$ bei $V = 9{,}57$, deshalb ist für $V = 9{,}17$ und $t = 20°$:

$$n = \frac{9{,}17 \cdot 735}{9{,}57} = 704/\textbf{min.}$$

Der Wirkungsgrad ist aus Fig. 14 b zu entnehmen, wonach für die gleichwertige Düse $A = 0{,}2545$ sich $\eta = 0{,}57$ ergibt.

Wenn nun unter sonst gleichen Verhältnissen, d. h. ohne Änderung der Luftleitungen durch Schließen von Klappen u. ä., die Luftmenge auf 7,0 cbm verringert werden soll, so ist die Umlaufzahl herabzusetzen, und zwar auf

$$n = \frac{7,0 \cdot 704}{9,17} = 538/\text{min.}$$

Hierbei geht der Druck auf der Linie $A = 0,2545$ (Fig. 14 a) zurück auf **46,2 mm.**

Es bleibt aber

$$A = 0,247 \cdot \frac{7,0}{46,2} = 0,2545,$$

denn die Linie der gleichwertigen Düse behält ihre Gültigkeit.

Für Luft von 70° ist der Druck

$$p_g = \frac{46,2 \cdot 1,03}{1,20} = \text{39,6 mm.}$$

Wir wissen, daß die Widerstände sich angenähert dem Quadrate der Luftgeschwindigkeiten ändern. An Stelle der Luftgeschwindigkeiten können wir auch die Luftmengen selbst setzen, wenn wir gleiche Temperatur vor und hinter dem Ventilator annehmen.

Wenn also vorher die Druckleitung einen Widerstand von 48 mm WS bei $V = 9{,}17$ mm zeigte, so ist bei $V = 7{,}0$ cbm/sec der Druck

$$p_{sl} = 48{,}0 \cdot \left(\frac{7{,}0}{9{,}17}\right)^2 = 48{,}0 \cdot 0{,}764^2 = 27{,}9 \text{ mm}[1].$$

Der Widerstand in Lufterhitzer und Saugstutzen betrug 26 mm. Daher ist er bei $V = 7{,}0$ cbm/sec:

$$p_{se} = -26{,}0 \left(\frac{7{,}0}{9{,}17}\right)^2 = -15{,}3 \text{ mm WS.}$$

Der dynamische Druck im Ausblasquerschnitt ist:

$$p_{da} = \left(\frac{7{,}0}{0{,}336}\right)^2 \cdot \frac{1{,}03}{2\,g} = 22{,}8 \text{ mm WS.}$$

Der dynamische Druck in der an den Diffusor angeschlossenen Druckleitung ist:

$$p_{dl} = \left(\frac{7{,}0}{0{,}636}\right)^2 \cdot \frac{1{,}03}{2\,g} = 6{,}35 \text{ mm WS,}$$

in der Saugöffnung des Ventilators:

$$p_{de} = \left(\frac{7{,}0}{0{,}4418}\right)^2 \cdot \frac{1{,}03}{2\,g} = 13{,}2 \text{ mm WS.}$$

---

[1] Die Lufttemperatur ist gewiß nicht ohne Einfluß auf die Widerstände, indessen kann dieser Einfluß unberücksichtigt bleiben, weil eine so peinlich genaue Berechnung der Widerstände in Blechrohrleitungen doch nicht durchführbar ist; insbesondere können die Einzelwiderstände an Abzweigen und Übergangsstutzen nur geschätzt werden, sie bringen daher eine viel größere Ungenauigkeit in die Berechnung als der Temperatureinfluß bei den vorliegenden Temperaturen.

Daraus ergibt sich der Gesamtdruck hinter dem Ventilator, wenn der Wirkungsgrad des Diffusors wieder mit 0,8 angenommen wird:

$$p_{ga} = 27,0 - 0,8\,(22,8 - 6,35) + 22,8 = 37,5 \text{ mm},$$

vor dem Ventilator:

$$p_{ge} = -15,3 + 13,2 = -2,1 \text{ mm WS}.$$

Die zu erzeugende Druckdifferenz:

$$p_{ga} - p_{ge} = (37,55 - 2,10) = \mathbf{39,6 \text{ mm}}$$

bei Luft von $70°$, oder $46,2$ mm bei $20°$, also übereinstimmend mit dem aus der Linie des gleichwertigen Düsenquerschnittes durch Umrechnung auf Luft von $70°$ gefundenen Druck.

Die Luftmenge von $9,17$ cbm auf $7,0$ cbm zu vermindern, könnte auch statt durch Verminderung der Drehzahl dadurch erreicht werden, daß ein entsprechend großer Widerstand, etwa in Gestalt eines Schiebers, in die Luftleitung eingeschaltet wird. Dieser Fall würde dann eintreten, wenn z. B. ein Drehstrommotor als Antriebsmaschine dient, dessen Drehzahl bei allen Belastungen angenähert gleich bleibt. Die in Fig. 14a eingetragene Drucklinie für $n = 704$ zeigt bei $V = 7,0$ und $t = 20°$ einen Druck von $69,5$ mm, der den Gesamtdruck, also den Druckunterschied vor und hinter dem Ventilator, darstellt. Hieraus ergibt sich ein gleichwertiger Düsenquerschnitt

$$A = 0,247 \cdot \frac{7,0}{\sqrt{69,5}} = 0,2075 \text{ qm}.$$

Für Luft von $70°$ ist der Druckunterschied bei gleicher Drehzahl ($n = 704$)

$$p_{ga} - p_{ge} = \frac{69,5 \cdot 1,03}{1,20} = 59,65 \text{ mm WS},$$

wofür sich derselbe Wert A ergibt, wenn $\gamma = 1,03$ statt $1,20$ (Luft von $20°$) eingesetzt wird (Gleichung 44):

$$A = 7,0\,\sqrt{\frac{1,03}{19,62 \cdot 59,65}} = 0,229\,\frac{7,0}{\sqrt{59,65}} = 0,2075 \text{ qm}.$$

Die diesbezügliche Parabel ist in Fig. 14a für $t = 70°$ gezeichnet[1].

Wir sehen hieraus aber, daß der Wert von A eine Änderung gegenüber der Betriebsweise bei $n = 538$ erfährt, obwohl die gleiche Luftmenge gefördert wird, und zwar deshalb, weil in die Leitung der Anlage ein Widerstand eingeschaltet wurde, die Anlage also eine Änderung erfahren hat, während im vorhergehenden Beispiele zur Verminderung der Fördermenge nur die Drehzahl herabgesetzt wurde. Der gleichwertige Düsenquerschnitt A ist hier bei Anwendung des Schiebers entsprechend den größeren Widerständen kleiner.

---

[1] Die Drehzahllinie ($n = 704$) würde durch $p_g = 59,65$ laufen, wenn sie in das Diagramm, das für $t = 20°$ in der Hauptsache gezeichnet ist, eingetragen wäre, ebenso wie diejenige für $n = 735$ für $70°$ tiefer liegt als für $20°$.

Aus Fig. 14b entnehmen wir für den neuen Wert von $A = 0,2075$; $(\eta = 0,54)$ und hieraus den Leistungsverbrauch:

$$L = \frac{7,0 \cdot 59,65}{0,54} = 773 \text{ mkg/sec}$$

$$N = \frac{773}{75} = 10,3 \text{ PS.}$$

Bei verminderter Drehzahl $(n = 538)$ dagegen würde sein:

$$L = \frac{7,0 \cdot 39,6}{0,57} = 486 \text{ mkg/sec}$$

$$N = \frac{486}{75} = 6,48 \text{ PS.}$$

Daraus geht hervor, daß der Betrieb durch Verminderung der Drehzahl vorteilhafter ist als durch Drosselung des Luftstromes, ein Resultat, das für die Wahl des Motors überall da, wo eine zeitweilige Verminderung der Fördermenge notwendig oder zweckmäßig erscheint, ausschlaggebend sein sollte. (Vgl. Seite 234 im Abschnitt „Elektromotoren".)

Es war nun noch eingangs verlangt worden, daß die verminderte Luftmenge von 7,0 cbm durch die eine Leitung des Abzweiges der Druckleitung allein gefördert werden sollte.

Diese eine Leitung führt bei normalem Betriebe, also bei $V = 9,17$ cbm, die Hälfte dieser Luftmenge, 4,6 cbm/sec, sie besitzt dabei einen Widerstand von 36 mm WS. Der andere Abzweig wird durch eine Drosselklappe ausgeschaltet.

Da wir wieder die Widerstände proportional dem Quadrate der geförderten Luftmengen annehmen, so ist:

$$p_{sl} = 36 \left(\frac{7,0}{4,6}\right)^2 = 83,5 \text{ mm WS (Luft von } 70°).$$

In der vom Ventilator abzweigenden Hauptleitung betragen die Widerstände $(48 - 36) = 12$ mm; für $V = 7,0$ cbm/sec umgerechnet:

$$\left(\frac{7,0}{9,17}\right)^2 \cdot 12 = 7,0 \text{ mm WS.}$$

Der Gesamtwiderstand in der Druckleitung ist demnach:

$$p_{sl} = 7,0 + 83,5 = 90,5 \text{ mm WS bei } t = 70°.$$

Der Gesamtdruck hinter dem Ventilator beträgt somit nach Gleichung (52):

$$p_{ga} = 90,5 - 0,8\,(22,8 - 6,35) + 22,8 = 100,1 \text{ mm,}$$

wozu die bereits oben berechneten Werte für p_{da} und p_{dl} benutzt werden können, da es sich hier um dieselbe Luftmenge handelt $(V = 7,0$ cbm/sec).

Ebenso sind auf der Saugseite die Widerstände die gleichen und der Gesamtdruck vor dem Ventilator:

$$p_{ge} = -15,3 + 13,2 = -2,1 \text{ mm bei } t = 70°.$$

Die vom Ventilator zu erzeugende Druckdifferenz ist demnach:

$$p_{ga} - p_{ge} = 100{,}1 - (-2{,}1) = 102{,}2 \text{ mm WS}$$

bei Luft von 70°.

Hier handelt es sich wieder um eine Änderung in der Anlage, weil in der Druckleitung die eine Abzweigleitung geschlossen wurde. Es hat deshalb auch hier die gleichwertige Düse, die für $V = 7{,}0$ cbm und verminderte Drehzahl ($n = 538$) denselben Wert hatte, wie bei $V = 9{,}17$ und $n = 704$, einen anderen Wert, der auch von dem Werte für $V = 7{,}0$ und $n = 704$ verschieden ist, wo durch Einschalten eines Widerstandes bei gleichbleibender Drehzahl ($n = 704$) die Luftmenge von 9,17 cbm auf 7,0 cbm verringert wurde.

Hier ist die Aufgabe gestellt, dem Ventilator diejenige Drehzahl zu geben, bei welcher er bei einem Drucke von 102,2 mm (bei Luft von 70°) 7,0 cbm fördert. Die gleichwertige Düse ist (für Luft von 70°):

$$A = 0{,}229 \cdot \frac{7{,}0}{\sqrt{102{,}2}} = 0{,}1585 \text{ qm.}$$

Der zu erzeugende Druckunterschied bei Luft von 20° würde betragen:

$$\frac{102{,}2 \cdot 1{,}20}{1{,}03} = 119{,}1 \text{ mm WS.}$$

Da dieser Druck über die Aufzeichnungen in Fig. 14a hinausgeht und die Parabel $A = 0{,}1585$ nicht gezeichnet ist, so benutzen wir Fig. 22, um die Drehzahl zu bestimmen. Für obigen Wert von $A = 0{,}1585$ qm ist

$$\frac{A}{F_a} = \frac{0{,}1585}{0{,}336} = 0{,}472,$$

danach aus Fig. 22 $\varphi = 0{,}623$ und daraus nach Gleichung (54)

$$u = \frac{V}{\varphi F_a} = \frac{7{,}0}{0{,}623 \cdot 0{,}336} = 33{,}45 \text{ m/sec,}$$

woraus mit dem Flügelraddurchmesser $D = 0{,}65$ m [Gleichung (55)]

$$n = \frac{u \cdot 60}{D \cdot \pi} = \frac{33{,}45 \cdot 60}{0{,}65 \cdot 3{,}14} = 982/\text{min}$$

sich ergibt.

Der Ventilator arbeitet dabei mit einem Wirkungsgrade von $\eta = 0{,}47$, wie aus Fig. 14b bzw. auch aus Fig. 22 zu entnehmen ist, und hat einen Leistungsverbrauch von

$$N = \frac{7{,}0 \cdot 102{,}2}{0{,}47 \cdot 75} = 20{,}3 \text{ PS.}$$

Die vorstehenden Beispiele zeigen deutlich den Wert der Einführung des für eine Anlage gleichwertigen Düsenquerschnittes sowie auch die Anwendung der graphischen Darstellung der Beziehungen zwischen Fördermenge, Druckhöhe und Umlaufszahl. Insbesondere ist die Beurteilung eines Ventilators hinsichtlich seines Wirkungsgrades und damit seiner Nutzleistung gegeben. Ferner geht aus den Betrachtungen hervor, innerhalb welcher Grenzen die Umlaufzahl der Antriebsmaschine zu halten ist bzw. welchen Leistungsverbrauch der Ventilator bei verschiedenen Betriebsverhältnissen aufweist.

14. Schlußbemerkungen.

Bei der Wahl eines Ventilators wird für den entwerfenden Heizungsingenieur gewiß der Preis eine Rolle spielen, indessen müssen zum Vergleich der Angebote einheitliche Unterlagen dienen. Nicht nur Fördermenge und Gesamtdruck sind schlechthin diese Unterlagen, sondern auch der Wirkungsgrad bzw. der Leistungsverbrauch bei den verschiedenen Betriebsverhältnissen. Schließlich aber kommt es noch darauf an, die seitens des Lieferanten zugesicherte Leistung auch zu prüfen, was bei der heutigen starken Inanspruchnahme des ausführenden Ingenieurs leider noch zu selten geschieht. Es muß auch zugegeben werden, daß Messungen an eingebauten Ventilatoren nicht einfach zu bewerkstelligen sind. Jedenfalls empfiehlt es sich, schon bei der baulichen Anordnung der Ventilatoren Vorkehrungen zu treffen, daß derartige Messungen durchführbar sind. Ausführliche Anleitungen hierzu sind in den oben bereits erwähnten, vom *Verein deutscher Ingenieure* aufgestellten Regeln über Ventilatoren und Kompressoren (veröffentlicht in der Zeitschr. d. Ver. deutsch. Ing., Jahrg. 1912) enthalten.

Bezüglich der Anordnung und Aufstellung von Ventilator und Motor ist noch zu bemerken, daß beide möglichst in getrennten Räumen untergebracht werden müssen, wo auf geräuschlosen Betrieb besonderer Wert gelegt wird, damit das vom Motor verursachte Geräusch nicht in den zu lüftenden Räumen hörbar wird. Zu dem Zwecke wird man die Welle des Ventilators verlängern und sie durch die zum Motorraum gehörende Wand hindurchführen. Eine geringen Spielraum bietende, womöglich mit Leder abgedichtete Wandhülse muß die Welle vor Abnutzung in der Wand schützen.

Der Widerstand der Luftwege ist so gering als möglich zu gestalten, weshalb die Anordnung der Kanäle schon bei dem Bauentwurfe berücksichtigt werden sollte. Dies trifft vor allen Dingen bei den großen Lüftungsanlagen der Theater zu.

Bei industriellen Anlagen mit Luftverteilungsrohren sind aber auch die Kosten der meist aus Eisenblech herzustellenden Luftleitungen zu bedenken, weshalb hierbei ein Mittelweg zwischen Anschaffungskosten und Kraftbedarf gewählt werden muß. Ein ausgezeichnetes Buch, welches gerade diese Frage des wirtschaftlich günstigsten Durchmessers der Luftleitungen behandelt, ist von *Viktor Blaeß* verfaßt und im Verlage von R. Oldenbourg in München erschienen.

Die Luftheizungsanlagen in industriellen Betrieben haben in letzter Zeit häufig Anwendung gefunden, aber unter ihnen befinden sich viele mit unverhältnismäßig großem Kraftverbrauch. Wenn auch solche Anlagen in den Herstellungskosten niedrig sind, weil das Luftleitungsnetz eng gewählt wurde, so entsteht doch ein hoher Kraftverbrauch, der dem Besteller der Anlage bei elektrischem Antriebe des Ventilators dauernd hohe Kosten verursacht.

Auf eines sei noch hingewiesen. Die Luftheizanlagen in industriellen Gebäuden können im Sommer, als Lüftungsanlagen betrieben, den Aufenthalt in den Arbeitsräumen infolge der Luftbewegung sehr günstig beeinflussen.

Der arbeitende menschliche Körper unterliegt den gleichen thermodynamischen Gesetzen wie jede Wärmekraftmaschine.

Die im Körper erzeugte Wärme bedarf einer Ableitung, wie bei der Dampfmaschine die Wärme im Kühlwasser des Kondensators abgeleitet wird. Je größer der Temperaturabfall ist, desto größer ist die Arbeitsleistung. Wird daher an heißen Sommertagen in den Arbeitsräumen für eine mäßige Luftbewegung gesorgt, die eine Wärmeableitung herbeiführt, so wird die Leistungsfähigkeit jedes Arbeiters eine Steigerung erfahren, die die aufgewendeten Stromkosten für den Antrieb des Ventilators reichlich deckt. Selbstverständlich arbeitet die Anlage dann nur als Lüftungsanlage, wobei der Luftheizapparat außer Betrieb bleiben muß. Hierin besteht jedenfalls ein großer Vorteil des Elektromotors gegenüber der Dampfturbine, obwohl auch diese im Sommer in Betrieb genommen werden kann, wenn sie nicht durch Wärmeabgabe lästig wird. Ihr Abdampf muß dann entweder ins Freie abgelassen oder es muß für seine anderweitige Verwendung gesorgt werden.

B. Die Zentrifugalpumpen.

15. Das Anwendungsgebiet der Zentrifugalpumpe im Heizungsfache.

Die Zentrifugalpumpe wird in der Heizungstechnik seit etwa zehn Jahren vielfach angewendet. Bei Dampffernheizungen dient sie häufig zur Zurückführung des Niederschlagswassers, wenn das in den Dampfverbrauchsstellen, den Heizkörpern, Heizschlangen für Warmwasserbereitung, Trockenanlagen usw. entstehende Kondensat durch eine mit gleichmäßigem Gefälle verlegte Leitung in einfacher Weise nicht zum Speisewasserbehälter der Dampfkessel oder in diese selbst direkt, zurückgeführt werden kann[1]. Die Zentrifugalpumpe ist hier aber nur ein Hilfsapparat von geringerer Bedeutung. Ein wesentlicher Bestandteil ist sie dagegen in den Pumpen-Warmwasserheizungen, wo sie das Wasser in der Anlage in Umlauf zu halten hat. Zum Antriebe dient sowohl der Elektromotor als auch die Dampfturbine. Ihre rotierende Bewegung und hohe Umlaufszahl gestattet

---

[1] Vgl. *Hüttig*, Heizungs- und Lüftungsanlagen in Fabriken mit besonderer Berücksichtigung der Abwärmeverwertung bei Wärmekraftmaschinen. Leipzig, Verlag von Spamer, 1915, S. 163.

meist eine direkte Kupplung mit der Antriebmaschine und es bietet sich damit eine gedrängte Form mit geringem Raumbedarf.

Nur bei ungleicher Umlaufszahl der Antriebmaschine und der Pumpe ist Riemenantrieb vorzusehen, womit allerdings ein Verlust an Antriebskraft verbunden ist[1], verursacht durch das Schleifen des Riemens auf den Riemenscheiben, durch Luftwiderstand und durch Lagerreibung.

Da bei Pumpenwarmwasserheizungen die Wirkung der Heizungsanlage von der Betriebsfähigkeit der Pumpe abhängt, so ist noch eine zweite Pumpe als Reserve aufzustellen, die womöglich durch eine eigene Antriebmaschine betätigt wird. Damit beide Antriebmaschinen voneinander unabhängig sind, empfiehlt es sich, zum Antriebe der Reservepumpe einen Elektromotor zu wählen, wenn die erste Pumpe durch eine Dampfturbine angetrieben wird, oder da, wo Dampf nicht zur Verfügung steht, sondern nur Elektrizität, die Elektromotoren an zwei verschiedene, voneinander unabhängige Netze anzuschließen, unter Umständen auch einen Gas- oder Petroleummotor als Reservemaschine aufzustellen. Um weitgehenden Ansprüchen an Betriebssicherheit zu genügen, werden auch die Pumpen so eingerichtet, daß sie mit jeder der Antriebmaschine durch Kupplung oder Riemenantrieb verbunden werden können. Die Dampfturbine hat vor allen anderen Antriebmaschinen bei Heizungsanlagen den großen Vorteil, daß sie die Möglichkeit einer Ausnutzung ihres Abdampfes bietet, wodurch die Kosten des Antriebes fast ganz aufgewogen werden.

Bei der Anwendung der Zentrifugalpumpe zur Aufrechterhaltung des Wasserumlaufes in Pumpenwarmwasserheizungen kommt es zunächst darauf an, die richtige Lage der Pumpe im Rohrnetz und die erforderliche Leistung von Pumpe und Antriebmaschine zu bestimmen.

Die Pumpenwarmwasserheizung unterscheidet sich von der Schwerkraftwarmwasserheizung, bei welcher der Wasserumlauf lediglich durch die Gewichtsdifferenz des aufsteigenden warmen und des herabströmenden, in den Heizkörpern abgekühlten Wassers herbeigeführt wird, äußerlich nur dadurch, daß die Rohrleitungen im Vergleiche gleichgroßer Anlagen bei ihr wesentlich schwächer als bei der Schwerkraftheizung gewählt werden dürfen, weil durch die Anwendung der Pumpe eine größere Wassergeschwindigkeit erzielt werden kann, die es gestattet, für gleiche Wärmeleistungen geringere Rohrquerschnitte anzuwenden. Als die ersten Warmwasserheizungen mit Pumpenbetrieb gebaut wurden, befürchtete man, durch die erhöhte Wassergeschwindigkeit Störungen im Umlaufe hervorzurufen, denen man durch besondere Anordnung der Verteilungsleitungen und durch Dreiweghähne an den Heizkörpern begegnen zu müssen glaubte; indessen haben sich solche Maßnahmen als überflüssig erwiesen.

Zunächst wurden Pumpenwarmwasserheizungen für Fernheizanlagen gebaut, wo man bisher Dampf-Warmwasserfernheizungen ausgeführt hatte.

---

[1] Dieser Verlust kann mit etwa 5 Proz. von der zu übertragenden Leistung in die Berechnung eingesetzt werden. (Vgl. Abschnitt „Elektromotoren", Seite 242.)

Dann ging man bald dazu über, auch in großen Einzelgebäuden die Pumpen-warmwasserheizung anzuwenden, da es sich herausstellte, daß gegenüber der Schwerkraftwarmwasserheizung die Anlagekosten geringere sind. Bei weniger umfangreichen Gebäuden sind meist die Anlagekosten ungefähr denen der Schwerkraftwarmwasserheizung gleich, weil die verminderten Kosten des Rohrnetzes der Pumpenwarmwasserheizung durch die Anschaffung der Pumpen und Motoren aufgehoben werden. Indessen bietet der Betrieb der Pumpenwarmwasserheizung viele Vorteile, zumal den Kosten für den An-trieb der Pumpen die geringeren Wärmeverluste des engeren Rohrnetzes gegenüberstehen. Sogar bei bestehenden Schwerkraftwarmwasserheizungen in großen Gebäuden hat sich ein nachträgliches Einbauen einer Zentrifugal-pumpe recht gut bewährt, da mit dem beschleunigten Wasserumlauf eine wesentliche Verkürzung der Anheizzeit und eine daraus folgende Brenn-materialersparnis verbunden sind[1].

Soll aber die Pumpe einer Warmwasserheizung noch wirtschaftliche Vorteile bieten, so sind zuvor eingehende Erwägungen über die von der Pumpe zu erzeugende Druckdifferenz und die Fördermenge anzustellen, weil einerseits hiervon der Leistungsverbrauch, also die Betriebskosten der Pumpe, andererseits die Anlagekosten abhängen. Ferner kommt der zur Fortbewegung des Wassers zu erzeugende Druck deshalb in Frage, weil mit diesem die Widerstandsfähigkeit der Einzelteile, der Kessel, der Heiz-körper, der Rohrverbindungen usw. in Einklang zu bringen sind. Die guß-eisernen Gliederkessel und Heizkörper vertragen gewöhnlich nur einen Druck von 30 bis 40 m WS, so daß auch hierdurch dem Pumpendruck eine Grenze gesteckt ist. Von der richtigen Wahl der Förderhöhe der Pumpe und der Fördermenge hängt also außerordentlich viel ab.

Wenn auch beim Entwurfe einer solchen Anlage durch Steigerung der Druckdifferenz die Geschwindigkeit des Wassers in den Rohrleitungen er-höht und damit die Querschnitte der Leitungen vermindert werden können, so wäre es doch verfehlt, ohne Rücksicht auf die Betriebskosten durch An-nahme einer größeren Druckdifferenz die Herabsetzung der Anlagekosten anzustreben.

Auch die Art der Antriebsmaschine der Pumpe ist in die Erwägungen einzubeziehen.

Beim Elektromotor sind die Betriebskosten von den Stromkosten ab-hängig; man wird deshalb die Druckdifferenz um so geringer wählen, je höher die Stromkosten sind.

Bei der Dampfturbine kommt der Dampfverbrauch in Frage, der vom Kraftverbrauch abhängt und so gering zu halten ist, daß auch unter den ungünstigsten Verhältnissen die gesamte Abdampfmenge ausgenutzt wird. Alle diese Erwägungen sind bei der Wahl des Druckes maßgebend, während die Fördermenge in verhältnismäßig engen Grenzen veränderlich ist.

---

[1] Für solche spätere Einbauten besitzt die Firma *Rietschel & Henneberg, G. m. b. H.*, Berlin-Dresden, ein Patent.

Die Fördermenge ist zunächst durch die Wärmeleistung der Heizungsanlage bedingt. Die Fördermenge kann nur durch Änderung des Temperaturgefälles, also durch Wahl eines größeren oder kleineren Temperaturunterschiedes zwischen Vorlauf und Rücklauf, geändert werden. Je größer der Temperaturabfall gewählt wird, desto geringer ist die Fördermenge und demnach auch der Kraftverbrauch. Wählt man z. B. einen Temperatur-

Zusammenstellung

der Anlage und Betriebskosten einer Warmwasser-Fernheizung bei verschiedenen Wassertemperaturen und Wassergeschwindigkeiten.

Temperaturunterschied			20°			25°			30°		
Temperaturen { Vorlauf / Rücklauf			80°/60°	85°/65°	90°/70°	80°/55°	85°/60°	90°/65°	80°/50°	85°/55°	90°/60°
Mittlere Heizkörpertemperatur			70°	75°	80°	67,5°	72,5°	77,5°	65°	70°	75°
Anlagekosten in Mark	Kessel- und Pumpenanlage (Wassergeschw. in der Sekunde)	0,5	20 100,—			19 650,—			19 500,—		
		1,0	19 650,—			19 350,—			19 200,—		
		1,5	19 900,—			19 675,—			19 500,—		
	Fernleitungen mit Zubehör (Wassergeschw. in der Sekunde)	0,5	15 019,—			12 557,—			11 328,—		
		1,0	9 426,—			8 343,—			7 067,—		
		1,5	7 067.—			6 459,—			5 849,—		
	Heizkörper (Radiatoren)		40 500	36 800	33 700	42 850	38 600	35 400	45 200	40 500	36 800
	Gebäudeleitungen mit Zubehör		22 000,—			19 500,—			18 000,—		
Stromverbrauch der Pumpen in der Stunde und für ein Jahr in Mark bei 0,12 M./kW/std (Wassergeschwindigkeit in der Sekunde)		0,5	0,07 210,—			0,06 180,—			0,05 150,—		
		1,0	0,21 630,—			0,19 570,—			0,20 600,—		
		1,5	0,59 1770,—			0,53 1590,—			0,51 1530,—		
Wärmeverluste der Fernleitungen in Hundertsteln der Gesamtwärmeleistung und deren Kosten in Mark für ein Jahr (Wassergeschwindigkeit in der Sekunde)		0,5	2,785 306,—	3,049 335,—	3,289 362,—	2,445 269,—	2,683 275,-	2,921 321,-	2,204 242,—	2,422 266,—	2,620 288,—
		1,0	2,181 240,—	2,355 259,—	2,547 280,—	1,921 211,—	2,094 230,-	2,267 249,—	1,667 183,—	1,821 200,-	1,961 216,—
		1,5	1,819 200,—	2,073 228,—	2,127 234,—	1,613 177,—	1,752 193,—	1,905 210,—	1,439 158,—	1,567 172,—	1,706 188,—

abfall von 20°, so beträgt die stündlich umzuwälzende Wassermenge für 1 000 000 WE 50 000 l, bei 30° dagegen nur 33 300 l. Hierbei ist aber zu beachten, daß die obere Temperaturgrenze für den Vorlauf etwa bei 95° liegt. Der Temperaturunterschied zwischen Vorlauf und Rücklauf ist also von dieser Temperatur ab zu rechnen. Bei großem Temperaturabfall wird zwar die Fördermenge vermindert, andererseits aber wieder die für die Wärmeabgabe der Heizkörper maßgebende mittlere Wassertemperatur niedriger. Die Wärmeleistung der Heizkörper nimmt deshalb mit zunehmendem Temperaturgefälle ab, wodurch eine Vergrößerung der Heizkörper bedingt ist, die ihrerseits wieder eine Erhöhung des Anlagekapitals zur Folge hat.

Einen ungefähren Überblick über die Anlage- und Betriebskosten bei verschiedenen Wassertemperaturen und Wassergeschwindigkeiten bietet die nebenstehende Zusammenstellung, welche den von der Firma *Rietschel & Henneberg, G. m. b. H.*, Berlin, ausgearbeiteten Abhandlungen über Heizungsanlagen bzw. der Sonderabhandlung „Fernwarmwasserheizungen" entnommen ist.

Der Zusammenstellung liegt eine kleine Fernwarmwasserheizung mit Pumpenbetrieb mit einem stündlichen Wärmebedarf von 1 000 000 WE zugrunde. Die Entfernung des letzten Gebäudes vom Kesselhause ist mit 250 m gewählt worden. Als Antriebsmaschine der Pumpe ist ein Elektromotor mit 0,12 Mk. Stromkosten für die Kilowattstunde angenommen. Die in der Zusammenstellung enthaltenen Zahlen haben nur als Vergleichswerte Geltung.

Bei einer Betrachtung der in der Zusammenstellung enthaltenen Kosten (die mehrere Jahre vor dem Kriege ermittelt wurden, also zu einer Zeit, als das Material verhältnismäßig billig war) findet man die wesentlichsten Unterschiede in den Kosten der Heizkörper in Abhängigkeit von dem Temperaturgefälle (90 bis 70°) und (80 bis 50°); ferner den Kostenunterschied in den Fernleitungen im Zusammenhang mit der Wassergeschwindigkeit und schließlich einen Vergleich der Betriebskosten sowohl hinsichtlich des Stromverbrauches als auch der Wärmeverluste der Fernleitungen.

Es ist nun Sache des entwerfenden Ingenieurs, die Mindestkosten für Anlage und Betrieb zu ermitteln. Richtlinien hierfür sind in der Abhandlung von Dr.-Ing. *Pfleiderer*, „Gesundheitsingenieur" 1914, S. 203, zu finden.

16. Die Druckverhältnisse in einer Pumpenwarmwasserheizung.

Der in einer Pumpenwarmwasserheizung auftretende Druck setzt sich wie bei den Ventilatoren aus dem statischen und dem dynamischen Druck zusammen. Durch die an einer solchen Anlage angebrachten Manometer, die wie gewöhnlich Dampfdruckmanometer mit Einteilung in m WS eingerichtet sind, wird der statische Druck gemessen[1]. Der dynamische Druck könnte nur durch einen Apparat gemessen werden, auf welchen die Geschwindigkeit des strömenden Wassers einwirkt, also etwa durch ein in die Leitung hineinragendes gebogenes Rohr, dessen eine Öffnung sich dem

____

[1] Siehe Fußnote auf Seite 97.

Wasserstrom entgegenstellt, während das andere Ende mit einem Manometer verbunden ist. Durch das Manometer würde der Gesamtdruck, also
die Summe von statischem und dynamischem Druck, angezeigt[1].

Die infolge von Temperaturunterschieden entstehenden Gewichtsunter-
schiede werden gewöhnlich vernachlässigt. Räumliche Förderhöhen bestehen
nicht, weil dem Heben des Wassers in der Druckleitung (Vorlauf) das Nach-
strömen in der Saugleitung (Rücklauf) ausgleichend gegenübersteht.

Der statische Druck in einer Pumpenwarmwasserheizung unterliegt er-
heblichen Schwankungen. Es ist deshalb zwischen dem statischen Druck
im Ruhezustande, also bei Stillstand der Pumpe, und dem statischen Druck
beim Betriebe der Pumpe zu unterscheiden. Im Ruhezustande richtet sich
der statische Druck nach der Höhe der Wassersäule, die über dem in Betracht gezogenen Bestandteile der Anlage steht. Da jede Warmwasserheizung ein Ausdehnungsgefäß zu dem Zwecke besitzt, die durch die Erwärmung hervorgerufene Volumenvergrößerung des Wassers, welche bei
einer Temperaturzunahme um 100° etwa 4,5 Proz. beträgt, aufzunehmen,
damit ein Überfließen des Wassers verhindert wird, so ist der Wasserspiegel
in diesem Ausdehnungsgefäß die obere Grenze der statischen Druckhöhe,
ganz gleich, ob das Ausdehnungsgefäß in demselben oder in einem anderen
Gebäude steht, wo der Druck gemessen wird. Jedenfalls muß das Ausdehnungsgefäß an der höchsten Stelle einer Warmwasserheizungsanlage angebracht sein. Bilden die Kessel den tiefsten Punkt einer Warmwasserheizung, so ist im Ruhezustande auf deren Sohle im Innern der größte
statische Druck. In einem Heizkörper im ersten Stockwerke ist der statische
Druck nur noch so groß, als dieser Heizkörper vertikal tiefer steht als der
Wasserspiegel des Ausdehnungsgefäßes. Dies gilt aber immer nur für den
Ruhezustand der Pumpe.

Der statische Druck in einer Warmwasserheizung im Ruhezustande hat
keinen Einfluß auf die von der Pumpe erzeugte Druckdifferenz vor und
hinter der Pumpe, vielmehr ist diese nur abhängig von den dem strömenden
Wasser entgegenstehenden Widerständen in Kesseln, Rohrleitungen, Heizkörpern und Absperrorganen. Diese Widerstände hat die Pumpe zu überwinden, weshalb sie einen Druckunterschied zu erzeugen hat. Hierbei findet
eine Verschiebung des statischen Druckes gegenüber dem des Ruhezustandes
statt in der Weise, daß der Druck in der Druckleitung, d. i. die Strecke von
der Pumpe bis zum Anschluß des Ausdehnungsgefäßes an die Verteilungsleitungen, erhöht, in der Saugleitung, d. i. die Strecke von diesem Anschlusse
bis zur Pumpe, erniedrigt wird.

Die Verhältnisse liegen für eine Pumpe einer Warmwasserheizung etwas
anders als für eine Brunnenpumpe. Bei letzterer muß die Pumpe nicht nur
das Wasser heben, sondern auch dem Wasser die in der Rohrleitung auftretende Geschwindigkeit erteilen, da sich das Wasser im Brunnen beinahe
in vollkommenem Ruhezustande befindet. Es kommt daher zur Hubleistung

---

[1] Vgl. hierzu Fig. 7, S. 16.

der Pumpe noch der zu erzeugende dynamische Druck oder, was dasselbe ist, zur geodätischen Höhe die Geschwindigkeitshöhe hinzu, die mit Bezug auf die Bezeichnung dynamische Druckhöhe mit $\mathfrak{H}_d$ gekennzeichnet, durch

$$\mathfrak{H}_d = \frac{w_2^2 - w_1^2}{2\,g}$$

dargestellt wird.

Bei einer Warmwasserheizungsanlage fließt der Pumpe das Wasser zu und besitzt infolgedessen schon eine gewisse Geschwindigkeit, die in der Saugleitung meist ebenso groß ist wie in der Druckleitung, da gewöhnlich beide Leitungen gleich groß gewählt werden. Ist dies nicht der Fall, sondern ist z. B. die Saugleitung größer als die Druckleitung, so daß also in der Saugleitung eine geringere Geschwindigkeit besteht, so muß zu der berechneten Widerstandshöhe noch die zur Beschleunigung des Wassers von der Geschwindigkeit w_1 im Saugrohranschluß auf die im Druckrohr erforderliche Geschwindigkeit w_2 notwendige dynamische Druckhöhe

$$\mathfrak{H}_d = \frac{w_2^2 - w_1^2}{2\,g}$$

hinzugerechnet werden.

Der Vorgang, der sich bei der Wirkung einer Pumpe, sei es eine Kolbenpumpe oder eine Zentrifugalpumpe, vollzieht, ist ungefähr folgender. Denken wir an eine Kolbenpumpe, so entsteht mit der Vorwärtsbewegung des Kolbens im Zylinder eine Vergrößerung des zunächst mit Luft gefüllten Raumes, der vom Zylinder und dem in die Flüssigkeit eintauchenden Saugrohr gebildet wird und einerseits vom Kolben, andererseits vom Wasserspiegel im Saugrohr abgeschlossen ist.

Diese Raumvergrößerung hat eine Verdünnung und daher eine Druckverminderung der eingeschlossenen Luft zur Folge, welcher der äußere Luftdruck gegenübersteht. Unter Einwirkung dieses äußeren Luftdruckes wird deshalb das Wasser in die Saugleitung so weit hineingedrückt, bis wieder Gleichgewichtszustand erreicht ist.

Bei einer Zentrifugalpumpe sind die Verhältnisse ganz ähnlich, denn eine Zentrifugalpumpe wirkt wie ein Ventilator, einerseits saugend, also Unterdruck erzeugend, andererseits drückend.

Bei der Brunnenpumpe wirkt der äußere Luftdruck auf den das Saugrohr umgebenden Wasserspiegel, bei der Pumpe einer Warmwasserheizungsanlage auf den Wasserspiegel des Ausdehnungsgefäßes. Man kann also die Rohrstrecke vom Anschluß des Ausdehnungsgefäßes an die Verteilungsleitung (in der Strömungsrichtung) bis zur Pumpe als die Saugleitung, von der Pumpe bis wieder zum Anschluß des Ausdehnungsgefäßes als die Druckleitung ansehen. Durch die Saugwirkung der Pumpe entsteht eine Verminderung des statischen Druckes gegenüber dem Ruhezustande und infolgedessen eine Bewegung des Wassers in der Richtung zur Pumpe.

Würde eine Pumpe vollständige Luftleere erzeugen, so könnte sie kaltes Wasser auf die Höhe ansaugen, welche dem äußeren Luftdrucke entspricht, d. i. eine Höhe von 10,333 m bei 760 mm QS Barometerstand. Steht das

anzusaugende Wasser um das Saugrohr im Brunnen, so kommt die Druckhöhe dieser Wassersäule vom Wasserspiegel bis hinunter zum Saugkorbe
zum äußeren Luftdrucke als Druck hinzu, bei der Pumpenwarmwasserheizung ist es die Wassersäule, welche über der Pumpe bis zum Wasserspiegel des Ausdehnungsgefäßes steht. Nun entstehen aber bei der Bewegung des Wassers im Saugrohre Widerstände, deren Größe sowohl von
der Geschwindigkeit abhängt, mit der das Wasser angesaugt wird, als auch
von der Art ünd Gestaltung des Saugrohres. Da sind z. B. bei dem in das
Brunnenwasser eintauchenden Saugrohre der Saugkorb und die Rückschlag-
klappe (die ein Zurückfließen des angesaugten Wassers verhindern soll),
ferner die Reibungswiderstände des Wassers an den Rohrwandungen. Diese
Widerstände vermindern die Höhe, welche theoretisch, d. h. unter alleiniger
Einwirkung des äußeren Luftdruckes erreicht werden könnte.

Ferner aber entwickeln sich Dämpfe über dem Wasser im Saugrohre,
denn auch kaltes Wasser verdampft, wenn nur die Luftverdünnung niedrig
genug ist, wie aus jeder Dampftabelle (vgl. Zahlentafel I des Anhanges) zu
entnehmen ist. Diese Dämpfe erreichen z. B. bei einer Wassertemperatur
von 17° schon einen Druck von 200 mm, bei 70° einen Druck von
3,17 m WS und wirken so der von der Pumpe erzeugten Luftverdünnung
entgegen; auch aus dem Wasser entweichende Luft verursacht eine Ver-
schlechterung der Luftleere.

Die Undichtheiten an den Gleitflächen, der sog. Spaltverlust bei Zentrifugalpumpen, Wirbelbildung und sonstige mechanische Einflüsse setzen die
theoretische Saughöhe ebenfalls zurück, so daß diese niemals die Höhe des
äußeren Luftdruckes erreicht. Eine gut ausgeführte Pumpe ist imstande,
einen Unterdruck von etwa 8 bis 9 m WS beim Heben von kaltem Wasser
(8 bis 12°) zu erzeugen.

Bei der Pumpenwarmwasserheizung fließt der Pumpe das Wasser wohl
in allen Fällen zu, d. h. vor dem Ingangsetzen der Pumpe steht der Druck
der äußeren Luft, sowie eine Wassersäule, welche von der Mitte der Pumpe
bis zum Wasserspiegel des Ausdehnungsgefäßes zu rechnen ist, als Druck
für die Bewegung des Wassers vom Anschlußpunkte des Ausdehnungsgefäßes
an die Leitung, also für die Saugleitung der Pumpe, zur Verfügung. Verursacht die Pumpe eine Bewegung des Wassers, indem sie das Wasser in
die Druckleitung schafft, so strömt das Wasser in der Saugleitung unter
dem äußeren Luftdrucke und dem Drucke der Wassersäule, der in der Saugleitung besteht, nach und überwindet die Widerstände in dieser Leitung.
Je größer diese Widerstände sind, desto tiefer sinkt der Druck vor der Pumpe.

Im Ausdehnungsgefäß selbst bleibt der Wasserspiegel stehen, weil
die Pumpe bis zu dem Punkte, wo das Ausdehnungsgefäß an die Leitung
angeschlossen ist, immer wieder soviel Wasser hinfördert, als sie entnimmt,
denn die im ganzen System enthaltene Wassermenge bleibt ja die gleiche,
sie wird nur in Umlauf versetzt.

Fig. 30 stellt eine Warmwasserheizung mit Antrieb des Wasserumlaufes
durch die mit P bezeichnete Pumpe dar. (Die hier gewählte Anordnung

III
II
I
Entlüftung
8,3
a
12000
12000
12000
20
(4)
(4)
20
b
16000
16000
16000
10,0
12,5
H st. = 15,0m
(3)
25
A
(2)
34
(1)
25
34
(5)
B
(6)
(7)
P
(7)
39
5,00
(7)
2,5
39
C
Kessel

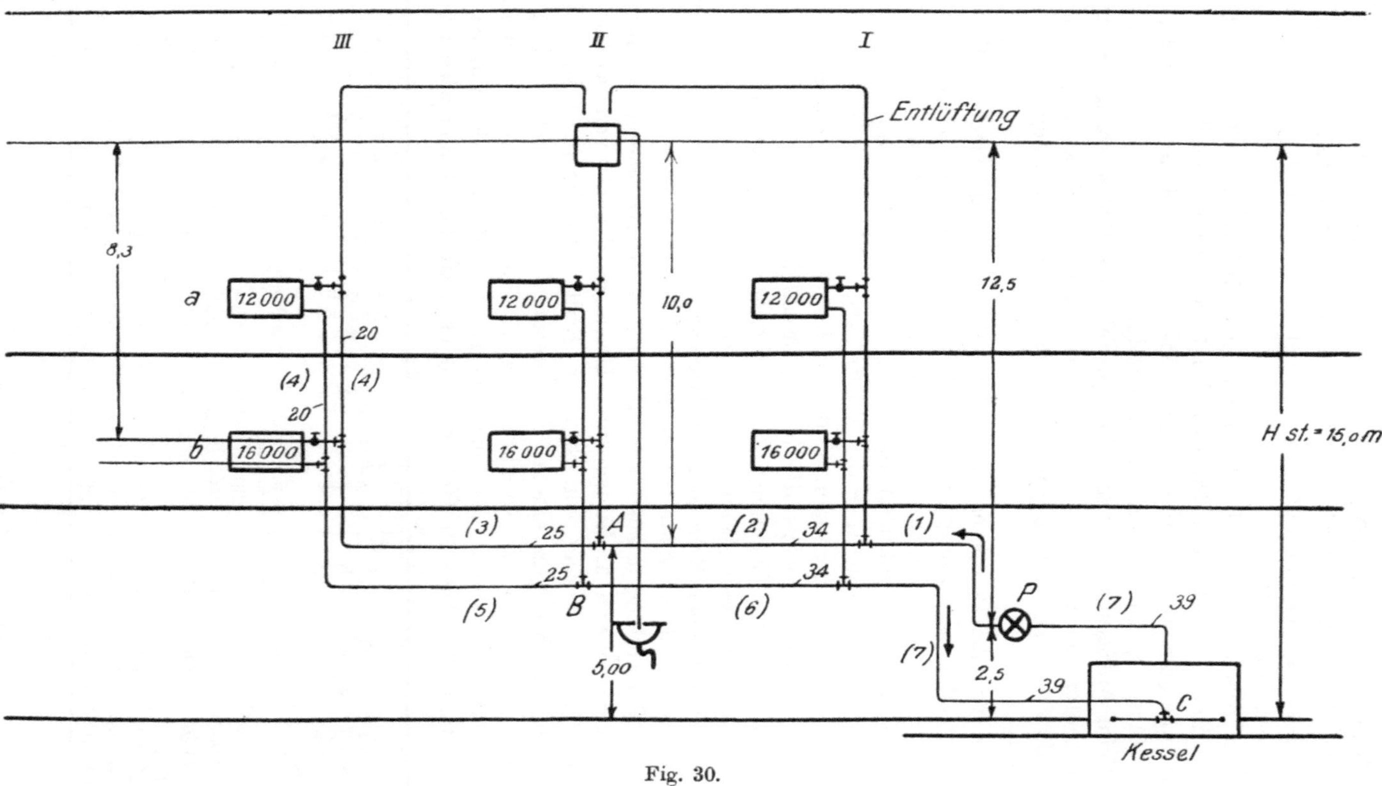

Fig. 30.

ist natürlich nur als Beispiel zur Klarstellung der Strömungsvorgänge und der Druckverhältnisse gültig, denn eine Warmwasserheizung von dieser geringen Ausdehnung wird mit Pumpenbetrieb nicht ausgeführt. Auch die Wärmeleistung der einzelnen Heizkörper ist viel größer gewählt, als der Praxis entspricht.)

Das Ausdehnungsgefäß ist an Strang *II* bei *A* angeschlossen. Es steht 12,5 m über der Mitte der Pumpe. Im Ruhezustande muß deshalb ein vor der Pumpe angebrachtes Manometer ebenso wie ein solches hinter der Pumpe einen statischen Druck von 12,5 m anzeigen.

Beim Anlassen der Pumpe dagegen fällt der Druck vor der Pumpe und steigt hinter der Pumpe. Der Unterschied der Drücke ist die jeweilige Druckdifferenz oder Förderhöhe; sie ist die Veranlassung zur Bewegung des Wassers.

Den von der Pumpe erzeugten Unterdruck auszugleichen ist die Wassersäule von Mitte der Pumpe bis zum Wasserspiegel des Ausdehnungsgefäßes und der auf dem Wasserspiegel lastende äußere Luftdruck bestrebt.

Vom Anschlußpunkte *A* des Ausdehnungsgefäßes wirken Wasserdruck und äußerer Luftdruck über die Teilstrecken *3* bis *7* zur Überwindung der auf diesen Strecken liegenden Widerstände, während die Pumpe außer Erzeugung des Unterdruckes die in der Druckleitung von *P* bis *A*, also in Teilstrecke *1* und *2* liegenden Widerstände zu überwinden hat.

Die Summe dieser Widerstände in der Saugleitung von *A* bis *P* und von *P* bis *A* (in der Richtung der Wasserströmung) bildet die Förderhöhe.

Wenn wir diese Widerstände im einzelnen betrachten wollen, so ist folgende Berechnung anzustellen, die nach dem „Leitfaden für Berechnen und Entwerfen von Lüftungs- und Heizungsanlagen" von *Rietschel* und *Brabbée* (5. Aufl., Verlag von Springer, Berlin) durchgeführt ist. Die Anlage soll zunächst mit einem Temperaturgefälle von (80 bis 60°) = 20° arbeiten. Unter dieser Annahme ergibt sich nachstehende Zusammenstellung der Widerstände der einzelnen Teilstrecken von der Pumpe bis zu dem entferntest gelegenen Heizkörper *a* (Teilstrecke *4*) und wieder zurück:

Teilstrecke Nr.	Zu leistende Wärmemengen WE	Zu fördernde Wassermenge l/std	Rohrlängen l in m	Durchmesser der Rohre in mm	Geschwindigkeit m/sec	Widerstand R für 1,0 m Rohr mm WS	Rohrwiderstand $l\,R$ mm WS	Zahl der Einzelwiderstände $\Sigma\,\xi$	Einzelwiderstände Z mm WS	$\Sigma\,(l\,R+Z)$
1	84 000	4200	10	39	1,00	25	250	4	200	450
2	56 000	2800	10	34	0,90	25	250	1	40	290
3	28 000	1400	15	25	0,85	31	465	1	36	501
4	12 000	600	7,2	20	0,60	22	158	9	162	320
5	28 000	1400	15	25	0,85	31	465	1	36	501
6	56 000	2800	10	34	0,90	25	250	1	40	290
7	84 000	4200	40	39	1,00	25	1000	6	300	1300
							2838		814	3652

$$\Sigma\,(l\,R + Z) = 2{,}838 + 0{,}814 = 3{,}652 \text{ m WS.}$$

Eine durch die Gewichtsdifferenz des Wassers im Vorlauf und Rücklauf hervorgebrachte Wasserbewegung ist hierbei unberücksichtigt geblieben, was bei Pumpenwarmwasserheizungen gewöhnlich geschieht.

Aus der Zusammenstellung ergibt sich der Widerstand der Rohrleitungen in den Teilstrecken von der Pumpe bis zum Heizkörper a, in diesem und zurück bis wieder zur Pumpe zu 3,652 m WS. Die Pumpe hat also diese Förderhöhe oder Druckhöhe zu leisten. Die Wassergeschwindigkeit beim Austritt aus der Pumpe und beim Eintritt in dieselbe ist $w = 1{,}0$ m/sec, daher stellten die Widerstände von 3,652 m die Gesamtförderhöhe dar. Der dynamische Druck hinter der Pumpe ist:

$$\mathfrak{H}_d = \frac{1^2}{2g} = 0{,}051 \text{ m.}$$

Der Gesamtdruck, der sich aus dem statischen und dem dynamischen Drucke zusammensetzt, ist daher um 0,051 m höher als der statische, sowohl vor wie hinter der Pumpe[1].

Wäre die Wassergeschwindigkeit am Eintritt und Austritt verschieden, so käme noch ein Betrag für die Steigerung des dynamischen Druckes, nämlich

$$\mathfrak{H}_d = \frac{w_a{}^2 - w_e{}^2}{2g}$$

hinzu, wenn mit w_a die Austritts-, mit w_e die Eintrittsgeschwindigkeit bezeichnet werden.

In Fig. 31 ist nun dargestellt, wie sich die Drücke in den einzelnen Punkten des Rohrnetzes beim Betriebe der Pumpe ergeben. Wird die Pumpe in Bewegung gesetzt, so fördert sie das im Gehäuse befindliche Wasser heraus; durch die Anschlußleitung 7 (Fig. 30) strömt neues Wasser zu, denn die Wassersäule von der Pumpe bis zum Wasserspiegel des Ausdehnungsgefäßes übt einen Druck aus, der im Ruhezustande 12,5 m beträgt (siehe Fig. 31).

Wir wollen einen Vergleich der an verschiedenen Stellen der Anlage auftretenden Drücke im Ruhezustande und im Bewegungszustande anstellen. Der Anschluß des Heizkörpers b liegt z. B. 8,3 m unter dem Wasserspiegel

---

[1] In manchen Abhandlungen über dasselbe Thema wird mit dynamischem Drucke der von der Pumpe erzeugte Druck bezeichnet. (Vgl. *Gramberg*, Druckwasserheizung, Ges. Ing. 1908.) — Diese Bezeichnung entspricht nicht der Definition des dynamischen Druckes nach den vom Vereine Deutscher Ingenieure aufgestellten Regeln über Leistungsversuche an Ventilatoren und Kompressoren, die nicht nur für luftförmige, sondern auch für tropfbar flüssige Körper Gültigkeit haben muß. Bei den Ventilatoren haben wir es stets mit statischem Drucke im Bewegungszustande zu tun. In der Dynamik tropfbar-flüssiger Körper wird der Druck auf die Wandungen der Leitung im Ruhezustande mit „hydrostatischem Seitendrucke", im Bewegungszustande mit „hydraulischem oder hydrodynamischem Seitendrucke" bezeichnet (vgl. *Hütte* 1911, S. 283), während der hier mit dynamischem Drucke $\mathfrak{H}_d$ bezeichnete Druck dort die „Geschwindigkeitshöhe" genannt wird. Der Einheitlichkeit halber sind die Bezeichnungen, welche im Kapitel „Ventilatoren" eingeführt wurden, auch in diesem Kapitel beibehalten worden.

Hüttig, Zentrifugalventilatoren.

des Ausdehnungsgefäßes, daher zeigt ein hier angesetztes, in Meter-Wassersäule geteiltes Manometer im Ruhezustande einen Druck von 8,3 m an[1].

Bei dem Anschluß des Ausdehnungsgefäßes in Punkt A müssen am Manometer 10,0 m angezeigt werden, und bei C, Anschluß der Kessel an den Rücklauf, sind 15,0 m abzulesen, während die an Druck- und Saugleitung der Pumpen angebrachten Manometer 12,50 m anzeigen.

Wird die Pumpe in Bewegung gesetzt, so daß die in der Berechnung angegebenen Geschwindigkeiten auftreten, so erkennen wir aus Fig. 30 u. 31, daß

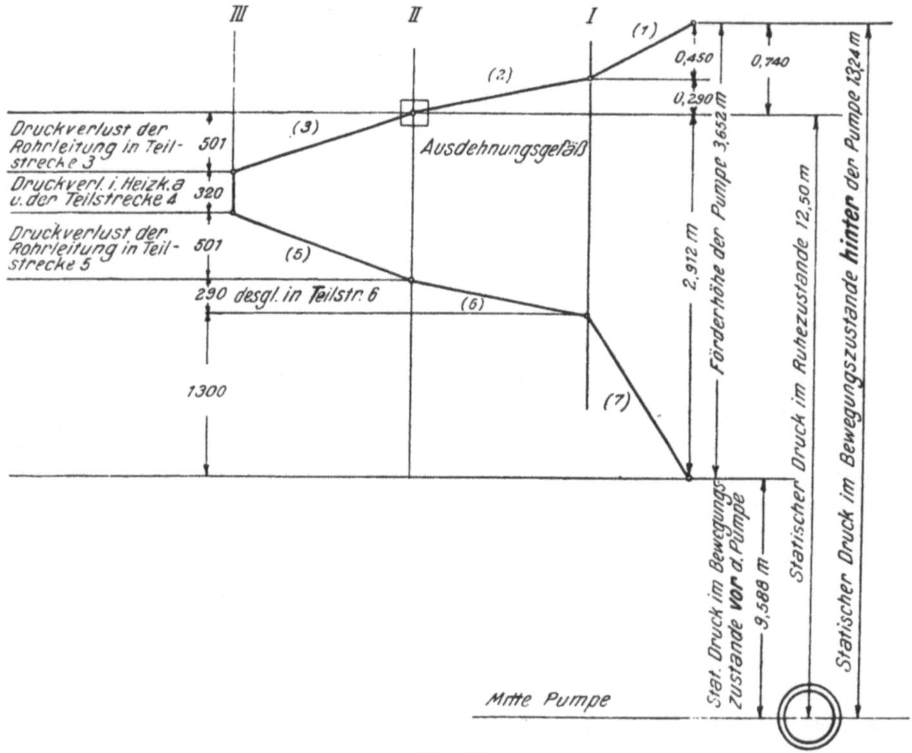

Fig. 31.

in den Teilstrecken (1) und (2) 0,450 und 0,290 m WS Widerstände entstehen. Das Manometer unmittelbar hinter der Pumpe muß deshalb einen Druck von $12,50 + 0,45 + 0,29 = 13,24$ m anzeigen, das Manometer in Punkt A bleibt stehen und zeigt 10,00 m, das Manometer am Eintrittsrohre des Heizkörpers b zeigt nicht mehr 8,3 m, sondern, da zur Überwindung der Widerstände in Teilstrecke (3) 0,501 m Druck verbraucht werden, nur noch $8,300 - 0,501 = 7,799$ m. Am Austrittsrohre des Heizkörpers, das 0,90 m tiefer liegt, sind nicht $8,3 + 0,9 = 9,20$ m, wie im Ruhezustande, sondern,

---

[1] Hierbei ist auf die Veränderung des Gewichtes des Wassers infolge der Erwärmung keine Rücksicht genommen.

da der Druckverlust in Teilstrecke (4) 0,320 m beträgt, nur 9,200 — 0,501 — 0,320 = 8,374 m am Manometer an dieser Stelle abzulesen. Punkt B liegt etwa 20 cm tiefer als Punkt A, deshalb ist der statische Druck im Ruhezustande 10,20 m, im Bewegungszustande dagegen 10,20 — (0,501 + 0,320 + 0,501) = 8,878 und schließlich vor der Pumpe nicht mehr 12,50, sondern nur noch 9,588 m. Die Pumpe hat also die Aufgabe, den Druck von 9,588 m auf 13,24 m zu erhöhen; das entspricht der Widerstandshöhe von 3,652 m.

Es interessiert nun, zu ermitteln, wie sich die Verhältnisse gestalten, wenn durch größere Umlaufzahl der Pumpe die Fördermenge erhöht wird. Da Zentrifugalpumpen ganz ähnliches Verhalten zeigen wie die Ventilatoren, so gelten auch hier die Gleichungen 26 u. 27

$$\frac{Q_1}{Q_2} = \frac{n_1}{n_2} = \frac{\sqrt{\mathfrak{H}_1}}{\sqrt{\mathfrak{H}_2}}$$

(vgl. Seite 22).

Mit größerer Umlaufzahl steigt die Druckhöhe sowie auch die Fördermenge.

Bei Steigerung der Fördermenge einer Pumpe in einer Warmwasserheizung kann nur die Geschwindigkeit erhöht werden, das Wasser durchläuft die Anlage schneller, während die absolute Wassermenge in der Anlage natürlich die gleiche bleibt.

Wählen wir das 1,5fache der Fördermenge, so beträgt der Temperaturunterschied zwischen Vor- und Rücklauf:

$$\frac{84\,000}{1,5 \cdot 4200} = 13,3°.$$

Die durch die Pumpe stündlich fließende Wassermenge ist 6300 l und unter sonst gleichen Verhältnissen wie vorher ergeben sich die in folgender Zusammenstellung angegebenen Widerstände:

Teilstr.	Lit.	l	d	w	R/m	lR	$\Sigma\zeta$	Z	$lR+Z$	
1	6300	10	39	1,5	55	550	4	450	1000	
2	4200	10	34	1,3	55	550	1	91	641	1641
3	2100	15	25	1,3	67	1005	1	84	1089	
4	900	7,2	20	0,85	41	295	9	325	620	
5	2100	15	25	1,3	67	1005	1	84	1089	
6	4200	10	34	1,3	55	550	1	91	641	
7	6300	40	39	1,5	55	2200	6	670	2870	6309

$$\Sigma\,(l\,R + Z) = 7950 \text{ mm WS.}$$

In Fig. 32 sind die Druckverhältnisse wieder graphisch dargestellt.

Die Gesamtförderhöhe erreicht 7,950 m. Vor der Pumpe ist ein Druck von 6,191 m, hinter derselben ein Druck von 14,141 m. Von der statischen Druckhöhe von 12,50 m werden demnach 6,309 m zur Überwindung der Widerstände vom Fußpunkte des Ausdehnungsgefäßes bis zum Eintritt in die Pumpe aufgebracht.

Aus dem Vergleiche der beiden Berechnungen ergibt sich, daß der Wasserspiegel im Ausdehnungsgefäße trotz erhöhter Druckhöhe stehen

bleibt, daß also der statische Druck von der Anschlußstelle des Ausdehnungsgefäßes immer derselbe ist.

Auf eine Sonderheit ist zu achten. Der statische Druck im Anschlusse
des Stranges *I* beträgt im Ruhezustande 10,0 m (vgl. Fig. 30). Im Betriebe
kommt nach dem ersten Beispiele eine Druckhöhe von 0,290 m, nach dem

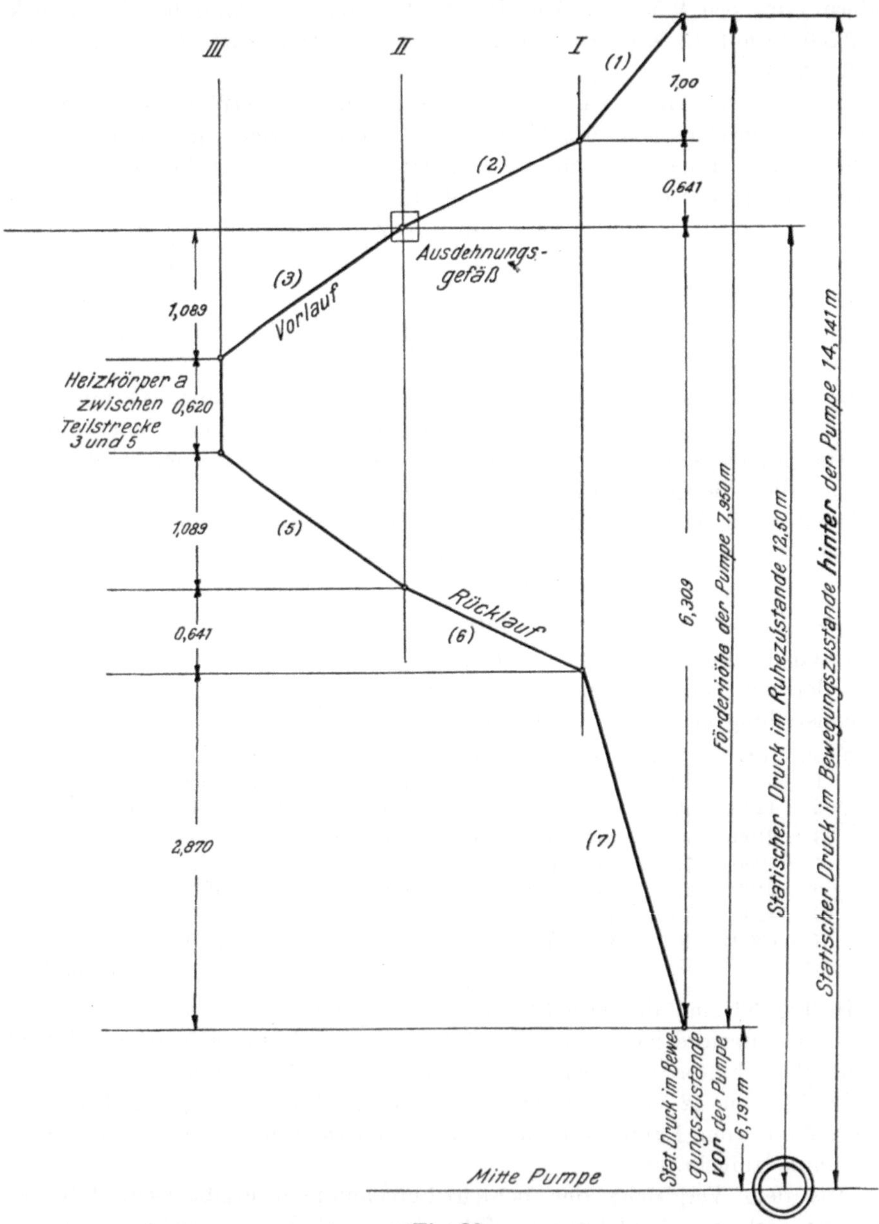

Fig. 32.

zweiten Beispiele von 0,634 m hinzu. Die Heizkörper werden durch Luftleitungen, die über dem Ausdehnungsgefäße ausmünden, entlüftet. Liegt
die Luftleitung an Strang I nicht höher als 0,641 m über dem Wasserspiegel im Ausdehnungsgefäße, so tritt aus der
Luftleitung Wasser aus. Dieser Umstand muß
besonders da berücksichtigt werden, wo es aus
örtlichen Verhältnissen nicht möglich ist, die Luftleitungen über diese Druckhöhe hinauszuführen.

Die Förderhöhe im ersten Falle beträgt
$\mathfrak{H} = 3{,}652$ m und im zweiten Falle $\mathfrak{H} = 7{,}950$ m.
Das entspricht der Gleichung:

$$\frac{Q_2}{Q_1} = \sqrt{\frac{\mathfrak{H}_2}{\mathfrak{H}_1}}\;;$$

denn es ist

$$\frac{Q_2}{Q_1} = \frac{6300}{4200} = 1{,}5$$

und

$$\sqrt{\frac{7{,}950}{3{,}652}} = \sqrt{2{,}178} = 1{,}476 \sim 1{,}50.$$

Die geringe Differenz ist einesteils auf Abrundungen
in den Berechnungen zurückzuführen, andernteils

darauf, daß die Gleichung $\dfrac{Q_2}{Q_1} = \sqrt{\dfrac{\mathfrak{H}_2}{\mathfrak{H}_1}}$ nicht

ganz zutrifft, da die Widerstände nicht genau mit
dem Quadrate der Geschwindigkeit wachsen.

In Fig. 33 ist eine Pumpen-Warmwasserfern-
heizung schematisch dargestellt, bei welcher das
Ausdehnungsgefäß in dem Gebäude B untergebracht und an den Vorlauf der Fernleitungen angeschlossen ist, da Gebäude B die anderen über-
ragt. Der Übersichtlichkeit wegen ist das Gelände
horizontal angenommen. Das Ausdehnungsgefäß
liegt 15 m über Gelände. Die Vor- und Rücklauf-
verteiler in den Gebäuden liegen 2,0 m unter Gelände, daher beträgt der statische Druck im Ruhezustande in den Verteilern 17,0 m. Die Pumpe
steht 1,0 m über Gelände.

Die in den einzelnen Gebäuden zu leistenden
Wärmemengen sind in der Darstellung und in
der folgenden Zusammenstellung der Druckverluste
angegeben. Es wird das Temperaturgefälle zu 20 WE für 1 l Umlaufswasser
gewählt. Die Berechnung der Widerstände ist, wie im vorhergehenden Beispiele, nach dem „Leitfaden zum Entwerfen und Berechnen von Lüftungs-
und Heizungsanlagen" von *Rietschel-Brabbée*, 5. Auflage, durchgeführt. Die

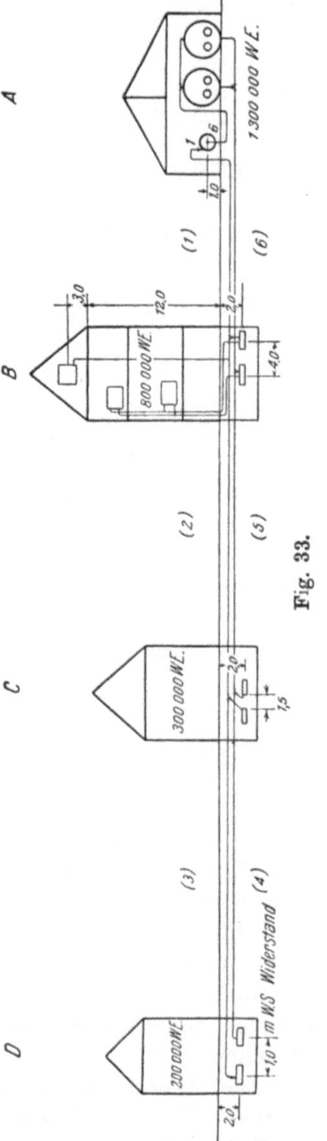

Bezeichnungen sind daher die gleichen wie in den obigen Zusammenstellungen. Der Druckverlust in der Heizungsanlage des Gebäudes D wird mit 1,0 m WS angenommen.

Teilstr.	WE-Std.	Lit/Std.	d	w	R	l	lR in m	$\Sigma\zeta$	Z	$(lR + Z)$ in m WS
1	1 300 000	65 000	113	1,9	25	120	3,00	5	0,900	3,900
2	500 000	25 000	94	1,00	10	160	1,600	4	0,200	1,800
3	200 000	10 000	64	0.95	14	250	3,500	3	0,134	3,634
4	200 000	10 000	64	0,95	14	250	3,500	7	0,315	3,815
5	500 000	25 000	94	1,00	10	160	1,600	3	0,150	1,750
6	1 300 000	65 000	113	1,90	25	160	4,000	6	1,080	5,080
							17,200 m		2,779 m	19,979 m

Hierzu 1 m Widerstand im Gebäude D 1,000

20,979 m

Die in der Anlage auftretenden Druckverhältnisse sind in Fig. 34 dargestellt.

Die in der Vorlaufleitung bis zum Verteiler in Gebäude D (Teilstrecke 2 bis 3) in der Heizungsanlage dieses Gebäudes und in den Rücklaufleitungen bis zur Pumpe auftretenden Widerstände (Teilstrecke 4 bis 6) müssen demnach von dem zur Verfügung stehenden statischen Drucke $(12 + 3 - 1)$ $= 14$ m überwunden werden (s. Fig. 33), außerdem soll noch das Wasser der Pumpe zufließen, also vor der Pumpe noch ein Überdruck über dem atmosphärischen Drucke herrschen, damit die Pumpe kein Vakuum zu erzeugen hat. Die Widerstände in Teilstrecke 2 bis 6 dürfen also keinesfalls mehr als 14,0 m betragen.

Die gesamte Widerstandshöhe, welche die Pumpe zu überwinden hat, beträgt nach obiger Zusammenstellung 20,979 m. Hiervon sind die durch Teilstrecke 1 entstehenden Widerstände von 3,900 m in Abzug zu bringen. Es entfällt daher auf die Teilstrecken 2 bis 6 eine Widerstandshöhe von 17,079 m. Der statische Druck in der Mitte der Pumpe beträgt aber nur 14,00 m, es entsteht also vor der Pumpe eine Überschreitung des zur Verfügung stehenden Druckes um 3,079 m, und damit ein Unterdruck.

Diesen Unterdruck würde die Pumpe ohne Schwierigkeiten bei kaltem Wasser erzeugen, nicht aber bei Wasser, das gegebenenfalls auf 90° und noch höher erwärmt ist, denn einer Temperatur von 90° entspricht schon eine Dampfspannung von 0,714 Atm oder 7,14 m WS. Bei Eintritt eines Vakuums, infolge der Saugwirkung der Pumpe, entstünde Dampfbildung, die der Saugwirkung entgegenarbeiten und ein Schlagen der Pumpe verursachen würde.

Die Anordnung der Fernheizanlage nach Fig. 34 ist also nicht durchführbar. Vom Anschlusse des Ausdehnungsgefäßes an die Fernleitung über die Teilstrecken 2 und 3, D bis 6 bis zur Pumpe steht, gegenüber den Widerständen in diesen Teilstrecken, noch eine Druckhöhe von $(14,000 - 11,999)$ $= 2,001$ m zur Verfügung, weil der statische Druck im Ruhezustande in der Mitte der Pumpe gemessen, 14,0 m erreicht, die Widerstände in den Teilstrecken 2 bis 5 aber nur 11,999 m betragen. Es wäre daher möglich, bei Anwendung einer Rohrstärke, deren Widerstände in Teilstrecke *6* noch unter 2,0 m bleiben, die Anordnung bis auf die Änderung des Rohres in Teilstrecke *6* beizubehalten.

Die Länge der Strecke beträgt 160 m. Werden als Druckhöhenverbrauch der Einzelwiderstände 20 Proz. angenommen, so stehen für Reibungswiderstände in der Leitung 1,6 m oder $\frac{1600}{160} = 10{,}0$ mm WS für 1 m Rohrlänge zur Verfügung. Zu fördern sind 65 000 l/stde.

Hierfür würde ein Rohr von 143 mm lichtem Durchmesser ausreichen, welches nach den Zahlentafeln des „Leitfadens" bei $w = 1{,}2$ m/sec und 7,4 mm WS/m Widerstand 69 000 l liefert.

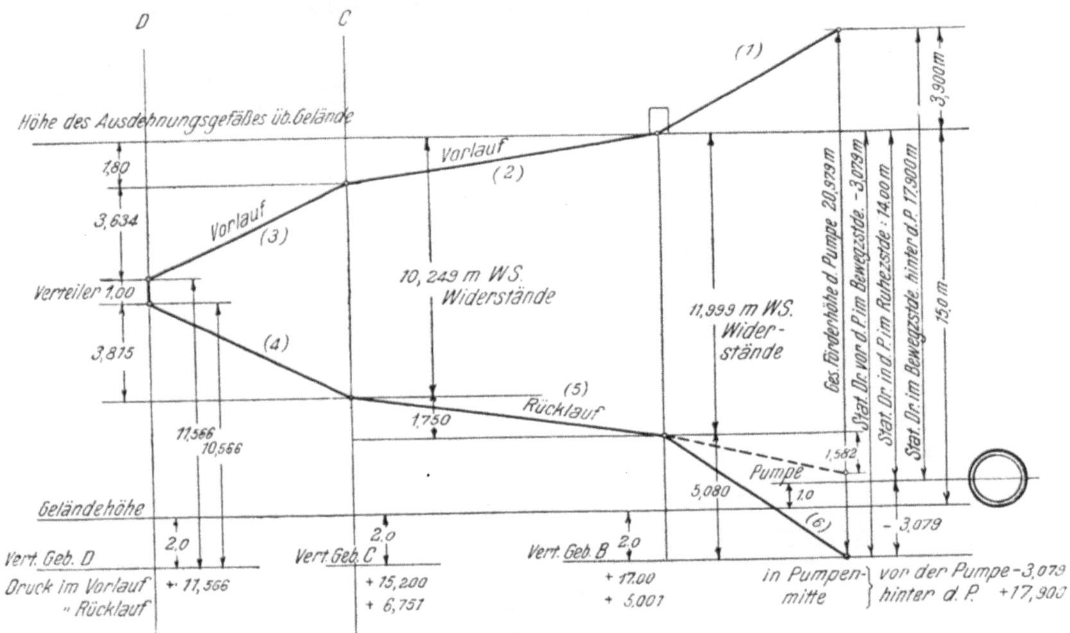

Fig. 34.

Der Widerstand wäre demnach, mit $\Sigma \zeta = 6$:

Lit.	d	w	R	l	lR in m	$\Sigma\zeta$	z	$(lR + z)$ in m
65000	143	1,13	7,2	160	1,152	6	0,43	1,582

Es besteht dann noch ein Druck von $+ 0{,}419$ m vor der Pumpe. Allerdings ist das Rohr statt 113 mm jetzt 143 mm stark zu wählen. Die Mehrkosten für 1 m Rohr allein betragen nach dem augenblicklichen Stande der Rohrpreise etwa Mk. 14,—, so daß, abgesehen von den Mehrkosten für Wärmeschutz des stärkeren Rohres und der größeren Wärmeverluste, ein Mehrbetrag des Anlagekapitals von Mk. 2240,— entsteht. Es wären aber diese Mehrkosten schließlich noch zu verteidigen, wenn wesentliche Ersparnisse an Betriebskraft entständen. Die Geschwindigkeit im Druckrohre der

Pumpe beträgt 1,9 m/sec, die im Saugrohre 1,2 m. Die Pumpe hat daher die Aufgabe, die Wassergeschwindigkeit von 1,2 m auf 1,9 m zu erhöhen, wozu

$$\frac{65000}{3600} \cdot \frac{1,9^2 - 1,2^2}{2\,g} = 1,99 \text{ mkg/sec.}$$

erforderlich sind. Die Druckhöhe vermindert sich bei der Verstärkung des Rohres um

$$(3,079 + 0,419) = 3,498 \text{ m,}$$

wodurch eine Arbeitsleistung von

$$\frac{65000}{3600} \cdot 3,498 = 63,158 \text{ mkg/sec.}$$

erspart wird, während in der Pumpe 1,990 mkg/sec mehr aufzuwenden sind. Die tatsächlichen Ersparnisse betragen somit 63,158 — 1,990 = 61,168 mkg/sec oder 0,82 PS. Diese Ersparnisse sind also recht gering und werden die Erhöhung des Anlagekapitals und die größeren Wärmeverluste des Rohres

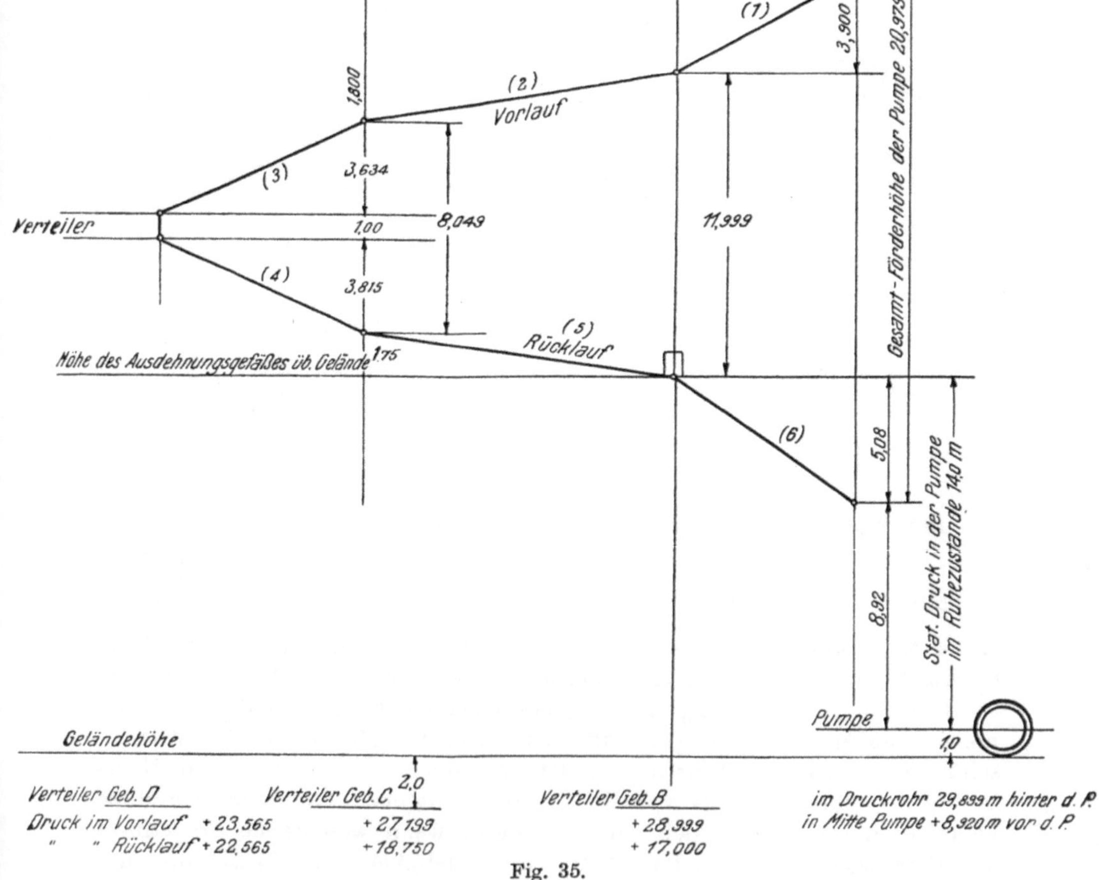

Fig. 35.

kaum decken. Dazu kommt noch, daß bei der Ausführung der Anlage sehr leicht durch etwaige unvorhergesehene weitere Einzelwiderstände der noch vorhandene Überdruck von nur 0,419 m aufgebraucht wird, weshalb der vorsichtige Heizungstechniker eine andere Ausführung wählen dürfte. Hierzu bieten sich verschiedene Wege. Zunächst würde man den Druckabfall in den Teilstrecken *3* und *4* vermindern, indem man an Stelle der Rohre von 64 mm lichtem Durchmesser solche von 70 mm wählt, oder indem das Ausdehnungsgefäß an den Rücklauf vor Teilstrecke *6* angeschlossen wird. Wie sich in letzterem Falle die Druckverhältnisse gestalten, geht aus Fig. 35 hervor.

Vor der Pumpe steht dann während des Betriebes noch ein Druck von 14,00 — 5,08 = 8,92 m WS, infolgedessen tritt ein Druck von 8,920 + 20,979 = 29,899 m im Druckrohre der Pumpe auf; die Förderhöhe bleibt indessen die gleiche wie im vorigen Beispiele, da weder Fördermenge noch Rohrquerschnitte geändert wurden. Im allgemeinen ist gegen den Anschluß des Ausdehnungsgefäßes an den Rücklauf der Fernleitungen nichts einzuwenden, sofern nicht hierbei Einzelteile der Anlage Drücken ausgesetzt werden, für die sie hinsichtlich ihres Materials, ihrer Wandstärken und ihrer Konstruktion nicht geeignet sind. Hierzu gehören insbesondere die Stopfbüchsen der Heizkörperventile, die dünnwandigen, gußeisernen Heizkörper selbst u. a.

Die vorstehenden Beispiele hatten den Zweck, klarzulegen, wie bei Pumpenwarmwasserheizungen die zur Bestimmung der Pumpenabmessungen erforderliche Förderhöhe ermittelt werden muß. Die Verhältnisse sind bei jeder Anlage verschieden, indessen ist immer die Lage des Ausdehnungsgefäßes zu berücksichtigen, wie die erste Behandlung des letzten Beispiels zeigte, bei welcher in der Saugleitung ein Unterdruck entsteht, der unzulässig ist, die zweite einen Druck in einzelnen Teilstrecken, der unter Umständen zu Unzuträglichkeiten führen kann.

Der Leistungsverbrauch der Pumpe ergibt sich bei einer Förderhöhe von 20,979 m und der Annahme eines Wirkungsgrades der Pumpe $\eta = 0{,}5$ aus

$$N = \frac{Q}{3600 \cdot 75 \cdot 0{,}5} = \frac{65000 \cdot 20{,}979}{3600 \cdot 75 \cdot 0{,}5} = 10{,}01 \text{ PS}$$

Er ist für die kleine Anlage reichlich hoch, weshalb man bei der praktischen Ausführung jedenfalls die Widerstände in den Fernleitungen geringer wählen würde, um den Leistungsverbrauch herabzusetzen. Es ist dies bei elektrischem Antriebe der Pumpe jedoch eine von den Stromkosten abhängige Frage. Bei Antrieb durch eine Dampfturbine ist in Erwägung zu ziehen, ob der durch den Leistungsverbrauch entstehende Abdampf voll und zu jeder Zeit ausgenutzt werden kann.

17. Bestimmung von Fördermenge, Förderhöhe und Wirkungsgrad.

Die Angaben der Fabrikanten über Leistung und Leistungsverbrauch der Pumpen in den Angeboten sind gewöhnlich so knapp gehalten und beziehen sich meist auf einen speziellen Fall, daß aus ihnen irgendwelche weiteren

Schlüsse für Betriebsänderungen nicht gezogen werden können. Mehr Auskunft bieten schon die in den Prospekten und Preisverzeichnissen enthaltenen Daten, sofern man sich die Mühe nimmt, diese einer näheren Betrachtung zu unterziehen.

Eine der bekanntesten und ältesten Firmen im Bau von Zentrifugalpumpen ist die Firma *Weise & Monski*, jetzt *Weise-Söhne* in Halle a. S.

In einer der Preislisten dieser Firma finden wir unter den Niederdruck-Zentrifugalpumpen ohne Leitrad die Type C VI mit folgenden Angaben:

Lichte Weite des Saug- und Druckstutzens 100 mm.

Mindestleistung 600 l/min; Höchstleistung 1400 l/min.

Leistungen und Kraftbedarf sind nach diesen Preislistenangaben in der nachstehenden Zahlentafel enthalten.

Niederdruck-Zentrifugalpumpe der Firma *Weise-Söhne*, Halle (Type C VI).

Förderhöhe	Fördermenge		Umlaufzahl i. d. Min.	Kraftbedarf		Wirkungsgrad
	l/min.	l/sec.		nach Katalog PSe	Korrigiert PSe	
H_g	Q/min.	Q/sec.	n	N_e	N_e	η
6	600	10,0	850	2,0	2,0	0,400
	900	15,0	920	2,5	2,5	0,480
	1400	23,3	1120	4,0	3,5	0,534
10	650	10,85	1100	2,8	2,8	0,520
	1100	18,3	1160	4,0	4,2	0,581
	1400	23,3	1275	5,0	5,3	0,570
14	750	12,5	1325	4,0	4,1	0,570
	1100	18,3	1375	5,3	5,7	0,590
	1400	23,3	1450	6,5	7,1	0,612
18	800	13,3	1520	5,5	5,4	0,591
	1100	18,3	1550	7,0	7,15	0,615
	1400	23,3	1600	8,0	8,90	0,629
20	800	13,3	1600	6,0	5,9	0,605
	1100	18,3	1630	7,5	7,8	0,626
	1400	23,3	1675	9,5	9,8	**0,635**
22	800	13,3	1675	7,5	6,5	0,605
	1100	18,3	1700	9,0	8,6	0,625
	1400	23,3	1725	10,2	10,8	0,634
26	850	14,2	1800	8,5	7,9	0,624
	1100	18,3	1810	10,0	10,0	0,636
	1400	23,3	1850	12,0	12,7	0,636
30	850	14,2	1900	10,0	9,0	0,631
	1100	18,3	1925	12,0	11,45	0,639
	1400	23,3	1950	15,0	14,40	0,637

Bei den Zentrifugalpumpen besteht, wie schon hervorgehoben wurde, die gleiche Gesetzmäßigkeit wie bei den Ventilatoren.

Es verhalten sich bei gleichbleibendem Leitungsnetze, also bei gleichbleibender gleichwertiger Düse (vgl. Abschnitt 4, Seite 22) die Fördermengen Q wie die Umlaufszahlen n, also

$$\frac{Q_1}{Q_2} = \frac{n_1}{n_2} \tag{1}$$

und die Förderhöhen $\mathfrak{H}$ wie die Quadrate der Umlaufzahlen:

$$\frac{\mathfrak{H}_1}{\mathfrak{H}_2} = \left(\frac{n_1}{n_2}\right)^2 \tag{2}$$

woraus auch folgt:

$$\left(\frac{Q_1}{Q_2}\right)^2 = \frac{\mathfrak{H}_1}{\mathfrak{H}_2} \quad \text{oder} \quad \frac{Q_1}{Q_2} = \sqrt{\frac{\mathfrak{H}_1}{\mathfrak{H}_2}} = \frac{n_1}{n_2}. \tag{3}$$

Im folgenden sind die Fördermengen Q in l/sec, die Förderhöhen $\mathfrak{H}$ in m WS einzusetzen. Für die Fördermengen ist $1\ \mathrm{l} = 1\ \mathrm{kg}$ angenommen.

Bei den Ventilatoren ist der Begriff der gleichwertigen Düse oder der gleichwertigen Öffnung A eingeführt, nach welchem die Beziehungen zwischen Fördermenge und Förderhöhe durch die Gleichung

$$A = m\,\frac{Q}{\sqrt{\mathfrak{H}}}$$

ausgedrückt wurden. (Mit m ist hier die im Abschnitt „Ventilatoren" näher erklärte Beizahl bezeichnet.)

Für die Zentrifugalpumpen ist zur Kennzeichnung der Beziehungen zwischen Fördermenge und Förderhöhe ein ganz ähnlicher Ausdruck eingeführt worden; man schreibt:

$$K = \frac{Q}{\sqrt{\mathfrak{H}}} \tag{4}$$

und nennt die sich aus dieser Gleichung ergebende Parabel die Charakteristik einer Pumpe, die im folgenden mit K-Linie bezeichnet werden soll. Zur Darstellung der Beziehungen zwischen Fördermenge und Förderhöhe ist es üblich, die Fördermengen als Abszissen und die zugehörigen Förderhöhen als Ordinaten aufzutragen. Die Gleichung (4) besagt:

„Die Beziehungen zwischen Fördermenge und Druckhöhe sind bei gleichbleibender Düse konstant." Eine Veränderung der Fördermenge bedingt nach Gleichung (1) eine Änderung der Umlaufzahl. Bei gleichbleibender Umlaufzahl und veränderter Fördermenge bzw. Förderhöhe ändern sich auch die Beziehungen zwischen Q und $\mathfrak{H}$ und diese Beziehungen können im allgemeinen nur — wie bei den Ventilatoren — auf Grund anzustellender Versuche ermittelt werden. In Fig. 36 sind auf Grund der obigen Zahlentafel die Linien für

$$K = \frac{Q}{\sqrt{\mathfrak{H}}} \tag{5}$$

eingetragen.

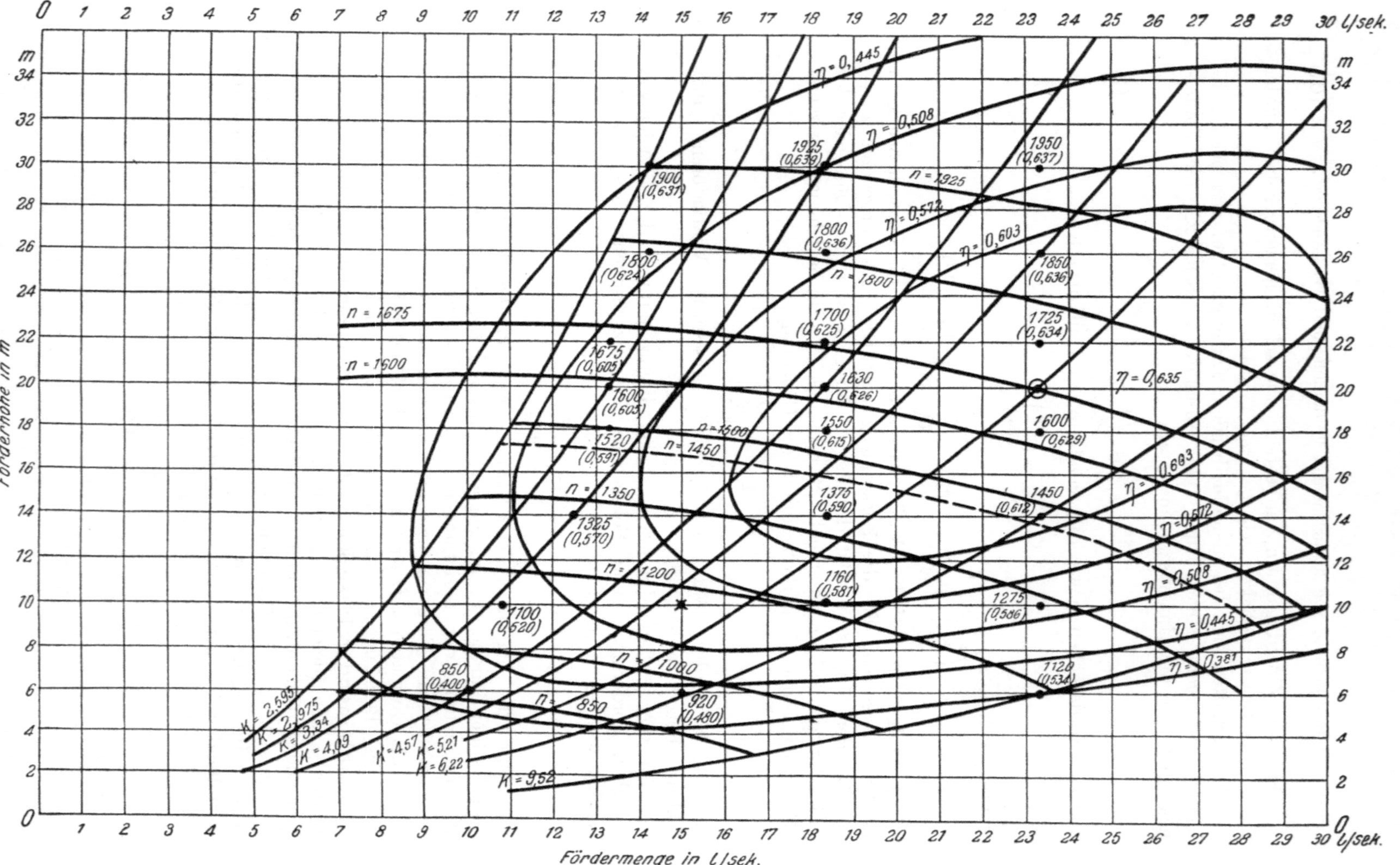

l/sek.
m
Förderhöhe in m
Fördermenge in l/sek.
η = 0,445
η = 0,508
η = 0,572
η = 0,603
η = 0,635
η = 0,603
η = 0,572
η = 0,508
η = 0,445
η = 0,381
n = 1925
n = 1800
n = 1675
n = 1600
n = 1600
n = 1450
n = 1350
n = 1200
n = 1080
n = 850
1950 (0,637)
1925 (0,639)
1900 (0,631)
1850 (0,636)
1800 (0,636)
1800 (0,624)
1725 (0,634)
1700 (0,625)
1675 (0,605)
1630 (0,626)
1600 (0,629)
1600 (0,605)
1550 (0,615)
1520 (0,591)
1450 (0,612)
1375 (0,590)
1325 (0,570)
1275 (0,586)
1160 (0,581)
1120 (0,534)
1100 (0,520)
920 (0,480)
850 (0,400)
K = 2,695
K = 2,975
K = 3,34
K = 4,09
K = 4,57
K = 5,21
K = 6,22
K = 9,52
Fig. 36.

Die Punkte (•) entsprechen den Angaben der obigen Zahlentafel. Die den Punkten beigeschriebenen Zahlen sind die zugehörenden Umlaufzahlen. Den Umlaufzahlen sind die aus den Listenangaben berechneten Wirkungsgrade in Klammern beigefügt.

Zunächst wurden für die Listenangaben die Werte von K aus Gleichung (4) berechnet: z. B. $Q = 14,2$ l/sec, $\mathfrak{H} = 30$ m (Listenangabe)

$$K = \frac{14,2}{\sqrt{30}} = 2,595$$

(vgl. Fig. 36). Danach wurden unter Annahme von $Q = 5, 6, 7$ l/sec usf. die zugehörenden Werte von $\mathfrak{H}$ aus

$$\mathfrak{H} = \left(\frac{Q}{K}\right)^2 \tag{6}$$

berechnet, so daß die Linie für $K = 2,595$ gezeichnet werden konnte. So ist z. B. für $Q = 5,0$ l/sec mit $K = 2,595$

$$\mathfrak{H} = \left(\frac{5,0}{2,595}\right)^2 = 3,71 \text{ m WS.}$$

In der gleichen Weise sind die übrigen K-Linien bestimmt worden, so für $K = 2,975$ aus $Q = 13,33$ und $\mathfrak{H} = 20$, wofür $n = 1600$ und $\eta = 0,605$ ist.

Auf jeder der K-Linien kann nun ein Punkt bestimmt werden, welchem dieselbe Umlaufzahl entspricht. Man kann also die Punkte z. B. für $n = 1200$, und zwar jedesmal mit Hilfe der Gleichung (1), nach welcher

$$\frac{Q_1}{Q_2} = \frac{n_1}{n_2}$$

ist, auf jeder K-Linie eintragen.

Nehmen wir z. B. auf der Parabel $K = 2,975$ den Punkt $Q_1 = 13,33$ mit $n_1 = 1600$, so ist auf derselben Linie Q_2 mit $n = 1200$,

$$Q_2 = 13,33 \frac{1200}{1600} = 10,0 \text{ l/sec.}$$

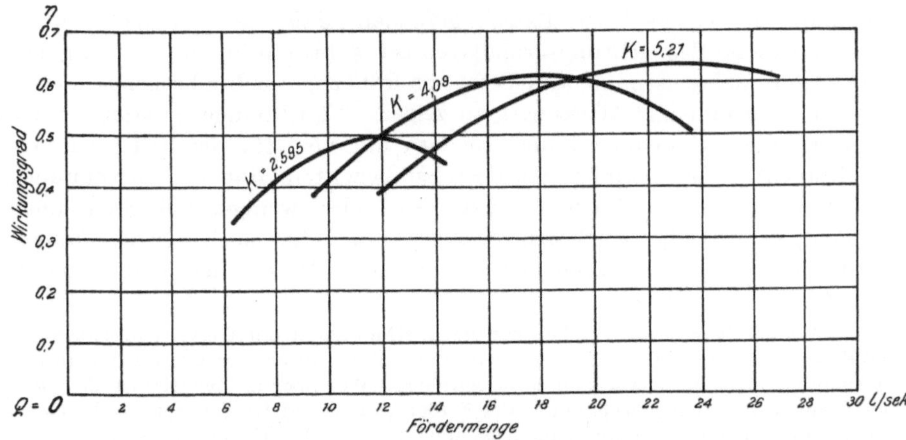

Fig. 36a. Wirkungsgrad η der in Fig. 36 dargestellten Pumpe.

Auf der Linie $K = 3{,}34$ ist der Punkt $Q_1 = 12{,}5$ mit $\mathfrak{H}_1 = 14$ m und $n_1 = 1325$ gegeben. Von hier ausgehend berechnen wir den Wert von Q_2, für welchen ebenfalls $n_2 = 1200$ ist, aus $Q_2 = 12{,}5 \cdot \dfrac{1200}{1325} = 11{,}34$, übereinstimmend mit der Zeichnung (Fig. 36).

Auf der Linie $K = 4{,}09$ liegt der Punkt $Q_1 = 10$, $\mathfrak{H}_1 = 6$, $n_1 = 850$ der Listenangaben; für $n_2 = 1200$ wird

$$Q_2 = 10 \cdot \frac{1200}{850} = 14{,}12.$$

Die Übereinstimmung mit der Zeichnung ist hier sehr mäßig[1], aber es liegt noch ein zweiter gegebener Punkt auf der Linie $K = 4{,}09$, nämlich $Q_1 = 18{,}33$, $\mathfrak{H} = 20$, $n = 1630$. Hieraus ist für $n_2 = 1200$:

$$Q_2 = 18{,}33 \cdot \frac{1200}{1630} = 13{,}50.$$

Die Figur zeigt für $n = 1200$, $Q = 13{,}6$, also immerhin gute Übereinstimmung. Führt man die Berechnung in dieser Weise für alle weiteren K-Linien durch, so erhält man auf jeder einen Punkt, für welchen $n = 1200$ ist. Durch Verbinden dieser so gefundenen Punkte ergibt sich die Linie $n = \text{const.} = 1200$.

Die Aufzeichnungen auf Grund der Listenangaben ergeben zuweilen schwer miteinander in Einklang zu bringende Unstimmigkeiten, die erst ausgeglichen werden müssen. In vielen Fällen müssen auch viel weniger Daten ausreichen. Trotzdem aber kann ein angenähert richtiges Bild von dem Verhalten der Pumpe auch hinsichtlich ihres Wirkungsgrades bei veränderten Betriebsverhältnissen durch Anwendung eines von *Janssen* in der Zeitschrift des Vereins deutscher Ingenieure 1912, S. 1895 veröffentlichten Diagramms erhalten werden, welches in Fig. 37 wiedergegeben ist.

Janssen hat nämlich aus einer großen Anzahl von Versuchen an Zentrifugalpumpen verschiedener Bauart gefunden, daß diese Pumpen, auf gemeinschaftliche Beobachtungsgrundlagen gebracht, ein im großen und ganzen miteinander übereinstimmendes Verhalten in bezug auf Fördermenge, Förderhöhe, Umlaufzahl und Wirkungsgrad zeigen. Vollständige Genauigkeit darf natürlich nicht erwartet werden, sondern nur eine für die Praxis immerhin brauchbare Ermittlung; ist doch zu beachten, daß die Berechnungen bei Heizungsanlagen ohnehin schon mehr oder weniger auf Schätzungen beruhen, so z B. die des Wärmebedarfes und daher auch die bei Pumpenwarmwasserheizungen hieraus zu bestimmende Wassermenge, die von der

---

[1] Aus der Berechnung ersehen wir die Unstimmigkeit der Werte; einmal $Q = 14{,}1$ und dann wieder $Q = 13{,}5$. Es ist dies jedenfalls auf die durch Abrundungen entstandene Ungenauigkeit der Listenangaben zurückzuführen. Wer aber die praktischen Schwierigkeiten kennt, die bei der Feststellung der Fördermengen und Druckhöhen durch Schwankungen in den Meßapparaten entstehen, dem werden die Ungenauigkeiten verständlich sein.

Pumpe in Umlauf zu halten ist, daß also gerade die erste und breiteste Grundlage aller weiteren Berechnungen auf Annahmen beruht.

Janssen geht davon aus, diejenige Fördermenge, Förderhöhe und Umlaufzahl als Einheit zu setzen, bei welcher die Pumpe den höchsten Wirkungsgrad erreicht. In der vorliegenden Darstellung (Fig. 36) ist von den berechneten Wirkungsgraden (siehe obige Zahlentafel) als Höchstwert $\eta = 0{,}635$ gewählt, bei welchem $Q = 23{,}3$, $\mathfrak{H} = 20$ und $n = 1675$ ist.

Es gilt zunächst, die Linien $n = \text{const.}$ zu bestimmen. Wird also angenommen $n_1 = 1675$, $Q_1 = 23{,}3$, $\mathfrak{H}_1 = 20$, so folgt für $Q_2 = 0{,}9\,Q_1$ bei gleichbleibender Umlaufzahl, also auf der Linie $1{,}0\,n_1$ der Fig. 37:

$$Q_2 = 0{,}9 \cdot 23{,}3 = 20{,}97 \; \text{l/sec};$$

deshalb ist nach Fig. 37 für

$$Q_2 = 0{,}9\,Q_1: \qquad \mathfrak{H}_2 = 1{,}045\,\mathfrak{H}_1 = 1{,}045 \cdot 20 = 20{,}90 \; \text{m};$$

$$Q_2 = 0{,}8\,Q_1: \qquad \mathfrak{H}_2 = 1{,}08 \;\; \mathfrak{H}_1 = 21{,}60 \; \text{m}, \quad Q_2 = 18{,}64$$

$$Q_2 = 0{,}7\,Q_1: \qquad \mathfrak{H}_2 = 1{,}12 \;\; \mathfrak{H}_1 = 22{,}40 \; \text{m}, \quad Q_2 = 16{,}31;$$

$$Q_2 = 0{,}5\,Q_1: \qquad \mathfrak{H}_2 = 1{,}14 \;\; \mathfrak{H}_1 = 22{,}80 \; \text{m}, \quad Q_2 = 11{,}65 \quad \text{usf.}$$

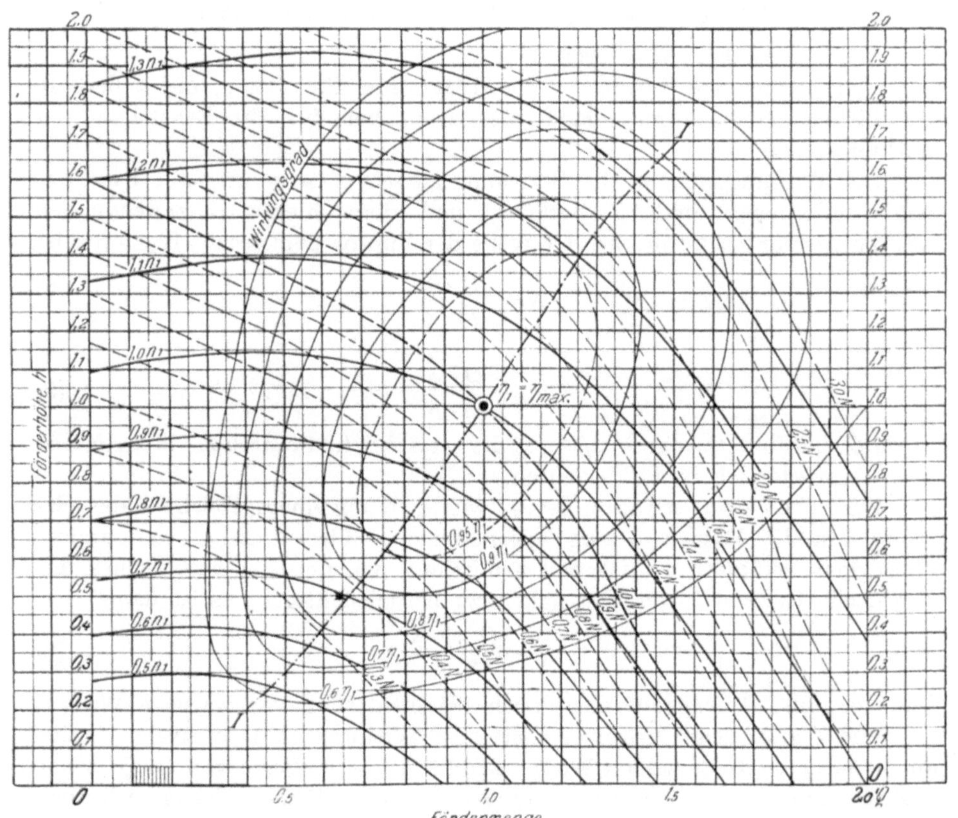

Fig. 37.

Trägt man diese Werte in Fig. 36 ein, so erhält man die Linie für $n = 1675$, von der aus dann die übrigen Linien für gleichbleibende Umlaufzahl in der oben angegebenen Weise auf den Linien $K = \dfrac{Q}{\sqrt{\mathfrak{H}}}$ bestimmt werden können.

Die Fig. 37 erlaubt aber ohne weiteres die Bestimmung von Q und $\mathfrak{H}$ für irgendeine andere Umlaufzahl. Soll z. B. die Umlaufzahl ermittelt werden, die bei $Q = 15$ und $\mathfrak{H} = 10$ erforderlich ist, so verfährt man folgendermaßen, immer von Q_1, $\mathfrak{H}_1$ und n_1 ausgehend:

$$Q_2 = \frac{15}{23,3} = 0,644; \qquad \mathfrak{H}_2 = \frac{10}{20} = 0,5.$$

In Fig. 37 liegt dieser Punkt nahe an $n_2 = 0,7\, n_1$. Es ist also $n_2 = 0,7 \cdot 1675 = 1173$, und wenn man den betreffenden Punkt in Fig. 36 aufsucht, so findet man ihn unterhalb $n = 1200$. Die Linien für $n = $ const. sind nach dem Diagramm von *Janssen* in Fig. 36 eingezeichnet. Im allgemeinen besteht leidliche Übereinstimmung mit den Listenangaben, so z. B.:

bei $n = \;\; 850\;(Q = 10,\quad \mathfrak{H} = \;\;6)$; $n = 1100\;(Q = 10,85,\; \mathfrak{H} = 10)$
bei $n = 1325\;(Q = 12,5,\; \mathfrak{H} = 14)$; $n = 1375\;(Q = 18,3,\quad \mathfrak{H} = 14)$

ebenso für $n = 1800$, $n = 1900$.

Von besonderem Werte ist das Diagramm für Daten, die außerhalb der Listenangaben liegen, ganz besonders aber für die Ermittlung der Wirkungsgrade.

Der Wirkungsgrad ist die Beziehung zwischen **Leistung der Pumpe**, also Fördermenge und Förderhöhe, und dem hierzu aufzuwendenden **Leistungsverbrauche**, an der Welle der Pumpe gemessen. Letzterer ist

$$N = \frac{Q \cdot \mathfrak{H}}{75 \cdot \eta} \tag{7}$$

so daß

$$\eta = \frac{Q \cdot \mathfrak{H}}{75 \cdot N} \tag{8}$$

worin Q die Fördermenge in l/sec, $\mathfrak{H}$ die tatsächliche Förderhöhe in m, N den Leistungsverbrauch in PS bedeuten.

Wie schon oben erwähnt, ist — wie auch allgemein üblich — das Gewicht von 1 l Wasser $= 1$ kg angenommen. Wird dagegen eine andere Flüssigkeit gefördert, so ist zur Ermittlung des Leistungsverbrauches das spezifische Gewicht γ der Flüssigkeit zu berücksichtigen; es ist dann

$$N = \frac{Q \cdot \mathfrak{H} \cdot \gamma}{75 \cdot \eta} \tag{9}$$

Dasselbe gilt, strenggenommen, auch bei Förderung von **warmem** Wasser.

Wie Fig. 37 zeigt, gruppieren sich die Wirkungsgrade in ovalen Linien um $\eta_1 = \eta_{max}$. In derselben Weise, wie die übrigen Werte von Q, $\mathfrak{H}$ und n aus der Annahme eines Wertes 1 ermittelt werden können, lassen sich auch die Wirkungsgrade bestimmen.

Als Wirkungsgrad $\eta_{\max} = \eta_1$ ist für Fig. 36 $\eta_1 = 0,635$ gewählt worden. Die Richtigkeit der Wahl erscheint durch die Anpassung der Linien für $n = $ const. an die Katalogangaben für die Umlaufzahlen bestätigt, außerdem durch die Wirkungsgradzahlen auf der untersten n-Linie. Größere Abweichungen zeigen sich bei $n = 1925$. Es dürften aber die Werte für η, die sich durch Berechnung aus den Listenangaben herausstellen, doch den Tatsachen nicht ganz entsprechen. Wenn ein Wirkungsgrad $\eta = 0,635$ bei $Q = 23,3$ und $\mathfrak{H} = 20$ erreicht wird, so kann, nach den Beobachtungen von *Janssen*, ein Wirkungsgrad $\eta = 0,631$ bei $Q = 14,2$ und $\mathfrak{H} = 30$ nicht mehr vorhanden sein. Die Angaben für den Leistungsverbrauch der von $Q = 23,3$ mit $\mathfrak{H} = 20$ entfernter liegenden Punkte müssen deshalb zu niedrig sein.

In Fig. 36 sind die aus den Listenangaben berechneten Wirkungsgrade deshalb in Klammer gesetzt, wobei noch zu berücksichtigen ist, daß die Angaben über den Leistungsverbrauch vom Verfasser durch Aufzeichnen als Funktion der Leistung korrigiert wurden. Die Aufzeichnung ergab ohne weiteres die Abweichungen. Die korrigierten Werte für den Leistungsverbrauch sind in der obigen Zahlentafel neben den Listenangaben enthalten.

Im übrigen zeigt die Darstellung Fig. 36 ein Ansteigen des Wirkungsgrades von 0,381 bzw. (0,400) mit der Zunahme der Umdrehungszahlen und der Fördermenge bis zu einem Höchstpunkte, dann wieder eine Abnahme — eine Erscheinung, welche sich bei allen sonst für Zentrifugalpumpen aufgezeichneten Diagrammen findet.

Eine andere Art der Darstellung des Wirkungsgrades ist in Fig. 36 a gewählt; sie zeigt das Verhalten der Pumpe für je eine K-Linie gesondert. Wie daraus deutlich zu ersehen ist, ist der Wirkungsgrad für eine K-Linie, d. i. also für die gleichwertige Düse, durchaus nicht konstant, wie *Neumann* in seinem Buche „Die Zentrifugalpumpe" (Springer, Berlin 1912) behauptet, sondern zeigt ebensolche Abweichungen wie der Wirkungsgrad der Ventilatoren, bezogen auf die gleichwertige Düse.

In Fig. 37 finden wir noch die Linien für den Leistungsverbrauch mit N bezeichnet, aus denen derselbe in gleicher Weise wie der Wirkungsgrad ermittelt werden kann.

Die Schwierigkeit in der Anwendung des Diagramms von *Janssen* besteht nur darin, denjenigen Wert von η zu finden, bei welchem η ein Maximum ist. Sonst bietet das Diagramm die Möglichkeit, sogar aus wenigen Angaben eine vollständige Darstellung der Beziehungen zwischen Q, $\mathfrak{H}$, n und η zu konstruieren.

18. Bestimmung von Leistung und Leistungsverbrauch bei veränderten Betriebsverhältnissen.

Der Leistungsverbrauch einer Pumpe ist, sofern im Vorlaufe, also im Druckrohre und im Rücklaufe, d. i. im Saugrohre der Pumpe einer Warmwasserheizung, keine Geschwindigkeitsunterschiede herrschen, was ja im allgemeinen der Fall sein wird, aus der Gleichung (7)

$$N = \frac{Q \cdot \mathfrak{H}}{75 \cdot \eta}$$

in PS zu berechnen.

Beträgt die Umlaufzahl der Antriebsmaschine z. B. 1450 Umdrehungen, und ist $Q = 21$ l/sec, so erzeugt die Pumpe nach Fig. 36 eine Druckhöhe von 14,8 m. Der Wirkungsgrad liegt dabei zwischen 0,603 und 0,635 und kann mit 0,615 angenommen werden. Demnach ist der Leistnngsverbrauch

$$N = \frac{21 \cdot 14,8}{75 \cdot 0,615} = 6,75 \ \text{PSe} \ [1]$$

Wird durch teilweises Schließen des Schiebers in der Druckleitung, aber bei Einhalten der Umlaufzahl $n = 1450$, die Fördermenge verringert, etwa auf 11 l/sec, so steigt der von der Pumpe erzeugte Druck nach Fig. 36 von 14,8 auf 17,2 m; der Wirkungsgrad der Pumpe ist dann $\eta = 0,490$ und der Leistungsverbrauch

$$N = \frac{11 \cdot 17,2}{75 \cdot 0,490} = 5,15 \ \text{PSe.}$$

Nehmen wir aber einmal an, eine Pumpenwarmwasserheizung erhielte durch Erweiterung des Gebäudes oder der Anstalt eine Vergrößerung, bei welcher die Fördermenge der obengenannten Pumpe von 21 l/sec auf 27 l/sec erhöht werden müßte, während der Motor, ein Drehstrommotor mit einer Umlaufzahl $n = 1450$ und 7,5 PS Normalleistung wieder Verwendung finden soll, dann ist, wie Fig. 36 zeigt, bei 1450 Umdrehungen die Förderhöhe von 14,8 m nicht mehr erreichbar, sondern die Pumpe erzeugt nur noch 10,7 m Förderhöhe. Es würde daher notwendig sein, die Widerstände in den Fernleitungen zu verringern, indem die Fernleitungen so verstärkt werden, daß sie eine Widerstandshöhe von nur 10,7 m aufweisen. Der Leistungsverbrauch ist

$$N = \frac{27 \cdot 10,7}{75 \cdot 0,497} = 7,76 \ \text{PS,}$$

da der Wirkungsgrad der Pumpe ebenfalls gesunken ist. Es besteht dann die Frage, ob der Motor groß genug ist, diese Mehrbelastung auch für längere Zeit auszuhalten. Mit Rücksicht auf die Kosten der Verstärkung der Fernleitungen und die erhöhte Leistung dürfte die Beschaffung einer neuen Pumpe mit größerer Leistung und daher günstigerem Wirkungsgrade in Erwägung zu ziehen sein.

Es ist nun noch eine Aufgabe zu erledigen, nämlich, wie sich eine Pumpe bei Abschaltung eines Teiles der Anlage verhält.

Die Anlage bestehe aus zwei Gruppen, von denen, etwa wie bei einer Schule, die Heizung der Turnhallen zeitweilig in der Zentrale ausgeschaltet wird, so daß nur die andere Gruppe, die der Klassenräume in Betrieb bleibt.

---

[1] Bei einer Wassertemperatur von 90° ist nach Gleichung (9)

$$N = \frac{21 \cdot 14,8 \cdot 0,965}{75 \cdot 0,615} = 6,51 \ \text{PS.}$$

Die gewählte Pumpe habe ihre günstigste Leistung bei $n_1 = 1450$ Umdrehungen, eine Fördermenge $Q_1 = 16,0$ l/sec und eine Förderhöhe $\mathfrak{H} = 10,0$ m mit einem Wirkungsgrade $\eta = 0,65$. Die Verhältnisse liegen indessen so, daß nur eine Fördermenge von ungefähr $Q = 12,0$ l/sec bei $\mathfrak{H} = 3,5$ bis $5,0$ m erforderlich ist.

Für $Q_1 = 16,0$, $\mathfrak{H}_1 = 10,0$, $n_1 = 1450$ ist

$$K = \frac{16,0}{\sqrt{10}} = 5,06.$$

Hiermit können wir uns zunächst die K-Linie zeichnen (vgl. Fig. 38). Bei $Q_1 = 16$, $\mathfrak{H} = 10,0$ liege der Mittelpunkt des Diagrammes von *Janssen* (Fig. 37). Mit Hilfe dieses Diagrammes läßt sich die Linie für gleichbleibende Umlaufzahl $n_1 = 1450$ ermitteln.

Es ist für $Q_2 = 1,1\,Q_1 = 17,6$; die zugehörige Förderhöhe nach dem Diagramm: $\mathfrak{H}_2 = 0,93\,\mathfrak{H}_1 = 9,3$ m.

$$\text{Für}\quad Q_2 = 1,20\,Q_1 = 19,2 \text{ l/sec}$$
$$\mathfrak{H}_2 = 0,84\,\mathfrak{H}_1 = 8,3 \text{ m}$$
$$\text{Für}\quad Q_2 = 1,30\,Q_1 = 20,8 \text{ l/sec}$$
$$\mathfrak{H}_2 = 0,74\,\mathfrak{H}_1 = 7,4 \text{ m}\quad\text{usw.}$$

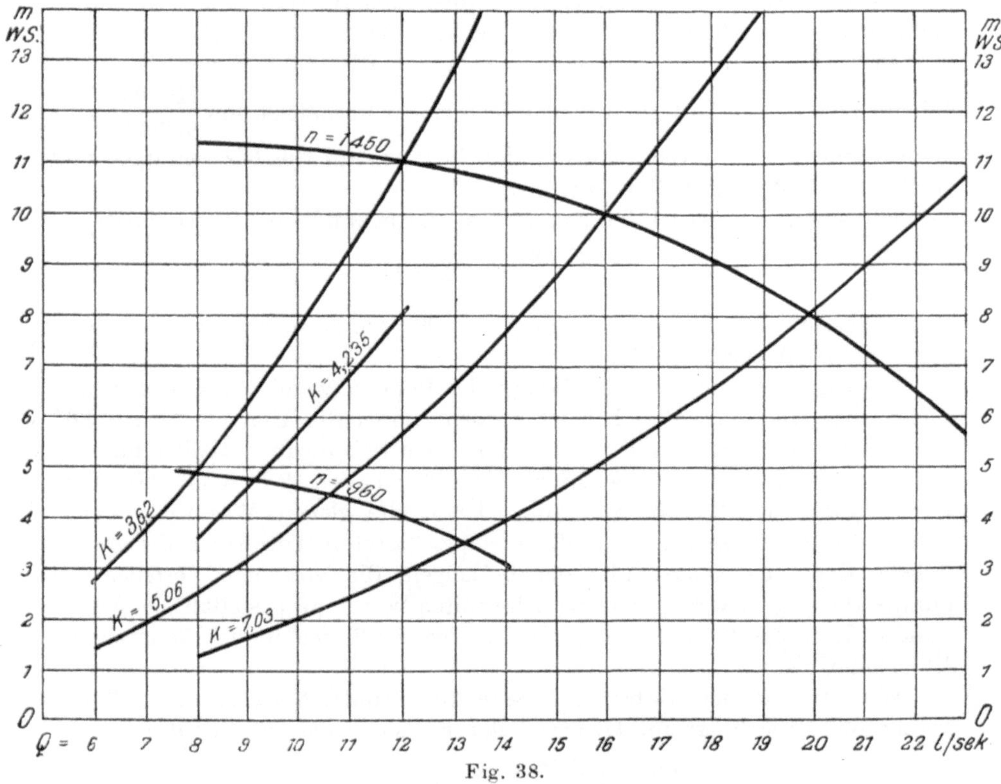

Fig. 38.

Auf diese Weise finden wir also die Punkte für die Linie $n = 1450$ in Fig. 38.
Wählen wir jetzt von diesen Punkten z. B. $Q = 12,0$, $\mathfrak{H} = 11,0$, so ist hierfür

$$K = \frac{12,0}{\sqrt{11,0}} = 3,62$$

und mit diesem Werte finden wir dann die K-Linie (analog der gleichwertigen Düse) nach der oben angegebenen Berechnung. Dasselbe Verfahren
gilt für die in Fig. 38 angegebene dritte K-Linie, die bei $n = 1450$ eine
Fördermenge $Q = 19,9$ mit $\mathfrak{H} = 8,0$ aufweist. Wenn nun als Antriebmaschine ein Drehstrommotor dienen soll, so wird für eine Förderhöhe von
3,5 bis 5,0 m ein solcher mit 6 Polen in Frage kommen, der etwa 960 Umdrehungen macht (vgl. Abschnitt „Elektromotoren"). Wir ermitteln deshalb
nach der Gleichung (1)

$$\frac{Q_2}{Q_1} = \frac{n_2}{n_1}$$

mit $Q_1 = 12,0$ und $n_1 = 1450$ auf $K = 3,62$ den Punkt, für welchen $n = 960$
ist, ebenso für die Linien $K = 5,06$ und $K = 7,03$ und verbinden diese drei
Punkte durch die Linie $n = 960$. Diese neue Linie schneidet die Ordinate
$Q = 12$ (es sollen 12 l/sec gefördert werden) bei $\mathfrak{H} = 4,05$, so daß nun die
Leitungen im Gebäude so berechnet werden müssen, daß ihre Widerstände
nicht größer als 4,0 m WS werden. Bei $\mathfrak{H} = 4,0$ ist $Q = 12,1$ l/sec.

Die Schulräume des Gebäudes mögen nun 610 000 WE und die Turn-
hallen 262 000 WE erfordern, das entspricht einem Verhältnis von $\dfrac{610\,000}{872\,000} = 0,7$
des Gesamtwärmebedarfes, wonach also 70 Proz. auf die Klassenräume und
30 Proz. auf die Turnhallen entfallen.

Bei einem Wärmegefälle von 20° ist die sekundliche Wassermenge

$$\frac{827\,000}{3600 \cdot 20} = 12,10 \ \text{l}.$$

Diese Wassermenge fördert die Pumpe bei 960 Umdrehungen in der Minute
gegen 4,0 m Widerstandshöhe.

Es fragt sich nun, wieviel fördert die Pumpe, wenn die Klassenräume
allein, ohne die Turnhalle, beheizt werden, wobei die Umlaufzahl $n = 960$
nicht geändert werden soll. Nach dem Wärmebedarfe entfallen auf die
Klassenräume $12,1 \cdot 0,7 = 8,47$ l/sec, auf die Turnhallen $12,1 \cdot 0,3 = 3,63$ l/sec.
Wir nehmen zunächst an, die Pumpe liefere die gleiche Wassermenge wie
zuvor, also 12,10 l/sec, dann muß bei abgeschalteten Turnhallen der Druck
steigen, denn der Querschnitt der Leitungen, die von dem Verteiler der
Pumpe abzweigen, wird durch das Abschalten vermindert, so daß die Widerstände, d. h. die Förderhöhe größer werden muß, wenn die Fördermenge
die gleiche bleibt.

Wir erinnern uns dabei, auf Seite 101 ermittelt zu haben, daß die
Förderhöhe angenähert im Quadrate der Fördermenge wächst, also

$$\frac{\mathfrak{H}_2}{\mathfrak{H}_1} = \left(\frac{Q_2}{Q_1}\right)^2 \ \text{(s. Gleichung 3)}.$$

Für die **Leitung** der Klassenräume wächst nach obigem die Fördermenge von 8,47 l auf 12,10 l/sec. Demnach muß die Druckhöhe, die zur Fortführung dieser größeren Wassermenge erforderlich ist, anwachsen auf

$$\mathfrak{H}_2 = \mathfrak{H}_1 \left(\frac{Q_2}{Q_1}\right)^2 = 4{,}0 \left(\frac{12{,}10}{8{,}47}\right)^2$$

$$\mathfrak{H}_2 = 4{,}0 \cdot 2{,}04 = 8{,}16 \text{ m (s. Fig. 38).}$$

Die Förderhöhe müßte daher auf mehr als das Doppelte anwachsen. Da aber der Drehstrommotor seine Umlaufzahl beibehält, stellen sich die Verhältnisse anders.

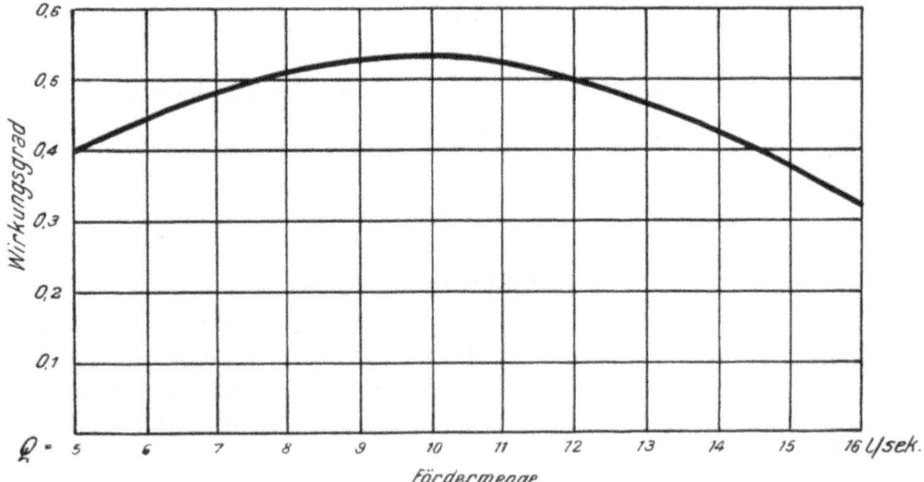

Fig. 38 a.

Bei $Q = 12{,}1$ und $\mathfrak{H} = 8{,}16$ ist

$$K = \frac{12{,}1}{\sqrt{8{,}16}} = 4{,}235.$$

Demnach wird die geförderte Wassermenge auf die Linie $n = 960$ zwischen $K = 3{,}62$ und $K = 5{,}06$ fallen. Wenn wir mit $K = 4{,}235$ die Linie für die gleichbleibende Düse zeichnen, so schneidet sie die Linie $n = 960$ bei $Q = 9{,}15$ mit $\mathfrak{H} = 4{,}75$. Die Berechnung zeigt also, daß beim Abschalten der Turnhallen die Förderhöhe um 0,75 m steigt, die Fördermenge von 12,10 auf 9,15 l/sec fällt. Für die Klassenräume selbst aber ist eine Steigerung der Wassermenge von 8,47 auf 9,15 l/sec zu verzeichnen. Auf etwa gleicher Höhe würde sich der Druck beim Abschalten der Klassenräume einstellen, dagegen würde die Fördermenge auf ungefähr 4,0 l herabsinken.

Es interessiert uns nun noch der Leistungsverbrauch der Pumpe.

Der Wirkungsgrad $\eta_1 = 0{,}65$ geht nach dem Diagramm von *Janssen* für die von $n = 1450$ auf $n = 960$ verminderte Umlaufzahl herunter.

Es ist $n_2 = \dfrac{960}{1450} \cdot n_1 = 0{,}662\, n_1$ demnach aus Fig. 37 abzulesen (wobei statt $0{,}662 \backsim 0{,}65$ anzunehmen ist):

$$Q_2 = 1 \cdot Q_1 = 16{,}0\,,$$
$$\eta_2 = 0{,}5 \cdot 0{,}65 = 0{,}325\,,$$
$$Q_2 = 0{,}9\, Q_1 = 14{,}4\,,$$
$$\eta_2 = 0{,}6 \cdot 0{,}65 = 0{,}390 \quad \text{usf.}$$

Der Wirkungsgrad ist in Fig. 38a für die Umlaufzahl $n = 960$ aufgezeichnet. Bei $Q = 12{,}1$ ist $\eta = 0{,}495$; bei $Q = 9{,}15$ ist $\eta = 0{,}525$. Der Kraftbedarf der Pumpe stellt sich daher ein für die volle Leistung bei $n = 960$:

$$N = \frac{12{,}1 \cdot 4{,}0}{75 \cdot 0{,}495} = 1{,}30 \text{ PS}$$

und für die verminderte Leistung, bei abgeschalteter Turnhalle:

$$N = \frac{9{,}15 \cdot 4{,}75}{75 \cdot 0{,}525} = 1{,}10 \text{ PS.}$$

19. Schlußbemerkungen.

Die Zentrifugalpumpe in einer Pumpen-Warmwasserheizung bildet das Herz der Anlage; steht sie still, so hört auch der Umlauf in Rohrleitung und Heizkörpern auf. Es ist deshalb die Aufstellung einer Reservepumpe ein dringendes Erfordernis. Dasselbe gilt von den Antriebsmaschinen, die womöglich verschiedenartig sein müssen, damit sie nicht von einer Kraftquelle abhängig sind. Hierüber war bereits auf Seite 88 das Nötigste gesagt.

Sehr oft macht sich das summende Geräusch der Pumpe unangenehm bis in die letzten beheizten Räume bemerkbar. Die bei der Drehbewegung der Pumpe unvermeidlichen Schwingungen pflanzen sich durch das Rohrnetz fort.

Um diesen Übelstand zu vermeiden, stellt man die Fundamente der Pumpe auf Sandbettungen und legt in die Fundamentblöcke selbst noch Korkplatten ein oder macht sonstige elastische Einlagen unterhalb der Fundamentanker. Damit der Fußboden des Gebäudes nicht mitschwingt, ist rings um die Fundamente ein Spalt zu lassen. Die Übertragung der Schwingungen auf die an die Pumpe angeschlossenen Rohrleitungen wird am besten durch eine elastische Rohrverbindung verhindert. Mit Drahtgeflecht und Leineneinlage versehene kurze Schlauchstücke aus Gummi, der hohe Temperaturen verträgt, haben hier gute Dienste geleistet.

II. Kapitel.

Die Dampfturbine.

1. Die Anwendung der Dampfturbine im Heizungsfache.

Die Dampfturbine hat in den letzten Jahren im Heizungsfache — als Kleindampfturbine — vielfach Anwendung gefunden, zuerst wohl als Antriebsmaschine für Zentrifugalpumpen bei den Pumpen-Warmwasserheizungen, die seit einer Reihe von Jahren in größeren Gebäuden, an Stelle der sog. Schwerkraft-Warmwasserheizung, und in Kranken- und Heilanstalten, an Stelle der Dampf-Warmwasserfernheizungen, ausgeführt wurden.

In letzter Zeit hat man zur Erwärmung großer Hallen in industriellen Werken Dampfluftheizungen gebaut. Solche Luftheizanlagen werden mit Ventilatoren versehen, zu deren Antrieb die Dampfturbine sich ebenfalls eignet. Überhaupt kommt die Dampfturbine als Kleinmotor dort in Betracht, wo neben einem Kraftbedarfe auch zugleich Wärmebedarf vorliegt; außer den bereits genannten Fällen also auch für Trockeneinrichtungen und Entnebelungsanlagen, da auch hier Ventilatoren anzuwenden sind; ferner für Kochapparate mit Rührwerk u. ä.

Der Kleindampfturbine mit Leistungen von etwa 1 bis 20 PS steht der überall leicht aufstellbare, hinsichtlich seiner Umdrehungszahl und seiner Leistung bequem regulierbare Elektromotor gegenüber; und in vielen Fällen — wie z. B. bei den Pumpen-Warmwasserfernheizungen großer Kranken- und Irrenanstalten — wird neben der Dampfturbine als Reservemaschine ein Elektromotor zu gleichem Zwecke aufgestellt. Indessen wird die Dampfturbine mit dem Elektromotor dann erfolgreich in Wettbewerb treten können, wenn die im Abdampf der Turbine enthaltene Wärme auch bei erhöhtem oder vermindertem Kraftbedarfe restlos ausgenutzt werden kann. Kraftbedarf und Wärmebedarf bzw. letzterer und Dampfverbrauch der Turbine müssen hierbei nur miteinander in Einklang gebracht werden. Nicht überall ist ein solches Abstimmen zu erzielen, hauptsächlich deshalb, weil die Kleindampfturbine, wenn sie einfach in Konstruktion, mäßig in der Umlaufszahl und niedrig in den Anschaffungskosten sein soll, einen verhältnismäßig hohen Dampfverbrauch aufweist. Wir werden später sehen, wie der Dampfverbrauch der Turbine von der Umdrehungszahl abhängig ist, so zwar, daß mit abnehmender Umdrehungszahl der Dampfverbrauch wächst. 20 000 Umdrehungen in der Minute, wie sie die Lavalturbine macht, sind für den Antrieb von Zentrifugalpumpen und Ventilatoren nicht verwendbar, vielmehr kommen hierfür Drehzahlen von 1500 bis höchstens 2500 in der Minute in Betracht. Bei diesen für die Kleindampfturbine verhältnismäßig geringen Umlaufzahlen ist der Dampfverbrauch relativ hoch, und es bedarf daher einer genauen Berechnung, wie sich der Dampfverbrauch der Turbine zum jeweiligen Wärmebedarfe stellt, damit noch Wirtschaftlichkeit erzielt wird.

Die Frage, ob durch Anwendung einer Dampfturbine oder eines Elektromotors zum Antriebe der heiztechnischen Maschine, worunter die Zentrifugalpumpe einer Pumpen-Warmwasserheizung oder der Ventilator einer Luftheizung oder einer Entnebelungsanlage oder einer ähnlichen Einrichtung verstanden sein mag, der Betrieb wirtschaftlicher gestaltet wird, hängt also von verschiedenen Umständen ab.

Nehmen wir an, es handle sich um Luftheizanlagen mit Ventilatoren zur Erwärmung einer Anzahl von Hallen, die industriellen oder militärischen Zwecken, wie z. B. Flugzeughallen, dienen, aber räumlich so weit voneinander getrennt liegen, daß auf Entfernungen von 400 bis 500, ja bis 1000 m die Wärme von einer Zentrale aus zu leiten sei; setzen wir ferner voraus, daß geeignetes Personal zur Verfügung stehe, um auch eine Dampfturbine sachgemäß behandeln zu können, und daß Hochdruckdampf für den Antrieb von Maschinen oder zu sonstigen Zwecken erforderlich sei, andererseits aber elektrischer Strom zu mäßigem Preise zur Verfügung stehe, so wird wahrscheinlich die Dampfturbine den Vorzug erhalten, weil der Dampf — in diesem Falle also Hochdruckdampf — ohnehin bis zu den einzelnen Wärmeverbrauchsstellen hingeleitet werden muß, dort zum Antriebe der Dampfturbinen und der von diesen betriebenen Ventilatoren dienen und als Abdampf in den Luftheizapparaten nutzbar gemacht werden kann. Die im Abdampfe enthaltene Wärme darf allerdings nicht größer sein als der Wärmebedarf zu Heizzwecken. Bei niedrigen Außentemperaturen wird den Heizapparaten außer dem Abdampfe noch Frischdampf zugeführt werden müssen.

Ist aber der Dampfverbrauch der Turbinen größer als die zur Beheizung der Hallen erforderliche Dampfmenge, was z. B. bei höheren Außentemperaturen der Fall sein kann, so ist die Wirtschaftlichkeit des Turbinenbetriebes schon in Frage gestellt, und es ist zu erwägen, ob an Stelle der Turbinen nicht von vornherein besser Elektromotoren für den Antrieb der Ventilatoren verwendet würden, wobei natürlich die Höhe des Strompreises den Kosten der Dampferzeugung gegenüberzustellen ist.

Bei Hochdruckdampf hält sich der Dampfverbrauch selbst der kleinen Dampfturbine in solchen Grenzen, daß auch bei geringstem Wärmebedarfe der Dampfverbrauch meist noch gedeckt wird; anders liegen aber die Verhältnisse bei Niederdruckdampfturbinen, die mit dem Dampfe aus Niederdruckdampfkesseln von 0,3 bis 0,4 Atm betrieben werden. Hier ist der Dampfverbrauch sehr erheblich. Es bedarf dann einer gewissenhaften Beurteilung der Frage, ob der Turbine oder dem Elektromotor der Vorzug zu geben ist.

Würde man sich z. B. entschließen, für die obenerwähnten Hallen nicht Hochdruckdampfkessel, sondern Niederdruckdampfkessel aufzustellen, etwa in der Weise, daß je zwei solcher Hallen eine gemeinsame Kesselanlage erhalten, um deren Zahl möglichst zu vermindern, so wird die Entscheidung zwischen Dampfturbine und Elektromotor wahrscheinlich zugunsten des letzteren ausfallen. Eine Entscheidung von vornherein ist aber auch hier nicht möglich, da die Zahl der Betriebsstunden, die Temperatur der beheizten Räume und die Stromkosten beachtet werden müssen.

Ein Fall, der den Heizungsfachmann sehr häufig beschäftigen wird, ist die Anwendung der Dampfturbine bei Pumpen-Warmwasserheizungen in großen Gebäuden, in denen neben den Kesseln der Warmwasserheizung auch Niederdruckdampfkessel für Warmwasserbereitung und Lüftungseinrichtungen aufgestellt werden. Hier liegt der Gedanke nahe, den Antrieb der Zentrifugalpumpe der Warmwasserheizung durch eine Niederdruckdampfturbine zu bewerkstelligen, deren Abdampf für Erwärmung des Wassers der Heizungsanlage sowie der Warmwasserbereitung benutzt wird, und nur als Reserve eine zweite Zentrifugalpumpe mit elektrischem Antriebe vorzusehen.

Diese Frage wird auf Seite 184 unter „Niederdruckdampfturbinen" behandelt.

2. Konstruktion und Arten der Dampfturbinen.

Die Dampfturbine besteht in ihren Hauptteilen aus dem Gehäuse und dem auf einer drehbaren Welle befestigten Laufrade, welches vermittels seiner Schaufeln die im strömenden Dampfe enthaltene Energie in Arbeit umsetzt. Die Überführung des Dampfstromes auf das Laufrad hat der Leitapparat (Düse) oder das Leitrad, welches die Drehbewegung nicht mitmacht, zu besorgen. Der Leitapparat ist mit seinen Leitschaufeln oder Düsen ganz ähnlich gestaltet wie das Laufrad; er ist je nach der Art der Turbinen um das Laufrad oder neben demselben angeordnet, und je nachdem der Dampfstrom aus den Leitschaufeln auf sämtliche Schaufeln des Laufrades zugleich oder nur auf einen Teil des Schaufelkranzes überströmt, spricht man von totaler oder partieller Beaufschlagung.

In der Hauptsache unterscheidet man Axial- und Radialturbinen.

Bei ersteren sind die Schaufeln auf dem äußeren Umfange des Laufrades angebracht und vergrößern so den Durchmesser des Laufrades. Die Schaufelflächen stehen radial auf dem Umfange der Laufradscheibe, aber der Dampf strömt etwa parallel zur Achse, daher die Bezeichnung Axialturbine.

Bei der Radialturbine sitzen die Schaufeln seitlich auf der Scheibe des Laufrades, ihre Flächen liegen etwa parallel zur Achse, aber der Dampf strömt radial durch die Schaufeln.

Schließlich unterscheidet man noch Gleichdruck- und Überdruckturbinen.

Da zwischen Leitapparat und den Schaufeln des Laufrades ein geringer Spalt verbleiben muß, so nennt man Gleichdruckturbinen diejenigen Ausführungen, bei welchen der Dampf im Spalt auf den gleichen Druck expandiert, der in der Umgebung des Laufrades am Austritt aus den Laufschaufeln herrscht. Besteht dagegen am Ende der Leitvorrichtung ein Dampfdruck, welcher höher ist als der am Austritt des Dampfes aus den Laufschaufeln, so bezeichnet man diese Turbinen als Überdruckturbinen.

Ferner werden noch Turbinen mit Druckstufen und Geschwindigkeitsstufen gebaut. Erstere sind Turbinen mit mehreren hintereinander in der Richtung der Dampfströmung angeordneten Leit- und Laufrädern, so zwar, daß zu je einem Laufrade eine Leitvorrichtung gehört, die Laufräder aber auf gemeinsamer Welle sitzen. Hier wird der zur Verfügung stehende Dampfdruck von Stufe zu Stufe geringer, bis zu jenem Drucke, mit dem der Dampf die Turbine verläßt. Bei den Turbinen mit Geschwindigkeitsstufen wird in der Hauptsache die Dampfgeschwindigkeit abgestuft, wobei der Dampf durch Umkehrkanäle auf dasselbe Laufrad zurückgeleitet wird.

Aus allen diesen Möglichkeiten, den Dampfstrom in Drehbewegung umzusetzen, sind nun die verschiedenen Konstruktionen und Kombinationen entstanden, die in dem ausgezeichneten Werke von *Stodola*, „Die Dampfturbine", Verlag Julius Springer, 4. Auflage 1910, eingehend behandelt sind. In der Heizungstechnik bisher angewendete Turbinen sind als Axialturbine die Kienastturbine der *Bekawerke* in Taucha b. Leipzig, die Dampfturbine der *Maschinenbauanstalt Humboldt*, Cöln-Kalk, die Turbine von *Nadrowski*-Dresden und die der *Turbo-Gesellschaft m. b. H., vorm. Hörenz & Immle* in Dresden zu nennen. Als Radialturbine wird die der *Electra-Dampfturbinengesellschaft* in Karlsruhe gebaut. Diese Turbinen für die hier erforderlichen kleinen Leistungen bis zu etwa 20 PS sind Gleichdruckturbinen mit nur einem Laufrade, besitzen aber eine oder mehrere Geschwindigkeitsstufen.

Der Leitapparat besteht gewöhnlich aus nur einer oder wenigen Düsen, deren Querschnitt verhältnismäßig gering ist und sich ganz nach dem zur Verfügung stehenden Druckgefälle richtet.

Es ist nun nicht die Aufgabe des vorliegenden Buches, eine theoretische Abhandlung über Dampfturbinen zu geben, hierfür bestehen bereits umfangreiche Werke, an deren Spitze das obengenannte von *Stodola* steht; aber es soll dem Heizungsfachmann hier ein kurzgefaßter Überblick über das Wesen der Kleindampfturbine und ihre angenäherte Berechnung geboten werden, damit er in der Lage ist, Dampfverbrauch und Leistung der Kleindampfturbine auch für die von der Außentemperatur abhängigen Betriebsverhältnisse seiner Heizungsanlagen angenähert zu bestimmen.

3. Ausfluß des Dampfes.

Die Ausflußmenge des Dampfes aus einem Gefäße ist abhängig von dem Unterschiede zwischen dem inneren und äußeren Drucke und unterliegt ganz den gleichen Gesetzen wie der Ausfluß des Wassers.

Beim Ausflusse des Dampfes wird, wie bei jeder Bewegung eines Körpers im allgemeinen, in Abhängigkeit von Geschwindigkeit und Gewicht des ausfließenden Stoffes kinetische Energie oder, wie man früher sagte, lebendige Kraft entwickelt, deren Arbeitsvermögen durch die Gleichung

$$L = \frac{m\,w^2}{2} \tag{1}$$

in Meterkilogramm (mkg) ausgedrückt wird. In dieser Gleichung bezeichnen m die Masse des bewegten Stoffes, die durch den Quotienten

$$m = \frac{G}{g} = \frac{\text{Gewicht}}{\text{Beschleunigung durch die Schwere}}$$

gemessen wird, und w die erreichte Geschwindigkeit (Endgeschwindigkeit). Da nun die Masse **eines Kilogrammes**

$$m = \frac{G}{g} = \frac{1}{g}$$

ist, so geht hiermit obige Gleichung (1) über in

$$L = \frac{1 \cdot w^2}{2\,g} = \frac{w^2}{2\,g} \ (\text{mkg}) \tag{2}$$

und bedeutet dann in dieser Form und im vorliegenden Zusammenhange das **Leistungsvermögen von 1 kg Dampf**, welches die Geschwindigkeit w erreicht hat.

Aus Gleichung (2) ergibt sich die Geschwindigkeit

$$w = \sqrt{2\,g\,L}\ . \tag{3}$$

Nun kann das Arbeitsvermögen des Dampfes durch das bekannte Indikatordiagramm wiedergegeben werden (Fig. 39), in welchem die schraffierte Fläche die zwischen den Drücken p_1 und p_2 sich vollziehende Volumenvergrößerung und damit die Arbeit L darstellt, so daß das Produkt aus Druckunterschied $(p_1 - p_2)$ und dem Mittelwerte des Volumens (v_m) die Leistung

$$L = (p_1 - p_2)\,v_m$$

ergibt. Aus Gleichung (2) folgt dann:

$$(p_1 - p_2)\,v_m = \frac{w^2}{2\,g} \ (\text{mkg})$$

und

$$w = \sqrt{2\,g\,(p_1 - p_2)\,v_m}\ . \tag{4}$$

Das Diagramm setzt einen ohne Wärmeaustausch an die Umgebung sich vollziehenden Vorgang voraus, den man daher als adiabatisch bezeichnet.

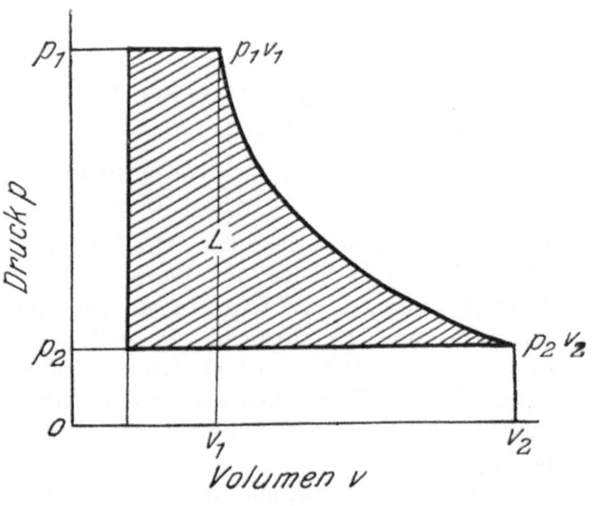

Fig. 39.

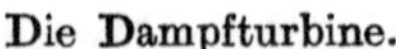

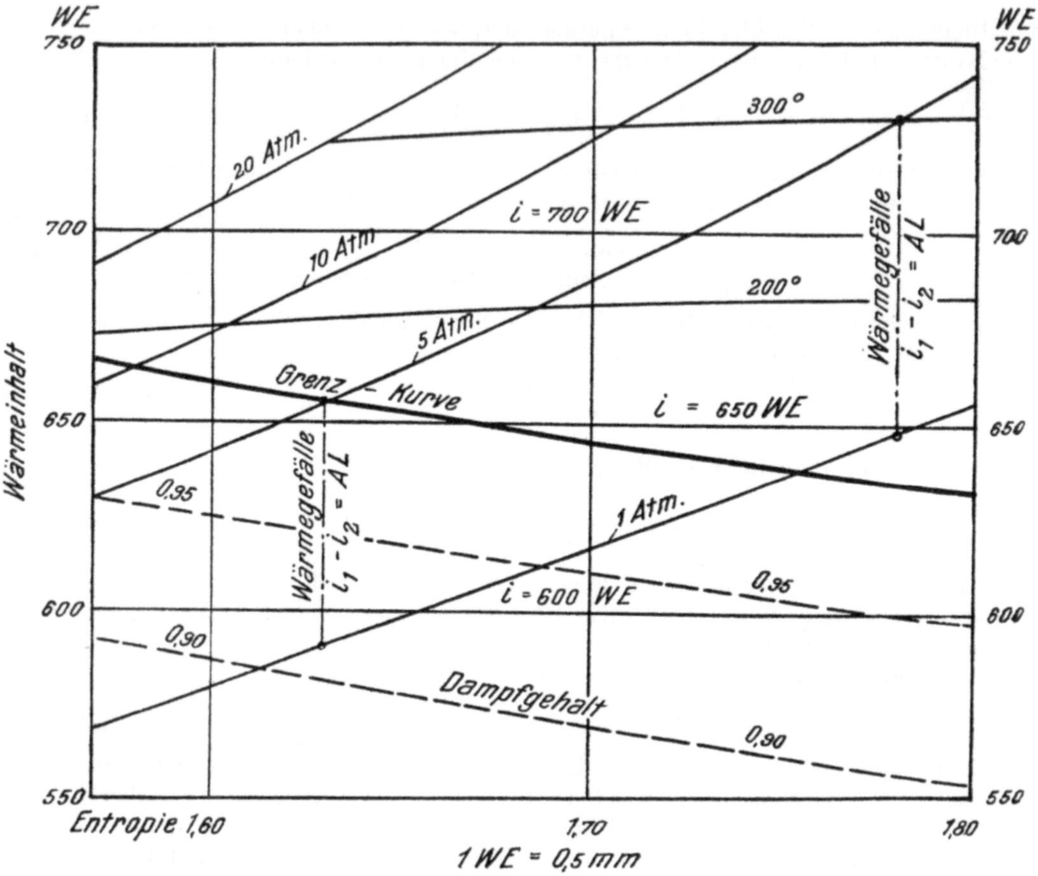

Fig. 40.

Bei adiabatischer Arbeitsleistung, d. h. beim Umsetzen der ganzen, zwischen Anfangs- und Endzustand zur Verfügung stehenden Wärme in Arbeit bleibt die Entropie, d. i. der Quotient aus

$$\frac{\text{Wärmeinhalt}}{\text{absol. Temperatur}} = \frac{i}{T}\,,$$

konstant, und da das von *Mollier* entworfene Wärmeinhalt-Entropiediagramm als Ordinate den Wärmeinhalt des Dampfes, als Abszisse die Entropie aufweist, so wird ein adiabatischer, bei konstanter Entropie sich zwischen zwei Dampfdrücken p_1 und p_2 vollziehender Arbeitsvorgang durch eine Parallele zur Ordinatenachse dargestellt, erscheint also als Senkrechte im Wärmeinhalt-Entropiediagramm, das, da Wärmeinhalt mit i und die Entropie mit s bezeichnet werden, kurz (i—s)-Diagramm heißt (s. Fig. 40).

Nun sind bekanntlich Arbeit und Wärme äquivalent, d. h. eine in mkg angegebene oder kurz mit „Leistung" L bezeichnete Arbeitsleistung kann ebenso in Wärmeeinheiten angegeben werden. **Einer Wärmeeinheit (WE)** entspricht die Leistung von 427 mkg.

$$1 \text{ WE} = 427 \text{ mkg} \tag{5}$$

oder

$$1 \text{ mkg} = \frac{1}{427} \text{ WE} = A \tag{5a}$$

Letzterer Ausdruck, das Wärmeäquivalent der Arbeitseinheit (1 mkg), wird mit dem Buchstaben A bezeichnet. Daher ist

$$L(\text{mkg}) = A\,L(\text{WE}) = \frac{1}{427} L \text{ (WE)}.$$

Im i—s-Diagramme wird die Leistung L durch die sich als Senkrechte zwischen zwei Dampfdrucklinien darstellende Adiabate in Wärmeeinheiten, und zwar als Unterschied zwischen zwei, den Endpunkten der Adiabate entsprechenden Wärmeinhalten i_1 und i_2 wiedergegeben, es ist daher

$$AL = i_1 - i_2 \tag{6}$$

(worin i_1 den Gesamtwärmeinhalt des Dampfes im Anfangszustande, i_2 den Gesamtwärmeinhalt im Endzustande bezeichnen) und hieraus

$$L = \frac{i_1 - i_2}{A} = \frac{i_1 - i_2}{\frac{1}{427}} = 427(i_1 - i_2) \text{ mkg} \tag{7}$$

und deshalb ist für ein gegebenes L nach Gleichung (3)

$$w = \sqrt{2\,g \cdot L} = \sqrt{2\,g\,\frac{i_1 - i_2}{A}} = \sqrt{2\,g \cdot 427 \cdot (i_1 - i_2)} \text{ in m/sec} \tag{8}$$

die **theoretische Austrittsgeschwindigkeit** des Dampfes aus dem Leitapparate einer Turbine bei gegebenem Wärmegefälle $(i_1 - i_2)$.

Die Gleichung (8) kann durch Ausrechnung der Zahlenwerte noch vereinfacht werden:

$$w = \sqrt{2 \cdot 9{,}81 \cdot 427\,(i_1 - i_2)} = 91{,}5\,\sqrt{i_1 - i_2}\,. \tag{8a}$$

Wenn also z. B. der Dampf vor der Turbine trocken gesättigt ist und ein Druck $p_1 = 5$ Atm (absol.) (der Dampfdruck wird im folgenden immer in Atmosphären **absolut** angegeben, wobei 1 Atm = 1 kg/qcm = 10 000 kg/qm), im Gehäuse aber ein Druck $p_2 = 1$ Atm besteht, so ist in dem Wärmeinhalt-Entropiediagramm (Tafel I) die Senkrechte vom Schnittpunkte der Druckkurve für 5 Atm mit der (den trocken gesättigten Zustand des Dampfes bezeichnenden) Grenzkurve herab auf die Druckkurve von 1 Atm das theoretische Wärmegefälle. Diese Senkrechte ist in dem $(i$—$s)$-Diagramm 32,5 mm lang, und da das $(i$—$s)$-Diagramm in einem Maßstabe gezeichnet ist, in welchem 1 WE = 0,5 mm ist, so beträgt das theoretische Wärmegefälle $\dfrac{32{,}5}{0{,}5} = 65$ WE (siehe Fig. 40 und das $(i$—$s)$-Diagramm Tafel I)[1]. Es ist also nach Gleichung (6) $AL = 65$ WE; d. h. es entsprechen dem Wärmegefälle von 65 WE nach Gleichung (7) $L = \dfrac{65}{A}$ $= 65 \cdot 427 = 27\,755$ mkg als **theoretische Leistung eines Kilogramm Dampfes.** Dieser Leistung wiederum entspricht nach Gleichung (3) eine Geschwindigkeit

$$w = \sqrt{2\,g \cdot L_0} = \sqrt{19{,}62 \cdot 27\,755} = 4{,}43\,\sqrt{27\,755} = 738 \text{ m/sec}$$

oder nach Gleichung (8a)

$$w = 91{,}5\,\sqrt{i_1 - i_2} = 91{,}5\,\sqrt{65} = 738 \text{ m/sec.}$$

Wäre der Dampf überhitzt, etwa auf 300°, bestünden im übrigen aber die gleichen Verhältnisse, so wäre das Wärmegefälle 83,5 WE; demnach [siehe Gleichung (8)]

$$w = \sqrt{2\,g \cdot \frac{i_1 - i_2}{A}} = \sqrt{19{,}62 \cdot 427 \cdot 83{,}5} = 836 \text{ m/sec.}$$

Das $(i-s)$-Diagramm zeigt den Endpunkt der Adiabate auf der Drucklinie von $p_2 = 1$ Atm im ersten Falle unterhalb, im zweiten oberhalb der Grenzkurve, weshalb der Dampf nach der Ausdehnung auf 1 Atm am Austritt aus der Düse naß ist, und zwar, nach Maßgabe der mit 0,90 und 0,95 bezeichneten Linien des Feuchtigkeitsgehaltes, etwa 9 v. H. Wasser enthält, während er im zweiten Falle noch überhitzt ist[2].

Nun muß hier die Einschränkung gemacht werden, daß der Bestimmung der Dampfgeschwindigkeit in der oben angegebenen Weise zunächst die Voraussetzung reibungsloser Strömung in der Düse oder dem Leitapparate zugrunde liegt. Dies trifft aber bei der ausgeführten Dampfturbine nicht zu, sondern der Leitapparat, welcher den Dampf in die Schaufeln des Laufrades überzuführen hat, sowie der zwischen Leit- und Laufrad unvermeidliche Spalt rufen Verluste hervor, welche je nach der Gestaltung des Leitapparates 5 bis 20 v. H. des gesamten verfügbaren Wärmegefälles ausmachen.

Bei den hier betrachteten kleinen Turbinen wird seitens der Erbauer gewöhnlich ein Strömungsverlust im Leitapparate von 10 bis 15 v. H. angenommen, der mit ζ bezeichnet wird.

Dieser Strömungsverlust ist nun nicht als gänzlicher Energieverlust zu betrachten, vielmehr findet infolge der Reibung des Dampfes und der Wirbelbildung ein Umsetzen in Wärme statt, welches sich dadurch bemerkbar

---

[1] Das von Prof. Dr. Dr.-Ing. *R. Mollier* zuerst entworfene Wärmeinhalt-Entropiediagramm ist in „Neue Tabellen und Diagramme für Wasserdampf", Berlin bei Springer, enthalten. — Vgl. auch *Hüttig*, Heizungs- und Lüftungsanlagen in Fabriken, Abschnitt „Abwärmeverwertung", Verlag von Spamer, Leipzig. Das als Tafel I beigefügte $(i-s)$-Diagramm ist nach den von *Schüle* auf Grund neuerer Forschungen aufgestellten Dampftabellen gezeichnet. (*Schüle*, Zeitschr. d. Ver. deutsch. Ing. 1911.)

[2] Die Grenzkurve bildet die Trennung zwischen dem nassen und überhitzten Zustande des Dampfes, gibt also den Wärmeinhalt des gerade trocken gesättigten Dampfes an, wie in den Dampftabellen zu finden ist.

macht, daß der Wärmeinhalt des Dampfes hinter dem Leitapparate nicht demjenigen entspricht, den uns das $(i-s)$-Diagramm bei einer adiabatischen Strömung angibt, sondern entsprechend der durch die Reibung verursachten Wärme höher ist.

Besitzt der Dampf eine Spannung $p_1 = 10$ Atm und eine Temperatur von 200° (Überhitzung) vor dem Leitapparate, so beträgt der Wärmeinhalt des Dampfes

$$i_1 = 676,3 \text{ WE};$$

ist ferner der Druck im Kondensator, an den die Dampfturbine ihren Abdampf abgeben möge, $p_2 = 0,10$ Atm, so gibt das $(i-s)$-Diagramm ein Wärmegefälle $i_1 - i_2 = A L_0 = 169$ WE an. Der Wärmeinhalt des Dampfes bei $p_2 = 0,10$ Atm wäre demnach theoretisch, d. h. ohne jede Berücksichtigung der Reibung im Leitapparate:

$$i_2 = i_1 - A L_0 = 676,5 - 169,0 = 507,5 \text{ WE}.$$

Nehmen wir aber für die Leitvorrichtung einen kinetischen Verlust von 12 v. H. an ($\zeta = 0,12$), so ist der tatsächliche Wärmeinhalt des Dampfes am Austritt des Leitapparates:

$$i_2'' = i_1 - (1 - \zeta) A L_0 \qquad (6\,\text{a})$$
$$i_2'' = 676,5 - 0,88 \cdot 169,0 = 527,8 \text{ WE}.$$

Werden die Widerstände in Wärmeeinheiten ausgedrückt und daher mit $A Z$ bezeichnet, für den Leitapparat speziell mit $A Z_1$, so ist für obiges Beispiel

$$i_2' = i_2 + A Z_1 = 507,5 + 0,12 \cdot 169 \qquad (6\,\text{b})$$
$$i_2' = 507,5 + 20,3 = 527,8 \text{ WE} \,[1].$$

Der Wärmeinhalt am Austritt aus dem Leitapparate [2] ist demnach gleich demjenigen, der sich aus dem theoretischen Wärmegefälle ergibt, vermehrt um den prozentualen Betrag der Widerstände. Aus dem **wirklichen** Wärmegefälle läßt sich nun auch die **wirkliche** Austrittgeschwindigkeit nach Gleichung (8) berechnen.

---

[1]
$$A Z = i_2' - i_2$$
$$A Z = \zeta A L_0$$
$$Z = \zeta L_0 \text{ (in mkg)}.$$

[2] Der Wärmeinhalt von Dampf von 0,10 Atm ist nach der Dampftabelle $i = 616,7$, alsdann befindet sich aber der Dampf in trocken gesättigtem Zustande, der im $(i-s)$-Diagramm durch den Schnittpunkt der 0,1 Atm-Druckkurve mit der Grenzkurve zu finden ist. Infolge der adiabatischen Ausdehnung von 10 Atm und 200° Überhitzung auf 0,10 Atm wird nun ein Teil der im Dampfe enthaltenen Wärme zur Volumenvergrößerung gebraucht, weshalb der Wärmeinhalt des Dampfes unter die Grenzkurve fällt und der Dampf daher in nassen Zustand gerät, und zwar, wie die mit 0,8, 0,9 und 0,95 bezeichneten Linien im $(i-s)$-Diagramm den prozentualen Dampfgehalt andeuten, mit 18,5 v. H. Wasser und 81,5 v. H. Dampf. Bezeichnet man den prozentualen Dampfgehalt mit x, so ist der Wärmeinhalt des Dampfes

$$i = q + x r,$$

worin q die Flüssigkeitswärme und r die Verdampfungswärme bedeuten. (Vgl. *Hüttig*. Heizungs- und Lüftungsanlagen in Fabriken, Verlag von Otto Spamer, Leipzig, Kap. III „Wasserdampf".)

Fassen wir die Gleichungen für die Strömung im Leitapparate nochmals zusammen, so ist

die theoretische Geschwindigkeit: $w_0 = \sqrt{2\,g\,L_0}$,

das theoretische Wärmegefälle: $(i_1 - i_2) = A\,L_0$,

die wirkliche Geschwindigkeit: $w = \sqrt{2\,g\,L}$.

$$L = (1 - \zeta)\frac{i_1 - i_2}{A} = 427\,(1 - \zeta)\,(i_1 - i_2) \tag{9}$$

$$w = \sqrt{2\,g\,L} = \sqrt{2\,g \cdot 427 \cdot (1 - \zeta)\,(i_1 - i_2)} . \tag{10}$$

Für das vorliegende Beispiel ($p_1 = 10$ Atm und $t = 200°$; $p_2 = 0{,}1$ Atm) ist:

$$w = \sqrt{19{,}62 \cdot 427 \cdot 0{,}88\,(676{,}5 - 507{,}5)}$$

$$= 91{,}5\sqrt{0{,}88 \cdot 169} = 1116 \text{ m/sec.}$$

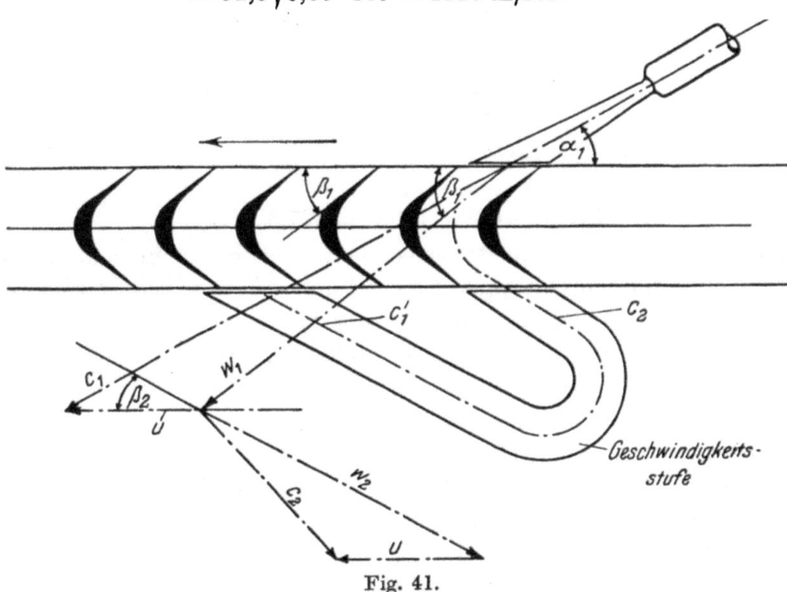

Fig. 41.

4. Strömung im Laufrade und Wirkungsgrad.

Der auf das Laufrad stoßende Dampfstrahl verursacht infolge der hierzu besonders gestalteten Schaufeln des Laufrades eine Drehbewegung des Laufrades. Der Dampf tritt dann auf der anderen Seite wieder aus den Schaufeln aus. Wir haben deshalb mehrere, gleichzeitige und kurz aufeinander folgende, durch die Form der Schaufeln bedingte Bewegungsrichtungen, und es gilt nun, diese zueinander in Zusammenhang zu bringen.

Wir nehmen an, das Laufrad besitze die Umfangsgeschwindigkeit u m/sec, und der Dampfstrahl, welcher aus dem Leitapparate mit der Geschwindigkeit c_1 m/sec austritt, springt auf das Laufrad, macht dessen Bewegung für einen Augenblick mit, indem er an der Schaufelwandung entlangströmt, ändert seine Richtung und verläßt das Laufrad wieder (siehe Fig. 41).

Die Bewegung des Dampfes während des Durchströmens der Schaufel ist eine zusammengesetzte; sie besteht aus der eigenen Bewegung und — innerhalb der Schaufeln — aus der Umdrehungsbewegung; es ist deshalb in bezug auf die Umdrehung des Laufrades die relative Geschwindigkeit zu bestimmen, während vor Eintritt und nach Austritt die absoluten Geschwindigkeiten c_1 und c_2 in Betracht kommen (siehe Fig. 41).

Den Zusammenhang der Bewegungen kann man in gleicher Weise darstellen wie die Wirkung der Kräfte in einem Kräftedreieck, so zwar, daß stets aus zwei Bewegungen sich eine resultierende ergibt. Infolgedessen entsteht aus der Ausströmungsgeschwindigkeit c_1 des Dampfes beim Austritte aus dem Leitapparate und der Umfangsgeschwindigkeit u des Laufrades die aus diesen beiden resultierende Eintrittsgeschwindigkeit in die Schaufel w_1. Infolge der Krümmung der Schaufel entsteht eine Richtungsänderung, und unter Berücksichtigung der Reibung des Dampfes

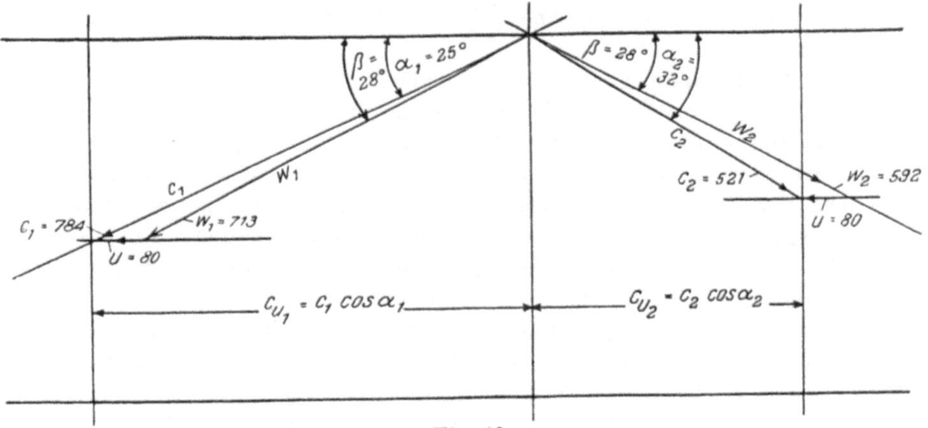

Fig. 42.

an den Schaufelwandungen ergibt sich die relative Geschwindigkeit w_2 im Laufrade. Nun tritt der Dampf aus den Schaufeln heraus, während das Laufrad seine Umfangsgeschwindigkeit u beibehält. Die Austrittsgeschwindigkeit c_2 ist wieder die Resultierende aus der Relativgeschwindigkeit w_2 und der Umfangsgeschwindigkeit u.

Das Resultat ist nun einfach wie bei allen Wärmekraftmaschinen: Das Arbeitsvermögen des Dampfes beim Eintritt in die Maschine, abzüglich desjenigen, welches der Dampf noch bei seinem Austritte aus der Maschine besitzt, ist die tatsächliche Leistung der Maschine.

Am einfachsten wird die Leistung graphisch ermittelt, indem die Geschwindigkeiten nach Richtung und Länge maßstäblich aufgetragen werden (Fig. 42). Hierzu ist in erster Linie die Kenntnis des Austrittswinkels aus dem Leitapparate α_1, des Eintrittswinkels in die Laufradschaufeln β_1 und des Austrittswinkels aus den Laufradschaufeln β_2 erforderlich (s. auch Fig. 41).

Die Winkel werden bei der Axialturbine zu einer Ebene gemessen, die durch die Scheibe des Laufrades, also senkrecht zur Achse, gelegt gedacht ist; bei der Radialturbine durch eine Ebene in der Achse selbst.

Zunächst sollen im folgenden stoßfreier Eintritt und Austritt angenommen werden. Bei Veränderung der Umdrehungszahl des Laufrades ändert sich nicht nur die Umfangsgeschwindigkeit u, sondern auch w_1 w_2 und c_2 und es fällt dann deren Richtung nicht mehr mit den ursprünglichen Winkeln zusammen, während bei stoßfreiem Ein- und Austritt die Richtung des Dampfstromes den Winkeln von Leitapparat, Laufradschaufeln und Austritt entspricht.

Die Düsenaustrittsgeschwindigkeit c_1 ist aus Gleichung (10) zu berechnen:

$$c_1 = \sqrt{2\,g \cdot 427\,(1 - \zeta)\,(i_1 - i_2)}\,.$$

Durch Zusammensetzen mit u ergibt sich (vgl. Fig. 42) die relative Eintrittsgeschwindigkeit w_1. Hierbei fällt c_1 in die Richtung des Winkels α_1; u in die Richtung der Laufradebene. (Die Geschwindigkeiten sind maßstäblich aufzutragen.)

Zur Bestimmung von w_2 aus w_1 müssen die Beziehungen beider Geschwindigkeiten zueinander bekannt sein. Wäre das Durchströmen des Dampfes durch die Schaufeln widerstandslos, so wäre $w_2 = w_1$; indessen sind auch hier — wie zu erwarten ist — Energieverluste vorhanden.

Die Verluste in den Laufradschaufeln hängen offenbar, außer von der Geschwindigkeit selbst, von der Gestaltung der Schaufeln ab. Versuche hierüber sind schon vielfach vorgenommen worden; bei der Schwierigkeit der Feststellung genauer Werte ist indessen eine völlige Übereinstimmung der Meinungen noch nicht erzielt worden. Jedenfalls sind die Verluste in erster Linie von dem Winkel, welchen die Schaufel bildet, abhängig, weshalb *Stodola* die bisherigen Ermittlungen durch eine graphische Darstellung des Widerstandskoeffizienten, den er mit ψ bezeichnet, in Abhängigkeit von dem Schaufelwinkel β_1 wiedergibt (Fig. 43).

Aus dem Diagramm ist z. B. für einen Winkel $\beta_1 = 30°$ der Wert $\psi = 0{,}85$ ersichtlich.

Hat sich daher aus der Eintrittsgeschwindigkeit c_1 und der Umfangsgeschwindigkeit u, die entweder gegeben oder anzunehmen ist, die relative Geschwindigkeit w_1 für den Eintritt des Dampfstromes ergeben, so ist alsdann die relative Austrittsgeschwindigkeit w_2 nach Maßgabe des Schaufelwinkels mit Hilfe von ψ bestimmbar aus

$$w_2 = \psi\,w_1 \tag{11}$$

und nun ergibt sich mit w_2 und der Umfangsgeschwindigkeit u die Austrittsgeschwindigkeit c_2 aus dem Laufrade durch Zusammenstellung der Geschwindigkeiten nach Richtung und Länge.

Beispiel: Es sei eine Dampfturbine mit einem Laufrade gegeben mit folgenden Verhältnissen:

Dampfdruck vor dem Absperrventil der Turbine
(Dampf trocken gesättigt) . . . . $p_0 = 9{,}50$ Atm abs.

Dampfdruck im Auspuff . . . . $p_2 = 1{,}20$ Atm abs.
Austrittswinkel am Leitapparat . . . . $\alpha_1 = 25°$
Schaufelwinkel (Ein- und Austrittswinkel) . . . $\beta_1 = \beta_2$
Durchmesser des Laufrades von Mitte bis Mitte
Schaufel . . . . $D = 0{,}60$ m
Umdrehungszahl pro Minute . . . . $n = 2540$.

Es sind die Geschwindigkeiten zu ermitteln:

a) **Umfangsgeschwindigkeit** u: Zunächst ergibt sich aus der Drehzahl und dem Durchmesser des Laufrades die Umfangsgeschwindigkeit:

$$u = \frac{D \cdot \pi \cdot n}{60} = \frac{3{,}14 \cdot Dn}{60} \tag{12}$$

$$= 0{,}0523 \cdot Dn = \sim 80 \text{ m/sec.}$$

b) **Druckgefälle**: Da der Druck vor dem Absperrventil $p_0 = 9{,}50$ Atm beträgt, der Druckabfall, welcher durch das Ventil verursacht wird, daher zu berücksichtigen ist, so kann angenommen werden, daß vor dem Leitapparate ein Druck p_1 von etwa 9,3 Atm herrscht; diesem entspricht ein Wärmeinhalt $i_1 = 662{,}9$ WE.

Senkrecht unter dem hierfür im $(i - s)$-Diagramm aufzusuchenden Punkte finden wir bei $p_2 = 1{,}2$ Atm; $i_2 = 579{,}5$. Es ist also das theoretische Wärmegefälle:

$$A L_0 = 662{,}9 - 579{,}5 = 83{,}4 \text{ WE.}$$

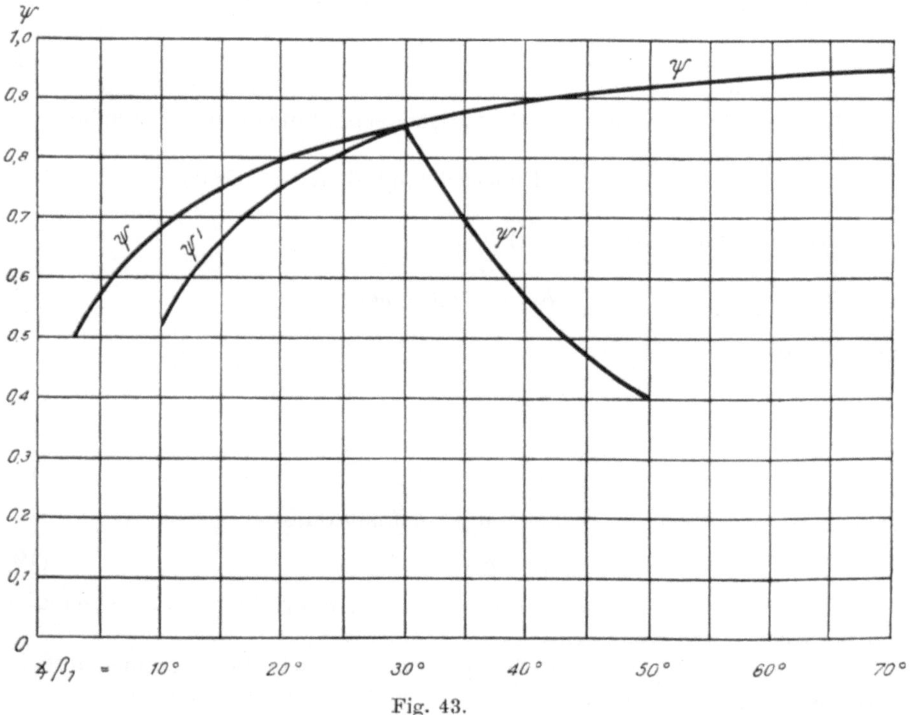

Fig. 43.

c) Geschwindigkeiten: Angenommen, der Strömungsverlust in der
Düse betrage 12 v. H., so ist nach Gleichung (10):

$$c_1 = \sqrt{2\,g \cdot 427 \cdot 0{,}88 \cdot 83{,}4} = 784{,}12 \text{ m/sec, rd. } 784 \text{ m/sec.}$$

Durch Zusammensetzen mit der Umfangsgeschwindigkeit $u = 80$ m/sec in
dem Geschwindigkeitsdiagramm Fig. 42 ergibt sich $w_1 = 713$ m/sec, wobei
zur Erreichung stoßfreien Eintritts der Winkel $\beta_1 = 28°$ sein muß, so daß
nach dem Diagramm Fig. 43 $\psi = 0{,}83$ zu wählen ist. Es ist deshalb nach
Gleichung (11): $w_2 = \psi\, w_1$;

$$w_2 = 0{,}83 \cdot 713 = 591{,}8\,, \text{ rd. } 592 \text{ m/sec.}$$

Da Winkel $\beta_1 = \beta_2$ vorausgesetzt wurde, so kann nun w_2 unter 28° aufgetragen werden, woraus dann wieder, mit der Umfangsgeschwindigkeit u
zusammengesetzt, sich die absolute Austrittsgeschwindigkeit c_2 ergibt zu
521 m/sec.

Wir haben nun die Wirkung des Dampfstrahles auf das Laufrad und
die vom Laufrade aufgenommene Arbeitsleistung zu ermitteln.

Wir wissen aus den Lehren der Mechanik, daß Kraft = Masse (m) mal
Beschleunigung (p)

$$K = m \cdot p \tag{13}$$

ist.

Als Einheit der Kraft gilt das Kilogramm. Masse ist der Quotient
aus Gewicht (P) durch die Beschleunigung der Schwere (g)

$$m = \frac{P}{g} \tag{14}$$

Beschleunigung ist die Geschwindigkeitszunahme in der Zeiteinheit

$$p = \frac{w}{t} \qquad (w = \text{Endgeschwindigkeit}; \ t = \text{Zeit}). \tag{15}$$

Aus Gleichung (13) und (14) folgt:

$$K = \frac{P}{g} \cdot p = mp \tag{16}$$

Es ist also:

$$K = m\,\frac{w}{t} \tag{17}$$

oder

$$K \cdot t = m \cdot w\,. \tag{18}$$

Ist $t = 1 = $ der Zeiteinheit (Sekunde), so folgt daraus:

$$K = m \cdot w\,, \tag{19}$$

d. h. die Kraft wird gemessen an der der Masse m erteilten Endgeschwindigkeit w nach Ablauf der Zeit t.

Auf unser Turbinenlaufrad bezogen, machen wir die Annahme, daß in
jeder Sekunde eine Dampfmenge von der Masse m eintritt.

Die mit einer gewissen Geschwindigkeit aus dem Leitapparate ausströmende Masse m sowie auch die hierbei auftretende Kraft wird von dem Laufrade aufgenommen, das dieser Kraft eine Gegenkraft entgegenstellt, so daß eine resultierende Kraft entsteht. Die Richtung der im Dampfstrahle enthaltenen Kraft ist, nach Fig. 41 und 42, durch den Winkel α_1 gegeben, die Richtung der durch die zwangsläufige Lage des Laufrades dargestellten Gegenkraft ist die Laufradebene; die resultierende Kraft ist, wie aus dem Folgenden hervorgehen wird, die Umfangskomponente c_{u_1} (siehe Fig. 42). Dasselbe gilt beim Austritt der Masse m, die mit der Geschwindigkeit c_2 austritt und für welche daher die Umfangskomponente c_{u_2} ist.

Was haben wir nun unter Umfangskomponente zu verstehen?

Wird eine Kraft durch eine ihr entgegenstehende abgelenkt (wie z. B. die Stoßkraft eines Wasserstrahles, der schräg gegen eine feste Wand stößt, oder, wie es in unserem Laufrade der Fall ist, der Dampfstrom, der auf die Laufradschaufeln trifft, wobei aber das Laufrad sich nicht in die Richtung des Dampfstromes einstellt, sondern durch seine Lagerung dem Dampfstrome

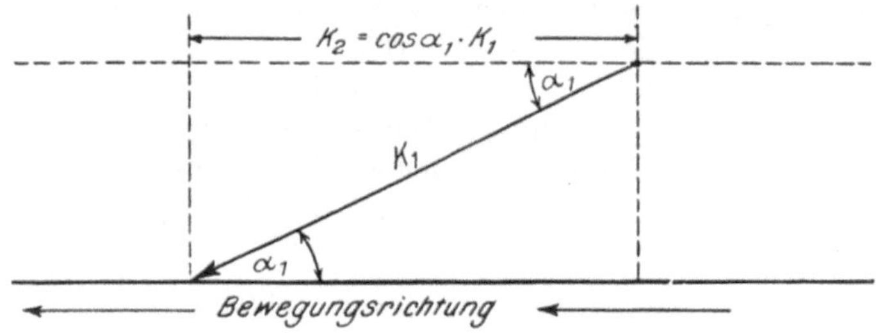

Fig. 44.

eine andere Richtung gibt, also auch seinerseits eine Kraft darstellt), so entsteht aus diesen beiden Kräften eine dritte, die resultierende Kraft, die bei den vorliegenden Betrachtungen in die Richtung der Laufradebene fällt und somit die Komponente aus den beiden ersten Kräften ist. Sie wird am Umfange des Laufrades wirksam und hat daher die Bezeichnung Umfangskomponente. Das Maß für die Umfangskomponente, richtiger die Größe derselben, folgt aus dem Satze der Mechanik:

Die aus einer gegebenen Kraft K_1 und einer gegebenen Bewegungsrichtung resultierende Kraft K_2 ist gleich dem Produkte aus der Kraft K_1 und dem Kosinus des Winkels, welchen diese mit der Bewegungsrichtung bildet (Fig. 44).

Wir hatten für c_1 im Geschwindigkeitsdiagramm 784 m/sec gefunden.

Machen wir die Annahme, daß in der Sekunde die Masse m in das Laufrad eintritt, so ist die auf das Laufrad übertragene Kraft nach dem auf Gleichung (19) beruhenden Satze und dem obigen:

$$K = m \cdot c_1 \cos\alpha_1 , \tag{20}$$

da der Winkel, den die Kraftrichtung des Dampfstrahles mit der Laufradebene einschließt, α_1 war.

Die gleiche Masse m verläßt aber das Laufrad mit der Geschwindigkeit $c_2 = 521$ m/sec, und es ist infolgedessen die hierbei wirksame Kraft

$$K = m \cdot c_2 \cdot \cos\alpha_2 \,, \tag{21}$$

folglich muß die auf das Laufrad übergegangene Kraft sein:

$$K = m \cdot c_1 \cos\alpha_1 - m\, c_2 \cos\alpha_2 \tag{22}$$
$$= m\, (c_1 \cos\alpha_1 - c_2 \cos\alpha_2) \,.$$

Nun ist, wie aus dem Geschwindigkeitsdiagramm Fig. 42 hervorgeht,

$$c_1 \cos\alpha_1 = c_{u_1} \quad \text{und} \quad c_2 \cos\alpha_2 = c_{u_2}$$

daher

$$K = m\, (c_{u_1} - c_{u_2}) \tag{23}$$

die auf das Laufrad übertragene Kraft, und zwar gilt Gleichung (23) in dieser Form dann, wenn c_{u_1} und c_{u_2} gleichgerichtet sind, dagegen ist

$$K = m\, (c_{u_1} + c_{u_2}) \tag{24}$$

zu setzen bei entgegengesetzter Richtung der Umfangskomponenten, wie im vorliegenden Geschwindigkeitsdiagramm (Fig. 42).

Die Arbeit wird in mkg gemessen, und da die Einheit der Kraft das Kilogramm ist, die Umfangsgeschwindigkeit u aber die in der Sekunde zurückgelegte Weglänge eines Punktes am Umfange des Rades darstellt, so ist das Produkt Ku die **sekundliche Leistung einer Dampfmenge von der Masse** m in mkg:

$$K_u = m\, (c_{u_1} \mp c_{u_2})\, u \text{ in mkg/sec.} \tag{25}$$

Wenn wir nun noch diese sekundliche Leistung auf **1 kg** Dampf beziehen, für welches $\left(\text{da } m = \dfrac{P}{g}\right)$ in Gleichung (25) statt m somit der Wert $\dfrac{P}{g} = \dfrac{1}{g}$ einzusetzen ist, so erhalten wir die **indizierte Leistung von 1 kg Dampf:**

$$L_i = \frac{1}{g}\, (c_{u_1} \mp c_{u_2})\, u \text{ in mkg.} \tag{26}$$

Die indizierte Leistung ist die an das Laufrad übertragene und von demselben an seine Welle abgegebene Leistung in mkg, unter der Annahme, daß keine sonstigen Verluste, wie Reibung der Welle in den Lagern und in der Stopfbüchse, Reibung der Schaufeln in dem mit Dampf gefüllten Gehäuse usw., bestehen.

Von der indizierten Leistung ist der Kraftverbrauch dieser Widerstände abzuziehen, wodurch dann die effektive Leistung der Turbine erhalten wird. Der Vergleich

$$\frac{\text{effektive Leistung}}{\text{indizierte Leistung}} = \frac{L_e}{L_i} \tag{27}$$

ergibt den **mechanischen Wirkungsgrad,** ausgedrückt durch

$$\frac{L_e}{L_i} = \eta_m \,. \tag{28}$$

Die indizierte Leistung aber wird mit der theoretischen Leistung verglichen, immer bezogen auf die Betätigung **eines** Kilogramm Dampfes in der Maschine.

Die theoretische Leistung von 1 kg Dampf gibt das $(i-s)$-Diagramm in Wärmeeinheiten (WE) an, wenn wir die sich als Senkrechte darstellende Adiabate zwischen den Dampfzuständen am Eintritt und am Austritt der Maschine messen. Sie war mit $A L_0$ bezeichnet worden.

Im vorliegenden Falle hatten wir ein Wärmegefälle von 83,4 WE aus dem $(i-s)$-Diagramm abgelesen. Bei der Äquivalenz von 427 mkg für 1 WE würde demnach 1 kg Dampf in einer verlustlosen Maschine

$$L_0 = 83,4 \cdot 427 = 35\,612 \text{ mkg}$$

an Arbeit zu leisten imstande sein. Das ist also die theoretische Leistung, und durch den Vergleich mit der indizierten Leistung erhalten wir den **indizierten Wirkungsgrad**

$$\frac{L_i}{L_0} = \eta_i \ . \tag{29a}$$

Ermitteln wir nun zahlenmäßig für unser Beispiel die indizierte Leistung, so ist nach Gleichung (27)

$$L_i = \frac{1}{g}\,(c_{u_1} + c_{u_2})\,u = \frac{u}{g}\,(c_{u_1} + c_{u_2}) \tag{30}$$

worin
$$c_{u_1} = c_1 \cos\alpha_1 \tag{31a}$$

$$c_{u_2} = c_2 \cos\alpha_2 \tag{31b}$$

$$u = 80 \text{ m/sec}$$

$$\cos\alpha_1 = \cos 25° = 0,9063$$

$$\cos\alpha_2 = \cos 32° = 0,8481$$

$$c_{u_1} = 784,12 \cdot 0,9063 = 710,65$$

$$c_{u_2} = 521 \cdot 0,8481 = 441,86$$

$$L_i = \frac{80}{9,81}\,(710,65 + 441,86) = 9398,6 \text{ mkg/kg Dampf.}$$

L_0 ergab sich aus dem Wärmegefälle und dem mechanischen Wärmeäquivalent (siehe Gleichung 7):

$$L_0 = 83,4 \cdot 427 = 35\,612 \text{ mkg.}$$

Demnach ist der **indizierte Wirkungsgrad**

$$\eta_i = \frac{9398,6}{35\,612} = 0,264 = 26,4\,\%.$$

Da die indizierte Leistung L_i auf den Radumfang der Turbine bezogen wird, so bezeichnet sie *Stodola* mit L_u, und es ist daher auch

$$\frac{L_u}{L_0} = \eta_u\,, \tag{29b}$$

der thermodynamische Wirkungsgrad am Radumfange, welcher das Verhältnis der gewonnenen zur verfügbaren Arbeit am Radumfange darstellt. Denselben Wert, wie oben berechnet, erhalten wir durch eine von *Banki* aufgestellte Gleichung unter Voraussetzung der Anwendung gleichwinkliger Laufradschaufeln, bei denen der Eintrittswinkel β_1 gleich dem Austrittswinkel β_2 ist [1].

Nach dieser Gleichung ist

$$\eta_i = 2\,\varphi^2(1+\psi)\left(\cos\alpha_1 - \frac{u}{c_1}\right)\frac{u}{c_1}\,. \tag{32}$$

Hierin bedeutet φ den Widerstand in der Leitvorrichtung (Düse), nur in anderer Schreibweise, den wir in obigem Beispiel mit 12 v. H. bewertet hatten, indem wir die Geschwindigkeit c_1 nach Gleichung (10) aus

$$c_1 = \sqrt{2\,g\,(1-\zeta)L_0}$$

bzw.

$$c_1 = \sqrt{2g\,\frac{1}{A}\,(1-\zeta)\,(i_1-i_2)}$$

berechneten.

An Stelle dieses Ausdruckes tritt

$$c_1 = \varphi\,\sqrt{2g\,\frac{1}{A}\,(i_1-i_2)} = 91{,}5\cdot\varphi\,\sqrt{i_1-i_2} \tag{33}$$

es ist also

$$\varphi = \sqrt{1-\zeta}\,. \tag{34}$$

Mit $\zeta = 0{,}12$ oder $(1-\zeta) = 0{,}88$ ist $\varphi = 0{,}93\,808$ und $\varphi^2 = 0{,}88$.

Den Wert von ψ, welcher den Widerstand in der Laufschaufel bedeutet, hatten wir mit 0,83 angenommen. Somit ist nun

$$\eta_i = 2\cdot 0{,}9381^2\cdot 1{,}83\left(0{,}906 - \frac{80}{784}\right)\frac{80}{784} = 0{,}264\,,$$

wie bereits oben auf andere Weise berechnet wurde.

Diese wichtige Gleichung besagt demnach, daß der Wirkungsgrad lediglich von dem Verhältnisse der Umfangsgeschwindigkeit zur Eintrittsgeschwindigkeit c_1 abhängt, nicht aber von den einzelnen Werten der sonst in der Turbine auftretenden Geschwindigkeiten.

Für die Düsenverluste zwischen 10 und 15 v. H., also $\zeta = 0{,}10$ bis 0,15, ist

für $\zeta = 0{,}10$;	$\varphi = \sqrt{1-\zeta} = 0{,}949$;	$\varphi^2 = 0{,}90$
$= 0{,}11$;	$= 0{,}943$;	$= 0{,}89$
$= 0{,}12$;	$= 0{,}938$;	$= 0{,}88$
$= 0{,}13$;	$= 0{,}933$;	$= 0{,}87$
$= 0{,}14$;	$= 0{,}927$;	$= 0{,}86$
$= 0{,}15$;	$= 0{,}922$;	$= 0{,}85$

---

[1] Vgl. „Grundlagen zur Berechnung der Dampfturbinen": Zeitschr. f. d. gesamte Turbinenwesen 1906, Heft 5, S. 74.

5. Abhängigkeit des Wirkungsgrades von der Drehzahl.

Bei dem Entwurfe einer Dampfturbine achtet der Konstrukteur darauf, daß der Eintritt des Dampfes in die Schaufeln des Laufrades möglichst stoßfrei erfolgt, was er dadurch zu erreichen sucht, daß die relative Geschwindigkeit w_1 mit dem Winkel β_1, den die Schaufel bildet, in gleiche Richtung fällt. Dies trifft zu bei einer ganz bestimmten Eintrittsgeschwindigkeit c_1 und einer ganz bestimmten Umfangsgeschwindigkeit[1]. Alsdann ist der Verlust an kinetischer Energie am geringsten, und der Wert ψ_1, welcher das Verhältnis der relativen Austrittsgeschwindigkeit w_2 in Abhängigkeit vom Winkel $\beta_1 = \beta_2$ angibt, ist am größten.

Nach *Stodola* ist für $\beta_1 = 30°$, $\psi_1 = 0,85$. Mit der Veränderung der Umfangsgeschwindigkeit ändert sich nun auch der Winkel β und mit ihm das Verhältnis von w_1 zu w_2 nach der in der graphischen Darstellung Fig. 45 angedeuteten Weise, so daß auch der Wirkungsgrad η_i hiervon beeinflußt wird. Nach Fig. 45 ist β_1 bei stoßfreiem Eintritt 30° und β_2 ebenfalls 30°, da $u = 120$ m/sec die normale Umfangsgeschwindigkeit ist. Bei $u = 30$ m/sec wird $\beta_1 = 27°$ und $\beta_2 = 31°$. Für diese Winkel sind aber die Schaufeln der Turbine nicht gebaut. Der Dampfeintritt ist daher nicht mehr stoßfrei und der Wirkungsgrad daher ungünstiger.

Die Änderung der Umfangsgeschwindigkeit kann verschiedene

---

[1] Der Konstrukteur wird also bei der ihm gestellten Aufgabe den Winkel β_1 bzw. β_2, den er den Schaufeln zu geben hat, aus dem Geschwindigkeitsdiagramm für die normale Leistung der Turbine entnehmen.

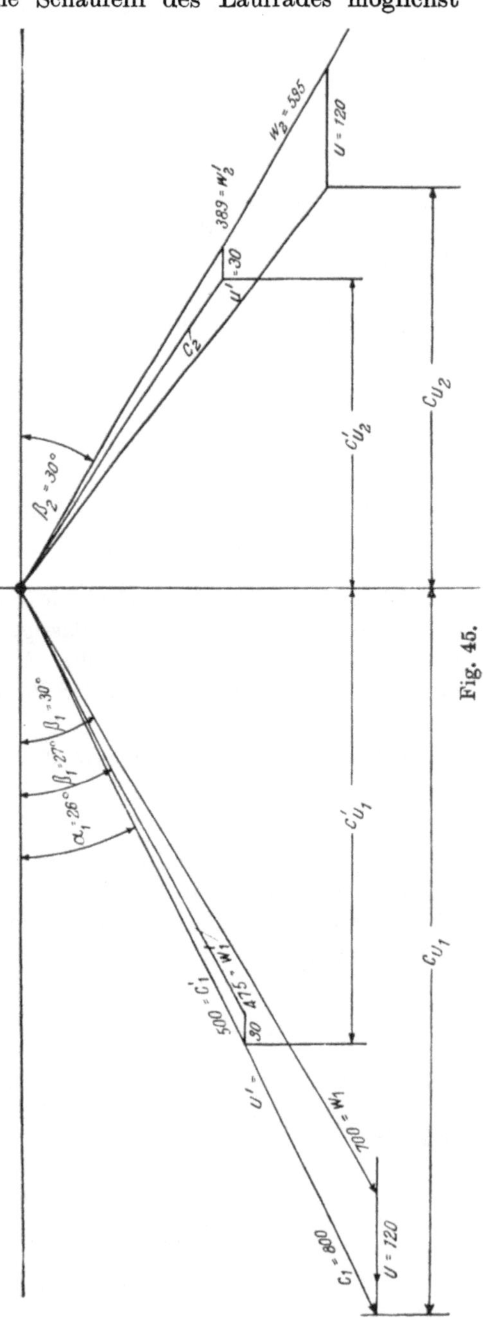

Fig. 45.

Ursachen haben: es kann eine verminderte Eintrittsgeschwindigkeit, infolge Herabsetzung des Druckes vor dem Absperrventil oder durch Drosselung des Dampfes, die Ursache sein; auch bei Änderung der Belastung der Turbine tritt eine andere Umfangsgeschwindigkeit auf. Ferner kann der Gegendruck im Austritt höher oder niedriger werden, sei es infolge einer Änderung des Vakuums im Kondensator oder, bei Abdampfverwertung, infolge Auftretens eines anderen Widerstandes, wodurch ebenfalls die Umfangsgeschwindigkeit geändert wird.

Im ersten wie im letzten Falle ändert sich das Wärmegefälle und mit ihm die Eintrittsgeschwindigkeit c_1 und mit dieser auch w_1, wie Fig. 45 zeigt, so daß die Änderung der Umfangsgeschwindigkeit ohne weiteres erklärlich ist.

Bei $c_1 = 800$ m und $u = 120$ m ist der Winkel $\beta_1 = 30°$, daher $\psi = 0,85$. Bei $c_1 = 500$ und $u = 30$ m ist $\beta_1 = 27°$, weshalb sich nach dem Diagramm von *Stodola* (Fig. 43) $\psi = 0,83$ ergibt. Es wird für $c_1 = 800$ m/sec:

$$w_2 = 0,85 \cdot w_1 = 0,85 \cdot 700 = 595 \text{ m/sec},$$

dagegen für $c_1' = 500$ m:

$$w_2' = 0,83 \cdot w_1' = 0,83 \cdot 475 = 394 \text{ m/sec}.$$

Die Änderung des Wirkungsgrades geht aus Gleichung (32) deutlich hervor, da das Verhältnis von $\dfrac{u}{c_1}$ die ganze Gleichung beherrscht.

Die Änderung von ψ infolge des auftretenden Stoßes ist meist nicht so erheblich, daß sie nicht vernachlässigt werden dürfte, zumal genaue, durch Versuche einwandfrei festgestellte Werte von ψ bzw. ψ' noch nicht bestehen. Man rechnet daher in der Praxis meist mit einem unveränderlichen Werte von ψ.

Berechnen wir den Wirkungsgrad nach Gleichung (32)

$$\eta_i = 2\,\varphi^2\,(1+\psi)\left(\cos\alpha_1 - \frac{u}{c_1}\right)\frac{u}{c_1}$$

des in Fig. 45 dargestellten Geschwindigkeitsdiagrammes für die beiden Umfangsgeschwindigkeiten $u = 120$ und $u = 30$, bzw. $c_1 = 800$ und $c_1' = 500$, mit der Annahme eines unveränderlichen $\varphi = 0,938$ und mit $\psi = 0,85$ bzw. 0,83, so ist für

$$u = 120 \text{ m/sec mit } \frac{u}{c_1} = 0,150$$

$$\eta_i = 2 \cdot 0,88(1 + 0,85)\left(\cos 26° - \frac{120}{800}\right)\frac{120}{800}$$

$$= 1,76 \cdot 1,85\,(0,899 - 0,150)\,0,150 = \mathbf{0,366}$$

und für

$$u = 30 \text{ m/sec mit } \frac{u_1}{c_1} = 0,06$$

$$\eta_i' = 2 \cdot 0,88\,(1 + 0,83)\left(\cos 26° - \frac{30}{500}\right)\frac{30}{500}$$

$$= 1,76 \cdot 1,83\,(0,899 - 0,06) \cdot 0,06 = \mathbf{0,162}.$$

Der Wirkungsgrad hat infolge der Herabsetzung der Geschwindigkeiten um mehr als die Hälfte abgenommen. Zur Beurteilung sei noch erwähnt, daß bei einem Laufraddurchmesser von 0,60 m bei $u = 120$ m/sec die Turbine

$$n = \frac{120 \cdot 60}{3,14 \cdot 0,6} = \frac{7200}{1,884} = 3820 \text{ Umdrehungen/min.}$$

und bei $u = 30$ m/sec

$$n = \frac{30 \cdot 60}{1,884} = 955 \text{ Umdrehungen/min.}$$

vollführt.

Nehmen wir an, daß die Ursache der verminderten Umdrehungszahl eine Drosselung des Dampfes mittels des Ventils vor der Turbine sei, während der Gegendruck am Austritt derselbe geblieben ist, so entspricht einer Geschwindigkeit $c_1 = 800$ m ein Wärmegefälle, welches wir aus der Gleichung (33)

$$c_1 = \varphi \sqrt{2\,g\,\frac{1}{A}\,(i_1 - i_2)} = 91,5\,\varphi\,\sqrt{(i_1 - i_2)}$$

ermitteln können:

$$i_1 - i_2 = \frac{c_1^2}{91,5^2 \cdot \varphi^2} \qquad (33\text{a})$$

und mit $\varphi = 0,938$ ist

$$i_1 - i_2 = \frac{c_1^2}{91,5^2 \cdot 0,938^2}\,.$$

Hieraus ergibt sich für $c_1 = 800$ m/sec das Wärmegefälle $(i_1 - i_2) = 86,8$ WE; für $c_1' = 500$ wird $(i_1 - i_2) = 33,9$ WE.

Arbeitet die Turbine in beiden Fällen mit Auspuff gegen die freie Atmosphäre (der Gegendruck im Auspuff betrage daher 1,1 Atm absol.), so müßte in ersterem Falle die Dampfspannung am Eintritt etwa 12,0 Atm (absol.), im letzteren etwa 2,8 Atm betragen, wie aus dem $(i\!-\!s)$-Diagramm hervorgeht.

Während die vorstehenden Betrachtungen sich auf eine bestimmte Turbine beziehen, bei welcher die Umlaufszahl geändert wird, gelten ganz allgemein für die Entscheidung, welche Größe einer Turbine zu geben ist, die folgenden Betrachtungen: Es ist selbstverständlich, daß stets ein möglichst hoher Wirkungsgrad anzustreben ist. Indessen kann unter den gegebenen Bedingungen dieser Forderung nicht immer entsprochen werden. In den meisten Fällen werden Umlaufszahl und daher Umfangsgeschwindigkeit und Raddurchmesser sowie Dampfdruck dem Erreichen des höchsten Wirkungsgrades Einschränkungen auferlegen. Der höchste indizierte Wirkungsgrad wird nach Gleichung (32) erreicht, oder anders ausgedrückt, η_i wird zu einem Maximum, wenn die Umfangsgeschwindigkeit nahezu gleich der halben Dampfgeschwindigkeit c_1 wird, also $\dfrac{u}{c_1} \infty\, 0{,}5$:

$$\eta_{i\,(\text{max})} = \tfrac{1}{2}\,\varphi(1 + \psi)\cos^2\alpha\,. \qquad (34)$$

Für das oben gewählte Beispiel einer Turbine, bei welcher $\varphi = 0,938$, $\psi = 0,85$ und $\alpha_1 = 26°$ angenommen wurden, ist für

$$\frac{u}{c_1} = 0,1 \quad 0,2 \quad 0,3 \quad 0,4 \quad 0,45 \quad 0,5 \quad 0,6 \quad 0,7 \quad 0,8$$

$$\eta_i = 0,258 \quad 0,451 \quad 0,580 \quad 0,644 \quad \mathbf{0,652} \quad 0,644 \quad 0,580 \quad 0,451 \quad 0,258$$

Eine graphische Darstellung dieser Werte enthält Fig. 46. Nun ist aber die Umfangsgeschwindigkeit u abhängig von der zulässigen Drehzahl der von der Turbine angetriebenen Maschine, und für Zentrifugalpumpen und vornehmlich Ventilatoren geht man wegen des bei hohen Umlaufszahlen auftretenden Geräusches nur in besonderen Fällen bis zu 2000 Umdrehungen in der Minute. Bei industriellen Anlagen wird ein Geräusch des Ventilators oder der Zentrifugalpumpe weniger stören, weshalb Umdrehungen bis zu 2000 in der Minute zulässig sind; in bewohnten Gebäuden, z. B. Krankenhäusern mit Pumpenwarmwasserheizung, dagegen dürfen so hohe Umdrehungs-

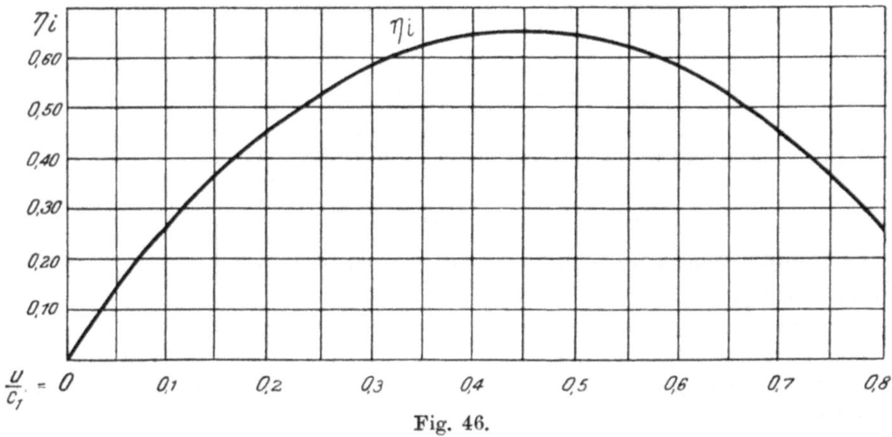

Fig. 46.

zahlen nicht gewählt werden, weil sich dann die Schwingungen der Pumpe durch das Rohrnetz fortpflanzen und ein unangenehmes Summen in den Gebäuden wahrnehmbar wird. Außerdem müssen die Maschinen für höhere Umlaufszahlen entsprechend stärker gebaut werden, wodurch sie teurer werden. Bei Lüftungsanlagen in Schulen, Theatern, Verwaltungsgebäuden ist zur Vermeidung von Geräuschen die Umlaufszahl der Ventilatoren auf 450 bis 700 in der Minute zu beschränken. In solchen Fällen ist bei Dampfturbinen Riemenantrieb der Pumpe oder des Ventilators zu wählen, da die Turbine möglichst hohe Umlaufszahl aufweisen sollte. Aber auch hierfür bestehen Grenzen, und Umlaufszahlen von mehr als 2500 bis 3000 in der Minute werden bei den kleinen Turbinen meist nicht angewendet. Mit der Abnahme der Umlaufszahl bzw. der von ihr abhängigen Umfangsgeschwindigkeit ist auch eine Abnahme des Wirkungsgrades verbunden, wie obige Zahlenreihen beweisen.

Gehen wir vom Höchstwert des Wirkungsgrades aus, der in obigem Beispiel bei $\dfrac{u}{c_1} = 0{,}45$ den Wert $\eta_i = 0{,}652$ erreicht, und nehmen wir eine höchste Umlaufszahl $n = 2000/\text{min}$ an, so wird die Umfangsgeschwindigkeit bei einem Laufrade von 0,60 m

$$u = \frac{0{,}6 \cdot 3{,}14 \cdot 2000}{60} = 62{,}8 \ \text{m/sec}.$$

Es muß danach zur Erzielung des Wirkungsgrades $\eta_i = 0{,}652$ aus

$$\frac{u}{c_1} = 0{,}45$$

die Geschwindigkeit c_1:

$$c_1 = \frac{u}{0{,}45} = \frac{62{,}8}{0{,}45} = 139{,}5 \ \text{m/sec}$$

erreicht werden.

Eine so geringe Geschwindigkeit bedingt ein sehr geringes Druck- bzw. Wärmegefälle, wie es bei Turbinen, deren Dampf aus Niederdruckdampf-kesseln entnommen wird, vorkommt. Es ist nach Gleichung (33) bzw. (33a)

$$c_1 = \varphi \sqrt{2\,g\,\frac{1}{A}\,(i_1 - i_2)}$$

$$i_1 - i_2 = \frac{\varphi^2 \cdot c_1^2}{2\,g \cdot 427} = \frac{0{,}88 \cdot 139{,}5^2}{8378} = 2{,}04 \ \text{WE}.$$

Der theoretische stündliche Dampfverbrauch für 1 Pferdestärke (PS) ergibt sich aus

$$G_{\text{theor.}} = \frac{632{,}3}{i_1 - i_2} \ \text{kg/std.}\,[1] \tag{35}$$

Wenn nun ein Wärmegefälle von nur 2,04 WE zulässig ist, weil eine Dampfgeschwindigkeit $c_1 = 139{,}5$ m/sec verlangt wird, so steigt der Dampf-verbrauch bis zu ganz unzulässiger Höhe. Im vorliegenden Falle würde der Dampfverbrauch nach Gleichung (35) theoretisch $\dfrac{632}{2{,}045} = 309 \ \text{kg/PS}$ und Stunde erreichen (das wären bei 10 PS schon 3090 kg Dampf). Der Dampf-verbrauch für die **indizierte** Pferdestärke ist auf Grund der Gleichung (29)

$$G_i = \frac{632{,}3}{(i_1 - i_2)\,\eta_i} \tag{36}$$

und mit $\eta_i = 0{,}652$

$$G_i = \frac{632{,}3}{2{,}04 \cdot 0{,}652} = 474 \ \text{kg/PSi/std.}$$

---

[1] 1 PS = 75 Sekunden-Meterkilogramm oder $75 \cdot 3600 = 270\,000$ mkg in der Stunde. Da 1 WE = 427 mkg ist, so sind für 1 Pferdestärke theoretisch $\dfrac{270\,000}{427} = 632{,}3$ WE/std aufzuwenden, während $(i_1 - i_2)$ das in der Maschine in 1 kg Dampf theoretisch aus-nutzbare Wärmegefälle ist.

Das ist ein außerordentlich hoher Dampfverbrauch. Begnügen wir uns dagegen mit einem Wirkungsgrade $\eta_i = 0,258$, so ist nach der Zahlenreihe auf Seite 140:

$$\frac{u}{c_1} = 0,1\,, \quad \text{und es folgt daraus} \quad c_1 = \frac{u}{0,1} = \frac{62,8}{0,1} = 628 \text{ m/sec.}$$

Nach Gleichung (33a) ist hierzu ein Wärmegefälle

$$(i_1 - i_2) = \frac{\varphi^2 \cdot c_1^2}{91,5^2} = \frac{0,88^2 \cdot 628^2}{8378} = 66 \text{ WE}$$

erforderlich, woraus dann mit $\eta_i = 0,258$

$$G_i = \frac{632,3}{66 \cdot 0,258} = 37,1 \text{ kg/PSi}$$

sich ergibt.

Aus diesem Vergleich entnehmen wir folgendes:

Bei den Kleindampfturbinen mit einer Druckstufe (ein Laufrad) ist ein größeres Wärmegefälle, d. h. ein höherer Druck, vor der Turbine erforderlich, wenn die Dampfmenge, die dem Auspuff entströmt, nicht eine Höhe erreichen soll, die eine restlose Ausnutzung des Abdampfes in Frage zieht. Der Wirkungsgrad, d. i. die Verwertung dieses Wärmegefälles, geht hierbei stark zurück. Bei Turbinen, die von Niederdruckdampfkesseln mit einem höchsten zulässigen Druck vor dem Ventil von 1,4 Atm (absol., also 0,4 Atm Überdruck) betrieben werden, kann daher wohl ein verhältnismäßig hoher Wirkungsgrad erreicht werden, indessen darf die Leistung nur gering sein (1 bis 3 PS), anderenfalls ist die dann zur Verfügung stehende Abdampfmenge so groß, daß ihre Verwendung, besonders bei vermindertem Wärmebedarf, Schwierigkeiten bietet.

Ferner geht aus den obigen Betrachtungen hervor, daß der spezifische Dampfverbrauch (d. i. der Dampfverbrauch für 1 PS und Stunde) bei den bisher behandelten Turbinen mit einer Druckstufe (mit einem Laufrade) gegenüber dem bei Dampfmaschinen sonst gewohnten Dampfverbrauch von 5 bis höchstens 12 kg für 1 PS sehr hoch ist. Diese Tatsache läßt sich nun nicht ohne weiteres beseitigen, es ist eben darauf zu achten, daß der Abdampf anderweitig Verwendung findet. Bei den Kleindampfturbinen wird eine besondere Kondensationsanlage, durch welche das nutzbare Wärmegefälle erhöht werden könnte, nur selten gegeben sein, es müßte denn Zentralkondensation vorliegen. Infolgedessen ist mit Auspuff bzw. Gegendruck zu rechnen. Ebenso wird nur in Einzelfällen überhitzter Dampf zur Verfügung stehen. Um dem großen Dampfverbrauche einigermaßen zu begegnen, hat man — ohne die Turbine in ihrer Ausführung durch Hinzufügung von weiteren Druckstufen zu verteuern — die Dampfgeschwindigkeit in sog. Geschwindigkeitsstufen noch weiter nutzbar zu machen versucht.

Jedenfalls ersehen wir aus den obigen Darstellungen, daß die absolute Dampfmenge, also die in Heizapparaten nutzbar zu machende, in erster Linie vom Wärmegefälle bzw. von dem Druckabfall vor und hinter der Turbine abhängig ist, und daß bei Dampfüberschuß eine Erhöhung des Wärmegefälles eher zu einem wirtschaftlichen Betriebe führt als die Erhöhung des Wirkungsgrades. Trotzdem ist letztere anzustreben, was auch, wie aus dem Folgenden hervorgeht, durch Anwendung von Geschwindigkeitsstufen bis zu einem gewissen Grade erreicht wird.

6. Turbinen mit Geschwindigkeitsstufen.

Zur Erhöhung des Wirkungsgrades werden Kleinturbinen mit Geschwindigkeitsstufen versehen. Es wird nämlich der Dampf, nachdem er die Schaufeln des Laufrades einmal durchströmt hat, von einem oder mehreren Kanälen aufgefangen, um wieder auf das Laufrad zurückgelenkt zu werden (vgl. Fig. 41). Die Berechnung der Leistung einer Dampfturbine mit Geschwindigkeitsstufen ist ganz ähnlich derjenigen mit einfachem Laufrade ohne Geschwindigkeitsstufe. Zu der Düse, welche dem Laufrade den Dampf zuführt, treten noch die Umlenkkanäle in gleicher Eigenschaft der Düse hinzu, nur wird für die Umlenkkanäle die Widerstandszahl φ' eingesetzt, so daß die bei erstmaligem Austritt aus dem Laufrade auftretende Austrittsgeschwindigkeit c_2 mit φ' die Eintrittsgeschwindigkeit c_1' nach der ersten Umlenkung ergibt. Es ist $c_1' = \varphi' c_2$.

In der Praxis ist es — infolge Mangels genauerer Zahlenwerte für die Widerstände in den Umlenkkanälen — üblich,

$$\varphi' = \psi = \psi' = \psi'' \quad \text{usf.} \tag{37}$$

zu setzen, also dieselbe Widerstandszahl wie für die Schaufeln anzunehmen.

Die Umlenkkanäle sind meist dem Gehäuse angegossen, und ihre sorgfältige, möglichst widerstandsfreie Ausbildung, wie die einer Düse, hat ihre Schwierigkeit. Die Umlenkung des Dampfes ähnelt der in den Schaufeln, weshalb der Widerstand dem in den Schaufeln gleichgesetzt wird.

Die Fig. 47 stellt die Geschwindigkeitsdiagramme einer Turbine mit **einer Druckstufe und zwei Geschwindigkeitsstufen**, also mit drei Stufen, dar.

Als Bezeichnungen sind für die drei Stufen gewählt:

	I. Stufe	II. Stufe	III. Stufe
Absolute Eintrittsgeschwindigkeit	c_1	c_1'	c_1''
Relative Eintrittsgeschwindigkeit in die Schaufeln .	w_1	w_1'	w_1''
Relative Austrittsgeschwindigkeit aus den Schaufeln	w_2	w_2'	w_2''
Absolute Austrittsgeschwindigkeit	c_2	c_2'	c_2''

Es ist ferner angenommen:

$$c_1 = \varphi\, c_0$$
$$w_2 = \psi\, w_1$$
$$c_1' = \psi\, c_2$$
$$w_2' = \psi\, w_1' \quad \text{usf.}$$

Hierin bedeutet noch c_0 die aus dem Wärmegefälle sich ergebende **theoretische** Geschwindigkeit im ersten Leitapparat nach Gleichung (8).

Es soll im nachstehenden eine Dampfturbine mit einer Druckstufe und zwei Geschwindigkeitsstufen berechnet werden. Derartige Turbinen werden zum Antriebe von Ventilatoren für Luftheizungen und Zentrifugalpumpen in Pumpenwarmwasserheizung fast ausschließlich verwendet. Es seien folgende Annahmen gemacht:

Dampfdruck im Kessel . . . . . . $p = 6$ Atm $= 7{,}0$ Atm absol.

    ,,   vor dem Ventile der Turbine . . $p_0 = 6{,}5$,,   ,,

    ,,   hinter dem Ventile der Turbine $p_1 = 6{,}2$,,   ,,

    ,,   im Gehäuse der Turbine . . . $p_2 = 1{,}3$,,   ,,

Die Turbine gibt ihren Abdampf in einen zur Erwärmung von Wasser dienenden Gegenstromapparat ab. Durch die Drosselung von 6,5 auf 6,2 Atm im Ventil werde der Dampf gerade trocken gesättigt. Das $(i-s)$-Diagramm zeigt bei einem Druckabfall von 6,2 auf 1,3 Atm ein Wärmegefälle von 66 WE.

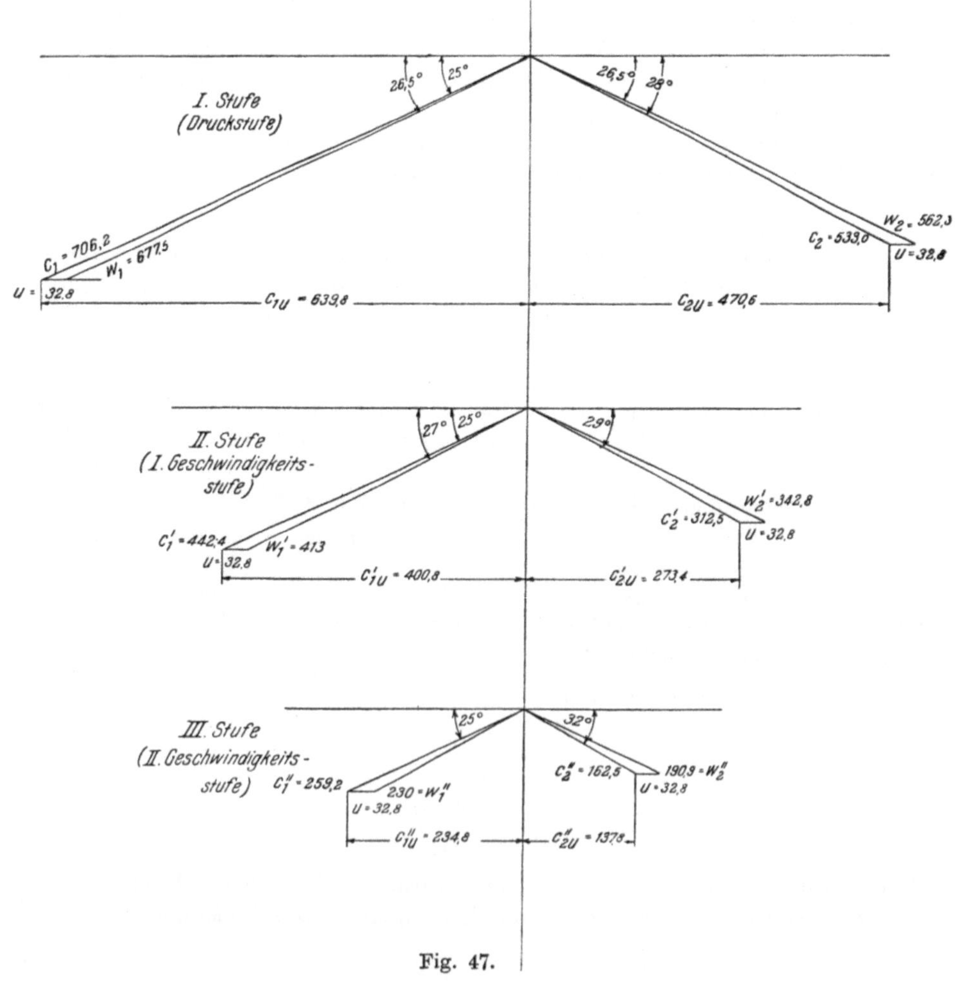

Fig. 47.

Der Wärmeinhalt bei 6,2 Atm ist $i_1 = 658$ WE/kg. Demnach würde der Abdampf $658 - 66 = 592$ WE aufweisen, wenn vollständiger adiabatischer Arbeitsvorgang in der Turbine stattfände. Spätere Untersuchung wird zeigen, daß der Abdampf einen höheren Wärmeinhalt besitzt.

Ferner wird gewählt:

Widerstandszahl im Leitapparat: $\zeta = 0,10$;

$$\varphi = \sqrt{1 - \zeta} = \sqrt{0,90} = 0,948 \sim 0,95;$$

Umdrehungszahl $n = 1500/\text{min}$.

Laufraddurchmesser $D = 0,418$ m (von Mitte bis Mitte Schaufel).

Winkel des Leitapparates $\alpha_1 = 25°$.

Es ergibt sich die Umfangsgeschwindigkeit

$$u = \frac{D \cdot \pi \cdot n}{60} = \frac{0,418 \cdot 3,14 \cdot 1500}{60}$$

$$u = 32,813 \text{ m/sec}.$$

Wirkliche Einströmungsgeschwindigkeit nach Gleichung (33)

$$c_1 = \varphi\, 91,5\sqrt{(i_1 - i_2)}$$

$$c_1 = 0,95 \cdot 91,5\sqrt{66} = 706,18 \text{ m/sec}.$$

c_1 mit u zusammengesetzt (vgl. Fig. 47), und zwar mit dem Winkel des Leitapparates $\alpha_1 = 25°$, ergibt

$$w_1 = 677,5 \text{ m/sec}$$

mit einem für stoßfreien Eintritt bestimmten Winkel $\beta_1 = 26,5°$. Für diesen ist nach Fig. 43 $\psi = 0,83$. Daher

$$w_2 = \psi \cdot w_1 = 0,83 \cdot 677,5 = 562,3 \text{ m/sec}.$$

Aus der graphischen Zusammensetzung von w_2 mit u folgt die absolute Austrittsgeschwindigkeit aus den Schaufeln (Stufe I) $c_2 = 533,0$ m/sec. Nun soll die Aufnahme des aus den Schaufeln austretenden Dampfstrahles so erfolgen, daß der Dampfstrahl in der ersten Geschwindigkeitsstufe wieder unter 25° in die Schaufeln zurückgeleitet wird (vgl. Fig. 47). Die für die Umlenkung einzustellende Widerstandszahl ψ sei ebenfalls 0,83, so daß nun die Einströmungegeschwindigkeit der zweiten Stufe (erste Geschwindigkeitsstufe)

$$c_1' = \psi\, c_2 = 0,83 \cdot 533 = 422,4 \text{ m/sec}$$

beträgt. Durch Zusammensetzung mit u entsteht $w_1' = 413$ m, und hieraus wieder mit $\psi = 0,83$:

$$w_2' = 0,83 \cdot 413 = 342,8 \text{ m/sec}.$$

Danach folgt $c_2' = 312,5$ m/sec aus der Zusammensetzung mit u. Für die dritte Stufe (also die zweite Geschwindigkeitsstufe) ist nach der graphischen Ermittlung in Fig. 47:

$$c_1'' = 259,2; \qquad w_1'' = 230; \qquad w_2'' = 190,9;$$
$$c_2'' = 162,5 \text{ m/sec}.$$

Und nun handelt es sich um die Bestimmung der Leistung am Radumfange.
Nach Gleichung (30) war

$$L_i = \frac{u}{g}\,(c_{1u} + c_{2u})$$

für die einfache Druckstufe.

Hier ist, da drei Stufen zu behandeln sind, in genau derselben Weise

$$L_i = \frac{u}{g}\,(c_{1u} + c_{2u} + c'_{1u} + c'_{2u} + c''_{1u} + c''_{2u})\,. \tag{38}$$

Es ergeben sich nach Gleichung (31a) und (31b)

$$c_{1u} = c_1 \cos\alpha_1; \qquad c_{2u} = c_2 \cos\alpha_2\,. \tag{39}$$

Ebenso sind die übrigen Umfangskomponenten zu bestimmen, wobei noch
bemerkt sei, daß $\alpha_1 = 25°$ und α_2 der graphischen Darstellung Fig. 47 zu
entnehmen sind. Somit

$$
\begin{aligned}
c_{1u} &= 706{,}2 \cdot \cos 25° = 639{,}8 \\
c_{2u} &= 533{,}0 \cdot \cos 28° = \underline{470{,}6} \qquad 1110{,}4 \\
c'_{1u} &= 442{,}4 \cdot \cos 25° = 400{,}8 \\
c'_{2u} &= 312{,}5 \cdot \cos 29° = \underline{273{,}4} \qquad 674{,}2 \\
c''_{1u} &= 259{,}2 \cdot \cos 25° = 234{,}8 \\
c''_{2u} &= 162{,}5 \cdot \cos 32° = \underline{137{,}8} \qquad 372{,}6
\end{aligned}
$$

$$\sum (c_{1u} \text{ bis } c''_{2u}) = 2157{,}2$$

Daraus folgt die Leistung am Radumfange nach Gleichung (38)

$$L_i = \frac{u}{g}\,(c_{1u} + c_{2u} + c'_{1u} + c'_{2u} + c''_{1u} + c''_{2u}) = \frac{32{,}81}{9{,}81}\cdot 2157{,}2$$

$$L_i = 7214{,}8 \text{ mkg}$$

für jedes durch die Maschine hindurchgehende Kilogramm Dampf.

Es ist nun diese Leistung mit der theoretischen, d. h. mit der Leistung
eines Kilogramms in der verlustlosen Maschine, bei vollkommener adiabatischer
Zustandsänderung zu vergleichen, um hieraus den indizierten Wirkungsgrad η_i oder, wie *Stodola* ihn bezeichnet, den indizierten Wirkungsgrad am
Radumfange η_u zu bestimmen[1].

Schon oben war gesagt, daß das theoretische Wärmegefälle bei einem
Druckabfall von 6,2 auf 1,3 Atm (absol.)

$$(i_1 - i_2) = 66 \text{ WE}$$

für 1 kg Dampf beträgt. Die theoretische Leistung ist nach Gleichung (6)

$$L_0 = \frac{1}{A}\,(i_1 - i_2),$$

---

[1] Es sei hier schon bemerkt, daß der indizierte Wirkungsgrad η_i, wie später noch
zu erörtern ist, die Radreibung Z_r mit einschließen sollte und durch diese sich von η_u
unterscheidet. Bei der kleinen Turbine ist Z_r meist nur gering, weshalb η_i sich dem
Werte η_u sehr nähert.

und es würde 1 kg Dampf in der verlustlosen Maschine eine Leistung

$$L_0 = 427 \cdot 66 = 28\,182 \text{ mkg}$$

aufweisen.

Es ist deshalb

$$\eta_i = \frac{L_i}{L_0} = \frac{7214,8}{28\,182} = 0,256$$

oder 25,6 v. H.

Betrachten wir die einzelnen Stufen, um danach ihren Einfluß auf den Gesamtwirkungsgrad zu ermitteln, so ist für

Stufe I:

$$L_{i\,\mathrm{I}} = \frac{u}{g}\,(c_{1\,u} + c_{2\,u}) = \frac{32,81}{9,81} \cdot 1110,4 = 3713,8 \text{ mkg},$$

$$\eta_{i\,\mathrm{I}} = \frac{3713,8}{28\,182} = 0,132.$$

Stufe II:

$$L_{i\,\mathrm{II}} = \frac{32,81}{9,81} \cdot 674,2 = 2254,9 \text{ mkg},$$

$$\eta_{i\,\mathrm{II}} = \frac{2254,9}{28\,182} = 0,080.$$

Stufe III:

$$L_{i\,\mathrm{III}} = \frac{32,81}{9,81} \cdot 372,6 = 1246,2 \text{ mkg},$$

$$\eta_{i\,\mathrm{III}} = 0,044 \;.$$

Gesamtwirkungsgrad:

$$\eta_{i\,\mathrm{I}} + \eta_{i\,\mathrm{II}} + \eta_{i\,\mathrm{III}} = 0,256. \tag{40}$$

Eine Turbine ohne Geschwindigkeitsstufen würde unter den gegebenen Verhältnissen nur einen Wirkungsgrad von 13,2 v. H., eine solche mit einer Geschwindigkeitsstufe einen Wirkungsgrad von 21,2 v. H. ergeben.

Es ist hier also die Erhöhung des Wirkungsgrades durch die Anwendung von Geschwindigkeitsstufen deutlich erkennbar. Daß der Wirkungsgrad immer noch verhältnismäßig niedrig ist, liegt an der geringen Umfangsgeschwindigkeit von 32,18 m/sec, die sich aus der geforderten niedrigen Drehzahl von 1500/min[1] und dem kleinen Durchmesser des Laufrades ergibt. Wie aber oben schon angedeutet, erzielen alle diese Kleinturbinen mit nur einem Laufrade einen niedrigen Wirkungsgrad, da einesteils höhere Umfangsgeschwindigkeiten möglichst vermieden werden, anderenteils Turbinen mit größerem Durchmesser wesentlich teurer sind[2]. Der Dampfverbrauch

---

[1] Bei einem Durchmesser des Laufrades von 60 cm ist die Umfangsgeschwindigkeit $u = 47,2$ m/sec, was den Wirkungsgrad auf 0,34 erhöhen würde.

[2] Es ist ja jedem Heizungsfachmann zur Genüge bekannt, daß die Preisfrage bei der Herstellung von Heizungsanlagen leider eine zu große Rolle spielt. Hier bei der Dampfturbine kommt noch der Wettbewerb des Elektromotors hinzu.

ist deshalb auch verhältnismäßig groß, und Wirtschaftlichkeit kann nur durch volle Ausnutzung der im Abdampfe enthaltenen Wärme erzielt werden.

Um das Bild zu vervollständigen, ist noch der Dampfverbrauch zu ermitteln.

Der theoretische Dampfverbrauch für 1 PS und Stunde ist

$$G_{\text{theor}} = \frac{632,3}{i_1 - i_2} = \frac{632,3}{66} \doteq 9,58 \text{ kg/PS.}$$

Der indizierte Dampfverbrauch ist:

$$G_i = \frac{G_{\text{theor}}}{\eta_i} \, ;$$

$$G_i = \frac{9,58}{0,256} = 37,42 \text{ kg/PSi,}$$

da der indizierte Wirkungsgrad 0,256 ist.

Bei 10 PSi verbraucht also die Turbine

$$10 \cdot 37,42 = 3742 \text{ kg Dampf/std.}$$

Hätte die Turbine keine Geschwindigkeitsstufen, so betrüge der Dampfverbrauch: $\frac{9,58}{0,132} = 72,6$ kg/PSi, also etwa das Doppelte. Der Dampfverbrauch für die wirklich von der Turbine an ihrer Welle abgegebene Leistung ergibt sich erst unter Berücksichtigung des mechanischen Wirkungsgrades.

Die Ermittlung des Wirkungsgrades mit Hilfe der graphischen Darstellung wie in Fig. 47 ist besonders dann sehr einfach, wenn sie wie in Fig. 48 vorgenommen wird. Hier ist der Geschwindigkeitsplan der Stufe II an den der Stufe I angelegt. Dasselbe könnte mit Stufe III vorgenommen werden. Die Umfangskomponenten c_{1u}, c_{2u}, c'_{1u} usf. ergeben sich als die Projektionen auf die Richtung der Radebene. Durch maßstäbliches Aneinandersetzen erhält man den Klammerausdruck in Gleichung (38), aus dem dann durch Multiplikation mit $\frac{u}{g}$ die Leistung am Radumfang erhalten wird (vgl. Fig. 48).

Auf die Abhängigkeit des Wirkungsgrades von dem Verhältnis $\frac{u}{c_1}$ war schon bei der einstufigen Turbine hingewiesen worden. Für die mehrstufigen Turbinen gilt dasselbe, weshalb Tafel II die Wirkungsgrade für die im Heizungsfache gebräuchlichen Turbinen mit einer Druckstufe und zwei Geschwindigkeitsstufen auf $\frac{u}{c_1}$ bezogen, enthält. Sie wurden graphisch nach der in Fig. 48 dargestellten Weise ermittelt, wobei

ein Eintrittswinkel $\alpha_1 = 25\,^\circ$,

ein Düsenwiderstand $\zeta = 0,12$, $\varphi = \sqrt{1 - \zeta} = 0,938 \sim 0,94$;

ein Schaufelwiderstand $\psi = 0,85$ (entsprechend $\beta_1 = 30\,^\circ$)

angenommen wurde.

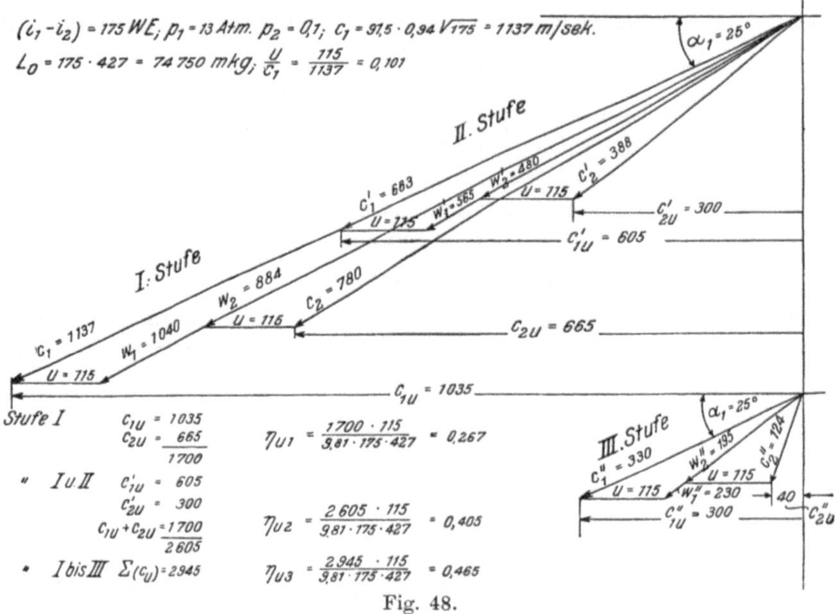

Fig. 48.

Es sind diese Zahlen in der Praxis angewendete Mittelwerte. Ein kleinerer Winkel α_1 hat eine Erhöhung, ein größerer eine Verminderung des Wirkungsgrades zur Folge, was aus Fig. 47 und 48 hervorgeht. Bei einem kleineren Winkel als $\alpha_1 = 25°$ werden die Werte von c_u nach links größer und mit ihnen daher auch die Leistung. Aus lediglich praktischen Gründen werden aber Winkel von 20 bis 30° angewendet.

Die Kurven der Tafel II zeigen, daß die hauptsächliche Leistung von der ersten Stufe, also von dem Laufrade übernommen wird; die Stufe II (I Geschwindigkeitsstufe) trägt nur bis zu einem Werte $\dfrac{u}{c_1} = 0,315$, die Stufe III nur bis $\dfrac{u}{c_1} = 0,153$ zur Erhöhung des Wirkungsgrades bei. Eine vierte Stufe würde dann bis etwa $\dfrac{u}{c_1} = 0,075$ eine Steigerung des Wirkungsgrades zur Folge haben. Aus der Zunahme des Wirkungsgrades bei Anwendung der Stufe III ist ersichtlich, daß der Beitrag zur Erhöhung des Wirkungsgrades mehr und mehr abnimmt. Eine vierte Stufe würde somit einen verhältnismäßig nur geringen Wert haben, weshalb in neuerer Zeit von der Anwendung von mehr als drei Stufen, also einer Druckstufe und zwei Geschwindigkeitsstufen, bei den hier in Frage kommenden kleinen Turbinen abgesehen wird.

Bemerkenswert ist, daß die Ablesungen aus Tafel II für alle Verhältnisse gelten, gleichgültig, ob ein hoher oder niedriger Anfangsdruck oder ob Auspuff oder Kondensation der Berechnung zugrunde gelegt wird. Die Höhe des Wirkungsgrades ist bei gleichbleibenden Werten von α_1, φ und ψ lediglich von dem Verhältnis $\dfrac{u}{c_1}$ und der Stufenzahl abhängig.

Mit Hilfe der Tafel II läßt sich sofort der Wirkungsgrad am Radumfange feststellen, sobald nur der Wert von $\dfrac{u}{c_1}$ ermittelt ist.

Steht z. B. ein Dampfdruck von 3 Atm (absol.) zur Verfügung und soll die Turbine ihren Abdampf in einen Lufterhitzer abgeben, so daß mit einem Gegendruck von 1,2 Atm zu rechnen ist, so ergibt das $(i-s)$-Diagramm ein Wärmegefälle von 37,5 WE. Es ist deshalb die Eintrittsgeschwindigkeit c_1 mit $\varphi = 0{,}94$

$$c_1 = 91{,}5 \cdot 0{,}94 \sqrt{37{,}5} = 526 \text{ m/sec.}$$

Es sollen 1800 Umdrehungen zugelassen werden und es werde ein Laufrad von 500 mm Durchmesser zunächst gewählt, dann ist die Umfangsgeschwindigkeit

$$u = \frac{0{,}5 \cdot 3{,}14 \cdot 1800}{60} = 47{,}1 \text{ m/sec}$$

daher

$$\frac{u}{c_1} = \frac{47{,}1}{526} = 0{,}0895\,.$$

Hierfür weist die Tafel II einen Wirkungsgrad einer Turbine mit 3 Stufen (1 Druckstufe, 2 Geschwindigkeitsstufen) $\eta_i = 0{,}424$ auf.

Der Dampfverbrauch ist daher

$$G_i = \frac{632{,}3}{37{,}5 \cdot 0{,}424} = 35{,}6 \text{ kg/PSi.}$$

Bei zwei Stufen ist $\eta_i = 0{,}320$; bei einer Druckstufe $\eta_i = 0{,}241$.

7. Radreibungs-Widerstand und mechanischer Wirkungsgrad.

Der Bewegung des Laufrades in dem mit Dampf gefüllten Gehäuse stellt sich infolge der Wirbelbildung, welche die Schaufeln verursachen, ein Widerstand entgegen, der mit Radreibung und Ventilationswiderstand bezeichnet wird. Derselbe stellt einen Kraftverbrauch dar und ist daher je nach seiner Größe von der indizierten Leistung der Turbine in Abzug zu bringen.

Zur Ermittlung dieses Widerstandes stellt *Stodola* folgende Gleichung auf:

$$N_r = a \cdot D^2 \left(\frac{u}{100}\right)^3 \gamma, \tag{41}$$

in welcher

        N_r den Widerstand des Rades in PS,

        a eine Konstante, die für vorliegende Zwecke genau genug mit $a = 10$ eingesetzt wird,

        D den Durchmesser des Rades in m, von Mitte bis Mitte Schaufel gemessen,

        γ das spezifische Gewicht des Dampfes im Gehäuse in kg/cbm

bedeuten.

Für die oben berechnete Turbine mit $D = 0{,}418$, $n = 1500$, $u = 32{,}8$ m/sec, $\gamma = 0{,}735$ ist

$$N_r = 10 \cdot 0{,}418^2 \cdot 0{,}328^3 \cdot 0{,}735 = 0{,}0445 \text{ PS}.$$

Außer dieser Radreibung N_r ist aber auch die Reibung der Welle in den Lagern und in der Stopfbüchse zu berücksichtigen.

Banki (Zeitschr. d. ges. Turbinenwesens 1906, S. 76) bezeichnet den Verlust, der hierdurch entsteht, in Abhängigkeit von der Leistung der Turbine mit νN und in Verbindung mit obiger Gleichung (41) stellt er folgende Gleichung auf, aus der sich das Verhältnis der Gesamtleistung zur indizierten Leistung als der **mechanische Wirkungsgrad** ergibt:

$$\eta_m = \frac{L_{\text{eff}}}{L_i} = \frac{N_{\text{eff}}}{N_{\text{ind}}} \, ,$$

$$\eta_m = \frac{N_{\text{eff}}}{(1 + \nu)\, N_{\text{eff}} + N_r} \, . \tag{42}$$

L_{eff} ist die effektive, von der Turbine abgegebene, L_i die indizierte Leistung in mkg; N in PS. Der effektive Wirkungsgrad ist dann

$$\eta_e = \eta_m \cdot \eta_i \, .$$

Nach *Banki* ist $\nu = 0{,}05$ bis $0{,}10$ zu setzen. Letzterer Wert gilt für Turbinen mit Vorgelege, also dort, wo infolge der hohen Umlaufszahl der Turbine eine Riemenübertragung oder ein Zahnradvorgelege erforderlich ist.

Unter Beibehaltung des oben berechneten Wertes von $N_r = 0{,}0445$ wird demnach der mechanische Wirkungsgrad für eine Turbine von $10\ \text{PS}_{\text{eff}}$ mit Vorgelege nach Gleichung (42)

$$\eta_m = \frac{10}{(1 + 0{,}1)\, 10 + 0{,}0445} = 0{,}905.$$

Mit zunehmender Umfanggeschwindigkeit nimmt der Wirkungsgrad ab, weil dann die Radreibung mehr hervortritt.

Für $n = 3000$, $u = 65{,}6$ ist

$$N_r = 10 \cdot 0{,}418^2 \cdot 0{,}656^3 \cdot 0{,}735 = 0{,}362$$

und für die gleiche Leistung ist nach Gleichung (42)[1]

$$\eta_m = \frac{10}{(1 + 0{,}1)\, 10 + 0{,}362} = 0{,}881.$$

Für die oben berechnete Turbine mit zwei Geschwindigkeitsstufen war ein Dampfverbrauch von 37,42 kg/PSi berechnet worden. Für die wirklich abgegebene Pferdestärke ist daher der Dampfverbrauch

$$G_e = \frac{37{,}42}{0{,}881} = 41{,}4 \text{ kg/PSe}$$

---

[1] Bei den kleinen Turbinen bis etwa 20 PS stellt sich gewöhnlich ein etwas niedrigerer mechanischer Wirkungsgrad η_m heraus. Es empfiehlt sich deshalb, in Gleichung (41) a bis 15 und in Gleichung (42) ν bis 0,15 einzusetzen. Mit diesem Werte ergibt sich in dem Beispiele $\eta_m = 0{,}832$.

und um 10 PS effektiv zu leisten, muß die Turbine

$$\frac{10,0}{0,881} = 11,05 \text{ PSi}$$

aufweisen. Es ist also der Dampfverbrauch auf 1 PS_{eff} bezogen

$$G_{\text{eff}} = \frac{G_i}{\eta_m} \tag{43}$$

bzw. die effektive Leistung in Pferdestärken

$$N_{\text{eff}} = \frac{N_i}{\eta_m} \text{ in PS} \tag{44}$$

und der Dampfverbrauch aus dem theoretischen abgeleitet

$$G_{\text{eff}} = \frac{632,3}{(i_1 - i_2)\,\eta_i \cdot \eta_m}\,\text{kg/PS}_{\text{eff}}\ \text{u. Stunde.} \tag{45}$$

8. Der Dampfzustand im Austritt aus der Turbine.

Wie schon oben erwähnt wurde, ist die Kleindampfturbine bei ihrem verhältnismäßig großen Dampfverbrauch nur wirtschaftlich, wenn ihr Abdampf zu Heizzwecken Verwendung findet. Es ist deshalb von besonderem Interesse, den Wärmeinhalt des Abdampfes zu kennen. Die Reibungsverluste im Leitapparate, in den Schaufeln, bei der Radreibung sind zwar mechanische Verluste, indem sie eine Verminderung der Geschwindigkeiten zur Folge haben, tragen aber zur Erhöhung des Wärmeinhaltes des jeweiligen Endzustandes des Dampfes bei. Aus diesem Grunde hatten wir bereits auf Seite 127 den Wärmeinhalt am Ende des Leitapparates mit i_2' bezeichnet, um damit auszudrücken, daß der Wärmeinhalt sich von demjenigen, der sich bei adiabatischer Zustandsänderung nach dem $(i-s)$-Diagramm ergibt, und den wir mit i_2 bezeichnet hatten, unterscheidet.

In dem Beispiel auf Seite 144 war bei einem Druckabfall von $p_1 = 6,2$ Atm auf $p_2 = 1,3$ Atm ein theoretisches Wärmegefälle von 66 WE festgestellt worden. Der Widerstand im Leitapparat war mit $\zeta = 0,10$ angenommen. Demnach ist hier das verfügbare Wärmegefälle:

$$i_1 - i_2' = 66 - 0,10 \cdot 66 = 59,40 \text{ WE.}$$

Da $i_1 = 658$ WE, so ist der Wärmeinhalt des Dampfes beim Austritt aus dem Leitapparat:

$$i_2' = 658,0 - 59,4 = 598,6 \text{ WE,}$$

während bei adiabatischer Zustandsänderung dem im Gehäuse herrschenden Drucke $p_2 = 1,3$ Atm ein Wärmeinhalt

$$i_2 = 592,0 \text{ WE}$$

entspräche.

In gleicher Weise hat nun auch der Widerstand, den der Dampf in den Schaufeln findet und der eine Verminderung der Geschwindigkeit w_1 auf w_2

zur Folge hat, Einfluß auf den Wärmeinhalt des Dampfes bei Austritt aus den Schaufeln.

Es war in demselben Beispiel

$$w_1 = 677,5 \ \text{m/sec},$$
$$w_2 = 562,3 \ \text{m/sec}.$$

Dieser Geschwindigkeitsabnahme entspricht ein Wärmegefälle

$$A \frac{w_1^2 - w_2^2}{2\,g} = i_{w_1} - i_{w_2}, \tag{46}$$

wenn mit i_{w_1} und i_{w_2} der Wärmeinhalt des Dampfes bei Eintritt bzw. bei Austritt aus den Schaufeln bezeichnet wird.

$i_{w_1} - i_{w_2}$ ist der Schaufelverlust.

$$i_{w_1} - i_{w_2} = \frac{677,5^2 - 562,3^2}{427 \cdot 19,62} = 17,048 \ \text{WE}.$$

Bezeichnen wir den Verlust an kinetischer Energie im Leitapparate mit Z_1 und in Wärmeeinheiten ausgedrückt mit $A Z_1$ (WE), so ist

$$A Z_1 = \zeta\,(i_1 - i_2) = 0,1 \cdot 66 = 6,600 \ \text{WE}, \tag{47}$$

dementsprechend der Schaufelverlust

$$A Z_2 = i_{w_1} - i_{w_2} = 17,048 \ \text{WE} \tag{48}$$

und, da sich das angezogene Beispiel auf eine Turbine mit zwei Geschwindigkeitsstufen bezieht, unterscheiden wir weiter

$$A Z_1' = \text{Verlust im ersten Umlenkkanal,}$$
$$A Z_2' = \text{Schaufelverlust nach der ersten Umlenkung,}$$
$$A Z_1'' = \text{Verlust im zweiten Umlenkkanal,}$$
$$A Z_2'' = \text{Schaufelverlust nach der zweiten Umlenkung.}$$

Schließlich sind noch

$$A Z_r = \text{Radreibungswiderstand,}$$
$$A Z_a = \text{Auslaßverlust}$$

zu berücksichtigen.

Die Widerstandszahlen in den Umlenkkanälen waren mit $\psi = 0,83$, wie für die Schaufeln angenommen. Es ist deshalb der Verlust im ersten Umlenkkanal

$$A Z_1' = A \frac{c_2^2 - c_1'^2}{2\,g} = \frac{533,0^2 - 442,4^2}{8377,74} = 10,548 \ \text{WE}.$$

Für $A \dfrac{c_2^2 - c_1'^2}{2\,g}$ kann auch geschrieben werden

$$A Z_1' = \frac{A}{2\,g}\,(1 - \psi^2)\,c_2^2, \tag{49}$$

daher

$$A Z_1' = \frac{(1 - 0,6889)}{8377,74}\,533^2 = \frac{0,3111 \cdot 533^2}{8377,74} = 10,55 \ \text{WE}.$$

Nach Maßgabe der im Geschwindigkeitsdiagramm eingetragenen Geschwindigkeiten (Fig. 47) folgt nun auch

$$A Z_2' = (2.\ \text{Schaufelverlust}) = A\,\frac{w_1'^2 - w_2'^2}{2\,g} = \frac{413^2 - 342{,}8^2}{8377{,}74} = 6{,}33\ \text{WE.}$$

$$A Z_1'' = (\text{Verlust im 2. Umlenkkanal}) = \frac{A}{2\,g}\,(1 - \psi^2)\,c_2' = \frac{0{,}311 \cdot 312{,}5^2}{8377{,}74}$$
$$= 3{,}626\ \text{WE.}$$

$$A Z_2'' = (3.\ \text{Schaufelverlust}) = A\,\frac{w_1''^2 - w_2''^2}{2g} = \frac{230^2 - 190{,}9^2}{8377{,}74} = 1{,}964\ \text{WE.}$$

Schließlich kommt hinzu der Austrittsverlust $A Z_a$, d. i. diejenige Wärmemenge $A Z_a$, welche der Austrittsgeschwindigkeit aus der letzten Stufe entspricht, da diese Geschwindigkeit in der Turbine nicht mehr nutzbar gemacht wird. In dem Diagramm (Fig. 47) ist die Austrittsgeschwindigkeit $c_2'' = 162{,}5$ m/sec, es ist also

$$A Z_a = A\,\frac{c_2''^2}{2\,g} = \frac{162{,}5}{427 \cdot 19{,}62} = 3{,}152\ \text{WE.} \tag{50}$$

Hiermit kann nun der wirkliche Wärmeinhalt am Austritt aus der letzten Stufe ermittelt werden, indem als Ausgangspunkt der Wärmeinhalt nach erfolgter adiabatischer Zustandsänderung gewählt wird.

Da die Annahme gemacht wurde, daß im Gehäuse der Turbine ein Druck $p_2 = 1{,}3$ Atm herrschen soll, so ergab die adiabatische Ausdehnung nach dem $(i-s)$-Diagramm ein theoretisches Wärmegefälle von 66 WE, wonach im Gehäuse der Dampf einen Wärmeinhalt

$$i_2 = 592\ \text{WE}$$

haben müßte. Die Energieverluste im Leitapparate, in den Schaufeln und in den Umlenkkanälen betrugen aber nach obiger Berechnung in Wärmeeinheiten:

$$
\begin{aligned}
A Z_1 &= \text{Verlust im Leitapparate} \ . &= \ \ 6{,}600\ &\text{WE} \\
A Z_2 &= 1.\ \text{Schaufelverlust} \ . \ . \ . &= 17{,}048\ &\text{,,} \\
A Z_1' &= \text{Verlust im 1. Umlenkkanal} &= 10{,}548\ &\text{,,} \\
A Z_2' &= 2.\ \text{Schaufelverlust} \ . \ . \ . &= \ \ 6{,}333\ &\text{,,} \\
A Z_1'' &= \text{Verlust im 2. Umlenkkanal} &= \ \ 3{,}626\ &\text{,,} \\
A Z_2'' &= 3.\ \text{Schaufelverlust} \ . \ . \ . &= \ \ 1{,}964\ &\text{,,} \\
A Z_a &= \text{Auslaßverlust} \ . \ . \ . \ . \ . &= \ \ 3{,}152\ &\text{,,} \\
\hline
&\hphantom{= \text{Auslaßverlust}} \textstyle\sum (A\,Z) &= 49{,}271\ &\text{WE.}
\end{aligned}
$$

Für die Radreibung im Dampfe ergab sich aus Gleichung (41) ein Kraftverbrauch von $N_r = 0{,}0445$ PS oder in Wärmeeinheiten ausgedrückt

$$N_r = 632{,}23 \cdot 0{,}0445 = 28{,}13\ \text{WE.}$$

Der Dampfverbrauch für 1 PS_{eff} wurde aber zu 41,4 kg/std berechnet, demnach entfallen auf 1 kg Dampf

$$\frac{28,13}{41,4} = 0,68 \text{ WE},$$

wodurch sich der Wärmeinhalt im Austritt noch auf 49,95 WE erhöht.

Der wirkliche Wärmeinhalt im Gehäuse ist daher

$$i_2'' = i_2 + \sum(AZ) = 592 + 49,95 = 641,95 \text{ WE},$$

also nicht unbeträchtlich höher als bei verlustlosem adiabatischen Arbeitsvorgange.

Betrachtet man das Verhältnis der Verluste zum theoretischen Wärmegefälle $A L_0$, so ergibt sich

$$\frac{\sum(AZ)}{A L_0} = \frac{49,95}{66} = 0,756,$$

d. h. es werden von dem theoretischen Wärmegefälle

$$1 - 0,756 = 0,244$$

oder 24,4 Proz. nutzbar gemacht.

Damit stimmt auch der oben berechnete Wirkungsgrad am Radumfang $\eta_u = 0,256$ überein, in dem die Radreibung noch nicht berücksichtigt ist.

Es ist daher möglich, den Wärmeinhalt i_2' des Dampfes im Gehäuse mit Hilfe des Wirkungsgrades η_i und der Radreibung im Dampfe zu ermitteln.

In den meisten Fällen wird es genügen, nur den aus Tafel II entnommenen Wirkungsgrad η_i zu benutzen. Dann ist

$$i_2' = i_1 - \eta_i (i_1 - i_2).$$

Für das vorliegende Beispiel mit $\eta_i = 0,256$ ist

$$i_2' = 658 - 0,256 (658 - 592) = 641,1 \text{ WE}$$

(641,95 WE oben berechnet, einschl. Radreibung)

Für den durch die Radreibung verursachten Kraftverbrauch war zunächst auf Seite 151 das in der Gleichung (41) vorkommende spezifische Gewicht des trocken gesättigten Dampfes von 1,3 Atm angenommen worden, also

$$\gamma = 0,735 \text{ kg/cbm}.$$

Das spezifische Gewicht bzw. dessen reziproker Wert, das spezifische Volumen, ist vom Wärmeinhalt abhängig, je nachdem der Dampf überhitzt, trocken gesättigt oder naß ist. Bezeichnet v'' das Volumen für 1 kg trocken gesättigten Dampfes und v' das zugehörige Volumen der Flüssigkeit, aus dem der Dampf entstanden ist, was genau genug für alle Drücke mit 0,001 cbm angenommen wird, so ist das Volumen des nassen oder überhitzten Dampfes

$$v = x(v'' - v') + v' \tag{51}$$

oder mit

$$v' = 0,001 \text{ cbm/kg} \tag{52}$$

$$v = x(v'' - 0,001) + 0,001 \text{ cbm/kg}, \tag{53}$$

je nachdem x größer oder kleiner als 1 ist. Der Wert von x wird aber ermittelt aus der Gleichung

$$i = q + x\,r,\qquad(54)$$

in welcher

$$i = \text{Wärmeinhalt des Dampfes,}$$
$$q = \text{Flüssigkeitswärme,}$$
$$r = \text{Verdampfungswärme}$$

bedeuten. (Für den trocken gesättigten Zustand sind diese Werte der Dampftabelle zu entnehmen.) Daraus ist

$$x = \frac{i - q}{r}.\qquad(55)$$

Für den vorliegenden Fall ist nach der Dampftabelle bei $p_2 = 1,3$ Atm

$$\left.\begin{array}{l} i = 641,7 \\ q = 106,5 \\ r = 535,2 \end{array}\right\} \text{ trocken gesättigter Zustand.}$$

Aus obiger Berechnung ergab sich aber

$$i_2' = 641,9,$$

deshalb ist

$$x = \frac{641,9 - 106,5}{535,2} = 0,999\ ^{1}.$$

Demnach, wie auch schon aus dem Vergleich der Wärmeinhalte $i = 641,7$ und $641,9$ hervorgeht, ist der Dampf als trocken gesättigt **anzusehen und daher auch** γ **beizubehalten.**

9. Wirkungsgrad und Dampfverbrauch bei veränderter Drehzahl und Leistung.

Bei dem Antriebe heiztechnischer Maschinen, bei denen zugleich eine Ausnutzung des Abdampfes der Turbine in Frage kommt, ist es notwendig, die bei verschiedenen Belastungen und Umlautszahlen auftretende Abdampfmenge zu kennen, weil nämlich der spezifische Dampfverbrauch der Turbine sowohl bei Belastungsänderungen als auch bei Änderung der Drehzahl ein anderer wird. Verbraucht z. B. eine 10-PS-Turbine bei Normalleistung 30 kg für 1 PS, also insgesamt 300 kg, so beträgt der Dampfverbrauch bei halber Belastung nicht 150 kg, er ist vielmehr größer. Dasselbe gilt bei Verminderung der Drehzahl. Es kann deshalb bei geringerer Belastung der Turbine, die meist eine Folge eines geringeren Wärmebedarfes der Heizungsanlage ist, ein so großer Dampfverbrauch auftreten, daß die völlige Ausnutzung des Abdampfes fraglich wird. Da nun bei Heizungsanlagen nur

---

[1] Wäre $i_2' = 630$, so ergäbe sich
$$x = \frac{630 - 106,5}{535,2} = 0,978.$$

beim Anheizen, im übrigen aber meist nur während einiger Tage im Jahre mit sehr niedriger Außentemperatur die volle Leistung eines Ventilators einer Luftheizanlage oder einer Pumpe einer Pumpenwarmwasserheizung beansprucht wird, so wird in vielen Fällen die Höchstleistung der Dampfturbine auch nur vorübergehend in Anspruch genommen. Übersteigt dann die Abdampfmenge den geforderten Wärmebedarf, so wird der Betrieb unwirtschaftlich. Eine Berechnung des Dampfverbrauches unter Berücksichtigung dieser Umstände soll in folgendem gegeben werden. Von Bedeutung ist hierbei auch, den erforderlichen Dampfdruck vor der Düse bzw. den Druck im Auspuff zu kennen, weshalb in den folgenden Berechnungen diese Drücke jedesmal ermittelt werden.

Die eingehende, theoretisch korrekte Behandlung dieser Frage geht aber über den Rahmen dieses Buches hinaus, sie verlangt ein eingehendes Studium der theoretischen Vorgänge in der Dampfturbine. Es wird daher hier eine einfachere, angenäherte Berechnungsweise mitgeteilt[1].

1. *Wirkungsgrad bei Änderung der Belastung.*

Hierzu ist vor allem erforderlich, festzustellen, wie bei den oben genannten Betriebsänderungen sich der Wirkungsgrad ändert Das Diagramm Fig. 49 zeigt die Linien der Wirkungsgrade von Dampfturbinen ganz verschie-

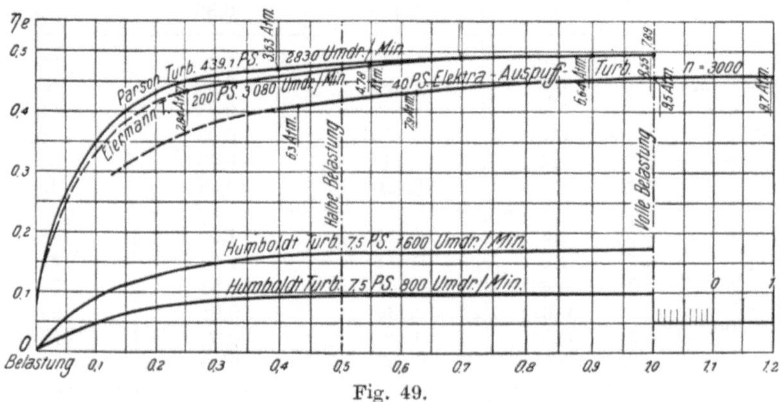

Fig. 49.

dener Größe bei gleichbleibender Umlaufszahl, aber abnehmender Belastung, und zwar einer *Parson*-Turbine von 439 PS_{eff} bei 2380 Umdrehungen in der Minute, einer Turbine von *Eyermann* für 200 PS_{eff} bei 3080 Umdr/min, einer Elektra-Auspuffturbine von 40 PS_{eff} bei 3000 Umdrehungen, einer *Humboldt*-Kleindampfturbine für 7,5 PS_{eff} und 1600 bzw. 800 Umdr/min [2]. Die Wirkungsgrade sind in Abhängigkeit von der Belastung dargestellt; sie

---

[1] Die Vorschläge zu derselben gab die *Maschinenbauanstalt Humboldt* in Kalk bei Cöln.

[2] Die Werte für die *Parson*-Turbine und die *Eiermann*-Turbine sind dem Werke von *Stodola*, „Die Dampfturbine" (Verlag von Springer), entnommen; die für die *Humboldt*-Turbine stammen von der *Maschinenfabrik Humboldt* in Kalk bei Cöln und für die Elektra-Turbine aus der Zeitschr. f. d. gesamte Turbinenwesen 1906.

schließen den mechanischen Wirkungsgrad mit ein, stellen also den Gesamtwirkungsgrad η_e dar. Die Umdrehungszahl ist überall konstant. Die Leistung der Turbinen wurde durch Messung der elektrischen Leistung ermittelt und konnte durch Verminderung der Erregung der von den Turbinen angetriebenen Dynamomaschine bei gleichbleibender Umlaufszahl beliebig herabgesetzt werden.

Die Abszisse 1,0 des Diagramms Fig. 49 entspricht der Vollast und bezeichnet demnach bei der *Humboldt*-Turbine 7,5 PS$_{\text{eff}}$, bei der *Parson*-Turbine 439,1 PS$_{\text{eff}}$. Die Abszisse 0,2 deutet an, daß die Turbine nur $^1/_5$ der Volllast leistet.

Zahlentafel.

Abnahme des Wirkungsgrades bei abnehmender Belastung, jedoch konstanter Drehzahl.

	Belastung	Wirkungsgrad	Verhältniszahl	Leistung in PS
Parson-Turbine 439,1 PS $n = 2380$	1,0	0,495	1,0	439,1
	0,8	0,490	0,99	351
	0,6	0,485	0,98	264
	0,5	0,480	0,97	219
	0,4	0,471	0,95	176
	0,2	0,435	0,88	99
Turbine von *Eyermann* 200 PS $n = 3080$	1,0	0,495	1,0	200
	0,8	0,490	0,99	160
	0,6	0,480	0,97	120
	0,5	0,470	0,95	100
	0,4	0,460	0,93	80
	0,2	0,420	0,83	40
Elektra-Turbine 40 PS $n = 3000$	1,2	0,457	1,0	48
	1,0	0,456	1,0	40
	0,8	0,447	0,98	32
	0,6	0,430	0,94	24
	0,5	0,417	0,92	12
	0,4	0,405	0,89	16
Humboldt-Turbine 7,5 PS 1600 Umdr/min	1,0	0,172	1,0	7,5
	0,8	0,170	0,99	6,0
	0,6	0,168	0,98	4,5
	0,5	0,165	0,96	3,8
	0,4	0,160	0,93	3,0
	0,2	0,150	0,87	1,5
	0,1	0,090	0,52	0,75
Humboldt-Turbine 7,5 PS 800 Umdr/min	1,0	0,098	1,0	7,5
	0,8	0,097	0,99	6,0
	0,6	0,096	0,98	4,5
	0,5	0,095	0,97	3,8
	0,4	0,090	0,92	3,0
	0,2	0,075	0,77	1,5
	0,1	0,047	0,48	0,75

Die Ordinaten über den Teilbelastungen ergeben die effektiven Wirkungsgrade (η_e).

Aus der Darstellung ist ersichtlich, daß diese Wirkungsgrade bis zur Herabminderung auf halbe Leistung wenig abnehmen, bei noch geringerer Leistung aber nur langsam fallen. Die nebenstehende Zahlentafel stellt eine Übersicht über die Abnahme der Wirkungsgrade dar.

Nun ist der Wirkungsgrad, sei es der indizierte (η_i) oder der effektive (η_c), das Verhältnis des theoretischen Wärmeverbrauches (W_{theor}) für die Leistungseinheit (für welche hier die Pferdestärke PS gesetzt wird) zum Wärmeverbrauche für die indizierte (W_i) bzw. effektive (W_e) Leistung der Maschine. Es ist also

$$\eta_i = \frac{W_{\text{theor}}}{W_i}, \tag{57a}$$

bzw.

$$\eta_e = \frac{W_{\text{theor}}}{W_e}. \tag{57b}$$

An Stelle des Wärmeverbrauches kann auch der Dampfverbrauch G_i bzw. G_e gesetzt werden, so daß

$$\eta_i = \frac{G_{\text{theor}}}{G_i} \quad \text{und} \quad \eta_e = \frac{G_{\text{theor}}}{G_e} \tag{58a u. b}$$

ist. Der theoretische Wärmeverbrauch für 1 PS während einer Stunde ist

$$1\ \mathrm{PS} = 632{,}3\ \mathrm{WE/std}\,[1],$$

deshalb ergibt sich der Wärmeverbrauch für 1 PSi und 1 PSe aus (57a) und (57b) zu

$$W_i = \frac{632{,}3}{\eta_i}\,\mathrm{WE/PS/Std.} \tag{59a}$$

bzw.

$$W_e = \frac{632{,}3}{\eta_e}\,\mathrm{WE/PS/Std.} \tag{59b}$$

und der Dampfverbrauch aus (58a) und (58b) zu

$$G_i = \frac{G_{\text{theor}}}{\eta_i} \tag{59c}$$

bzw.

$$G_e = \frac{G_{\text{theor}}}{\eta_e}. \tag{59d}$$

Unter Dampfverbrauch verstehen wir aber die in einer Stunde für 1 PS aufzuwendende Dampfmenge in kg, und die Leistung von 1 kg dieses Dampfes hängt von dem in der Maschine ausnutzbaren Wärmegefälle $(i_1 - i_2)$ ab. Daher ist die für 1 PS/std aufzuwendende Dampfmenge

$$G_{\text{theor}} = \frac{632{,}3}{(i_1 - i_2)}\ \text{in kg/PS/std,} \tag{60}$$

---

[1] Vgl. Gleichung (35) und die Fußnote dazu.

nach Gleichung (59c) und (59d)

$$G_i = \frac{632,3}{(i_1 - i_2)\,\eta_i} \quad \text{in kg/PSi/std,} \tag{61}$$

$$G_e = \frac{632,3}{(i_1 - i_2)\,\eta_e} \quad \text{in kg/PSe/std.} \tag{62}$$

Außerdem ist der Gesamtwirkungsgrad η_e das Produkt aus indiziertem und mechanischem Wirkungsgrade:

$$\eta_e = \eta_i\,\eta_m\,. \tag{63}$$

Aus den Beobachtungen, die wir an den Wirkungsgradlinien in Fig. 49 machen können, geht hervor, daß zur Herabsetzung der Leistung einer Dampfturbine von der Vollast auf eine Teilbelastung bei gleichbleibender Drehzahl und gleichbleibendem Gegendruck eine Verminderung des Druckes vor dem Leitapparat erforderlich ist. Die Dampfdrücke sind in Fig. 49 den Wirkungsgradlinien beigeschrieben. Da nun das Wärmegefälle $(i_1 - i_2)$ von dem jeweiligen Druck vor der Düse und im Gehäuse der Turbine bzw. im Austrittsrohr abhängt, so ergibt sich bei verminderter Leistung auch eine Verminderung des Wärmegefälles als Folge des verminderten Druckes vor der Turbine. Andererseits zeigt die Erfahrung, daß mit der Änderung des Wärmegefälles auch eine Änderung des Wirkungsgrades verbunden ist, wie nachstehende Beispiele beweisen.

Bei der *Parson*-Turbine ist z. B. für die Belastung 1 ein Druck von $p_1 = 7,89$ Atm mit $294°$ Überhitzung vorhanden (siehe Fig. 49). Im Abdampfrohr herrscht ein Druck $p_2 = 0,096$ Atm. Es ist also ein Wärmegefälle $i_1 - i_2 = 179$ WE aus dem $(i - s)$-Diagramm abzulesen. Daraus folgt der theoretische Dampfverbrauch

$$G_{\text{theor}} = \frac{632,3}{i_1 - i_2} = \frac{632}{179} = 3,54 \ \text{kg/PS/std,}$$

während die Maschine tatsächlich für 1 PSe 7,15 kg/std Dampf verbrauchte (durch Versuch festgestellt). Demnach ist

$$\eta_{e(1,0)} = \frac{3,54}{7,15} = 0,496 \quad \text{(s. Fig. 49).}$$

Bei Belastung 0,4 ist $p_1 = 3,53$, $t = 286°$ Überhitzung, $p_2 = 0,096$, daher ist $i_1 - i_2 = 148,5$ WE, also ein ganz anderer Wert als der bei Belastung 1,0.

$$G_{\text{theor}} = \frac{632,2}{148,5} = 4,26 \ \text{kg/PS,}$$

$$G_e = 9,06 \ \text{kg/PSe} \quad \text{(durch Versuch festgestellt),}$$

daher

$$\eta_{e(0,4)} = \frac{4,26}{9,06} = 0,471.$$

Die Beziehungen der beiden Werte $\eta_{e(1,0)} = 0,496$ und $\eta_{e(0,4)} = 0,471$ zueinander werden durch die Verhältniszahl

$$\frac{\eta_{e(0,4)}}{\eta_{e(1,0)}} = \frac{0,471}{0,496} = 0,95$$

und die Belastung 1,0 bzw. 0,4 ausgedrückt.   (Vgl. Spalte 4 der Zahlentafel S. 158 und Fig. 50).

Es ist also möglich, den Wirkungsgrad bei der Belastung 0,4 aus dem anderweitig berechneten oder durch Versuche festgestellten Wirkungsgrade, der für die Belastung 1,0 gilt, zu ermitteln, indem die Verhältniszahl mit $\eta_{e(1,0)}$ multipliziert wird:

$$\eta_{e(0,4)} = 0,496 \cdot 0,95 = 0,471.$$

Die Verhältniszahlen sind in der Zahlentafel angegeben, sie zeigen nur geringe Abweichungen voneinander, trotz der Verschiedenheit der Turbinen, weshalb aus ihnen Mittelwerte, auch für die hier behandelten kleinen Turbinen, angenommen werden können.

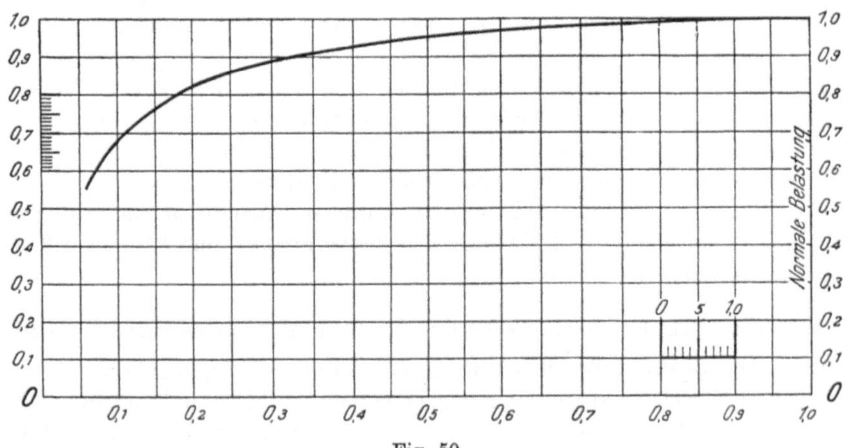

Fig. 50.
Verhältniszahlen der Wirkungsgrade.

Mittelwerte der Verhältniszahlen:

Belastung	1,0	0,9	0,8	0,7	0,6	0,5	0,4	0,3	0,2
Verhältniszahl . .	1,00	0,995	0,990	0,980	0,970	0,950	0,926	0,890	0,820

In Fig. 50 sind diese Mittelwerte auch graphisch dargestellt.

Wenn es nun auch möglich ist, den Wirkungsgrad bei verminderter Belastung aus dem bei Vollbelastung zu berechnen, so fehlt uns immer noch das für die Teilbelastung in Frage kommende Wärmegefälle, aus dem der theoretische Dampfverbrauch zu berechnen ist; denn um eine verminderte Belastung zu erzielen, ist eine Änderung des Druckes entweder vor der Düse oder im Gehäuse vorzunehmen. Ist dieses Wärmegefälle gefunden, so bedarf es nur der Multiplikation seines Wertes mit dem gefundenen Wirkungsgrade, um den wirklichen Dampfverbrauch bei der Teilbelastung zu bestimmen, denn es ist nach Gleichung (62)

$$G_{\text{eff}} = \frac{632,2}{(i_1 - i_2)\,\eta_e} \text{ kg/PSe u. Std.}$$

Den Dampfverbrauch für Teilbelastungen unter Berücksichtigung der dabei auftretenden Drehzahlen zu ermitteln, ist aber die hier gestellte Aufgabe.

Es ist also zu erörtern: Wie kann das Wärmegefälle bei verminderter Leistung, zunächst bei gleichbleibender, dann bei verminderter Drehzahl gefunden werden.

Bei Ventilatoren und Zentrifugalpumpen wird die verminderte Leistung entweder durch Drosselung des Leitungsquerschnittes erreicht, — dann kann die Drehzahl beibehalten werden —, oder sie ist durch Verminderung der Drehzahl zu bewirken[1]. Im ersteren Falle wird der Wirkungsgrad des Ventilators oder der Pumpe sich ändern, weil der Wert für die gleichwertige Düse, der im Abschnitte „Zentrifugalventilatoren" mit A bezeichnet ist, eine Änderung erfährt, im letzteren dagegen angenähert sich gleichbleiben. Die Verminderung der Drehzahl zur Herabsetzung der Leistung wird im allgemeinen vorzuziehen sein. (Vgl. die Abschnitte „Ventilatoren" und „Zentrifugalpumpen".)

Es handelt sich nun zunächst um die Ermittlung des Dampfdruckes vor dem Leitapparate der Turbine für den Fall der verminderten Leistung bei gleichbleibender Umlaufszahl, da die Herabsetzung der Leistung eine Verminderung des Dampfdruckes bedingt.

Für die vorliegenden Fälle werden zumeist Auspuffturbinen in Frage kommen; es kann deshalb der Druck im Abdampfrohre mit 1,05 bis 1,6 Atm angenommen werden.

2. *Dampfmenge, welche bei gegebenen Drücken p_1 und p_2 durch eine Düse strömt.*

Bevor wir in die Lösung der Frage eintreten, ist diejenige Dampfmenge zu bestimmen, welche durch einen gegebenen Leitapparat, also eine Düse von gegebenem Querschnitt, bei verschiedenen Dampfdrücken hindurchströmt.

Eine diesbezügliche einfache Gleichung hat *Zeuner* für trocken gesättigten Dampf aufgestellt, nach welcher das sekundlich durch eine Düse, deren engster Querschnitt f_m ist, hindurchströmende Dampfgewicht

$$G_{\text{sec}} = 1{,}99\, f_m \sqrt{\frac{p_1}{v_1}} \quad \text{in kg/sec} \tag{64}$$

ist. Für überhitzten Dampf gilt nach *Stodola*

$$G_{\text{sec}} = 2{,}09\, f_m \sqrt{\frac{p_1}{v_1}} \quad \text{in kg/sec.} \tag{65}$$

In diesen Gleichungen ist

G_{sec} = Dampfgewicht in kg/sec,

f_m = engster Querschnitt der Düse in qm (f_{minimum}),

p_1 = Dampfdruck vor der Düse in kg/qm,

v_1 = Volumen des Dampfes vor der Düse in cbm/kg;

---

[1] Vgl. Abschnitt I, Gleichung (32), Seite 25.

kg/sek.
0,17
0,16
0,15
0,14
0,13
0,12
0,11
0,10
0,09
0,08
0,07
0,06
0,05
0,04
0,03
0,02
0,01
0
G_{sek} für f_m = 0,00010 qm = f_0
p_1 = 1   2   3   4   5   6   7   8   9   10   11   12 Atm.

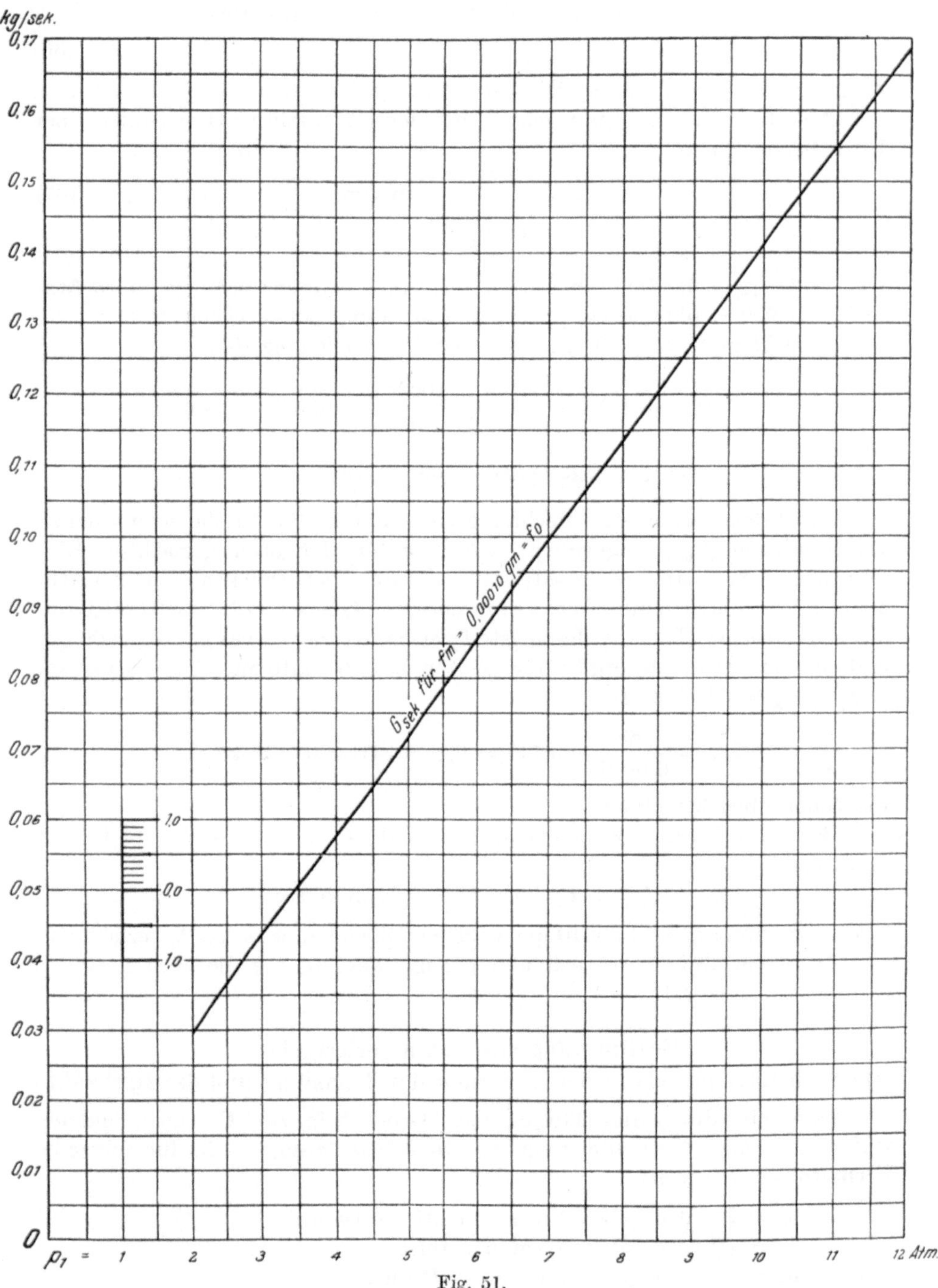

Fig. 51.

sie haben aber nur so lange Gültigkeit, als der Gegendruck

$$p_2 < 0{,}5774\, p_1 \,. \tag{66}$$

Näheres hierüber ist unter Niederdruckturbinen auf Seite 185 gesagt.

Aus der Gleichung (64) geht ferner der erforderliche Querschnitt einer Düse hervor durch

$$f_m = \frac{G_{\text{sec}}}{1{,}99 \sqrt{\dfrac{p_1}{v_1}}} \quad \text{in qm.} \tag{67}$$

Ist z. B. $f_m = 0{,}00006$ qm (etwa 8,7 mm Durchmesser), $p_1 = 10$ Atm $= 10 \cdot 10\,000 = 100\,000$ kg/qm, $v_1 = 0{,}198$ cbm, entsprechend trocken gesättigtem Dampfe von 10 Atm, so folgt aus Gleichung (64)

$$G_{\text{sec}} = 1{,}99 \cdot 0{,}00006 \sqrt{\frac{100\,000}{0{,}198}} = 0{,}0848 \text{ kg/sec.}$$

oder

$$G = 0{,}0848 \cdot 3600 = 305{,}3 \text{ kg/std.}$$

Zur Erleichterung der Rechnung sind nun in Fig. 51 die sekundlichen Dampfmengen (G_{sec}) angegeben, welche unter der oben gemachten Einschränkung von trocken gesättigtem Dampfe bei Drücken von 2,0 Atm bis 12 Atm durch eine Düse vom engsten Querschnitt $f_0 = 0{,}00010$ qm hindurchströmen. Ist z. B. der engste Querschnitt einer Düse $f_m = 0{,}00006$ qm und $p_1 = 10$ Atm, so ergibt Fig. 51 für $f_0 = 0{,}00010$ qm $G_{\text{sec}} = 0{,}141$ kg. und für $f_m = 0{,}00006$ ist

$$G_{\text{sec}} = \frac{0{,}00006}{0{,}00010} \cdot 0{,}141 = 0{,}6 \cdot 0{,}141 = 0{,}0848 \text{ kg/sec,}$$

wie schon oben berechnet.

Bei $p_1 = 5{,}0$ Atm $= 50\,000$ kg/qm und $f_m = 0{,}00016$ qm folgt aus Fig. 51:

$$G_{\text{sec}} = 1{,}6 \cdot 0{,}0720 = 0{,}1152 \text{ kg/sec.}$$

Der Querschnitt $f_m = 0{,}00010$ qm wird im folgenden stets mit f_0 bezeichnet.

An einem Beispiele soll nun gezeigt werden, wie die oben gestellte Aufgabe zu lösen ist.

Bestimmung des Dampfverbrauches
einer Kleindampfturbine bei Änderung der Belastung und der Drehzahl.

Es sei eine dreistufige Turbine (eine Druckstufe, zwei Geschwindigkeitsstufen) mit einer Normalleistung von 10 PSe gegeben, welche für folgende Verhältnisse gebaut ist:

$p_0 = 4{,}3$ Atm (absol.) vor dem Absperrventil.

$p_1 = 4{,}0$ Atm (absol.) vor der Düse.

$p_2 = 1{,}1$ Atm (absol.) im Auspuffrohr.

$n = 2000$/min.

$$D = 0{,}60 \text{ m (Raddurchmesser)}.$$
$$N_e = 10{,}0 \text{ PS}_{\text{eff}}.$$
$$\zeta = 0{,}12; \quad \varphi = \sqrt{1 - \zeta} = 0{,}94 \text{ (Düsenverlust)}.$$
$$\alpha_1 = 25° \text{ (Düsenwinkel)}.$$
$$\psi = 0{,}85 \text{ (Widerstandszahl der Schaufeln und der Umlenkkanäle)}.$$

Es ist zu ermitteln, wie groß der Dampfverbrauch bei einer Belastung = 0,4, also bei 4 PSe ist, einmal bei 2000 Umdrehungen und ferner bei 1500 Umdrehungen, welcher Druck vor der Düse herrschen muß, woraus dann das Wärmegefälle und der Dampfverbrauch für $n = 2000$ und für $n = 1500$ berechnet werden kann.

Zur Bestimmung des Wirkungsgrades bei Vollast kann die graphische Darstellung Tafel II benutzt werden, oder es ist das Geschwindigkeitsdiagramm nach Fig. 48 zu zeichnen.

1. Dampfverbrauch bei Vollast und normaler Drehzahl.

I. Wirkungsgrad und Dampfverbrauch.

Leistung $N_e = 10 \text{ PS}_{\text{eff}}$.

a) Umfangsgeschwindigkeit u für $n = 2000/\text{min}$:

$$u = \frac{0{,}6 \cdot 3{,}14 \cdot 2000}{60} = 62{,}80 \text{ m/sec}.$$

b) Eintrittsgeschwindigkeit c_1 für $p_1 = 4{,}0$ Atm, $p_2 = 1{,}1$ Atm:

$$(i_1 - i_2) = 53 \text{ WE [siehe } (i-s)\text{-Diagramm]},$$
$$c_1 = 91{,}5 \cdot 0{,}94\sqrt{53} = 624{,}8 \text{ m/sec},$$

c) $$\frac{u}{c_1} = \frac{62{,}8}{624{,}8} = 0{,}1005.$$

d) Wirkungsgrad η_i nach Tafel II:

$$\eta_i = 0{,}455 \text{ (der hier } \eta_u \text{ gleichgesetzt werden kann)}.$$

e) Mechanischer Wirkungsgrad η_m (Annahme eines Vorgeleges):

$$\eta_m = \frac{10}{(1 + 0{,}1)10 + N_r}, \qquad \text{[n. Gl. (42)]}$$
$$N_r = 12 \cdot 0{,}6^2 \cdot 0{,}628^3 \cdot 0{,}635 = 0{,}679, \qquad \text{[n. Gl. (41)]}$$
$$\eta_m = \frac{10}{11{,}679} = 0{,}855.$$

f) Indizierte Leistung N_i:

$$N_i = \frac{10{,}0}{0{,}855} = 11{,}68 \text{ PSi}.$$

g) Dampfverbrauch bei Vollast und $n = 2000$:

$$1. \quad G_{\text{theor}} = \frac{632{,}3}{53} = 11{,}92 \text{ kg/PS},$$

2. $\qquad G_i = \dfrac{632{,}3}{53 \cdot 0{,}455} = 26{,}2 \text{ kg/PSi},$ $\qquad\qquad$ [n. Gl. (61)]

3. $\qquad G_e = \dfrac{632{,}3}{53 \cdot 0{,}455 \cdot 0{,}855} = \mathbf{30{,}7 \ kg/PS_e/Std.}$ $\qquad$ [n. Gl. (62)]

h) Gesamtwirkungsgrad:

$$\eta_e = 0{,}455 \cdot 0{,}855 = \mathbf{0{,}389} \qquad\qquad \text{[n. Gl. (63)]}$$

Der Dampfverbrauch für eine Leistung von 10 PSe beträgt demnach

$$10{,}0 \cdot 30{,}7 = 307 \text{ kg/std.}$$

Die sekundliche Dampfmenge, welche bei $p_1 = 4{,}0$ Atm, $p_2 = 1{,}1$ Atm durch den Leitapparat hindurchgehen muß, ist:

$$G_{\mathrm{sec}} = \frac{307}{3600} = 0{,}0853 \text{ kg/sec.}$$

II. Erforderlicher Düsenquerschnitt.

Der Düsenquerschnitt für diese Dampfmenge ist daher nach Gleichung (67):

$$f_m = \frac{0{,}0853}{1{,}99\sqrt{\dfrac{40\,000}{0{,}471}}} = 0{,}000147 \text{ qm.}$$

Derselbe Wert wird aus Fig. 51 erhalten, denn für $p_1 = 4{,}0$ ist bei $f_m = 0{,}00010 = f_0$, $G_{\mathrm{sec}} = 0{,}0579$ kg, daher für $G_{\mathrm{sec}} = 0{,}0853$ kg:

$$f_m = \frac{0{,}0853}{0{,}0579} \cdot 0{,}00010 = 0{,}000147 \text{ qm.}$$

2. Dampfverbrauch bei Minderlast und normaler Drehzahl und Bestimmung der Wärmemenge, welche in dem durch die Düse strömenden Dampfe enthalten ist.

Wir gehen nun zur Ermittlung des Dampfverbrauches bei der Belastung 0,4 über, unter Beibehaltung der Drehzahl $n = 2000$.

Der effektive Wirkungsgrad bei Vollast ist

$$\eta_e = \eta_i \, \eta_m = 0{,}455 \cdot 0{,}855 = \mathbf{0{,}389}.$$

Für die Belastung 0,4 ergibt sich der Wirkungsgrad mit Hilfe der obigen Zahlentafel oder der graphischen Darstellung (Fig. 50) der Mittelwerte der Wirkungsgrade bei abnehmender Belastung zu:

$$\eta_{e(0{,}4)} = 0{,}389 \cdot 0{,}926 = \mathbf{0{,}360}.$$

Da der theoretische Wärmeverbrauch für 1 PS 632,3 WE/std beträgt, so sind mit einem Wirkungsgrade $\eta_e = 0{,}360$ nach Gleichung (59b)

$$\frac{632{,}3}{0{,}360} = 1756 \text{ WE/PSe/std}$$

aufzuwenden, d. h. es muß durch die gegebene Düse stündlich zur Leistung von 4 PSe **diejenige Dampfmenge** hindurchgehen, welche

$$4 \cdot 1756 = 7024 \text{ WE}$$

enthält oder in 1 Sekunde

$$\frac{7024}{3600} = 1{,}951 \text{ WE/sec.}$$

Diese Dampfmenge können wir nur dadurch bestimmen, daß wir untersuchen, welche **Dampfmengen** und die in diesen enthaltenen bzw. **n u t z - b a r z u m a c h e n d e n W ä r m e m e n g e n** überhaupt bei den **i n B e t r a c h t** kommenden Drücken durch die Düse von 0,000147 qm engstem Querschnitt hindurchgehen.

Die Dampfmengen bestimmen wir nach Gleichung (64); die Wärmemengen gibt uns das $(i-s)$-Diagramm durch das Wärmegefälle $(i_1 - i_2)$ für 1 kg Dampf (und zwar zwischen den betreffenden Drücken) an. Wir haben also das Produkt $G_{\text{sec}}\,(i_1 - i_2)$ für die Drücke $p_1 = 4{,}0$ bis herab auf etwa $p_1 = 1{,}9$ Atm zu bilden.

Der Querschnitt der Düse ist $f_m = 0{,}000147$ qm. Wir bilden daher zunächst eine Zahlenreihe für G_{sec}, die auf Grund der Gleichung (64)

$$G_{\text{sec}} = 1{,}99 \cdot 0{,}000147 \, \sqrt{\frac{p_1}{v_1}}$$

gefunden wird [1], indem wir nacheinander die Werte für $p_1 = 19\,000$ kg/qm bis $p_1 = 40\,000$ kg/qm und die entsprechenden Werte für v_1 in die Gleichung einsetzen [2].

p_1	G_{sec} in kg $f_0 = 0{,}00010$ qm	G_{sec} in kg $f_m = 0{,}000147$ qm
1,9	0,0282	0,0415
2,0	0,0296	0,0435
2,5	0,0367	0,0539
3,0	0,0437	0,0642
3,5	0,0505	0,0742
4,0	0,0579	0,0851

Die Wärmemenge, die 1 kg Dampf beim Durchströmen der Düse und der hierbei erfolgenden Druckabnahme vom Drucke p_1 auf den Abdampfdruck, der mit $p_2 = 1{,}1$ Atm angenommen war, abzugeben vermag, entnehmen wir dem $(i - s)$-Diagramm und bilden das Produkt

$$G_{\text{sec}}\,(i_1 - i_2),$$

worin i_1 den Wärmeinhalt bei p_1 und i_2 den Wärmeinhalt nach adiabatischer Ausdehnung auf den Abdampfdruck p_2 bedeuten.

---

[1] Die Werte von G_{sec} können auch mit Hilfe der Fig. 51 gefunden werden.

[2] Der höchste Druck war $p_1 = 4{,}0$ Atm; für den niedrigsten kommt Gleichung (66) in Betracht: $p_2 < 0{,}5774\ p_1$.

$G_{sec}\,(i_1 - i_2)$ für die Düse $f_m = 0{,}000147$ qm bei den Drücken
$p_1 = 1{,}9$ bis $4{,}0$ und $p_2 = 1{,}1$ Atm.

p_1 Atm.	G_{sec} kg	$(i_1 - i_2)$ WE/kg	$G_{sec}\,(i_1 - i_2)$ WE/sec
1,9	0,0415	22,0	0,913
2,0	0,0435	24,5	1,066
2,5	0,0539	33,5	1,806
3,0	0,0642	41,0	2,632
3,5	0,0742	48,0	3,561
4,0	0,0851	53,0	4,510

Die zweite Spalte der Zahlentafel gibt uns an, welche Dampfmengen bei dem in Spalte 1 angegebenen Drücken durch die Düse in der Sekunde hindurchgehen, die letzte Spalte gibt an, welche Wärmemengen hierbei zur Verfügung stehen, wenn diese Dampfmengen adiabatisch von p_1 auf p_2 expandieren.

Da nun oben bereits, unter Berücksichtigung aller Verluste, also mit Beachtung des Wirkungsgrades, die erforderliche sekundliche Wärmemenge zu $1{,}951$ WE berechnet worden ist, so können wir schon aus der obigen Zahlenreihe entnehmen, daß ein Druck p_1 erforderlich ist, der zwischen $2{,}5$ und $3{,}0$ Atm liegt.

Zur genaueren Bestimmung tragen wir die Spalte 4 der Zahlentafel als Funktion des Druckes p_1 auf (siehe Fig. 52) und entnehmen, daß die Wärmemenge $1{,}951$ WE, die für eine Leistung von 4 PS erforderlich ist, bei $p_1 = 2{,}6$ Atm durch die Düse hindurchgeht.

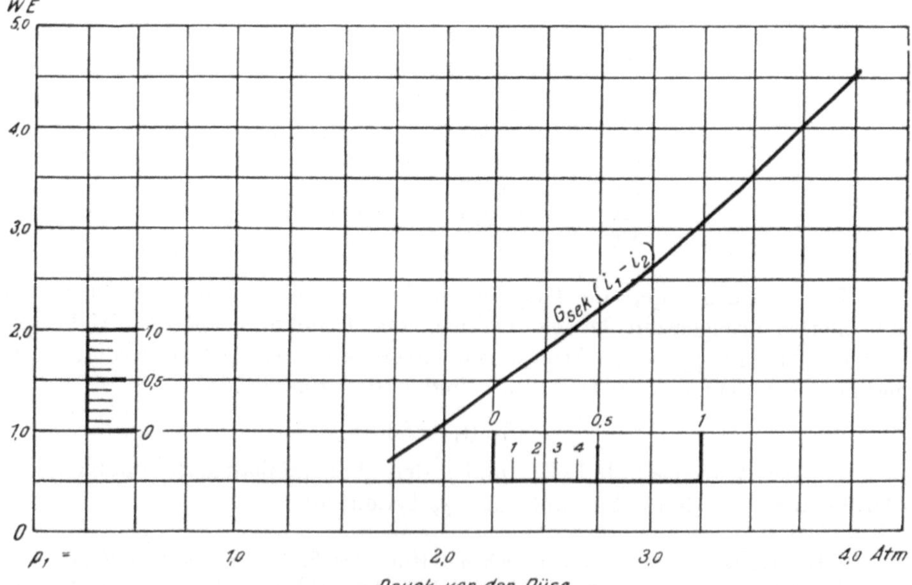

Fig. 52.

Es muß also der vor der Turbine bestehende Druck von 4 Atm auf 2,60 Atm herabgedrosselt werden, damit die Leistung der Turbine von 10 auf 4 PSe vermindert wird.

Die sekundliche **Dampfmenge**, welche durch eine Düse vom Querschnitt $f_0 = 0,00010$ qm bei dem nun gefundenen Drucke $p_1 = 2,6$ Atm hindurchgeht, ergibt sich aus Fig. 51. Für eine Düse $f_m = 0,000147$ ist bei $p_1 = 2,6$ Atm die hindurchgehende Dampfmenge $\dfrac{0,000147}{0,000100} = 1,47$ mal so groß.

$$G_{\text{sec}} = 0,0381 \cdot 1,47 = \mathbf{0,0560}\ \text{kg/sec}$$

oder der stündliche Gesamtdampfverbrauch

$$G_e = 0,0560 \cdot 3600 = \mathbf{201,600}\ \text{kg/std.}$$

Bei einer Leistung von 4 PSe ist daher der spezifische Dampfverbrauch

$$G_e = \frac{201,6}{4,0} = \mathbf{50,4}\ \text{kg/PSe.}$$

Das $(i - s)$-Diagramm gibt für $p_1 = 2,6$, $p_2 = 1,1$ ein Wärmegefälle $(i_1 - i_2) = 35,5$ WE. Daher ist

$$G_{\text{theor}} = \frac{632,3}{35,5} = 17,81\ \text{kg/std}$$

und

$$\eta_e = \frac{17,81}{50,40} = \mathbf{0,354.}$$

Angenommen war

$$\eta_e = 0,360.$$

Wir haben demnach den **Dampfverbrauch** und den erforderlichen Druck vor der Düse für die **Belastung** 0,4 = 4 PSe bei der **Umlaufszahl** $n = 2000$ gefunden.

3. Dampfverbrauch derselben Turbine bei Vollast und verminderter Drehzahl, sowie Bestimmung des erforderlichen Düsenquerschnittes.

Es handelt sich nun darum, den Dampfverbrauch bei **ebenderselben** Leistung, jedoch bei **verminderter** Drehzahl ($n = 1500$), zu bestimmen.

Aus Fig. 49 und der Zahlentafel für die Wirkungsgrade ist ersichtlich, daß die Abnahme der Wirkungsgrade der *Humboldt*-Turbine bei $n = 2000$ und $n = 1500$ in ganz ähnlicher Weise erfolgt. Außerdem enthält Fig. 53 die Wirkungsgradlinien nach Fig. 50 und die aus Bremsversuchen an einer *Nadrowski*-Turbine berechneten Wirkungsgrade (in der Darstellung mit $\times$ bezeichnet). Die Drehzahl betrug zuerst $n = 2500$ und dann $n = 2000$/min. Die Versuchspunkte fügen sich verhältnismäßig gut in die Linien ein.

Wir können daher ohne weiteres die Verhältniszahlen für die Wirkungsgrade auch für verminderte Drehzahlen ($n = 1500$ bzw. $n = 2000$) als zutreffend annehmen.

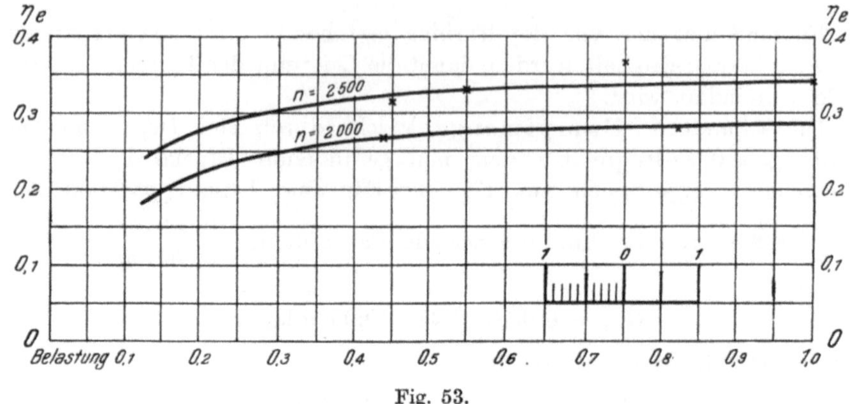

Fig. 53.

Dann ergibt sich für die Bestimmung des Dampfverbrauches derselben Turbine bei $N_e = 4{,}0$ PS und $n = 1500$ dasselbe Berechnungsverfahren wie zuvor, wobei wieder Tafel II zur Bestimmung des Wirkungsgrades η_i benutzt werden soll.

Es ist also der Wirkungsgrad und der Dampfverbrauch zunächst für die volle Leistung $N_e = 10$ PSe und $n = 1500$ zu ermitteln[1], danach der Druck bei der Belastung 0,4 und der hierauf entfallende Dampfverbrauch.

Wie im vorangehenden Falle bestimmen wir unter Annahme derselben Drücke: $p_1 = 4{,}0$ Atm, $p_2 = 1{,}1$ Atm:

1. $$G_{\text{theor}} = \frac{632{,}3}{53} = 11{,}92 \text{ kg/PS/std.}$$

2. $n = 1500;\ u = 47{,}15;\ c_1 = 624{,}8;\ \dfrac{u}{c_1} = 0{,}0754;\ \eta_i = 0{,}377$ (n. Taf. II),

$$G_i = \frac{632{,}3}{53 \cdot 0{,}377} = 31{,}644 \text{ kg/PSi/std.}$$

3. $\eta_m = 0{,}89;\quad \eta_e = \eta_i \cdot \eta_m = 0{,}377 \cdot 0{,}89 = 0{,}335,$

$$G_e = \frac{632{,}3}{53 \cdot 0{,}335} = 35{,}555 \text{ kg/PSe/std.}$$

---

[1] Ein Beispiel, wie bei einem Ventilator der Leistungsverbrauch, trotz veränderter Drehzahl und veränderter Fördermenge, gleichbleiben kann, gibt Fig. 15 im Abschnitt „Zentrifugalventilatoren". Wie die weitere Berechnung ergeben wird, steigt der Dampfverbrauch, was sich ohne weiteres daraus erklärt, daß bei verminderter Drehzahl das Drehmoment größer wird. Bei $n = 2000$ ist dasselbe

$$M_d = \frac{10 \cdot 716}{2000} = 3{,}58 \text{ mkg/sec,}$$

dagegen bei $n = 1500$ ist

$$M_d = \frac{10 \cdot 716}{1500} = 4{,}77 \text{ mkg/sec.}$$

Vgl. Abschnitt „Elektromotoren" Seite 194 u. f.

Der Gesamtdampfverbrauch für 10 PSe ist daher

$$10,0 \cdot 35,555 = 355,55 \text{ kg/std}$$

oder

$$G_{\text{sec}} = \frac{355,55}{3600} = 0,0988 \text{ kg/sec}.$$

Er ist größer als bei 2000 Umläufen ($G_{\text{sec (2000)}} = 0,0853$ kg), und zwar deshalb, weil infolge der geringeren Umlaufzahl der Wirkungsgrad geringer ist, während unter Beibehaltung der Drücke p_1 und p_2 die Eintrittsgeschwindigkeit c_1 dieselbe bleibt. Das Verhältnis $\dfrac{u}{c_1}$ wird daher kleiner und mit ihm der Wirkungsgrad η_i und daher ist der Dampfverbrauch größer.

Der größere Dampfverbrauch bedingt aber entweder

1. einen größeren Düsenquerschnitt f_m als den, der bei 10 PS und $n = 2000$ berechnet wurde, oder
2. eine Erhöhung des Druckes p_1 über 4,0 Atm hinaus, oder
3. einen größeren Druckabfall, so daß p_2 nicht mehr 1,1 Atm beträgt.

Da aber der Berechnung des Dampfverbrauches der Druckabfall von $p_1 = 4,0$ auf $p_2 = 1,1$ Atm mit dem entsprechenden Wärmegefälle zugrunde liegt, so bestimmen wir hiernach die Düsenweite f_m mit Hilfe der Gleichung (67) oder der Tafel III[1].

Die Dampfmenge war oben berechnet zu

$$G_{\text{sec}} = 0,0988 \text{ kg/sec},$$

das Wärmegefälle für $p_1 = 4,0$, und $p_2 = 1,1$ Atm war

$$(i_1 - i_2) = 53 \text{ WE}.$$

Daraus ergibt sich

$$G_{\text{sec}} \cdot (i_1 - i_2) = 0,0988 \cdot 53 = 5,24 \text{ WE/Sec}.$$

Es ist der Düsenquerschnitt zu bestimmen. Bei dem gegebenen Druckabfalle von $p_1 = 4,0$ auf $p_2 = 1,1$ Atm ist nach Tafel III für $f_0 = 0,00010$ qm

$$G_{\text{sec}} (i_1 - i_2) = 3,07 \text{ WE/Sec}.$$

---

[1] In Tafel III ist nämlich genau wie in Fig. 52 das Produkt aus dem durch eine Düse vom Querschnitt $f_m = 0,00010 = f_0$ sekundlich hindurchgehenden Dampfgewichte G_{sec} und den bei Anfangsdrücken $p_1 = 1,9$ bis 6,0 Atm und Enddrücken $p_2 = 1,0$ bis 1,6 auftretenden Wärmegefällen $(i_1 - i_2)$ in WE als Funktion der Drücke p_1 aufgetragen. Wir lesen also z. B. bei $p_1 = 5$ Atm und einem Gegendrucke $p_2 = 1,0$ eine sekundliche Wärmemenge $W = 4,72$ WE, bei einem Gegendrucke $p_2 = 1,4$ eine solche von 3,8 WE ab. Es ist demnach für die Düse f_0 bei $p_1 = 5,0$, $p_2 = 1,4$ Atm:

$$G_{\text{sec}} (i_1 - i_2) = 3,8 \text{ WE}.$$

Ist $f_m = 0,00015$ qm, so folgt aus $\dfrac{f_m}{f_0} = 1,5$:

$$G_{\text{sec}} (i_1 - i_2) = 1,5 \cdot 3,8 = 5,7 \text{ WE}.$$

(Fortsetzung der Fußnote S. 172.)

Deshalb ist das Düsenverhältnis

$$z = \frac{5{,}24}{3{,}07} = 1{,}706,$$

und die erforderliche Düse muß einen Querschnitt $f_m = 1{,}706 \cdot 0{,}00010 = 0{,}0001706$ qm aufweisen.

Dieser Düsenquerschnitt ist also erforderlich für die **volle Belastung** $N_e = 10{,}0$ PS bei $n = 1500$, $p_1 = 4{,}0$ und $p_2 = 1{,}1$ Atm.

Zur Veränderung des Düsenquerschnittes sind manche Turbinen mit Nadelventilen versehen, andere wieder besitzen mehrere Düsen, wie z. B. die *Nadrowski*-Turbine, welche ab- oder zugeschaltet werden.

4. Dampfverbrauch bei Minderlast und verminderter Drehzahl.

Für die **Belastung 0,4** bei $n = 1500$ kann aber die gleiche Abnahme des Wirkungsgrades nach Fig. 50 gemacht werden wie im obigen Beispiel, es ist deshalb

$$\eta_e = 0{,}335 \cdot 0{,}926 = 0{,}311,$$

woraus sich die stündlich für 1 PSe erforderliche Wärmemenge

$$W_{e/\mathrm{std}} = \frac{632{,}3}{0{,}311} = 2033 \text{ WE/std}$$

Ist umgekehrt bei den genannten Drücken eine Wärmemenge:

$$G_{\mathrm{sec}}(i_1 - i_2) = 7{,}6 \text{ WE}$$

berechnet worden, so ist

$$\frac{7{.}6}{3{,}8} = 2{,}0,$$

und die zugehörîge Düse muß einen engsten Querschnitt

$$f_m = 2 \cdot 0{,}00010 = 0{,}00020 \text{ qm}$$

erhalten.

Wäre aber der Druck vor der Düse nicht gegeben, sondern nur p_2 sowie f_m und $G_{\mathrm{sec}}(i_1 - i_2)$, dann ist p_1 in der Weise zu finden, daß man zunächst

$$\frac{f_m}{f_0} = z$$

ermittelt, das gegebene $G_{\mathrm{sec}}(i_1 - i_2)$ durch z dividiert und die damit gefundene Wärmemenge in Tafel III auf derjenigen Linie aufsucht, welche für den gegebenen Druck p_2 gilt. Auf der darunter liegenden Abszisse ist dann der Druck p_1 abzulesen. — Ebenso ist bei gegebenem p_1 der Druck p_2 zu finden.

Es sollen gegeben sein:

$$p_2 = 1{,}1; \quad G_{\mathrm{sec}}(i_1 - i_2) = 5{,}7; \quad f_m = 0{,}00015.$$

Dann ist

$$\frac{f_m}{f_0} = 1{,}5.$$

Die zur Düse f_0 gehörige Wärmemenge ist daher

$$G_{\mathrm{sec}}(i_1 - i_2) = \frac{5{,}7}{1{,}5} = 3{,}8 \text{ WE,}$$

und in Tafel III ist ein Druck von 4,53 Atm abzulesen, bei welchem durch eine Düse $f_m = 0{,}00015$ eine Wärmemenge $G_{\mathrm{sec}}(i_1 - i_2) = 5{,}7$ WE hindurchgeht.

oder

$$W_{e\,(\text{sec})} = \frac{2033}{3600} = 0,565 \text{ WE/sec}$$

oder für 4,0 PSe

$$W = 4,0 \cdot 0,565 = 2,260 \text{ WE/sec}$$

ergibt.

Bei dem Verhältnis der Düsenquerschnitte $\dfrac{f_m}{f_0} = 1,7$ ist für f_0

$$W = \frac{2,26}{1,70} = 1,323 \text{ WE/sec,}$$

weshalb nach Tafel III für $p_2 = 1,1$ Atm. der Druck

$$p_1 = 2,58 \text{ Atm}$$

sein muß.

Nach der Berechnung I hatte indessen die Turbine eine Düse vom Querschnitt $f_m = 0,000147$ qm, woraus sich zur Leistung von 2,26 WE/sec ein etwas höherer Druck vor der Düse einstellen muß, weil $\dfrac{f_m}{f_0} = 1,47$ ist.

Daher ist für f_0

$$W = \frac{2,26}{1,47} = 1,537 \text{ WE/sec,}$$

wonach sich aus Tafel III ein Druck $p_1 = 2,78$ Atm ergibt. Bei diesem Drucke strömt durch die Düse $f_m = 0,000147$ qm nach Fig. 51 ein Dampfgewicht von

$$G_{\text{sec}} = 0,04025 \cdot 1,47 = 0,0592 \text{ kg/sec,}$$

somit in der Stunde ein Gesamtdampfgewicht

$$G = 0,0592 \cdot 3600 = 213,1 \text{ kg/std.}$$

Der spezifische Dampfverbrauch bei Belastung 0,4 und $n = 1500$ ist:

$$G_e = \frac{213,1}{4,0} = 53,275 \text{ kg/PSe/std.}$$

Bei $p_1 = 2,78$ und $p_2 = 1,10$ gibt das $(i-s)$-Diagramm ein Wärmegefälle von 38 WE an.

Demnach ist der theoretische Dampfverbrauch hierfür

$$G_{\text{theor}} = \frac{632,3}{38} = 16,64 \text{ kg/PS.}$$

Der effektive Wirkungsgrad aus den berechneten Dampfmengen ist daher

$$\eta_e = \frac{16,64}{53,275} = 0,312,$$

stimmt also mit dem anfangs angenommenen überein.

Zusammenstellung der Berechnungsergebnisse.

Das Resultat der Berechnungen ist nun folgendes:

Die Dampfturbine verbraucht bei:

1. $N_e = 10$ PSe; $n = 2000$; $p_1 = 4{,}0$ Atm; $p_2 = 1{,}10$ Atm:

$$G_e = \mathbf{30{,}7} \text{ kg Dampf für 1 PSe,}$$

dabei ist $\eta_{e\,(1,0)} = \mathbf{0{,}389}$.

2. $N_e = 4$ PSe; $n = 2000$; $p_1 = 2{,}60$ Atm; $p_2 = 1{,}10$ Atm:

$$G_e = \mathbf{50{,}4} \text{ kg Dampf für 1 PSe,}$$

dabei ist $\eta_{e\,(0,4)} = \mathbf{0{,}354}$.

$$\text{Das Verhältnis} \quad \frac{\eta_{e\,(1,0)}}{\eta_{e\,(0,4)}} = \frac{0{,}354}{0{,}389} = 0{,}911.$$

3. $N_e = 4$ PSe; $n = 1500$; $p_1 = 2{,}78$ Atm; $p_2 = 1{,}10$ Atm:

$$G_e = \mathbf{53{,}275} \text{ kg Dampf für 1 PSe,}$$

dabei ist $\eta_e = \mathbf{0{,}312}$.

Der Gesamtdampfverbrauch beträgt:

$$
\begin{array}{llll}
\text{für 1.} & 10 \cdot 30{,}7 = & 307{,}0 \text{ kg/std} & (n = 2000),\\
\text{für 2.} & 4 \cdot 50{,}4 = 201{,}6 & ,, & (n = 2000),\\
\text{für 3.} & 4 \cdot 53{,}3 = 213{,}2 & ,, & (n = 1500).
\end{array}
$$

Bei verminderter Drehzahl ist demnach der Dampfverbrauch größer; zur Verminderung der Leistung ist der Dampfdruck herabzusetzen.

10. Berechnung des Dampfverbrauchs einer Kleindampfturbine, welche einen Ventilator antreibt, und Vergleich der im Abdampfe enthaltenen Wärme mit dem Wärmeinhalte der vom Ventilator geförderten Luft.

Zu den Betrachtungen wird der in Fig. 14 des Abschnittes „Zentrifugalventilatoren" dargestellte *Schiele*-Ventilator benutzt.

Betriebsverhältnisse.

I. Der Ventilator liefert $V = 9{,}17$ cbm Luft von $70°$, macht dabei $n = 735$ Umdrehungen in der Minute und erfordert bei einem Wirkungsgrade $\eta = 0{,}57$ hierzu $\mathbf{15{,}65}$ PSe, wobei der Gesamtdruck $p_g = 73$ mm WS beträgt.

II. Die Fördermenge wird durch Drosselung des Luftstromes auf $V = 7{,}0$ cbm/sec herabgesetzt, während die Drehzahl $n = 735$ beibehalten wird. Der Wirkungsgrad ist $\eta = 0{,}54$, der Gesamtdruck $p_g = 64$ mm WS, der Leistungsverbrauch $\mathbf{11{,}05}$ PSe.

III. Die Fördermenge wird wie unter II beibehalten, beträgt also $V = 7{,}0$ cbm, indessen wird die Verminderung der Fördermenge nicht durch Drosseln des Luftstromes, sondern durch Herabsetzen der Drehzahl auf $n = 560/\text{min}$ erreicht. Der Wirkungsgrad ist hierbei $\eta = 0{,}57$, der Gesamtdruck $p_g = 42{,}5$ mm WS, der Leistungsverbrauch **6,96 PSe.**

Aufgabe: Es sind Dampfverbrauch, Druck vor der Düse und im Auspuff einer Turbine mit einer Druckstufe und zwei Geschwindigkeitsstufen für die obigen drei Fälle zu ermitteln, wozu für den Betrieb bei Vollast (Fall I) folgende Verhältnisse als gegeben betrachtet werden:

Druck vor dem Absperrventil der Turbine: 6,3 Atm (absol.).

Druck vor der Düse:	$p_1 = 6{,}0$ Atm.
Druck im Auspuffrohr:	$p_2 = 1{,}5$ Atm.
Adiabatisches Wärmegefälle:	$(i_1 - i_2) = 58$ WE/kg.
Durchmesser des Laufrades:	$D = 0{,}450$ m.

$$\zeta = 0{,}12; \quad \varphi = 0{,}94; \quad \psi = 0{,}85; \quad \alpha_1 = 25°.$$

Drehzahl der Turbine:	$n = 1800$.
Riemenscheibe des Ventilators:	$D = 0{,}350$ m.
Riemenscheibe der Turbine:	$D = 0{,}142$ m.

Berechnung für Fall I.

I. Bedingungen.

$$N_e = 15{,}65 \text{ PSe}; \quad n = 1800; \quad p_1 = 6{,}0 \text{ Atm}; \quad p_2 = 1{,}50 \text{ Atm}.$$

1. Umfangsgeschwindigkeit:

$$u = \frac{0{,}45 \cdot 3{,}14 \cdot 1800}{60} = 42{,}4 \text{ m/sec}.$$

2. Geschwindigkeit des Dampfes:

$$c_1 = 91{,}5 \cdot 0{,}94 \cdot \sqrt{58} = 655 \text{ m/sec}.$$

3.
$$\frac{u}{c_1} = \frac{42{,}4}{655} = 0{,}0648.$$

II. Wirkungsgrade und Dampfverbrauch.

1. Indizierter Wirkungsgrad nach Tafel II:

$$\eta_i = 0{,}338.$$

2. Theoretischer Dampfverbrauch:

$$G_{\text{theor}} = \frac{632{,}3}{58} = 10{,}90 \text{ kg/PS}.$$

3. Indizierter Dampfverbrauch:

$$G_i = \frac{10,90}{0,338} = 32,25 \text{ kg/PSi.}$$

4. Radreibung im Dampfe ist mit $\gamma = 0,85$:

$$N_r = 15 \cdot 0,450^2 \cdot 0,424^3 \cdot 0,85 = 0,197.$$

5. Mechanischer Wirkungsgrad:

$$\eta_m = \frac{15,65}{(1 + 0,15) \cdot 15,65 + 0,197} = 0,86.$$

6. Effektiver Wirkungsgrad:

$$\eta_e = \eta_i \cdot \eta_m = 0,86 \cdot 0,338 = 0,291.$$

7. Effektiver Dampfverbrauch:

$$G_e = \frac{632,32}{58 \cdot 0,291} = 37,50 \text{ kg/PSe.}$$

8. Gesamtdampfverbrauch:

$$G = 15,65 \cdot 37,50 = 587 \text{ kg/std.}$$

III. Düsenquerschnitt.

Für diese Dampfmenge ist für $p_1 = 6,0$, $p_2 = 1,5$ Atm der Düsenquerschnitt f_m zu berechnen.

1. Dampfgewicht für 1 Sekunde:

$$G_{\text{sec}} = \frac{587}{3600} = 0,163 \text{ kg/sec.}$$

2. Dampfgewicht bei der Düse $f_0 = 0,00010$ qm nach Fig. 51:

$$G_0 = 0,0857 \text{ kg/sec.}$$

Daraus ergibt sich:

3. $\qquad \dfrac{f_m}{f_0} = \dfrac{0,163}{0,0857} = 1,903.$

4. Erforderlicher Düsenquerschnitt:

$$f_m = 1,903 \cdot 0,00010 = 0,0001903 \text{ qm.}$$

Berechnung für Fall II.

I. Bedingungen.

1. $N_e = 11,05$ PSe; $\quad n = 1800$; $\quad u = 42,4$ m/sec; $\quad p_2 = 1,5$ Atm.

Es ist der Dampfverbrauch zu bestimmen sowie der **vor der Düse** erforderliche Druck.

2. Belastung:

$$\frac{11,05}{15,65} = 0,70.$$

II. Wirkungsgrad und Wärmeverbrauch.

Verhältniszahl der Wirkungsgrade nach Fig. 50 für die Belastung 0,70 ist 0,98.

1. Effektiver Wirkungsgrad bei der Belastung 0,7:

$$\eta_e = 0,291 \cdot 0,98 = 0,285 \text{ (s. Fall I; II, 6).}$$

2. Wärmeverbrauch für 1 PSe:

$$W_e = \frac{632,32}{0,285} = 2219 \text{ WE/PSe.}$$

Für 11,05 PSe in 1 Sekunde:

$$W_e = \frac{2219 \cdot 11,05}{3600} = 6,815 \text{ WE/sec.}$$

3. Reduziert auf die Düse f_0:

$$W_0 = \frac{6,815}{1,903} = 3,58 \text{ WE/sec.}$$

III. Erforderlicher Dampfdruck vor der Düse.

Erforderlicher Druck vor der Düse nach Tafel III bei $p_2 = 1,5$ Atm:

$$p_1 = \mathbf{4,98 \text{ Atm.}}$$

IV. Dampfverbrauch für Fall II.

1. Dampfmenge, welche bei 4,98 Atm nach Fig. 51 durch die Düse f_0 geht:

$$G_0 = 0,0715 \text{ kg/sec.}$$

2. Dampfmenge, welche durch die oben berechnete Düse $f_m = 0,0001903$ geht:

$$G_e = 0,0715 \cdot 1,903 = 0,136 \text{ kg/sec.}$$

3. Dampfverbrauch der Turbine im Falle II:

$$G_e = 0,136 \cdot 3600 = 490 \text{ kg/std.}$$

$$G_e = \frac{490}{11,05} = \mathbf{44,3 \text{ kg/PSe.}}$$

V. Nachrechnung.

Für den berechneten Dampfdruck vor der Düse $p_1 = 4,98$ Atm und den Druck $p_2 = 1,5$ Atm gibt das $(i - s)$-Diagramm eine Wärmegefälle:

$$(i_1 - i_2) = 50 \text{ WE/kg.}$$

Demnach ist der Dampfverbrauch:

$$G_{\text{theor}} = \frac{632,3}{50} = 12,65 \text{ kg/PS;}$$

der wirkliche Dampfverbrauch wurde berechnet zu:

$$G_e = 44{,}3 \text{ kg/PSe};$$

daraus der Wirkungsgrad:

$$\eta_e = \frac{12{,}65}{44{,}3} = 0{,}285$$

wie oben bereits angegeben.

Berechnung für Fall III.

In diesem wird die verminderte Leistung des Ventilators nicht durch Drosselung der Ausblasöffnung, sondern durch Verminderung der Umlaufzahl hervorgebracht. Dieses Verfahren ist bei Ventilatoren, die mit einer Antriebmaschine versehen sind, deren Umlaufzahl regelbar ist, das zweckmäßigere, da der Leistungsverbrauch wesentlich geringer ist, während der Wirkungsgrad des Ventilators nur wenig zurückgeht. Das eben Gesagte trifft auch für Zentrifugalpumpen zu. Die Notwendigkeit, die Umlaufzahl beizubehalten, kommt nur bei Drehstrommotoren, bei denen die Verminderung der Umlaufzahl durch Abdrosseln des Betriebsstromes eine unzulässige Erwärmung des Anlaßwiderstandes hervorruft, in Betracht. (Vgl. Abschnitt „Elektromotoren".)

I. Bedingungen (A).

1. $N_e = 6{,}96$ PSe.

2. Die Drehzahl der Dampfturbine muß im Verhältnis der verminderten Drehzahl des Ventilators herabgesetzt werden:

$$n = \frac{1800 \cdot 560}{735} = 1371/\text{min}.$$

(Da das Verhältnis der Wirkungsgrade sich immer auf die unveränderte Drehzahl bezieht (Fig. 50), muß zunächst der Dampfverbrauch bei der vollen Leistung der Turbine, also für $N_e = 15{,}65$, jedoch bei $n = 1371$ bestimmt werden. Es ergibt sich also als Zwischenrechnung zunächst das gleiche Verfahren wie für Fall I.)

Die weiteren Bedingungen sind folgende:

3. $p_1 = 6{,}0$ Atm; $\quad p_2 = 1{,}5$ Atm; $\quad (i_1 - i_2) = 58$ WE/kg.

4. Dampfgeschwindigkeit:

$$c_1 = 655 \text{ m/sec} \quad \text{(wie unter Fall I)}.$$

5. Umfangsgeschwindigkeit:

$$u = \frac{0{,}45 \cdot 3{,}14 \cdot 1371}{60} = 32{,}3 \text{ m/sec}.$$

6. $\qquad \dfrac{u}{c_1} = \dfrac{32{,}3}{655} = 0{,}0493.$

II. Wirkungsgrade und Dampfverbrauch für die volle Belastung (15,65 PSe).

1. Indizierter Wirkungsgrad nach Tafel II:

$$\eta_i = 0{,}275.$$

2. Theoretischer Dampfverbrauch:

$$G_{\text{theor}} = \frac{632{,}3}{58} = 10{,}9 \text{ kg/PS.}$$

3. Indizierter Dampfverbrauch:

$$G_i = \frac{10{,}9}{0{,}275} = 39{,}65 \text{ kg/PSi.}$$

4. Radreibung $(\gamma = 0{,}85)$:

$$N_r = 15 \cdot 0{,}450^2 \cdot 0{,}323^2 \cdot 0{,}85 = 0{,}087.$$

5. Mechanischer Wirkungsgrad:

$$\eta_m = \frac{15{,}65}{(1 + 0{,}15) \cdot 15{,}65 + 0{,}087} = 0{,}866.$$

6. Effektiver Wirkungsgrad:

$$\eta_e = 0{,}275 \cdot 0{,}866 = 0{,}238.$$

7. Effektiver Dampfverbrauch:

$$G_e = \frac{632{,}3}{58 \cdot 0{,}238} = 45{,}8 \text{ kg/PSe.}$$

8. Gesamtdampfverbrauch:

$$G = 15{,}65 \cdot 45{,}8 = 717 \text{ kg/std.}$$

III. Düsenquerschnitt.

1. Dampfgewicht für 1 Sekunde:

$$G_{\text{sec}} = \frac{717}{3600} = 0{,}199 \text{ kg/sec.}$$

2. Düse f_0 liefert bei $p_1 = 6$ Atm:

$$G_0 = 0{,}0857 \text{ kg/sec.}$$

3. Düsenverhältnis:

$$\frac{f_m}{f_0} = \frac{0{,}199}{0{,}0857} = 2{,}322.$$

4. Erforderlicher Düsenquerschnitt:

$$f_m = 2{,}322 \cdot 0{,}00010 = 0{,}000232 \text{ qm.}$$

I. Bedingungen (B) für die verminderte Belastung.

Nun hat die Turbine aber nicht 15,65 PSe, sondern nur **6,96 PSe** zu leisten.

Es sind der **Dampfverbrauch**, der erforderliche **Druck vor der Düse**, sowie der erreichbare **Druck im Auspuff** zu bestimmen.

1. $N_e = 6{,}96$; $\quad n = 1371$; $\quad u = 32{,}3$ m/sec; $\quad p_2 = 1{,}5$ Atm.

2. Belastung:

$$\frac{6{,}96}{15{,}65} = 0{,}445.$$

II. *Wirkungsgrade und Wärmeverbrauch.*

Verhältniszahl der Wirkungsgrade nach Fig. 50 für die Belastung 0,445 ist 0,94; daher ist:

1. der effektive Wirkungsgrad:

$$\eta_e = 0{,}94 \cdot 0{,}238 = 0{,}224 \quad \text{(s. auch oben II, 6)}.$$

2. Wärmeaufwand für 1 PSe:

$$W_e = \frac{632{,}3}{0{,}224} = 2822 \text{ WE/PSe}.$$

3. Für 6,96 PSe in 1 Sekunde:

$$W_e = \frac{2822 \cdot 6{,}96}{3600} = 5{,}46 \text{ WE/sec}.$$

4. Reduziert auf die Düse f_0:

$$W_0 = \frac{5{,}46}{2{,}322} = 2{,}35 \text{ WE/sec}.$$

III. *Erforderlicher Dampfdruck vor der Düse.*

a) Beim Querschnitt $f_m = 0{,}000232$ qm.

Erforderlicher Druck vor der Düse nach Tafel III:

$$p_1 = \mathbf{3{,}98} \text{ Atm,}$$

wenn im Auspuffrohr $p_2 = 1{,}5$ Atm bestehen sollen.

b) Beim Düsenquerschnitt $f_m = 0{,}000190$ qm (dem für Fall I berechneten).

Für Fall I war ein Düsenquerschnitt $f_m = 0{,}0001903$ qm berechnet worden, während für Fall III (Bedingungen A) sich ein größerer Düsenquerschnitt ($f_m = 0{,}000232$) ergab, weil der Dampfverbrauch hierfür größer, der Druck p_1 aber beibehalten wurde.

Wenn nun der ursprüngliche Düsenquerschnitt $f_m = 0{,}0001903$ qm in die Berechnung eingestellt wird, so genügt der Druck $p_1 = 3{,}98$ Atm nicht mehr, es muß ein größerer Druck vor der Düse bestehen, wenn $p_2 = 1{,}5$ Atm sein soll.

1. Wärmeverbrauch nach II (3):

$$W_c = 5{,}46 \text{ WE/PSe}.$$

2. Reduziert auf die Düse f_0, entsprechend $\dfrac{f_m}{f_0} = 1{,}903$:

$$W_0 = \frac{5{,}46}{1{,}903} = 2{,}87 \text{ WE/sec.}$$

3. Erforderlicher Druck vor der Düse bei $p_2 = 1{,}5$ Atm nach Tafel III:

$$p_1 = \mathbf{4{,}41} \text{ Atm.}$$

IV. Dampfverbrauch für Fall III.

Nach (b) für die Düse $f_m = 0{,}0001903$ qm.

Bei dem Drucke $p_1 = 4{,}41$ Atm gehen nach Fig. 51:

1. $\qquad\qquad G_0 = 0{,}0635$ kg/sec

durch die Düse f_0; daher durch die Düse $f_m = 0{,}0001903$ qm.

2. $\qquad\qquad G_e = 1{,}903 \cdot 0{,}0635 = 0{,}1208$ kg/sec.

3. $\qquad\qquad G_e = 3600 \cdot 0{,}1208 = 435$ kg/std.

4. $\qquad\qquad G_e = \dfrac{435}{5{,}96} = \mathbf{62{,}5}$ kg/PSe.

Nach (a) für die Düse $f_m = 0{,}000\,232$ qm.

Dagegen würde bei dem Drucke $p_1 = 3{,}98$ und dem Düsenquerschnitte $f_m = 0{,}000232$ qm der Dampfverbrauch betragen:

1. $\qquad\qquad G_0 = 0{,}0573$ kg/sec (nach Fig. 51).

2. $\qquad\qquad G_e = 2{,}32 \cdot 0{,}0573 = 0{,}1330$ kg/sec.

3. $\qquad\qquad G_e = 3600 \cdot 0{,}1325 = 479$ kg/std.

4. $\qquad\qquad G_e = \dfrac{479}{6{,}96} = \mathbf{68{,}8}$ kg/PSe.

Woraus zu ersehen ist, daß mit höherem Drucke der spezifische Dampfverbrauch geringer wird.

V. Enddruck p_2.

Würde der zuerst berechnete Druck $p_1 = 3{,}98$ Atm. auch für die Düse $f_m = 0{,}0001903$ qm beibehalten werden, so würde der Enddruck p_2 im Auspuff nicht mehr 1,5 Atm betragen, denn es müssen bei dem berechneten Wirkungsgrade $\eta_e = 0{,}224$

$$\frac{6{,}96 \cdot 632{,}3}{0{,}224} = 19\,650 \text{ WE}$$

stündlich durch die Düse geleitet werden.

Bei einem Düsenquerschnitte $f_m = 0{,}0001903$ qm und $p_1 = 3{,}98$ Atm gehen stündlich durch die Düse nach Fig. 51:

$$G_e = 0{,}0573 \cdot 3600 \cdot 1{,}903 = 392{,}5 \text{ kg/std.}$$

Es verliert demnach jedes Kilogramm Dampf:

$$(i_1 - i_2) = \frac{19\,650}{392,5} = 49,8 \text{ WE.}$$

Wie aber aus dem $(i - s)$-Diagramm zu entnehmen ist, entspricht dieses Wärmegefälle bei $p_1 = 3,98$ Atm einem Enddrucke

$$p_2 = \mathbf{1,18} \text{ Atm.}$$

Dasselbe Resultat finden wir folgendermaßen: Es sollen durch die Düse $f_m = 0,0001903$ qm

$$\frac{19\,650}{3600} = 5,46 \text{ WE/sec}$$

bei einem Drucke $p_1 = 3,98$ Atm hindurchgehen, oder durch die Düse f_0:

$$\frac{5,46}{1,903} = 2,87 \text{ WE.}$$

Den Enddruck gibt Tafel III an und zwar im Schnittpunkte der Abszisse $p_1 = 3,98$ mit der Ordinate $W = 2,87$, der zwischen den Gegendrucklinien 1,1 und 1,2 bei $p_2 = 1,18$ Atm liegt.

VI. Nachrechnung.

Für Fall III war ein Dampfverbrauch

$$G_e = 62,5 \text{ kg/PSe}$$

bei $p_1 = 4,41$ Atm und $p_2 = 1,50$ Atm ermittelt worden. Diesem Druckabfall entspricht nach dem $(i - s)$-Diagramm ein Wärmegefälle

$$(i_1 - i_2) = 45 \text{ WE.}$$

Demnach ist

$$G_{\text{theor}} = \frac{632,3}{45} = 14,05 \text{ kg/PS}$$

und der effektive Wirkungsgrad daher

$$\eta_e = \frac{14,05}{62,5} = 0,225$$

in Übereinstimmung mit dem oben ermittelten Wirkungsgrade ($\eta_e = 0,224$).

Zusammenstellung der Resultate und Vergleich der im Abdampfe enthaltenen Wärmemengen mit den zur Lufterwärmung erforderlichen Wärmemengen.

Die Zusammenstellung zeigt in Spalte 6 die Zunahme des spezifischen Dampfverbrauches (Dampfverbrauch für 1 PSe) bei abnehmender Leistung, bei abnehmender Umlaufzahl und abnehmendem Gegendruck. Der von der Turbine angetriebene Ventilator fördert bei 15,65 PSe 9,17 cbm/sec, d. s. 33 000 cbm in der Stunde. Bei Verminderung der Leistung auf 7,0 cbm oder 0,76 der vollen Leistung geht der Kraftverbrauch auf mehr als die Hälfte herab, da dann nur 6,96 PSe erforderlich sind, wenn die Drehzahl des Ventilators von 735/min auf 560/min herabgesetzt wird. Da die Luft von Raumtemperatur $+15°$ auf $70°$ zu erwärmen ist, so sind hierzu

$$33\,000 \cdot 0{,}306\,(70-15) \cdot 0{,}948 = 526\,500 \text{ WE/std}$$

erforderlich. Der Wärmebedarf für Heizung übersteigt also die im Abdampf nutzbar enthaltene Wärmemenge von 311 200 WE (siehe Spalte 16 der Zahlentafel). Bei 7,0 cbm/sec $= 25\,200$ cbm/std sind aber nur

$$25\,200 \cdot 0{,}306\,(70-15) \cdot 0{,}948 = 402\,100 \text{ WE/std}$$

zur Lufterwärmung nötig; trotzdem ist die im Abdampf enthaltene Wärme noch in allen Fällen geringer, so daß auch hierbei noch Frischdampf dem Abdampf beizumischen sein würde [1].

Ist eine geringere Lufttemperatur einzuhalten, so ist darauf zu achten, daß der Wärmeinhalt der Abdampfmenge die zur Lufterwärmung erforderliche Wärmemenge nicht übersteigt, weil dann der Betrieb um so unwirtschaftlicher wird, je größer die Abdampfmenge ist, zumal aus der Aufstellung ersichtlich ist, wie mit verminderter Leistung der Dampfverbrauch steigt. Wenn daher die Wärmeleistung des Heizapparates noch mehr

---

[1] Die Beimischung von Frischdampf zum Abdampf sollte stets durch ein sehr zuverlässiges Dampfdruckreduzierventil bewirkt werden, weil sonst der Gegendruck auf die Turbine erhöht wird und damit sofort deren Leistung und infolgedessen auch die Leistung des Ventilators zurückgeht. Empfehlenswert ist eine Dampfstrahldüse zur Einführung des Frischdampfes in das Abdampfrohr.

Zusammenstellung der Berechnungsergebnisse.

1	2	3	4	5		6	7	8	9	10	11	12	13	14	15	16	17
Nr.	Belastung	Leistung	Drehzahl	Dampfdruck		Spezifischer Dampfverbrauch	Gesamtdampfverbrauch	Düsenquerschnitt	Wärmeinhalt	Wärmegefälle	Wirkungsgrad	Wärmeverbrauch	Wärmeinhalt des Abdampfes	Flüssigkeitswärme des Abdampfes	Nutzbare Wärmemenge	Nutzbare Wärmemenge im Abdampfe	Bemerkungen
		PSe	n/min	p_1 i. Atm	p_2 i. Atm	kg/PSe	kg/std	f_m in qm	i_1 WE	(i_1-i_2) WE/kg	η_e	$\eta_e(i_1-i_2)$ WE/kg	$i_1-\eta(i_1-i_2)$ WE/kg	q WE/kg	$i_1-\eta\,(i_1-i_2)-q$ WE/kg	WE/std	
1	1,0	15,65	1800	6,0	1,5	37,5	587	0,0001903	657,3	58,0	0,291	16,9	640,4	110,0	530,4	311 200	Fall I
2	0,71	11,05	1800	4,98	1,5	44,3	490	0,0001903	655,0	50	0,285	14,3	640,7	110,0	530,7	260 000	Fall II
3	0,445	6,96	1371	3,98	1,5	68,8	479	0,0002322	652,3	41,5	0,224	9,3	643,0	110,0	533,0	255 200	Fall III a
4	0,445	6,96	1371	4,41	1,5	62,5	435	0,0001903	653,1	45	0,224	10,1	643,0	110,0	533,0	231 800	Fall III b
5	0,445	6,96	1371	3,98	1,18	56,4	393	0,0001903	652,5	49,8	0,224	11,2	641,1	103,0	538,1	211 500	Berechneter Gegendruck

herabgesetzt werden muß, was bei höherer Außentemperatur der Fall ist, so wird man zweckmäßig nur mit dem Abdampf arbeiten und einen geringeren Gegendruck zulassen, wie unter (5) der obigen Aufstellung, wonach nur noch 211 500 WE im Abdampf enthalten sind, und der Druck $p_2 = 1,18$ Atm erreicht. Die Temperatur der dem Ventilator entströmenden Luft ist dann bei 15° Raumtemperatur

$$t = \frac{211\,500\,(1 + \alpha\,15)}{0,306 \cdot 25\,200} + 15 = 43,5°.$$

Der Wärmeinhalt des Abdampfes ist in der Weise ermittelt worden, daß das theoretische Wärmegefälle $(i_1 - i_2)$ mit dem Wirkungsgrade η_e multipliziert wird. Somit ergibt sich die in der Turbine in Arbeit umgesetzte und die noch in 1 kg des Abdampfes enthaltene Wärmemenge (vgl. S. 155).

11. Niederdruckdampfturbinen.

Mit Niederdruckdampfturbinen seien diejenigen bezeichnet, welche für Dampf aus Niederdruckdampfkesseln gebaut sind. Sie unterscheiden sich in der Ausführung nur durch die größeren Düsenquerschnitte und Schaufelhöhen von den Hochdruckturbinen.

In der Heizungstechnik versteht man unter Niederdruckdampfkesseln solche, deren Betriebsdruck gewöhnlich 1,10 Atm ($^1/_{10}$ Atm Überdruck) nicht überschreitet, die mit einem offenen Standrohr versehen sind und daher unter bewohnten Räumen aufgestellt werden dürfen.

Nur bei besonderen heiztechnischen Einrichtungen, wie z. B. bei Koch-, Wasch- und Trockenanlagen, Sterilisier- und Desinfektionsapparaten, die von diesen Kesseln auch mit Dampf versorgt werden sollen, wird ein höherer Betriebsdruck gewählt, der dann aber auch nicht mehr als 1,4 Atm beträgt.

Das Standrohr dieser Kessel darf nicht höher als 5,0 m hergestellt werden; demnach kann in den Kesseln höchstens ein Druck von 1,5 Atm entstehen. Wollte man aber diesen Druck als Betriebsdruck wählen, so würde der Kessel bei der geringsten Drucksteigerung „überkochen" — wie der heiztechnische Ausdruck lautet, d. h. es würde durch das Standrohr der im Kessel entstandene Dampf entweichen. Es ist deshalb nur ein höchster Druck von 1,4 Atm praktisch zulässig und mit diesem ist auch bei den Niederdruckdampfturbinen zu rechnen, wenn man nicht vorzieht, aus Sicherheit für den Betrieb, um ein häufiges Überkochen des Kessels zu vermeiden, was bei 1,4 Atm immer noch leicht vorkommen kann, einen Betriebsdruck von nur 1,35 Atm zu wählen.

Der Gedanke, auch Niederdruckdampfkessel zum Betriebe von Dampfturbinen zu verwenden, liegt bei Gebäuden mit Pumpenwarmwasserheizung sehr nahe. In solchen Gebäuden wird meist Niederdruckdampf zur Warmwasserbereitung und zu Lüftungszwecken erforderlich. Man denke z. B. an ein mittleres Krankenhaus mit etwa 200 bis 300 Betten, wo Dampf zu Koch- und Waschzwecken, für Desinfektions- und Sterilisierapparate und zur

Warmwasserbereitung für Bäder in großem Umfange — neben der Heizung — gebraucht wird. Die Niederdruckdampfkessel, die auch unter jedem beliebigen Raume im Keller aufgestellt werden können, liefern dann den Dampf für die Turbine, welche die Umwälzpumpe der Warmwasserheizung antreibt, während der Abdampf zur Erwärmung des Wassers der Heizungsanlage oder zur Erwärmung von Gebrauchswasser benutzt werden kann.

Der Gegendruck, also der Druck im Dampfaustrittsrohr der Turbine, wird dabei meist 1,1 Atm betragen.

Wir haben dann nach dem oben Gesagten einen Druck vor der Turbine $p_1 = 1{,}35$ Atm und einen Druck $p_2 = 1{,}10$ Atm.

Daß bei so geringem Druckabfall das Arbeitsvermögen des Dampfes sehr gering und der spezifische Dampfverbrauch der Turbine sehr groß ist, ist vorauszusehen.

Das Verhältnis von Druck und Gegendruck ist

$$\frac{p_2}{p_1} = \frac{1{,}1}{1{,}35} = 0{,}815.$$

Es ist also $p_2 > 0{,}5774 \cdot p_1$ und hier gilt, nach den auf Seite 164 gemachten Einschränkungen für die Gleichung (64)

$$G_{\text{sec}} = 1{,}99\, f_m \sqrt{\frac{p_1}{v_1}}$$

diese Gleichung **nicht mehr**, sondern es ist die etwas umständlichere Gleichung

$$w = \sqrt{2\,g\,\frac{\varkappa}{\varkappa - 1}\, p_1\, v_1 \left[1 - \left(\frac{p_2}{p_1}\right)^{\frac{\varkappa - 1}{\varkappa}}\right]} \tag{68}$$

anzuwenden, in welcher

w die Dampfgeschwindigkeit in m/sec,
$2\,g = 2 \cdot 9{,}81 = 19{,}62$,
$\varkappa = 1{,}135$, für trocken gesättigten Dampf,
p_1 den Druck vor der Düse in kg/qm,
v_1 das zugehörige Volumen des Dampfes in cbm/kg,
p_2 den Druck im Gehäuse (Gegendruck)

bedeuten.

Für $\varkappa = 1{,}135$ ist

$$\frac{\varkappa}{\varkappa - 1} = 8{,}407; \qquad \frac{\varkappa - 1}{\varkappa} = 0{,}11894; \qquad 2\,g\,\frac{\varkappa}{\varkappa - 1} = 164{,}945.$$

Nach Ermittlung der Dampfgeschwindigkeit w ist das durch die Düse hindurchströmende Gewicht

$$G_{\text{sec}} = \frac{f_m\, w}{v_2} \ \text{in kg/sec,} \tag{69}$$

worin f_m den engsten Düsenquerschnitt in qm und v_2 das Volumen des Dampfes nach adiabatischer Ausdehnung bezeichnen.

Es ist aber v_2 noch zu bestimmen und zwar ist

$$v_2 = v_1 \left(\frac{p_1}{p_2}\right)^{\frac{1}{\varkappa}} \tag{70}$$

$$\frac{1}{\varkappa} = 0{,}881 \ .$$

Zur Erleichterung der Berechnung sind in Fig. 54 die Volumina v_1 und v_2 sowie die bei Niederdruckdampf auftretenden Geschwindigkeiten bei den Gegendrücken $p_2 = 1{,}0$ und $1{,}1$ Atm graphisch dargestellt.

Die Geschwindigkeiten w gelten für reibungslose Strömung, weshalb bei ihnen die gleichen Widerstandszahlen φ anzuwenden sind wie bisher. Im übrigen gestaltet sich die Berechnung einer Niederdruckdampfturbine genau wie die jeder Hochdruckdampfturbine. Auch hier gilt für die Wirkungsgrade Tafel II, wenn die gleichen Voraussetzungen, unter denen diese Wirkungsgrade berechnet wurden, bestehen.

Fig. 55 enthält eine graphische Darstellung der sekundlich durch eine Düse vom Querschnitt $f_m = 0{,}00010$ qm bei Niederdruckdampf hindurchgehenden Dampfmengen in kg/sec, sowie die Produkte $G_{\text{sec}}(i_1 - i_2)$, und zwar für die Gegendrücke $p_2 = 1{,}0$ und $1{,}1$ Atm. Für Fig. 55 gilt das, was als Erläuterung zu Tafel III gesagt wurde. (S. Seite 171.)

Ist z. B. eine Turbine für eine Leistung von 3 PSe aufzustellen, und unter Annahme eines Druckes $p_1 = 1{,}35$ und $p_2 = 1{,}1$ Atm der Dampfverbrauch zu bestimmen, so gibt das $(i{-}s)$-Diagramm

$$(i_1 - i_2) = 8{,}5 \ \text{WE}$$

an, weshalb der theoretische Dampfverbrauch

$$G_{\text{theor}} = \frac{632{,}3}{8{,}5} = 74{,}4 \ \text{kg/PSe}$$

beträgt. Man ersieht hieraus, wie groß der Dampfverbrauch schon für die theoretische Leistung ist.

Wird die Drehzahl der Turbine mit $n = 2000$ angenommen und besitzt das Laufrad einen Durchmesser $D = 0{,}250$ m, so ist

$$u = \frac{0{,}250 \cdot 3{,}14 \cdot 2000}{60} = 26{,}18 \ \text{m/sec.}$$

Die Geschwindigkeit des Dampfes durch die Düse ist nach Fig. 54 $w = 234$ m/sec, daher mit $\varphi = 0{,}94$:

$$c_1 = 0{,}94 \cdot 234 = 220 \ \text{m/sec.}$$

$$\frac{u}{c} = \frac{26{,}18}{220} = 0{,}119$$

Hierfür gibt Tafel II einen Wirkungsgrad $\eta = 0{,}50$ an, sofern die Turbine mit einer Druckstufe und zwei Geschwindigkeitsstufen versehen ist. Demnach ist

$$G_i = \frac{74{,}4}{0{,}50} = 148{,}8 \ \text{kg/PSi.}$$

v cbm/kg
p₁ =
1,1
1,2
1,3
1,4 Atm
v₂ = v₁ (p₁/p₂)^(1/X) . für p₂ = 1,0
1,7
w m/sek
360
1,6
v₂ für p₂ = 1,1
340
320
1,5
v₁ in cbm/kg
300
280
1,4
260
1,3
240
w für p₂ = 1,0 Atm.
w für p₂ = 1,1 Atm.
220
200
1,2
1,0
0,5
180
160
1,1
0
0
1,0
1 2 3 4 5
140
120
1,0
p₁ = 1,0 2 4 6 8 1,1 2 4 6 8 1,2 2 4 6 8 1,3 2 4 6 8 1,4 Atm
100

Fig. 54.

G_sek. in kg
WE
0,028
0,70
0,026
0,024
0,022
0,020
4
0,60
0,018
3
2
0,016
1
0
0,40
0,014
1,) G sek. für p₂ = 1,00 Atm.
1,) G sek. für p₂ = 1,1 Atm.
0,012
0,30
0,010
0,008
2,) G sek. (i₁ - i₂) für p₂ = 1,0 Atm.
0,20
0,006
2,) G sek. (i₁ - i₂) für p₂ = 1,1 Atm.
0,004
1 0,5 0 1
0,10
0,002
0
p₁ = 1,1 1,2 1,3 1,4 1,5 1,6 1,7 1,8 1,9

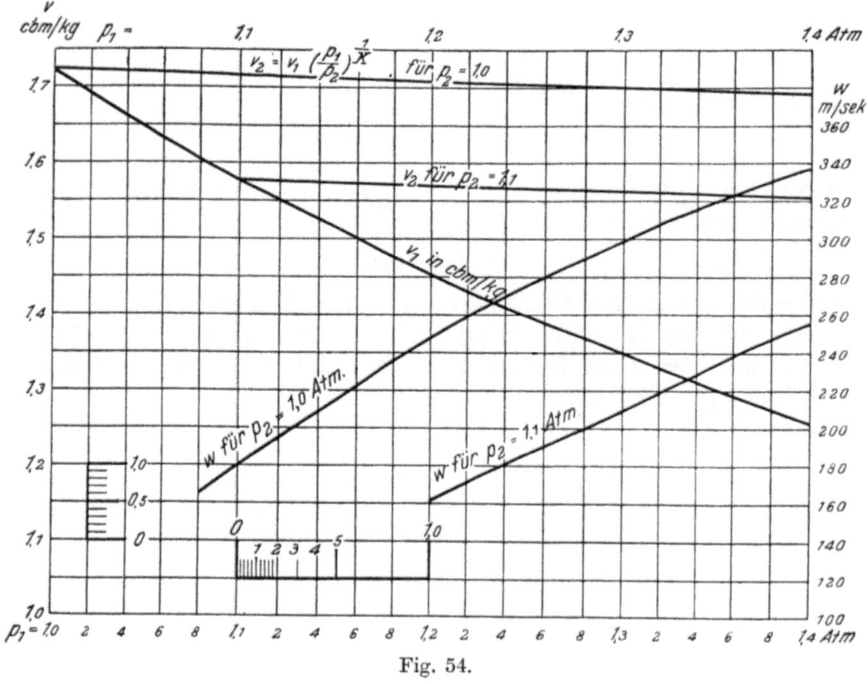

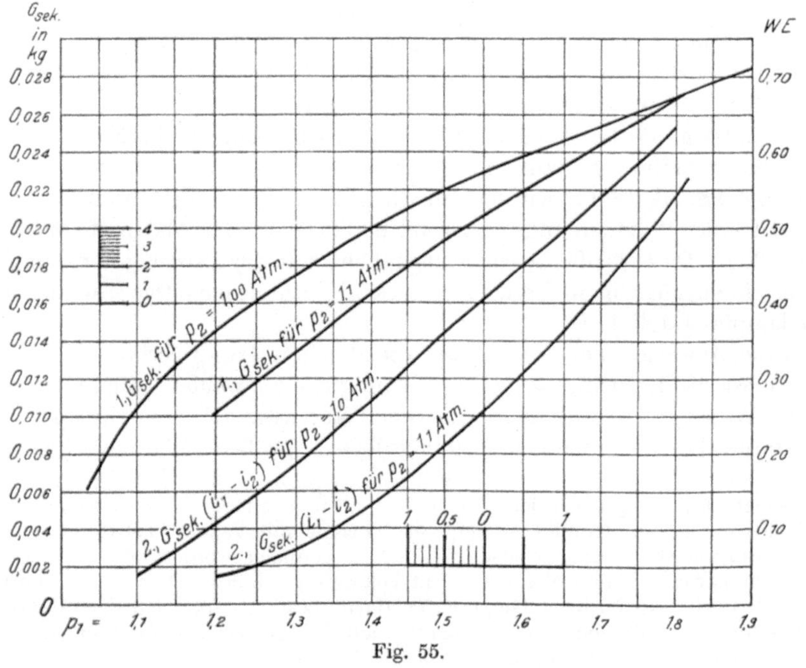

Fig. 55.

Nehmen wir einen mechanischen Wirkungsgrad

$$\eta_m = 0,85$$

an, so wächst der Dampfverbrauch für 1 PSe auf

$$G_e = 175 \text{ kg/PSe}$$

an, trotz des verhältnismäßig hohen indizierten Wirkungsgrades[1]. Der Gesamtdampfverbrauch ist bei 3 PSe

$$G = 525 \text{ kg.}$$

Nimmt man an, daß das Kondensat, da es zur Wassererwärmung benutzt wird, mit 80° den Kesseln wieder zufließt und der Kessel 8000 WE/qm leistet, so sind für 1 kg Dampf $640 - 80 = 561$ WE aufzuwenden. Der Kessel verdampft demnach

$$\frac{8000}{561} = 14,25 \text{ kg/qm.}$$

Für 520 kg Dampf, die die Turbine braucht, muß demnach ein Kessel von

$$\frac{520}{14,25} = 36,5 \text{ qm}$$

Heizfläche zur Verfügung stehen.

Es ist fraglich, ob die von der Turbine verbrauchte Dampfmenge auch stets restlos aufgebraucht werden kann. Hierauf ist besonderes Augenmerk zu richten.

Wie die Berechnungen an anderer Stelle gezeigt haben, nimmt der spezifische Dampfverbrauch bei Minderbelastung erheblich zu.

Es ist also stets in Erwägung zu ziehen, ob der Abdampf der Turbine auch in allen Fällen aufgebraucht werden kann.

Für relativ große Leistungen, also 10 bis 15 PS, kommt die Niederdruckdampfturbine überhaupt kaum in Frage, sondern nur für Leistungen von 2 bis etwa 4 PS. Bei 3 PS würden stündlich nach obiger Berechnung 525 kg Dampf mit einer Wärmemenge von rund 290 000 WE im Abdampf zur Verfügung stehen. Diese große Wärmemenge steht mit der Leistung der Turbine selten in einem günstigen Verhältnis, weshalb die jederzeitige Ausnutzung des Abdampfes fraglich ist.

Um die Abwärme bei dem großen spezifischen Dampfverbrauch niedrig zu halten, ist die Leistung so gering als möglich zu wählen. Diese bedingt geringere Wassergeschwindigkeiten in der Warmwasserheizungsanlage, dagegen starke Rohrleitungen und infolgedessen größere Wärmeverluste in

---

[1] Wesentlich günstiger würden sich die Verhältnisse gestalten lassen, wenn durch Anwendung einer kleinen Kondensatpumpe die Turbine mit Vakuum betrieben werden könnte. Diesbezügliche Versuche sind wohl schon gemacht worden, ob sie indessen Erfolg gehabt haben, ist dem Verfasser nicht bekannt geworden. Da aber der Vorteil der Anwendung der Niederdruckdampfturbine darin bestehen soll, daß der Abdampf zu Heizzwecken herangezogen wird, so könnte auch der Betrieb mit Vakuum nur zeitweilig und unter besonderen Umständen Vorteile bieten.

diesen, wodurch ein Teil der Ersparnisse, die man durch Anwendung der Turbine zu erzielen beabsichtigt, wieder aufgebraucht werden.

Die Anwendung einer Niederdruckdampfturbine in Verbindung mit Niederdruckdampfkesseln ist demnach reiflich zu überlegen.

Bei gußeisernen Gliederkesseln wirkt deren geringer Wasserinhalt noch nachteilig, da mit ihm starke Druckschwankungen verbunden sind, die bei dem geringen Wärmegefälle besonders vermieden werden sollten. Aus diesem Grunde empfiehlt es sich, bei den Annahmen von Druck und Gegendruck nicht bis zu den äußersten Grenzen zu gehen, man kann sonst die Erfahrung machen, daß die Turbine stehenbleibt. Außerdem haben viele dieser Kessel die Eigentümlichkeit, erhebliche Wassermengen in die Rohrleitung zu schleudern. Es ist deshalb für weite Kesselanschlußrohre und gute Entwässerung der Leitungen vor der Turbine zu sorgen.

Vor allem ist aber auf die restlose Rückführung des Kondensates nach den Kesseln zu achten, wobei oft wegen des erforderlichen Druckes von 1,4 Atm Schwierigkeiten hinsichtlich genügender Vertiefung der Kessel entstehen. (Vgl. *Hüttig*: Heizungs- und Lüftungsanlagen in Fabriken. Verlag von Spamer, Leipzig 1915.) Können die Kessel nicht genügend vertieft werden, so bedarf es einer selbsttätig wirkenden Kesselspeiseeinrichtung, die den Betrieb kompliziert und unübersichtlich macht, zumal hierfür noch eine Reserveeinrichtung vorhanden sein sollte. Von der Zuverlässigkeit dieser Speisevorrichtung hängt die Lebensdauer der Kesselanlage ab. Für den Fall des Versagens der Dampfturbine oder der Speisevorrichtung muß außerdem zum Antriebe der Pumpe ein Elektromotor, ein Gasmotor oder eine ähnliche Betriebsmaschine aufgestellt werden.

Vornehmlich bedarf aber es eines durchaus gewissenhaften Maschinisten oder Heizers, der sich der Anlage mit Interesse annimmt. Versagt z. B. nur die Rückspeisung, so sind die Kessel in Gefahr ausgeglüht zu werden. Bei der Umständlichkeit des Betriebes wird der Heizer den elektrischen Antrieb der Pumpe vorziehen und hierfür Gründe stets zur Hand haben.

Faßt man demnach die Vor- und Nachteile der Niederdruckturbine zusammen, so kommt man zu dem Resultate, daß der Betrieb keineswegs einfach ist, große Anforderungen an die Aufmerksamkeit des Bedienungspersonals gestellt werden und — da infolge der verhältnismäßig geringen Leistung von wenigen Pferdestärken die Betriebskostenersparnis nicht erheblich ist — dem Elektromotor meist der Vorzug zu geben sein wird. Anders verhält es sich natürlich da, wo Hochdruckdampf zur Verfügung steht.

Schlußbemerkungen zum Abschnitte Dampfturbinen.

Im vorstehenden Abschnitt soll dem Heizungstechniker ein Einblick in die Arbeitsweise der Dampfturbine gegeben werden. Eine weitere Behandlung würde über den Zweck des vorliegenden Buches hinausgehen, weshalb auf die in dem Abschnitt enthaltenen Literaturangaben verwiesen werden muß.

Im Heizungsfach sind bisher nur die kleinen Dampfturbinen mit einem Laufrad und mehreren Geschwindigkeitsstufen verwendet worden; aus diesem Grunde wurde auch von der Behandlung mehrstufiger Turbinen Abstand genommen.

Die obigen Ausführungen dürften vorläufig genügen, um dem Heizungstechniker ein Mittel an die Hand zu geben, selbst den Dampfverbrauch einer Turbine angenähert für seine Heizungsentwürfe zu bestimmen, ihm also zu zeigen, welcher Dampfdruck noch am Eintritt in die Turbine bzw. vor dem Hauptabsperrventil vorhanden sein muß, wie groß er den Spannungsabfall in der Dampfleitung gestalten darf und welche Abdampfmengen dann unter den verschiedenen Betriebsverhältnissen zur Verfügung stehen.

Es wird damit auch dem Heizungsfachmann die Möglichkeit geboten sein, zu beurteilen, wo er die Dampfturbine mit voraussichtlichem Erfolg zum Antrieb heiztechnischer Maschinen verwenden kann und wo dem Elektromotor der Vorzug zu geben sein wird.

III. Kapitel.

Der Elektromotor.

1. Anwendung des Elektromotors im Heizungsfache.

Infolge der stetigen Zunahme elektrischer Stromerzeugung, insbesondere durch den Ausbau der Überlandzentralen und der städtischen Elektrizitätswerke, ferner durch die in Aussicht genommene Errichtung staatlicher Elektrizitätswerke erlangt der Elektromotor eine immer größere Bedeutung, nicht nur deshalb, weil alsdann eine häufigere Gelegenheit seiner Anwendung gegeben ist, sondern weil auch mit der Ausdehnung der Elektrizitätsanlagen die Erstellungskosten des elektrischen Stromes geringer werden. Schon jetzt sind viele Fabrikbetriebe mit Dampfkraftanlagen zur Entnahme von Kraftstrom aus Überlandzentralen übergegangen.

Die Vorteile des Elektromotors, die in der Einfachheit seiner Konstruktion, in seiner einfachen Handhabung und Bedienung, in geringer Raumbeanspruchung, geringer Abnutzung, großer Sauberkeit und steter Bereitschaft bestehen, haben zu seiner Anwendung viel beigetragen.

Vor allem zeichnet sich der Elektromotor durch seine einfache Handhabung aus, die sogar technisch weniger geschulten Arbeitskräften überlassen werden kann, sofern nur eine erfahrene Aufsicht die Instandhaltung dauernd überwacht.

Trotz des Umstandes, daß mit dem Elektromotor eine anderweitig ausnutzbare Wärmequelle nicht verbunden ist, wie bei den Wärmekraftmaschinen, den Dampfmaschinen, Dampfturbinen, Verbrennungsmotoren, deren Abwärme zu Heiz- und Trockenzwecken benutzt werden kann, wird der Elektromotor zum Antrieb von heiztechnischen Maschinen (Pumpen bei Warmwasserfernheizungen, Kondenswassersammelanlagen, Ventilatoren zu Luftheizungen und Trockenanlagen, Entnebelungsanlagen usw.) noch in vielen Fällen wirtschaftliche Vorteile bieten, sofern nur Kraft- und Wärmebedarf der Heizapparate zu den Stromkosten in angemessenem Verhältnis stehen.

Der niedrige Anschaffungspreis des Motors einschließlich der baulichen Erfordernisse (Raumbedarf, Fundamente) gegenüber der gleichstarken Wärmekraftmaschine und die daraus folgenden niedrigen Verzinsungs- und Abschreibungskosten, die Verbindung mit Sicherheitsvorkehrungen gegen unzulässige Vorkommnisse, die leichte und zuverlässige Feststellung der verbrauchten Leistung sind weitere Vorteile des Elektromotors.

Freilich besteht mit der Zentralisierung der Stromerzeugung die Gefahr einer um so größeren Betriebsunterbrechung bei Störungen in der Zentrale oder in den Fernleitungen, je mehr die Zentralisierung durchgeführt ist. Es werden gewiß in den Zentralen alle erforderlichen Maßnahmen getroffen, um solche Betriebsunterbrechungen von vornherein zu vermeiden, doch sind auch hier Grenzen gezogen. Die alsdann entstehenden Verluste an Arbeitszeit und Arbeitskraft sind um so größer, je umfangreicher die Zentrale und je ausgedehnter das Fernleitungsnetz ist.

Die Zukunft wird lehren, inwieweit die Praxis hier Berücksichtigung erfordert.

2. Vorbemerkungen.

Im folgenden soll nun eine ganz allgemein gehaltene kurze Darstellung der charakteristischen Eigenschaften der verschiedenen Arten von Motoren gegeben werden unter Bezugnahme auf ihre Verwendbarkeit als Antriebmaschinen für Zentrifugalpumpen und Ventilatoren. Die eingehende theoretische Behandlung ist nicht der Zweck dieses Buches, hierfür ist auf die einschlägige, umfangreiche Literatur zu verweisen.

Für den Heizungsfachmann ist aber der Leistungsverbrauch der Motoren bei verminderter bzw. erhöhter Belastung von Interesse, also der Wirkungsgrad und — da bei Zentrifugalventilatoren die Leistung mit der Drehzahl in Zusammenhang steht — das Verhalten der Elektromotoren bei Änderung der Umlaufzahl.

Obwohl die hierzu erforderlichen Ermittlungen strenggenommen nur mit Hilfe der theoretischen Behandlung der Elektromotoren angestellt werden können, soll doch versucht werden, ohne diese, spezielle elektrische Kenntnisse voraussetzende theoretische Behandlung wenigstens angenähert zum Ziele zu kommen.

Das im folgenden angegebene Verfahren zur Ermittlung des Leistungsverbrauches der Elektromotoren bei verschiedenen Belastungen und veränderten Drehzahlen ist also nur ein Annäherungsverfahren, worauf ausdrücklich aufmerksam gemacht wird.

Einige Erklärungen und Bezeichnungen seien vorausgeschickt:

Einheiten. Als Einheit der **elektromotorischen Kraft** (EMK) oder der **Stromspannung** (E) gilt das **Volt** (V); als Einheit der **Stromstärke** (J) das **Ampere** (A) (die eingeklammerten Buchstaben sind die üblichen Zeichen für die Größen).

Die elektrische **Leistung** (L_{el}) ist das Produkt aus elektromotorischer Kraft und Stromstärke, ihre Einheit ist das **Voltampere** (VA) oder **Watt** (W).

1000 Voltampere = 1000 Watt = 1 Kilowatt (kW).

1 Meterkilogramm (mkg) in 1 Sekunde (mkg/sec) = 9,81 Watt.

1 Pferdestärke (1 PS) = 75 mkg/sec = 736 Watt.

1 Watt = 0,102 mkg/sec.

1 Kilowatt = 102 mkg = 1,36 PS.

Wirkungsgrad. Der Wirkungsgrad (η) eines Motors ist das Verhältnis der an der Welle des Motors abgegebenen mechanischen Leistung L_{mech} in mkg oder N in Pferdestärken zu der zugeführten elektrischen Leistung (L_{el}) in Watt.

$$\eta = \frac{L_{\text{mech}}}{L_{\text{el}}} \cdot 9{,}81 \qquad \text{oder} \qquad \eta = \frac{N}{L_{\text{el}}} \cdot 736 \,. \tag{1}$$

Bei den Gleichstrommotoren hat diese Gleichung ohne weiteres Gültigkeit. Bei allen Wechselstrommotoren (Einphasen-, Zweiphasen- und Drehstrommotoren)[1] ist die dem Motor zugeführte elektrische Leistung L_{el} noch von dem Leistungsfaktor ($\cos\varphi$) abhängig (vgl. *Görges*: Grundzüge der Elektrotechnik, Leipzig, Verlag von Engelmann, 1913, S. 34 — Hütte II, Verlag von Ernst & Sohn, Berlin 1911, S. 873), wobei Spannung und Stromstärke die Angaben eines Voltmessers und eines Amperemessers sind.

Leistung. Die elektrische Leistung ist dann

$$L_{\text{el}} = E \cdot J \cdot \cos\varphi \tag{2}$$

bei Einphasen-Wechselstrom.
Für Drehstrom gilt

$$L_{\text{el}} = E \cdot J \cdot \cos\varphi \, \sqrt{3} \,. \tag{3}$$

Deshalb ist die mechanische Leistung an der Welle oder Riemenscheibe des Motors gemessen:

für Einphasen-Wechselstrom:

$$L_{\text{mech}} = \frac{E \cdot J}{9{,}81} \cdot \eta \cdot \cos\varphi \tag{4}$$

$$= 0{,}102 \cdot E \cdot J \cdot \eta \cdot \cos\varphi \quad \text{(in mkg)}$$

oder

$$N = \frac{E \cdot J}{736} \cdot \eta \cdot \cos\varphi \quad \text{(in PS)}, \tag{5}$$

für Drehstrom:

$$L_{\text{mech}} = 0{,}102\sqrt{3} \cdot E \cdot J \cdot \eta \cdot \cos\varphi \quad \text{(in mkg)} \tag{6}$$

oder

$$N = \frac{\sqrt{3}}{736} \cdot E \cdot J \cdot \cos\varphi \quad \text{(in PS)}. \tag{7}$$

Der Leistungsfaktor $\cos\varphi$ sowie auch der Wirkungsgrad η stehen beide in Abhängigkeit von der Belastung des Motors.

Drehmoment. In den meisten Fällen sind Stromstärke, Drehzahl, Wirkungsgrad und Leistungsfaktor als Funktion der Nutzleistung, die in Kilowatt oder Pferdestärken angegeben ist, dargestellt. Unter Nutzleistung ist die vom Motor an die von ihm angetriebene Maschine abgegebene Leistung zu verstehen.

Sehr oft findet man aber auch diese Angaben als Funktion des Drehmomentes M_d wiedergegeben. Das Drehmoment wird in mkg gemessen (vgl. *Gramberg*: Technische Messungen, Verlag von Springer, Berlin 1914,

---

[1] Zweiphasenstrom kommt praktisch kaum in Betracht.

S. 72 und 202) und stellt die Beziehungen zwischen Nutzleistung und Drehzahl her. Diese Beziehungen werden ausgedrückt durch

$$M_d = \frac{N \cdot 60 \cdot 75}{2\pi \cdot n} \quad \text{(in mkg)}, \tag{8}$$

wenn die Nutzleistung N in PS gegeben ist.

$$M_d = \frac{N \cdot 716}{n} \quad \text{(in mkg)}, \tag{9}$$

$$N = \frac{M_d \cdot n}{716} \quad \text{(in PS)} \tag{10}$$

oder, wenn die Leistung in mkg bzw. in Watt gegeben ist,

$$M_d = \frac{L_{\text{mech}} \cdot 60}{n \cdot 2\pi} = \frac{L_{\text{mech}} \cdot 9{,}55}{n} \quad \text{(in mkg)}, \tag{11}$$

$$M_d = \frac{L_{\text{el}} \cdot 0{,}974}{n} \quad \text{(in mkg)}, \tag{12}$$

(L_{el} in Watt).

Drehzahl der Wechselstrommotoren. Die Drehzahl der Wechselstrommotoren ist von der Periodenzahl der Stromquelle (Dynamomaschine, welche das Leitungsnetz speist) und der Zahl der Pole, welche der Motor besitzt, abhängig. Ist

> n' die synchrone Drehzahl des Motors in der Minute,
> ν die sekundliche Periodenzahl im Leitungsnetz (in Deutschland
> fast überall $\nu = 50$ Perioden/sec),
> z die Anzahl der Pole,

so ist die s y n c h r o n e Drehzahl:

$$n' = 60 \cdot \frac{2 \cdot \nu}{z} \tag{13}$$

Mit Ausnahme des Synchronmotors vermindern die Wechselstrommotoren ihre Drehzahl gegenüber der synchronen mit zunehmender Belastung. Das Verhältnis der Abnahme der Drehzahl zur synchronen Drehzahl heißt die Schlüpfung. Wird mit n die wirkliche Drehzahl des Motors bezeichnet, so ist die Schlüpfung

$$s = \frac{n' - n}{n'} \tag{14}$$

oder die wirkliche Drehzahl

$$n = n' - n's. \tag{15}$$

3. Einteilung der Elektromotoren.

Unter den G l e i c h s t r o m m o t o r e n unterscheidet man:

> den Hauptstrom- oder Reihenschlußmotor,
> den Nebenschlußmotor,
> den Verbund- oder Doppelschlußmotor,

und hierbei wieder

Motoren mit Wendepolen,
Motoren mit Kompensationswicklung,
Motoren mit Wendepol und Kompensationswicklung.

Die Wechselstrommotoren werden eingeteilt in die zwei Hauptgruppen:

a) Synchronmotoren,
b) Asynchronmotoren; die Asynchronmotoren wieder in Induktionsmotoren und Kommutatormotoren,

wobei noch Ein-, Zwei- und Dreiphasenmotoren zu unterscheiden sind. Letztere heißen Drehstrommotoren.

Unterabteilungen der Induktionsmotoren sind der

Motor mit Kurzschlußanker,
Motor mit Schleifringanker.

4. Gleichstrommotoren.

A. Hauptstrom- oder Reihenschlußmotor.

Eine schematische Darstellung des Hauptstrommotors ist Fig. 56.

Bau und Eigenarten. Der von dem Leitungsnetz entnommene Strom wird um die Magnete geführt, dann durch Bürsten auf die Ankerwicklung übergeleitet und wieder durch Bürsten abgenommen. Es wird also der gesamte Strom um die Magnete geführt, zum Unterschied vom Nebenschlußmotor, bei dem nur ein Teil des Gesamtstromes durch die Magnetwicklung geleitet wird.

Je stärker der Motor belastet wird, desto größer wird seine Stromaufnahme, die Magnete werden um so stärker erregt. Mit zunehmender Erregung der Magnete nimmt die Drehzahl ab, dagegen läuft der Motor um so schneller, je mehr die Belastung und mit dieser die Erregung abnimmt. Bei Entlastung, z. B. bei Riemenbruch, geht der Motor durch, wobei die Ankerwicklungen herausgeschleudert werden können. Hiergegen sind nötigenfalls Vorsichtsmaßregeln zu treffen.

Beim Anlaufen entwickelt der Motor ein großes Anzugsmoment, weshalb er sich zum Heben von Lasten, also als Kranmotor besonders eignet. Für Ventilatoren und Pumpen kommt er nur dann in Betracht, wenn

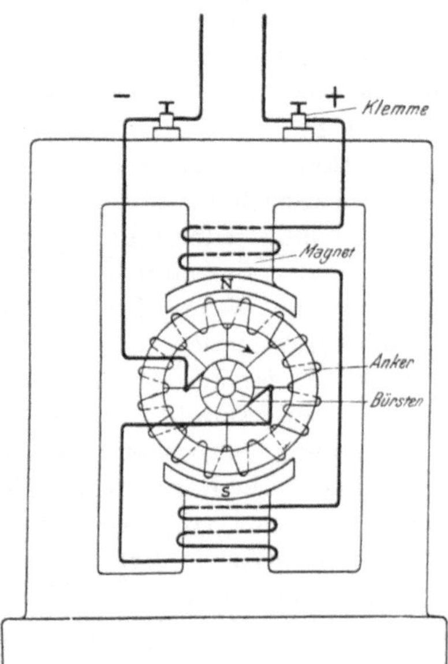

Fig. 56. Reihenschlußmotor.

13*

eine gänzliche Entlastung ausgeschlossen ist, wie z. B. ein Abreißen der Flüssigkeit im Saugrohre. In solchem Falle müßte der Motor mit einem Schwungkugelregler versehen sein, der den Anlasser selbsttätig ausschaltet.

Anlasser. Jeder Motor ist mit einem Anlasser zu versehen, der einen Widerstand zwischen Motor und Leitungsnetz bildet.

Der Anlaßwiderstand wird beim Inbetriebsetzen nach und nach ausgeschaltet, damit der Motor langsam anläuft. Die Widerstände in den Wicklungen eines Hauptstrommotors sind sehr gering. Würde man den Motor im Stillstande ohne Vorschalten eines Anlaßwiderstandes einrücken, so entstände ein Stromstoß, der die Wicklungen des Motors schädigen oder eine Betriebsstörung durch Schmelzen der Sicherungen hervorrufen würde. Die Widerstände eines Hauptstrommotors von 2,5 PS betragen z. B. bei 110 Volt etwa nur 0,5 Ohm. Bei unvermitteltem Einschalten des Motors entstände nach dem *Ohm*schen Gesetz:

$$J = \frac{E}{R} \, ,$$

nach welchem die Stromstärke gleich dem Quotienten aus Spannung (E) und Widerstand R ist, bei einer Netzspannung von 110 Volt ein Strom von

$$\frac{110}{0,5} = 220 \text{ Amp.}$$

Die Wicklungen des Motors würden einen so starken Strom nicht aushalten und daher verbrennen.

Die Anlaßwiderstände werden als **Metallanlasser** mit Luft- oder Ölkühlung, bestehend aus einem Schalthebel mit Schalter und Kontakten und einer Anzahl Drahtspiralen, von welchen eine nach der anderen abgeschaltet wird, gebaut. Für große Motoren verwendet man Flüssigkeitsanlasser.

Die Metallanlasser mit Ölkühlung kommen hauptsächlich für feuchte und staubige Räume und solche mit Explosionsgefahr in Betracht.

Soll die Drehzahl eines Hauptstrommotors geregelt werden können, so ist zweckmäßig außer dem Anlasser ein Regulierwiderstand in den Stromkreis einzuschalten. Ein solcher Regulierwiderstand ist wie ein Anlasser gebaut, er muß jedoch genügend groß gewählt werden, weil der durch die Drahtspiralen fließende Strom die Spiralen unter Umständen bis zur Rotglut erwärmt, wenn die spezifische Strombelastung der Spiralen zu hoch ist und die Spiralen von der umströmenden Luft nicht genügend gekühlt werden. Es ist also dafür zu sorgen, daß die Luft an die Spiralen herantreten kann. Durch teilweises Einschalten des Regulierwiderstandes wird die Spannung herabgesetzt, was eine Verminderung der Umlaufzahl zur Folge hat. Eine solche Regelung der Umlaufzahl ist aber meist nicht wirtschaftlich, denn die in den vorgeschalteten Widerständen verbrauchte elektrische Leistung geht nutzlos verloren, sie wird in Wärme umgesetzt.

Zum Antrieb von Ventilatoren und Zentrifugalpumpen eignet sich der Hauptstrom- oder Reihenschlußmotor weniger. Wie oben schon gesagt, nimmt bei ihm die Drehzahl mit zunehmender Belastung ab. Da aber bei Ventilatoren und Zentrifugalpumpen mit der Drehzahl auch der erzeugte

Druck bzw. die Förderhöhe abnimmt, in den meisten Fällen jedoch ein bestimmter Druck eingehalten werden muß, so wird die gewünschte Leistung nur unter ganz bestimmten Verhältnissen erreicht.

Fig. 57 stellt das Verhalten eines Reihenschlußmotors für 110 Volt von 2,5 PS Normalleistung dar. Bei dieser Belastung ist die Drehzahl $n = 850/\text{min}$, bei $N = 1$ PS dagegen schon 1480/min.

Mit Hilfe der Darstellung (Fig. 57) können Drehzahl und Leistungsverbrauch des Motors bei verschiedenen Belastungen bestimmt werden. So erreicht z. B. der Wirkungsgrad bei einer Belastung 0,75 der normalen den höchsten Wert, $\eta = 0,785$. Die Drehzahl wird $n = 1000/\text{min}$.

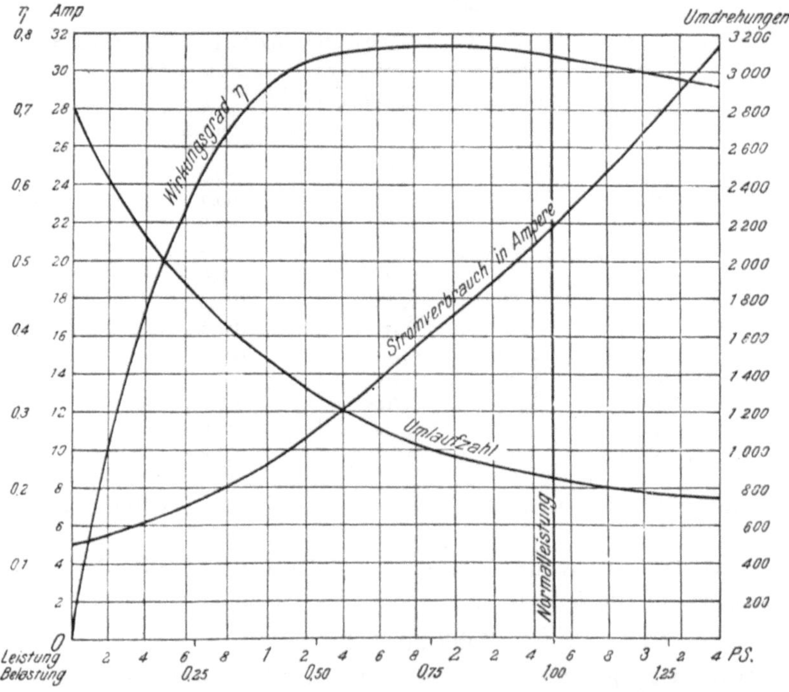

Fig. 57. Schaulinien eines Reihenschlußmotors.

Der Leistungsverbrauch ist daher bei der Belastung 0,75 oder $N = 0,75 \cdot 2,5 = 1,875$ PS:

$$L_{\text{el}} = \frac{1,875 \cdot 736}{0,785} = 1756 \text{ Watt}$$

und, da die Spannung $E = 110$ Volt beträgt, so ist der Stromverbrauch:

$$J = \frac{1756}{110} = 16 \text{ Amp}.$$

Der Verlauf der Wirkungsgradkurve ist auch bei größeren Reihenschlußmotoren ganz ähnlich dem in Fig. 57 dargestellten, weshalb, da es sich hier nur um angenäherte Ermittlungen handelt, vom Wirkungsgrade bei Normallast ausgehend, die Wirkungsgradkurve auch für andere Motoren mit Hilfe der folgenden Zahlentafeln ermittelt werden kann. Die Zahlentafel 1 gibt den Wirkungsgrad in Abhängigkeit von der Belastung und, in der letzten Spalte, in Hundertteilen des Wirkungsgrades bei Vollast an. Die Zahlentafel 2 enthält die Wirkungsgrade, die je nach der Größe des Motors gewöhnlich erreicht werden.

Fig. 58 ist eine graphische Darstellung der Bruchteile des Wirkungsgrades bei voller Belastung (Normalleistung). Sie sind mit „Verhältniszahlen" bezeichnet, da sie das Verhältnis des Wirkungsgrades bei veränderter Belastung zum Wirkungsgrade bei Vollast angeben.

Zahlentafel 1.

Wirkungsgrad eines Reihenschlußmotors von 2,5 PS.

Belastung	Leistung in PS	Wirkungsgrad η	Verhältniszahlen (in % des Wirkungsgrades bei Vollast)
0,10	0,25	0,30	39,2
0,20	0,50	0,503	65,4
0,30	0,75	0,644	83,9
0,40	1,00	0,727	94,8
0,50	1,25	0,767	100,0
0,60	1,50	0,779	101,5
0,70	1,75	0,781	101,5
0,80	2,00	0,778	101,0
0,90	2,25	0,769	100,0
1,00	**2,50**	**0,768**	**100,0**
1,10	2,75	0,760	99,0
1,20	3,00	0,750	97,8

Der Wirkungsgrad bei voller Belastung ist bei größeren Motoren noch ein höherer.

Nach *Hobart* (Motoren für Gleichstrom und Drehstrom; Berlin 1905, Verlag von J. Springer) sind die Wirkungsgrade für Gleichstrommotoren etwa folgende:

Zahlentafel 2.

Wirkungsgrade von Gleichstrom - Reihenschluß-und Nebenschlußmotoren.

Leistung bei Vollast in PS	Wirkungsgrad η
2,5	0,80
5,0	0,84
10,0	0,86
15,0	0,87
20,0	0,88
25,0	0,89
30,0	0,90
40,0	0,90
50,0	0,91
70,0	0,92
100,0	0,93

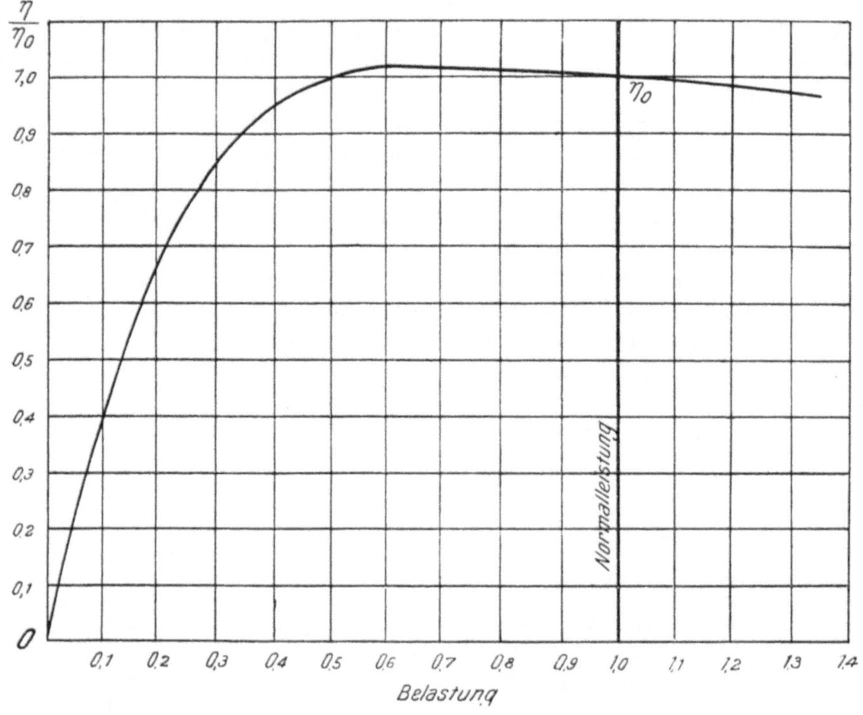

Fig. 58.

Verhältniszahlen für den Wirkungsgrad der Reihenschlußmotoren.

Mit Hilfe der vorigen Zahlentafel bzw. Fig. 58 läßt sich angenähert der Wirkungsgrad eines beliebigen anderen Reihenschlußmotors bei teilweiser Belastung bestimmen.

Ein Reihenschlußmotor von 20 PS erreicht z. B. bei Vollast, gute Ausführung vorausgesetzt, einen Wirkungsgrad $\eta = 0,88$. Bei halber Belastung würde der Wirkungsgrad immer noch derselbe bleiben; bei Belastung 0,3 dagegen würden nach Zahlentafel 1 nur 84 v. H. des Wirkungsgrades der Normalbelastung erreicht, somit:

$$\eta_{0,3} = 0,88 \cdot 0,84 = 0,74 \,.$$

Der Leistungsverbrauch ergibt sich dann zu:

$$L_{el} = \frac{0,3 \cdot 20 \cdot 736}{0,74} = 5970 \text{ Watt,}$$

während der Motor bei Normallast

$$L_{el} = \frac{20 \cdot 736}{0,88} = 16\,727 \text{ Watt}$$

verbrauchen würde.

Da es sich im vorliegenden Falle nicht darum handelt, genaue Werte, wie sie der Elektroingenieur braucht, zu ermitteln, sondern nur dem Heizungsfachmann angenäherte Werte an die Hand gegeben werden sollen, so dürfte der oben vorgeschlagene Weg zur jeweiligen Bestimmung des Leistungsverbrauches bei verschiedenen Belastungen genügen.

Die Drehzahl des Reihenschlußmotors ändert sich mit der von ihm abgegebenen Leistung, wie Fig. 57 zeigt, in der auch die Kurve für den Stromverbrauch eingetragen ist. Fig. 59 stellt diese Änderung nach *Hobart* in der ausgezogenen Kurve dar, die punktierte Kurve gilt für die in Fig. 57 dargestellten Verhältnisse des 2,5-PS-Motors.

Mit diesen Angaben lassen sich nun die Betriebsverhältnisse eines Reihenschlußmotors aufzeichnen. Fig. 60 gibt dieselben für einen Reihenschlußmotor von 12 PS Normalleistung bei 220 Volt wieder.

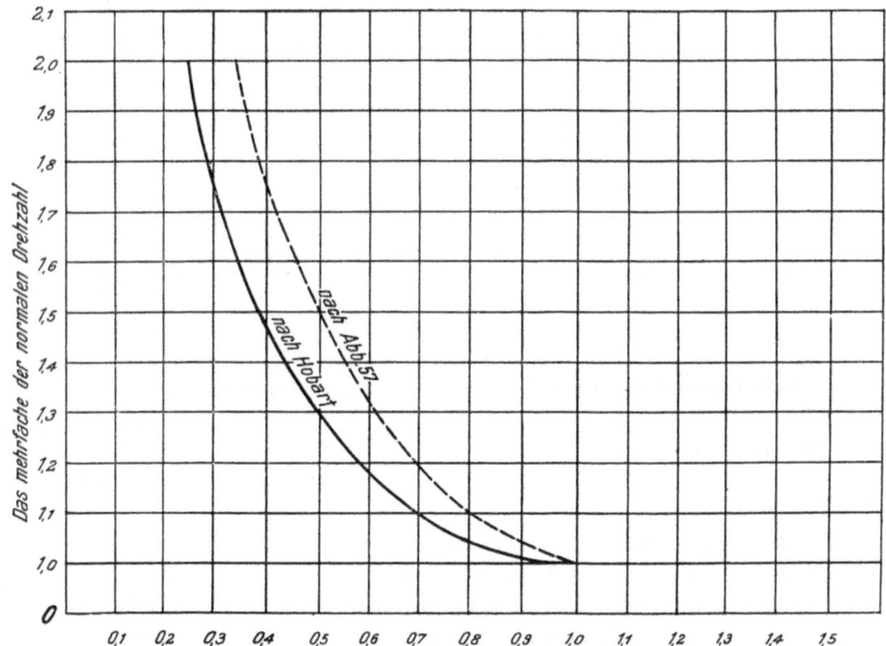

Fig. 59. Änderung der Drehzahl mit Änderung der Belastung bei Reihenschlußmotoren.

Der Wirkungsgrad ist nach Zahlentafel 2 zu $\eta = 0{,}865$ angenommen, die Drehzahl, für die der Motor bei Normallast gebaut sein soll, ist zu $n = 650$ gewählt.

Mit Hilfe der Fig. 58 und 59 sind dann die Kurven für η und n, bezogen auf die Leistung in PS, gezeichnet.

Zuerst wird man zweckmäßig die Wirkungsgradkurve unter Zuhilfenahme der Fig. 58 konstruieren. Hieraus ergibt sich der Leistungsverbrauch

$$L_{el} = \frac{N \cdot 736}{\eta} \text{ Watt}$$

bzw. der Stromverbrauch

$$J = \frac{N \cdot 736}{E \cdot \eta} \text{ Amp.}$$

Aus der Kurve für den Leistungsverbrauch L_{el} kann dann mit Verwendung der Fig. 59 die Drehzahl bei den verschiedenen Teilbelastungen berechnet werden. In dieser Weise ist Fig. 60 gezeichnet worden.

Infolge der stark veränderlichen Drehzahl des Reihenschlußmotors empfiehlt es sich, seine Betriebsverhältnisse, auf das nützliche Drehmoment bezogen, darzustellen, insbesondere dann, wenn gleichzeitig das

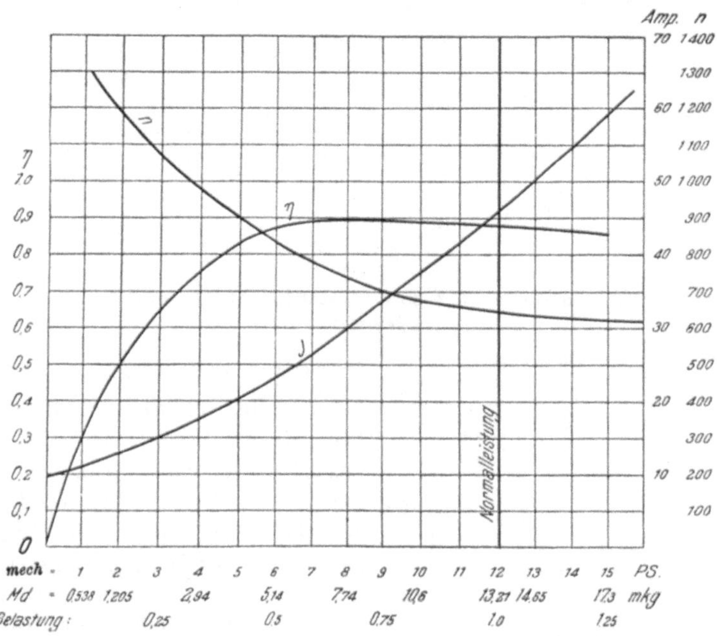

Fig. 60. Schaulinien eines Reihenschlußmotors von 12 PS nach Maßgabe der Verhältniszahlen aufgezeichnet.

Verhalten der Arbeitsmaschine (Pumpe, Ventilator) bei veränderter Leistung und Drehzahl in die Betrachtungen hineingezogen wird.

Fig. 61 stellt die gleichen Betriebsverhältnisse des 12-PS-Motors dar, bezogen auf das Drehmoment, in dem die Teilbelastungen, die in Fig. 60 in PS angegeben sind, in das entsprechende Drehmoment durch

$$M_d = \frac{N \cdot 716}{n}$$

nach Gleichung (9) umgerechnet und die Kurven aus Fig. 60 übertragen wurden.

Wie diese Darstellung der Betriebsverhältnisse verwertet wird, wird später noch bei der Besprechung des Verhaltens der Motoren im Betriebe gezeigt werden.

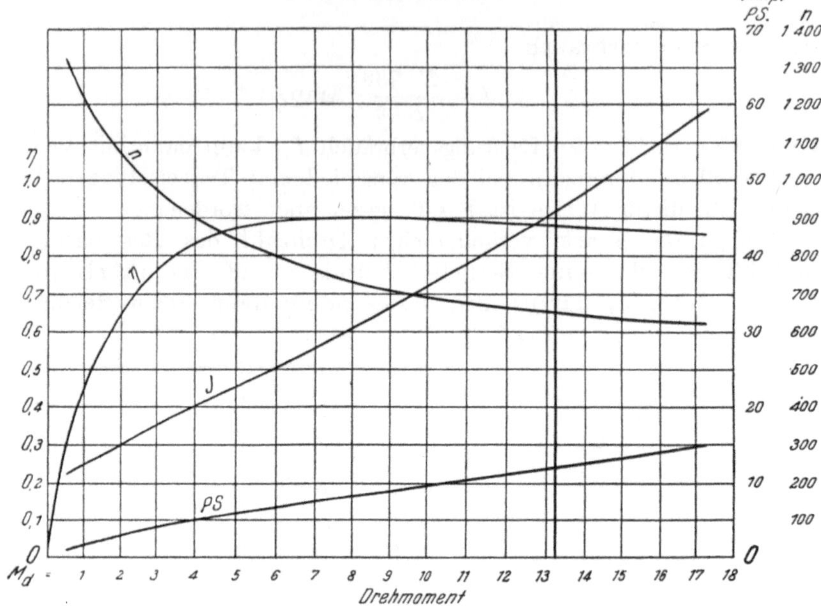

Fig. 61. Schaulinien des in Fig. 60 dargestellten Motors auf das Drehmoment
bezogen.

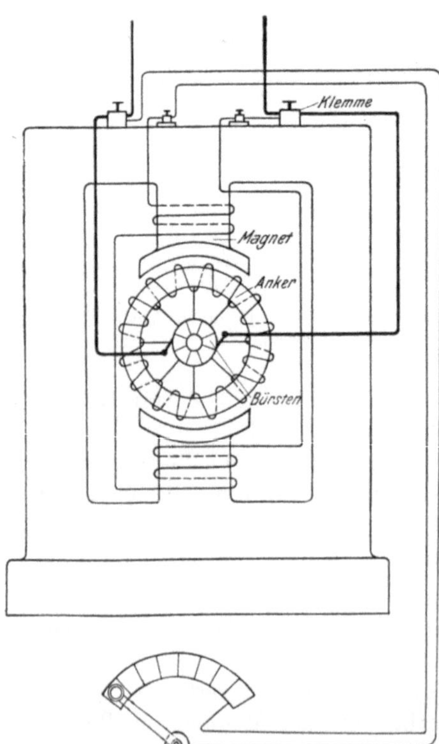

Fig. 62. Nebenschlußmotor.

Schließlich sei noch erwähnt, daß beim Reihenschlußmotor die Drehrichtung durch Vertauschen der Bürstenanschlußleitungen geändert werden kann. Ein Vertauschen der Leitungen an den Hauptklemmen hat keine Änderung der Drehrichtung zur Folge.

B. Der Nebenschlußmotor.

Der Nebenschlußmotor besitzt eine von den Hauptklemmen der Netzleitung abzweigende Magnetwicklung, die der Ankerwicklung parallel geschaltet ist und die Erregung der Magnete bewirkt (Fig. 62). Infolgedessen ist die Drehzahl beinahe unabhängig von der Belastung des Motors, wie die graphische Darstellung (Fig. 63, zeigt. Sie nimmt gewöhnlich bei voller Erregung mit abnehmender Belastung von Normallast bis Leerlauf um etwa 5 bis 8 v. H. zu.

Der Nebenschlußmotor eignet sich deshalb für den Antrieb solcher Ma-

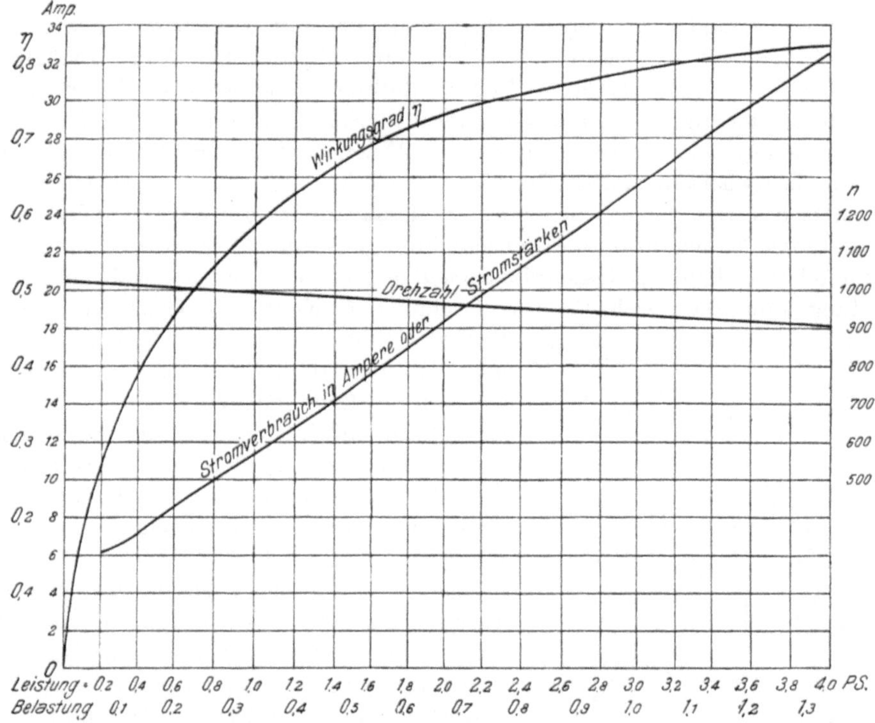

Fig. 63. Schaulinien eines Nebenschlußmotors auf die Belastung bezogen.

schinen, bei denen auf eine möglichst gleichmäßige Umlaufzahl Wert gelegt wird.

Soll die Drehrichtung geändert werden, so sind die Enden der Magnetwicklung oder die Ankeranschlüsse miteinander zu vertauschen. Der Anlasser soll beim Nebenschlußmotor so eingerichtet sein, daß die Magnet wicklung zuerst stets die volle Spannung erhält, damit eine möglichst große Anzugskraft entsteht. Eine hierfür eingerichtete Schaltung zeigt Fig. 64. Sobald die Kurbel aus der Ausschaltstellung auf den ersten Kontakt gerückt wird, erhält die Magnetwicklung die volle Spannung, wogegen der Widerstand im Ankerstromkreise erst nach und nach ausgeschaltet wird.

Zur Änderung der Umlaufzahl wird beim Nebenschlußmotor (außer dem Anlasser) ein Regulierwiderstand, der Nebenschlußregler, verwendet, der in die Leitung zu den Magnetwicklungen geschaltet wird (Fig. 62). Mit Hilfe

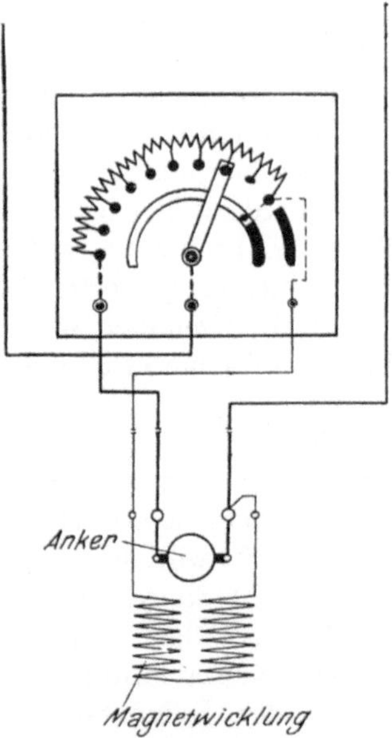

Fig. 64. Schaltung beim Nebenschlußmotor.

dieses Widerstandes können die Magnete mehr oder weniger erregt werden, so daß hiernach der Motor seine Umlaufzahl einstellt. Volle Erregung entsteht bei ausgeschaltetem Nebenschlußregler, wobei der Motor seine normale, niedrigste Umlaufzahl erreicht. Soll die Geschwindigkeit noch weiter herabgesetzt werden, so ist ein Widerstand in den Ankerstromkreis einzuschalten. Diese Regulieranlasser für Ankerregulierung gestatten meist eine Verminderung der normalen Drehzahl bis auf 50 v. H. Dagegen wird durch Einschalten des Nebenschlußreglers die Erregung der Magnete vermindert und infolgedessen die Umlaufzahl erhöht. Mit der Nebenschlußreglung kann die Drehzahl bei gewöhnlichen Nebenschlußmotoren gegenüber derjenigen bei voller Erregung um etwa 15 bis 20 v. H. gesteigert werden. Zur weiteren Erhöhung der Drehzahl müssen die Motoren mit Wendepolen, die durch den Ankerstrom erregt werden, ausgestattet sein (siehe Fig. 65). Es werden Regulieranlasser für Anker- und Nebenschlußreglung in einer Ausführung hergestellt.

Die Reglung der Drehzahl im Nebenanschluß ist wirtschaftlich, d. h. sie ist mit nur geringen Verlusten verbunden, dagegen ist die Reglung im Ankerstromkreise nicht verlustfrei. Bei erforderlicher Auf- und Abwärtsregulierung der Drehzahl steht bei normaler Drehzahl der Nebenschlußregler in der Mitte [1].

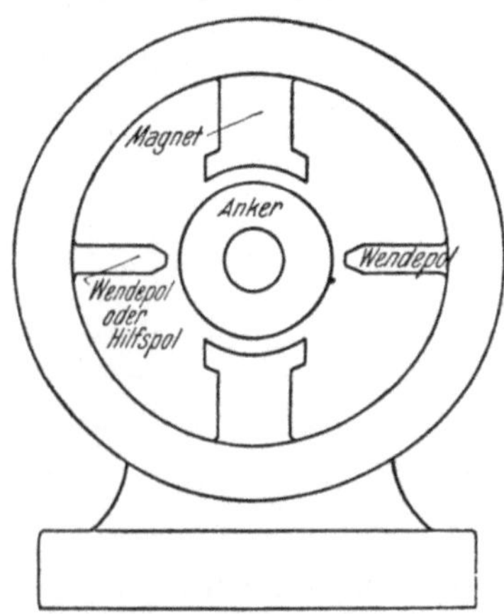

Fig. 65. Motor mit Wendepolen.

Für erhebliche Änderungen der Drehzahl sind Wendepolmotoren oder Motoren mit Kompensationswicklung zu benutzen. Erstere besitzen zwischen den eigentlichen Polen des Motors zwei Hilfspole, welche vom Ankerstrome erregt werden. Bei letzteren ist, konzentrisch zum Anker, eine feststehende Wicklung angebracht, welche von denselben Strömen wie die Ankerwicklung, nur in entgegengesetzter Richtung, durchflossen wird, so daß durch sie das Ankerfeld aufgehoben werden kann. Mit diesen Motoren ist es möglich, die Umlaufzahl ohne erhebliche Änderung des Wirkungsgrades in weiten Grenzen zu ändern.

Fig. 66 zeigt die Wirkungsgrade eines solchen Nebenschlußmotors von 8 kW Normalleistung für die Drehzahllinien $n = 595$, $n = 890$ und $n = 1190$ und die Zunahme der Umdrehungen mit abnehmender Belastung. Die Drehzahl $n = 595$ wird bei voller Erregung und Normallast erreicht. Der Unterschied der Wirkungsgrade ist sehr gering (vgl. auch Fig. 69, welche dieselben Angaben, auf das Drehmoment bezogen, darstellt).

Der Nebenschlußmotor ist nach dem Gesagten für heiztechnische Maschinen der geeignetste Gleichstrommotor, sowohl beim Anlassen, da er

---

[1] Siehe *Krause*, Bedienung und Schaltung von Dynamos und Motoren. Verlag von Springer, Berlin.

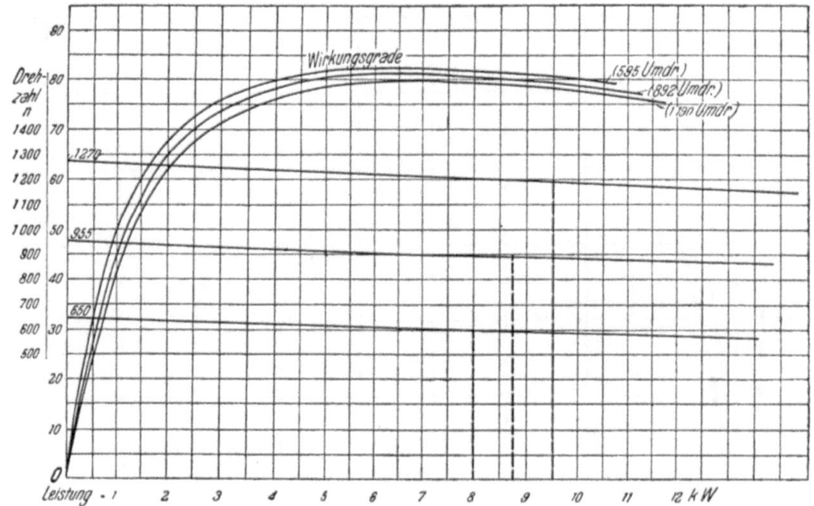

Fig. 66. Beziehungen zwischen Wirkungsgrad und Drehzahl eines Nebenschlußmotors mit Wendepolen.

große Anzugskraft besitzt, als auch hinsichtlich der Reglung der Umlaufzahl, besonders wenn er mit Wendepolen ausgestattet ist. Seine Dreh-
zahlreglung soll daher eingehender als die der anderen Gleichstrommotoren
behandelt werden. Der Verlauf der Wirkungsgradkurve ist in Fig. 67 für
Motoren verschiedener Größe und zwar für volle Erregung der Magnete

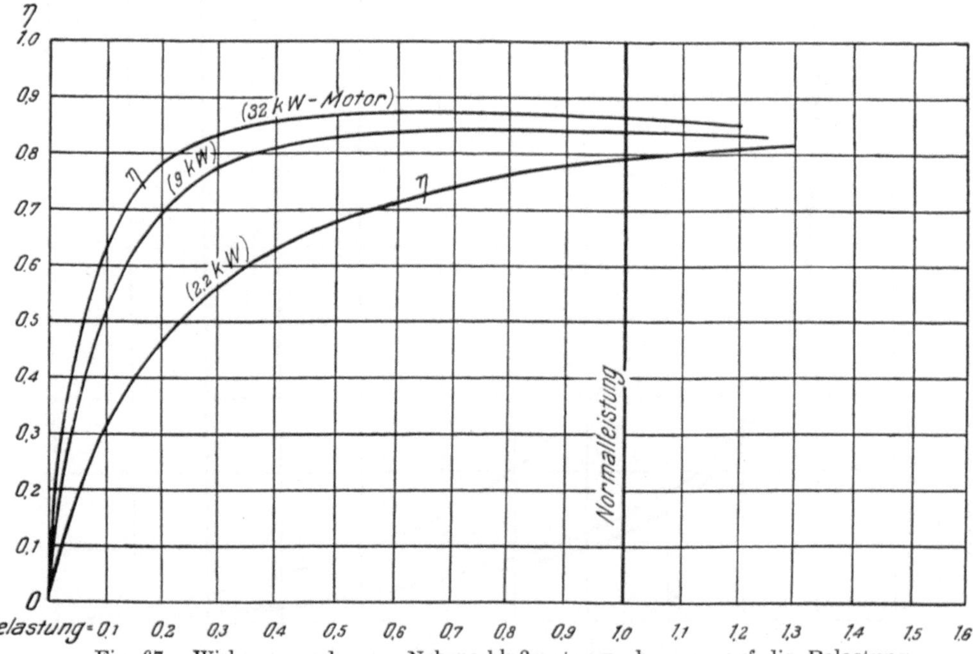

Fig. 67. Wirkungsgrade von Nebenschlußmotoren, bezogen auf die Belastung.

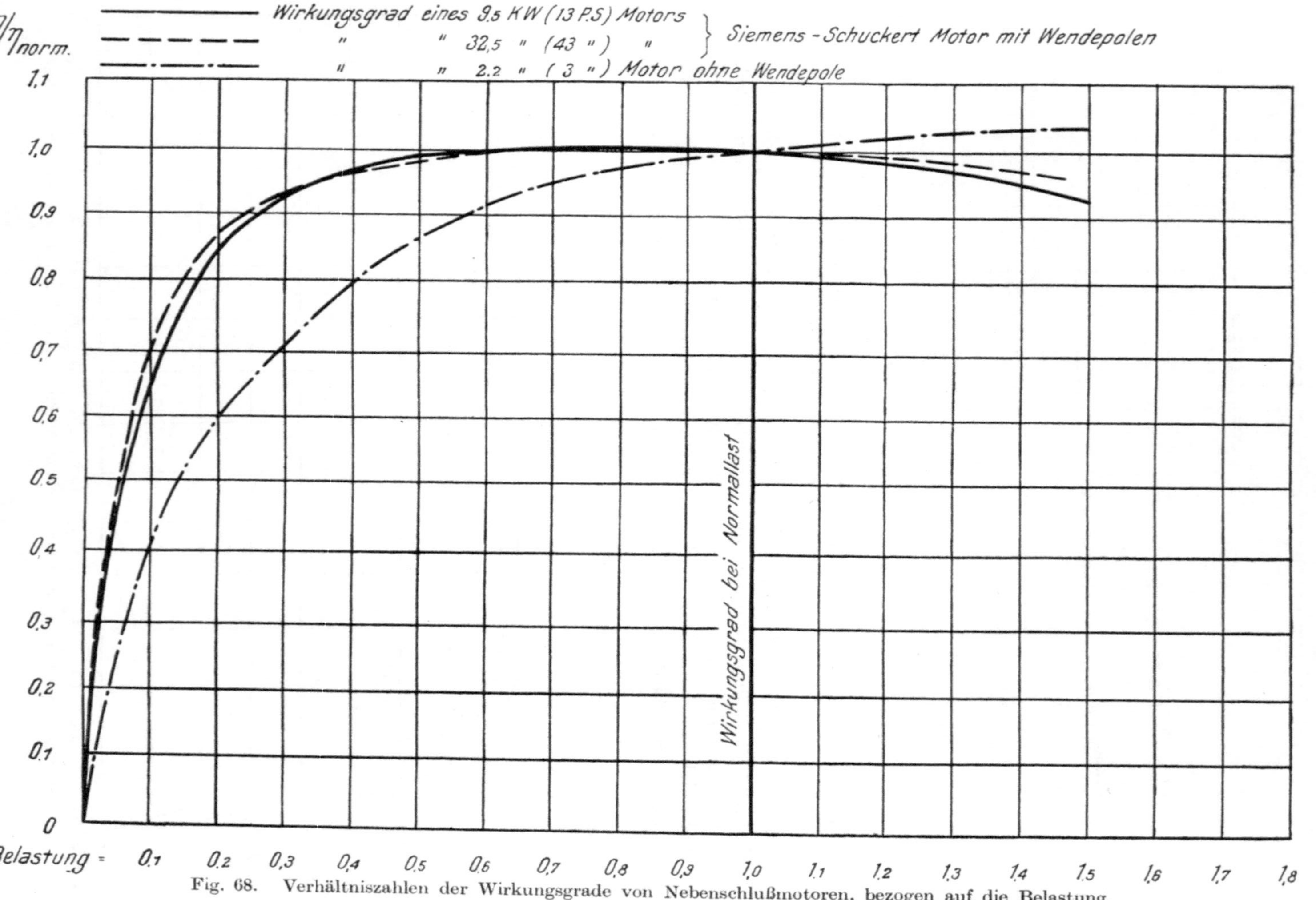

Fig. 68. Verhältniszahlen der Wirkungsgrade von Nebenschlußmotoren, bezogen auf die Belastung.

dargestellt. Fig. 68 zeigt das Verhältnis $\dfrac{\eta}{\eta_{\text{norm}}}$ derselben Motoren, dagegen auf die Belastung, während Fig. 69 eine Darstellung von η/η_{norm}, jedoch auf das Drehmoment $\dfrac{M_d}{M_{d\,\text{norm}}}$ bezogen, enthält. Als Drehmoment $M_{d\,\text{norm}}$ gilt dasjenige bei voller Erregung, für welches der Motor gebaut ist. In Fig. 70 sind dann noch angenäherte Werte von η_{norm} für Nebenschluß- und Doppelschlußmotoren, nach der Größe der Motoren, enthalten (nach *Hobart*).

Wird der Motor nun bei voller Erregung verschieden belastet, was man sich so vorstellen kann, als wäre um seine Riemenscheibe ein Bremsband gelegt, das mehr oder weniger angezogen wird, so sucht der Motor doch seine Drehzahl beizubehalten, nur steigert bzw. vermindert sich der Leistungsverbrauch, das Amperemeter steigt bzw. fällt[1].

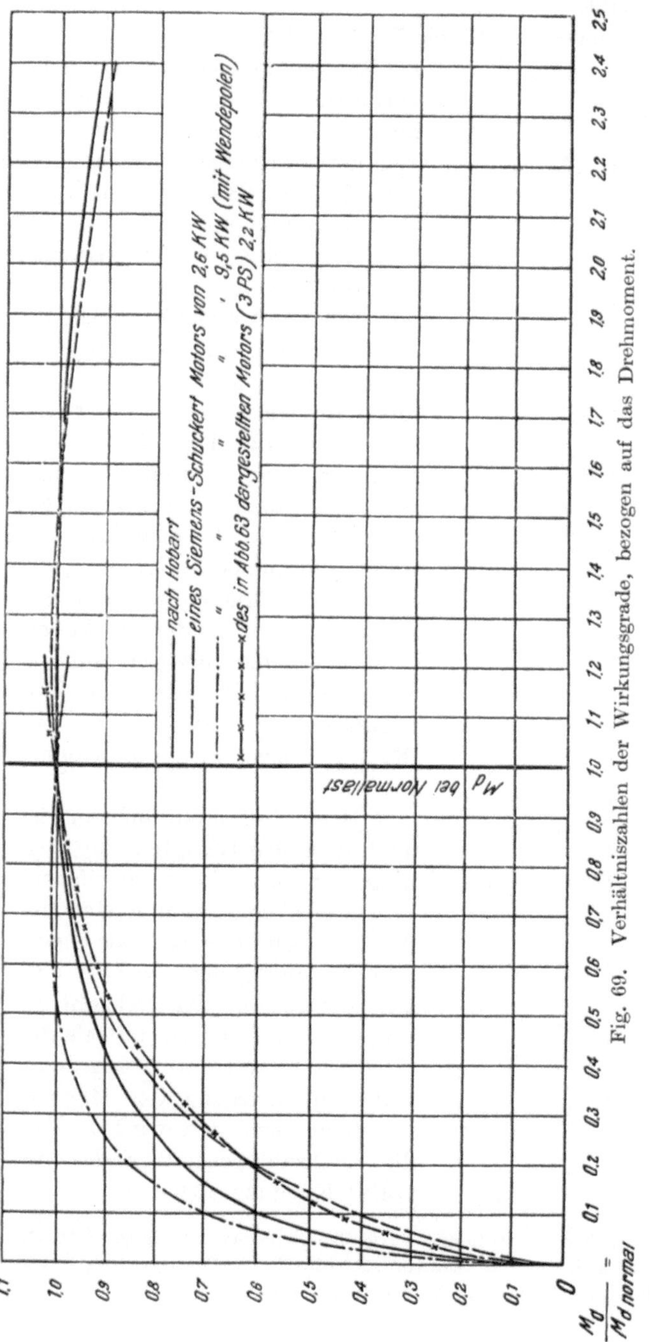

Fig. 69. Verhältniszahlen der Wirkungsgrade, bezogen auf das Drehmoment.

---

[1] Treibt der Motor z. B. einen Ventilator an, dessen Riemenscheibe durch eine kleinere ersetzt wird, so daß der Ventilator nun eine größere Dreh-

Während beim Reihenschlußmotor sich die Drehzahl mit der Belastung stark ändert, bleibt sie beim Nebenschlußmotor angenähert gleich, weil infolge der konstanten Klemmenspannung (Betriebsspannung) die Erregung der Magnete konstant bleibt.

Mit Hilfe der Darstellungen Fig 67 bis 70 der Wirkungsgrad- und Drehzahlkurven können die Betriebsverhältnisse eines Nebenschlußmotors bei voller Erregung angenähert wiedergegeben werden, wie sie Fig. 63 zeigt und beim Reihenschlußmotor bereits aus den dort angegebenen Kurven dargestellt wurde.

Inwieweit sich aber doch die Drehzahl mit der Belastung erhöht oder vermindert, zeigt Fig. 71 und, auf das Drehmoment bezogen, Fig. 72. Fig. 72 stellt angenähert das Verhalten eines Nebenschlußmotors, bei voller Erregung mit der Drehzahlkurve n' und für verminderte Erregung mit den Drehzahlkurven n'' und n''', sowie die zugehörenden Wirkungsgradkurven dar, bezogen auf das Drehmoment M_{d_0} bzw. den Wirkungsgrad η_0, die oben mit $M_{d\,(\text{norm})}$ bzw. η_{norm} bezeichnet waren.

Beim Nebenschlußmotor ist nach dem oben Gesagten eine Reglung der Drehzahl in zweifacher Weise möglich, einmal mittels der Ankerregulierung, also eine Hauptstromreglung, welche eine Verminderung der Drehzahl zur Folge hat, und ferner mittels des Nebenschlußwiderstandes, wobei die Erregung der Magnetwicklung vermindert wird, so daß die Drehzahl gegenüber der bei voller Erregung zunimmt.

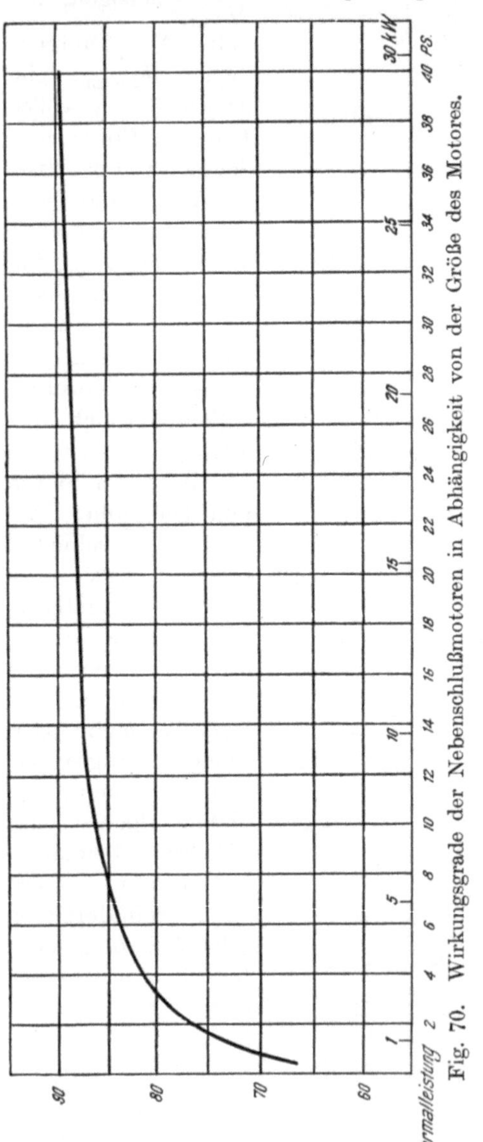

Fig. 70. Wirkungsgrade der Nebenschlußmotoren in Abhängigkeit von der Größe des Motores.

zahl erhält, so wird damit auch die Luftmenge vergrößert, die der Ventilator fördert, und es entsteht eine größere Belastung des Motors, ebenso kann die Belastung durch Einbauen von Widerständen in die Luftleitungen erhöht werden.

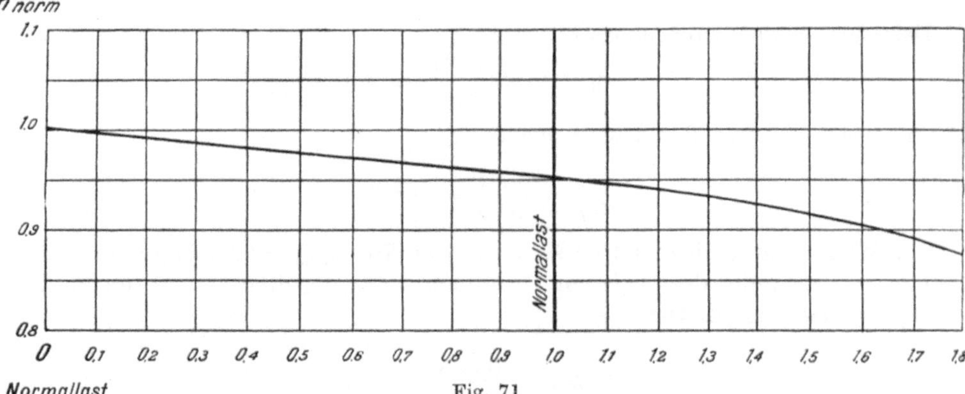

Fig. 71.

Änderung der Drehzahl mit Änderung der Belastung bei voller Erregung.

Bei der Regelung der Drehzahl mit Hilfe der Ankerregulierung entsteht ein Verlust an elektrischer Arbeit. Der Gesamtwirkungsgrad des Motors (also einschl. Verlustes im Regulieranlasser) nimmt dabei im Verhältnis der Drehzahl ab. Es ist

$$\eta_2 = \eta' \, \frac{n_2}{n'} \,, \tag{16}$$

wenn mit η_2 der Gesamtwirkungsgrad bei der verminderten Drehzahl n_2 und mit η' der Wirkungsgrad des Motors bei voller Erregung und der hierbei bestehenden Drehzahl n' bezeichnet werden.

Ein Motor soll z. B. eine Zentrifugalpumpe antreiben und hierbei eine Leistung von 8 PS bei $n_1 = 965$ Umdrehungen und voller Erregung aufweisen. Unter gewissen Verhältnissen soll aber nur eine Leistung von 4 PS erforderlich sein. Die Drehzahl der Pumpe, mit der der Motor direkt gekuppelt sein möge, ist daher, wie im Abschnitt I erläutert wurde, auf

$$n_2 = n' \sqrt[3]{\frac{4}{8}}$$

herabzusetzen.

$$n_2 = 965 \sqrt[3]{0,5} = 766 \text{ i. d. Min.}$$

Bei 8 PS und 965 Umdrehungen entwickelt der Motor sein normales Drehmoment, das mit M_{d_0} bezeichnet sei.

$$M_{d_0} = \frac{8 \cdot 716}{965} = 5,93 \text{ mkg.}$$

Bei halber Belastung $\left(\dfrac{4}{8} = 0,5 \right)$ steigt die Drehzahl nach Fig. 72 im Verhältnis der durch die Drehzahllinie n' angegebenen Werte über $M_d = 1$ und $M_d = 0,5$, also auf

$$n' = \frac{0,970}{0,950} \cdot 965 = 985/\text{min.}$$

Demnach ist das Drehmoment

$$M_{d_2} = \frac{4,0 \cdot 716}{985} = 2,91 \text{ mkg},$$

und das Verhältnis der Drehmomente ist

$$\frac{M_{d_2}}{M_{d_0}} = \frac{2,91}{5,93} = 0,483.$$

Der Wirkungsgrad des Motors sei nach Fig. 70 zu $\eta_0 = 0,85$ angenommen, dann wäre, wenn der Leistungsverbrauch nicht gedrosselt würde, nach Fig. 69 bzw. Fig. 72 für

$$\frac{M_{d_2}}{M_{d_0}} = 0,483,$$

$$\eta' = 0,92\,\eta_0 = 0,78.$$

Wird nun die Drehzahl auf 766 herabgesetzt, wie oben berechnet, so vermindert sich der Wirkungsgrad nach Gleichung (16) auf

$$\eta_2 = 0,78 \cdot \frac{766}{985} = 0,606.$$

Bei 8 PS Leistung werden, unter Annahme eines Wirkungsgrades $\eta_0 = 0,85$

$$\frac{8 \cdot 736}{0,85} = 6930 \text{ Watt}$$

bei 4 PS Leistung

$$\frac{4 \cdot 736}{0,606} = 4860 \text{ Watt}$$

verbraucht.

Bei halber Leistung besteht also ein um nur 29,8 v. H. geringerer Leistungsverbrauch als bei voller Belastung.

Die Drehzahlregelung durch Verminderung der Erregung der Magnetwicklungen ist dagegen wirtschaftlicher, weil der Wirkungsgrad des Motors in verhältnismäßig weiten Grenzen der Belastung und trotz erheblicher Änderung der Drehzahlen sich nur wenig ändert, wie auch aus den Linien η/η_0 in Fig. 72 ersichtlich ist. Es ist aber zu beachten, daß die Drehzahl durch Verminderung der Erregung nur aufwärts geändert werden kann. Die geringste Drehzahl n' ergibt sich also bei voller Erregung, die in Fig. 72 mit A bezeichnet ist. Die mit B bezeichnete verminderte Erregung hat eine Erhöhung der Drehzahl bei Leerlauf um 50 v. H., die mit C bezeichnete auf das Doppelte zur Folge. Der Verlauf der Drehzahlkurven bei diesen als konstant vorausgesetzten Erregungen ist durch die Linien n', n'' und n''' gekennzeichnet. Man kann sich vorstellen, es seien A, B und C Kontakte des Nebenschlußreglers.

In Fig. 73 sind die Wirkungsgradlinien und die Drehzahllinien eines Nebenschlußmotors dargestellt, der außer den Wendepolen noch eine Hilfsverbundwicklung besitzt. Es handelt sich hier um den gleichen Motor, dessen Schaulinien in Fig. 66 dargestellt sind, nur bildet in Fig. 73 das Dreh-

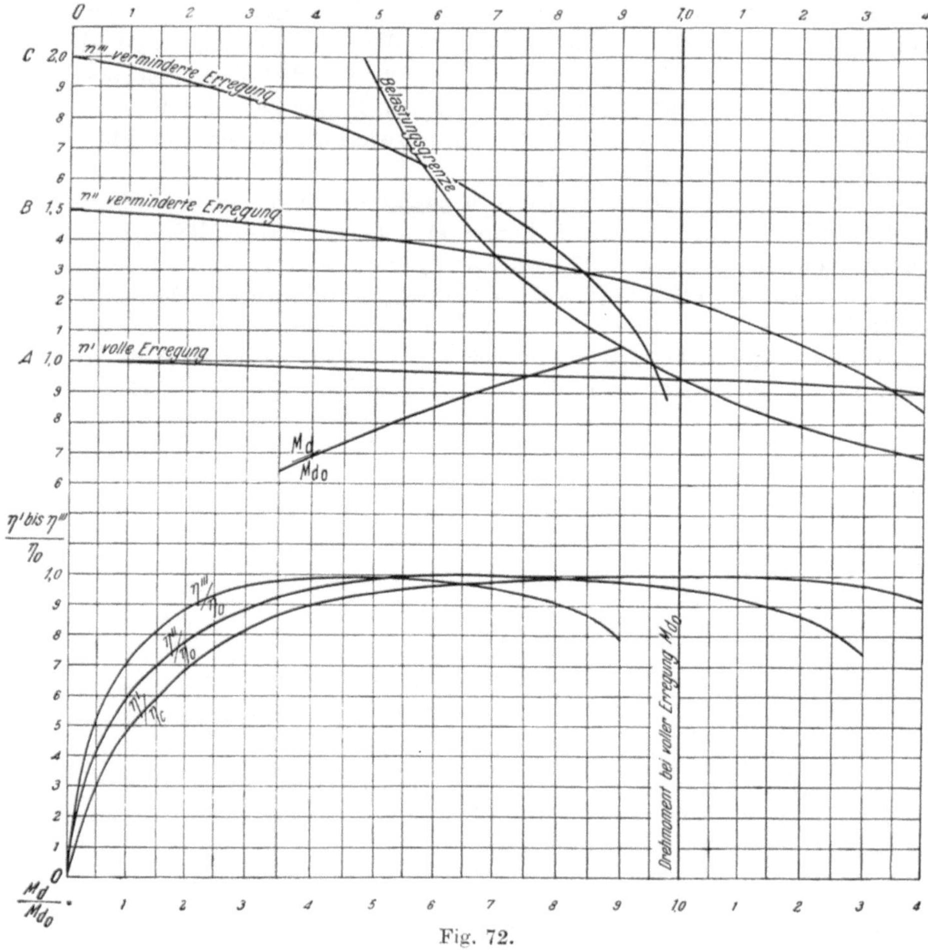

Fig. 72.

moment die Abszisse des Diagrammes. Die Darstellung in Fig. 72 bleibt aber auch für diesen Motor gültig, wenn auch die Schnittpunkte der Drehzahllinien weiter von der Belastungsgrenze abliegen.

Die Darstellung in Fig. 72 kann daher zur angenäherten Ermittlung des Verhaltens eines beliebigen normalen Nebenschlußmotors angewendet werden [1], wenn das Drehmoment $M_{d\,(\text{norm})}$ bei voller Erregung und Normallast dem in Fig. 72 mit $M_{d_0} = 1$ und ebenso der zugehörende Wirkungsgrad dem mit η_0 bezeichneten gleichgesetzt werden. Die bei den erhöhten Drehzahlen auftretenden Wirkungsgrade können dann mit Hilfe der Linien η'/η_0; η''/η_0 und η'''/η_0, entsprechend den Drehzahlkurven, ermittelt werden. Werden Zwischenwerte von Drehzahlen in die Berechnung eingeführt, so

---

[1] Für besonders langsam oder besonders schnell laufende Motoren ändern sich die Zahlenwerte.

14*

sind dieselben aus der Darstellung zu interpolieren. Es sei aber auch hier wiederholt darauf aufmerksam gemacht, daß es sich nur um angenäherte Ermittlungen handeln kann, da die tatsächlichen Verhältnisse, insbesondere die Drehzahl, von elektrischen Größen, wie z. B. der Zahl der Kraftlinien, dem Widerstande im Anker, der Zahl der wirksamen Ankerleiter abhängt, die nur dem Motorenwerke bekannt sind.

Nehmen wir an, ein Motor treibe wieder eine Pumpe an, sei mit dieser direkt gekuppelt und habe an die Pumpe eine Leistung von 6 PS abzugeben, während die Drehzahl $n = 950$ betrage. Zeitweise soll aber die Leistung der Pumpe auf 8,1 PS erhöht werden können, wozu auch die Drehzahl auf $n = 1050$ zu erhöhen ist.

Nun wird die Belastungsmöglichkeit eines Motors gekennzeichnet durch die in Fig. 72 dargestellte und mit „Belastungsgrenze" bezeichnete Hyperbel,

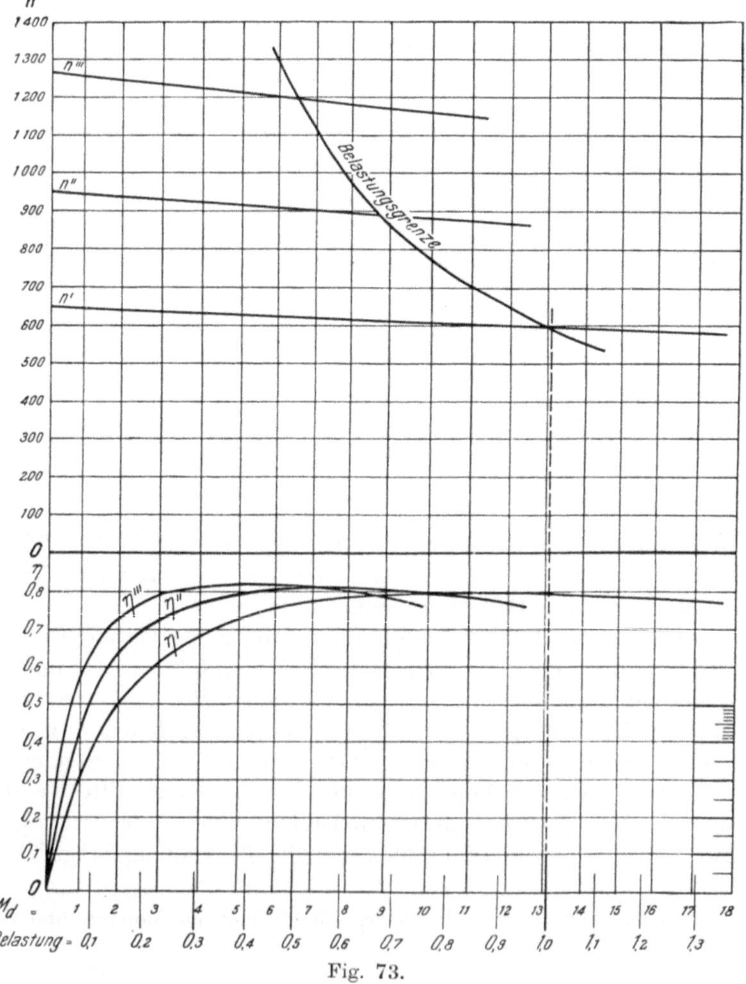

Fig. 73.

mit der Gleichung

$$M_d \cdot n = \text{const.} \qquad (17)$$

Ist z. B. das Drehmoment eines Motors bei normaler Belastung $M_d = 10$ und die Drehzahl hierbei $n = 950$, dann gilt

$$M_d \cdot n = 10 \cdot 950 = \text{const.}$$

Wird $n = 1000$, so darf das Drehmoment nicht größer sein als

$$M_d = \frac{9500}{1000} = 9{,}5 \text{ mkg,}$$

wird $n = 1500$, so ist das zulässige Drehmoment

$$M_d = \frac{9500}{1500} = 6{,}33 \text{ mkg.}$$

Diese Berechnung fortgesetzt ergibt die in Fig. 72 mit Belastungsgrenze bezeichnete Hyperbel. Dabei bleibt aber die Leistung konstant, denn für $M_d = 10{,}0$ bei $n = 950$ ist nach Gleichung (10)

$$N = \frac{10{,}0 \cdot 950}{716} = 13{,}25 \text{ PS,}$$

ebenso ist für $M_d = 6{,}33$ bei $n = 1500$

$$N = \frac{6{,}33 \cdot 1500}{716} = 13{,}25 \text{ PS.}$$

Die Hyperbel ergibt das Drehmoment bei der konstanten Leistung, jedoch bei verschiedenen Drehzahlen.

Für das oben gewählte Beispiel wird man daher möglichst einen Motor von 8,1P S Normalleistung mit $n' = 950$ bei voller Erregung wählen, wobei durch Nebenschlußregulierung die Drehzahl auf 1050 erhöht werden kann.

Das Drehmoment ist bei $n = 950$ und 8,1 PS

$$M_d = \frac{8{,}1 \cdot 716}{950} = 6{,}1 \text{ mkg,}$$

das mit M_{d_0} bezeichnet sei.

Für $n = 1050$ und 8,1 PS ist

$$M_d = \frac{8{,}1 \cdot 716}{1050} = 5{,}52 \text{ mkg}$$

für $n = 950$ und 6,0 PS (wie oben verlangt)

$$M_d = 4{,}52 \text{ mkg.}$$

Für $N = 4{,}0$ PS und $N = 3{,}0$ PS ergibt die Rechnung $n = 830$ bzw. $n = 754$ und die Drehmomente $M_d = 3{,}45$ mkg bzw. $M_d = 2{,}85$ mkg. Wir erhalten daher folgende Zahlenreihen:

$N = 8{,}1$	6,0	4,0	3,0	PS
$n = 1050$	950	830	754	i. d. Min.
$M_d = 5{,}52$	4,52	3,45	2,85	mkg
$M_d/M_{d_0} = 0{,}903$	0,741	0,566	0,467	

Die letzte Zahlenreihe ist mit der Bezeichnung $\dfrac{M_d}{M_{d_0}}$ bei den bezüglichen Drehzahlen in Fig. 72 eingetragen, wobei nur die Ordinatenzahlen als mit 1000 multipliziert anzusehen sind.

Durch die unter der Drehmomentlinie $\dfrac{M_d}{M_{d_0}}$ liegenden Wirkungsgradkurven η/η_0 können nun auch die Wirkungsgrade selbst bestimmt werden. Der Wirkungsgrad des Motors bei voller Erregung und Normalbelastung sei $\eta_0 = 0{,}85$. Dann ist nach Fig. 72 der Wirkungsgrad für $\dfrac{M_d}{M_{d_0}} = 0{,}903$, $(M_d = 5{,}52 \text{ mkg})$:

$$\eta' = 0{,}85 \cdot 0{,}99 = 0{,}848,$$

denn die Drehzahl $n = 1050$ liegt zwischen den in Fig. 72 mit n und n' bezeichneten Drehzahllinien, so daß die Verhältniszahl (0,99) für den Wirkungsgrad auch zwischen den Linien η'/η_0 und η''/η_0 zu suchen ist.

Für $\dfrac{M_d}{M_{d_0}} = 0{,}741$ ist $\eta = 0{,}85 \cdot 1{,}0 = 0{,}85$, da die Drehzahl fast auf der für volle Erregung gültigen Drehzahllinie n' liegt. Die Leistungen bei noch niedrigeren Drehzahlen ($N = 4{,}0$ PS und $N = 3{,}0$ PS) müssen durch Drosselung des Ankerstromes erreicht werden, wofür die bereits oben angegebene Berechnungsweise Geltung hat und der Wirkungsgrad sich aus

$$\eta = \eta'\left(\frac{n}{n'}\right)$$

ergibt.

Ist der Motor nicht mit der von ihm angetriebenen Maschine direkt gekuppelt, so daß letztere eine andere Umlaufzahl als der Motor besitzt, so muß eine Umrechnung der Drehzahlen und des Drehmomentes stattfinden. Näheres hierüber ist auf Seite 242 zu finden.

**Ausführliches Beispiel
zur Reglung der Drehzahl bei Gleichstrom-Nebenschluß-Motoren.**

In dem Abschnitte „Ventilatoren" war unter „Verhalten der Ventilatoren bei Änderung der Betriebsverhältnisse" ein Beispiel gegeben, in welchem ein *Schiele*-Ventilator unter verschiedenen Bedingungen Luft von 70° fördert (vgl. Fig. 14).

	V cbm/sec	p_g bei 20° mm WS	p_g bei 70° mm WS	n i. d. Min.	η	A in qm	N in PS bei 70°
I. Fall	9,17	79,2	67,95	704	0,57	0,2545	14,55
II. „	7,0	46,2	39,6	538	0,57	0,2545	6,48
III. „	7,0	69,5	59,65	704	0,54	0,2075	10,30
IV. „	7,0	119,1	102,2	982	0,47	0,1585	20,30

Fall   I betrifft die Leistung des Ventilators bei niedrigster Außentemperatur.

Fall II betrifft die Verminderung der Luftmenge durch Verminderung der Drehzahl.

Fall III betrifft die Verminderung der Luftmenge durch Einsetzen eines Drosselschiebers bei der Drehzahl wie unter I.

Fall IV betrifft die Leistung des Ventilators bei $V = 7{,}0$ cbm/sec, jedoch bei Abschalten eines Teiles des Luftverteilungsnetzes.

Die Leistungsaufnahme des Ventilators in PS ist in obiger Zusammenstellung auf die vom Ventilator erzeugten Drücke bei Luft von 70° bezogen. In Wirklichkeit wird sich die Temperatur mit der Luftmenge ändern, wenn nicht durch besondere Regelung am Lufterhitzer die Temperatur konstant gehalten wird. Hier sei mit der gleichbleibenden Temperatur von 70° gerechnet.

Es soll nun der für obigen Ventilator geeignete Gleichstrommotor bestimmt werden, wofür nur ein Nebenschlußmotor in Frage kommt.

Da anzunehmen ist, daß die Ausschaltung eines Teiles des Luftverteilungsnetzes nur eine vorübergehende Maßnahme sein wird, so kann für den letzten Fall (IV) eine zeitweise Überlastung des Motors von 15 bis 20 v. H. zugestanden werden. Für eine Höchstleistung von 20,3 PS und eine zulässige Überlastung von 20 v. H. müßte demnach der Motor eine Normal-

leistung von $\dfrac{20,3}{1,20} = 17$ PS aufweisen.

Nach den Darstellungen auf Seite 213 ist auf der Hyperbel für die Belastungsgrenze die Leistung des Motors konstant. Es muß also, da die verlangte geringste Drehzahl (Fall II) $n = 538/\text{min}$ ist, der Motor ein größtes Normalmoment bei voller Erregung

$$M_{d_0} = \frac{17 \cdot 716}{538} = 22,7 \ \text{mkg}$$

zu leisten vermögen, denn diese Leistung wird von ihm, wenn auch bei höherer Drehzahl, gefordert. Aus einer dem Verfasser vorliegenden Liste würde ein für die gewünschte Drehzahlregelung gebauter Nebenschlußmotor mit einer Leistung von 17,5 PS bei 530 Umdrehungen und 220 Volt in Frage kommen; sein Drehmoment ist

$$M_{d_0} = \frac{17,5 \cdot 716}{530} = 23,6 \ \text{mkg}.$$

Die Leerlaufdrehzahl bei voller Erregung wird sich nach Fig. 72 auf

$$n = \frac{1,0}{0,95} \cdot 530 = 558$$

einstellen und es kann daher die Drehzahllinie für n' volle Erregung gezeichnet werden (Fig. 74); ebenso kann die Belastungsgrenze mit

$$M \cdot n = \text{const.} = 23,6 \cdot 530 = 1253$$

aufgezeichnet werden.

Ferner berechnen wir nach Maßgabe der Fig. 72 die Drehzahllinien n'' und n''' und tragen sie ein.

Dieselbe Darstellung wenden wir auf den Ventilator an, indem wir die Drehmomente aus der Leistungsaufnahme für jede der vorkommenden gleichwertigen Düsen A berechnen und in das Motordiagramm eintragen.

Es sind z. B. folgende zusammengehörenden Werte in der mit $A = 0,2075$ bezeichneten Linie enthalten: (die Drehzahllinien in Fig. 14 gelten für Luft von 20°)

n = 200	300	400	600	700	900	i. d. min
V = 1,99	2,98	3,98	5,97	6,96	8,95	cbm/sec
p_g = 4,82	10,82	19,5	43,5	59,0	76,5	mm WS
L_{mech} = 15,9	59,7	143,6	481,0	761,0	1126,0	mkg/sec
M_d = 0,76	1,90	3,43	7,65	10,36	17,22	mkg

Maßgebend für diese Linie ($A = 0,2075$) ist die Bedingung, daß der Ventilator bei $n = 704/$min eine Luftmenge $V = 7,0$ cbm/sec fördert (vgl. Abschnitt „Ventilatoren"). Hierfür ist mit $\gamma = 1,029$ nach Gleichung (44) Seite 40

$$A = 0,229 \cdot \frac{V}{\sqrt{p_g}} = 0,229 \cdot \frac{7,0}{\sqrt{59,65}} = 0,2075 \text{ qm.}$$

Die Werte von V ergeben sich nach Wahl eines beliebigen p_g aus

$$V = \frac{A}{0,229} \sqrt{p_g}$$

und die Werte für die Drehzahlen zu dem jeweiligen V aus

$$n = 704 \frac{V}{7,0} \qquad \text{(nach Gleichung 27 Seite 22).}$$

Danach können nun L_{mech} bzw. N berechnet werden unter Verwendung des aus Fig. 14b des Abschnittes „Ventilatoren" ermittelten Wirkungsgrades $\eta_{\mathrm{Vent}} = 0,54$, der hier als konstant angenommen wurde.

$$L_{\mathrm{mech}} = \frac{V p_g}{\eta} \quad \text{(in mkg/sec),}$$

$$N = \frac{V \cdot p_g}{75 \cdot \eta} \quad \text{(in PS),}$$

so daß das Drehmoment aus Gleichung (11) Seite 194

$$M_d = \frac{L_{\mathrm{mech}} \cdot 9,55}{n} \quad \text{in mkg}$$

bzw.

$$M_d = \frac{N \cdot 716}{n} \quad \text{in mkg}$$

folgt. In dieser Weise sind in Fig. 74 die Drehmomentlinien für den Ventilator entstanden.

Der Leistungsverbrauch, die Drehmomente und Drehzahlen des Ventilators für die obengenannten 4 Fälle sind:

Fall	I	II	III	IV	
N =	14,55	6,48	10,30	20,30	PS
M_d =	14,80	8,64	10,48	14,80	mkg
n =	704	538	704	982	i. d. Min.

In Fig. 74 sind diese Drehmomente mit den Ziffern I bis IV bezeichnet.

Das Drehmoment I, $M_d = 14,8$, liegt mit $n = 704$ zwischen den Drehzahllinien n' und n'' und innerhalb der Belastungsgrenze auf der Linie, für welche $A = 0,2545$ gilt. Die Erregung muß also vermindert werden, damit der Motor die Geschwindigkeit $n = 704$ annimmt.

Für Fall II ist eine geringe Drehzahlverminderung durch Ankerregulierung erforderlich, da bei voller Erregung die Drehzahl $n = 550$ ist, während nur 538 Umdrehungen verlangt werden, wenn man nicht von der geringfügigen Abweichung absehen will, die eine Vergrößerung der Fördermenge von nur 0,16 cbm/sec zur Folge hat. Im Falle III sind die Widerstände in den Luftleitungen größer als in Fall II, infolgedessen ist der Leistungsverbrauch größer, er bleibt aber auch hier unterhalb der Belastungsgrenze und nur in Fall IV findet eine

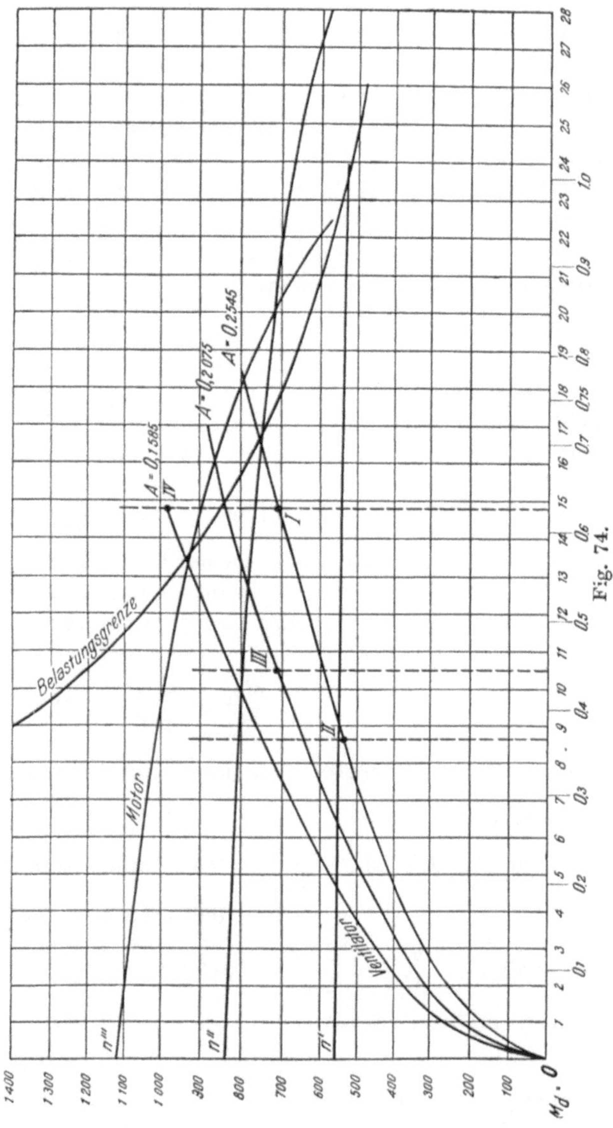

Überlastung des Motors statt, wie auch vorausgesetzt war, denn Punkt IV liegt außerhalb der Belastungsgrenze. Außerdem liegt der Punkt IV über der Drehzahllinie n''' und es ist daher fraglich, ob der Motor für diese Verminderung der Erregung eingerichtet ist. Ist vielmehr bei n''' die geringste Erregung erreicht, so stellt sich das Drehmoment $M_d = 13,4$ ein, bei $n''' = 930$ und der Ventilator liefert eine entsprechend geringere Luftmenge

von $\dfrac{7,0 \cdot 930}{982} = 6,63$ cbm statt 7,2 cbm/sec.

Im Schnittpunkte der Linie $A = 0{,}1585$ und der Hyperbel, welche die Belastungsgrenze darstellt, ist die Leistungsaufnahme genau so groß wie bei M_{d_0}, nämlich 17,5 PS, nur die Drehzahl beträgt dort 930 Umdrehungen in der Minute, während sie bei voller Erregung nur 530 beträgt.

Nun könnte man die Wirkungsgradkurven wie in Fig. 72 in das Diagramm eintragen, indessen lassen sich die Wirkungsgrade auch rechnerisch mit Hilfe der Fig. 72 bestimmen. Der Motor hat listenmäßig einen Normalwirkungsgrad $\eta_0 = 0{,}875$ (in Übereinstimmung mit Fig. 70).

Im Falle I ist das Verhältnis des Drehmomentes zu dem als Normaldrehmoment M_{d_0} bezeichneten

$$\frac{M_{d\,\mathrm{I}}}{M_{d_0}} = \frac{14{,}8}{23{,}6} = 0{,}63 \, .$$

Die Drehzahl $n = 704$ liegt zwischen der Linie n' und n''. Die Verhältniszahl für den Wirkungsgrad liegt deshalb auch zwischen η'/η_0 und η''/η_0 in Fig. 72 und wird 0,99 erreichen. Demnach ist der Wirkungsgrad des Motors für Fall I:

$$\eta_I = 0{,}99 \cdot 0{,}875 = 0{,}865 \, .$$

Man sieht daraus, daß der Motor mit fast dem vollen Wirkungsgrade arbeitet.

In Fall II liegt die Drehzahl so nahe an der Linie n', daß man hier den Wirkungsgrad bei voller Erregung annehmen kann.

Das Verhältnis zum Normaldrehmoment ist

$$\frac{M_{d\mathrm{II}}}{M_{d_0}} = \frac{8{,}64}{23{,}6} = 0{,}366$$

und nach Fig. 72 ergibt sich dann eine Verhältniszahl $\dfrac{\eta'}{\eta_0} = 0{,}88$, so daß $\eta_{\mathrm{II}} = 0{,}77$ ist.

Für Fall III ist $\quad \dfrac{M_{d\,\mathrm{III}}}{M_{d_0}} = 0{,}445$ und demnach

$$\eta_{\mathrm{III}} = 0{,}95 \cdot 0{,}875 = 0{,}83 \, .$$

Für Fall IV: $\dfrac{M_{d\mathrm{IV}}}{M_{d_0}} = \dfrac{14{,}8}{23{,}6} = 0{,}63$ und die Verhältniszahl, zu etwa 0,95 geschätzt, muß unterhalb der Linie η'''/η_0 liegen.

$$\eta_{\mathrm{IV}} = 0{,}95 \cdot 0{,}875 = 0{,}83 \, .$$

Trotzdem also der Motor für die mittleren Leistungen von 10,3 und 14,55 PS anscheinend reichlich groß bemessen ist, so sind doch die Wirkungsgrade nicht ungünstig. Die Leistung im Falle I reicht sogar fast bis an die Belastungsgrenze heran.

Es ist also im allgemeinen zu empfehlen, den Motor größer zu wählen als durch die Normalbelastung bedingt ist, da der Wirkungsgrad bei geringerer Belastung als der, für die der Motor gebaut ist, immer noch dem bei Normallast nahekommt, wie die Fig. 68, 69 und 72 zeigen. Eine größere Belastung, wie sie sich häufig nachträglich beim Betriebe herausstellt, wird der Motor dann leicht ertragen.

Man sieht hieraus, wie notwendig es ist, bei Bestellung von Elektromotoren für heiztechnische Maschinen die vorkommenden Verhältnisse dem
Elektromotorwerke möglichst genau bekanntzugeben, damit dasselbe in
der Lage ist, den geeigneten Motor auszuwählen. Erwünscht ist die Bei-
gabe von Schaulinien des angefragten Motors.

C. Der Doppelschlußmotor oder Motor mit gemischter Wicklung.

Der Gleichstrommotor mit gemischter Wicklung, auch Doppelschluß-
oder Verbundmotor genannt, trägt außer der Magnetwicklung des Haupt-
stromes eine mit dieser in demselben Sinne wirkende Nebenschlußwicklung
um die Magnete (Fig. 75). Er ist also eine Vereinigung des Reihenschlußmotors mit dem Nebenschlußmotor und hat demnach die Eigenschaften,
die zwischen denen dieser beiden Mo-
toren liegen, nämlich beim Anlaufen
eine große Kraft zu entwickeln und,
falls er im Betriebe als reiner Nebenschlußmotor läuft, eine stets gleichbleibende Umlaufszahl bei allen Belastungen aufzuweisen.

Der Doppelschlußmotor wird für
heiztechnische Maschinen nur in besonderen Fällen zur Anwendung kommen[1]; er ist deshalb hier weniger von
Interesse.

Im Betriebe läuft er fast stets als
Nebenschlußmotor, weshalb am An-
lasser eine Vorrichtung angebracht ist,
welche bei vollständig ausgeschaltetem
Anlaßwiderstande die Hauptstromwick-
lungen der Magnete kurz schließt.
Dann hat der Doppelschlußmotor die
Eigenarten des Nebenschlußmotors.

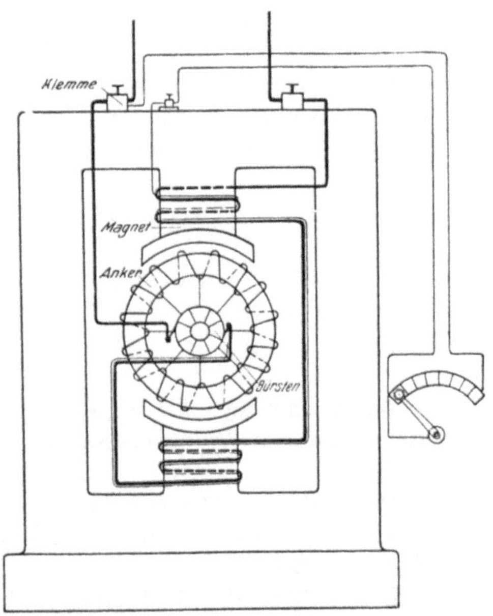

Fig. 75. Doppelschlußmotor.

5. Wechselstrommotoren.

**Bestimmung der Drehzahlen, des Leistungsverbrauches und des Dreh-
momentes.** Die Wechselstrommotoren, zu denen auch der Drehstrommotor
als Dreiphasen-Wechselstrommotor gehört, sind, mit Ausnahme des Synchronmotors, Induktionsmotoren, weil bei ihnen ein Übergang elektromotorischer
Kräfte von dem feststehenden Teile des Motors (dem Ständer oder Primär-
anker, dem allein der Betriebsstrom zugeführt wird) zu dem beweglichen
Teile (dem Läufer oder Sekundäranker) nicht durch Leitung, sondern durch
Induktion stattfindet.

---

[1] Vgl. *Arnoldt,* Die Einhaltung bestimmter Temperaturen in Schulen. Dr.-Ing.-
Dissertation. München 1917, bei R. Oldenbourg.

Man unterscheidet unter den Wechselstrommotoren in der Hauptsache Synchronmotoren und Asynchronmotoren. Der Synchronmotor läuft mit der Dynamomaschine, von der er gespeist wird, synchron, d. h. in gleichem Takt. Da er einer besonderen Erregung durch Gleichstrom, der einer Hilfsmaschine oder einer Akkumulatorenbatterie entnommen wird, bedarf und umständlich in Betrieb zu setzen ist, so kommt er für heiztechnische Maschinen nicht in Betracht; er soll deshalb hier auch weiter nicht behandelt werden.

Die Drehzahl des Wechselstrommotors ist abhängig von der Periodenzahl der Dynamomaschine, von welcher der Motor seinen Strom erhält und von der Polzahl des Motors. Haben Dynamomaschine und Motor die gleiche Polzahl, so weist der Synchronmotor auch die gleiche Drehzahl auf, er läuft synchron; der Asynchronmotor weicht dagegen in der Drehzahl von dem Synchronismus ab.

In Deutschland ist die Periodenzahl $\nu = 50$ Perioden/sec fast allgemein üblich. Nach der in den Vorbemerkungen angegebenen Gleichung (13) ist deshalb die synchrone Drehzahl bei einem Motor mit

$$\text{zwei Polen} \quad n = 2 \cdot 60 \cdot \frac{50}{2} = 3000/\text{min},$$

$$\text{vier} \quad \text{,,} \quad n = 2 \cdot 60 \cdot \frac{50}{4} = 1500/\text{min},$$

$$\text{sechs} \quad \text{,,} \quad n = 1000/\text{min},$$
$$\text{acht} \quad \text{,,} \quad n = 750/\text{min}.$$

Die synchronen Drehzahlen, die der Synchronmotor einhält, werden von den übrigen Wechselstrommotoren aber nur bei Leerlauf angenähert erreicht.

Die wirkliche Drehzahl der Asynchronmotoren hängt von der Größe der Schlüpfung ab und diese richtet sich wieder nach der Größe des Motors und dessen Belastung.

In Fig. 76 ist die Schlüpfung nach der Motorengröße und für die normale Leistung, d. h. für diejenige Leistung, für die der Motor gebaut ist, angenähert angegeben.

Ein Asynchronmotor von 20 PS hat demnach bei normaler Leistung eine Schlüpfung von etwa 3 v. H. aufzuweisen; ist er mit 4 Polen versehen, so ist nach obigen Angaben seine synchrone Drehzahl $n = 1500$, in Wirklichkeit macht er aber nach Gleichung (15) bei normaler Belastung

$$n = 1500 - 1500 \cdot 0{,}03 = 1455$$

Umdrehungen in der Minute.

In allen Stromkreisen, welche magnetische Wicklungen enthalten, entsteht eine zeitliche Verschiebung zwischen Stromstärke und Spannung, die Phasenverschiebung, welche mit $\cos\varphi$ bezeichnet wird[1].

---

[1] Näheres hierüber siehe *Görges*, Grundzüge der Elektrotechnik, S. 33. Verlag von W. Engelmann, Leipzig.

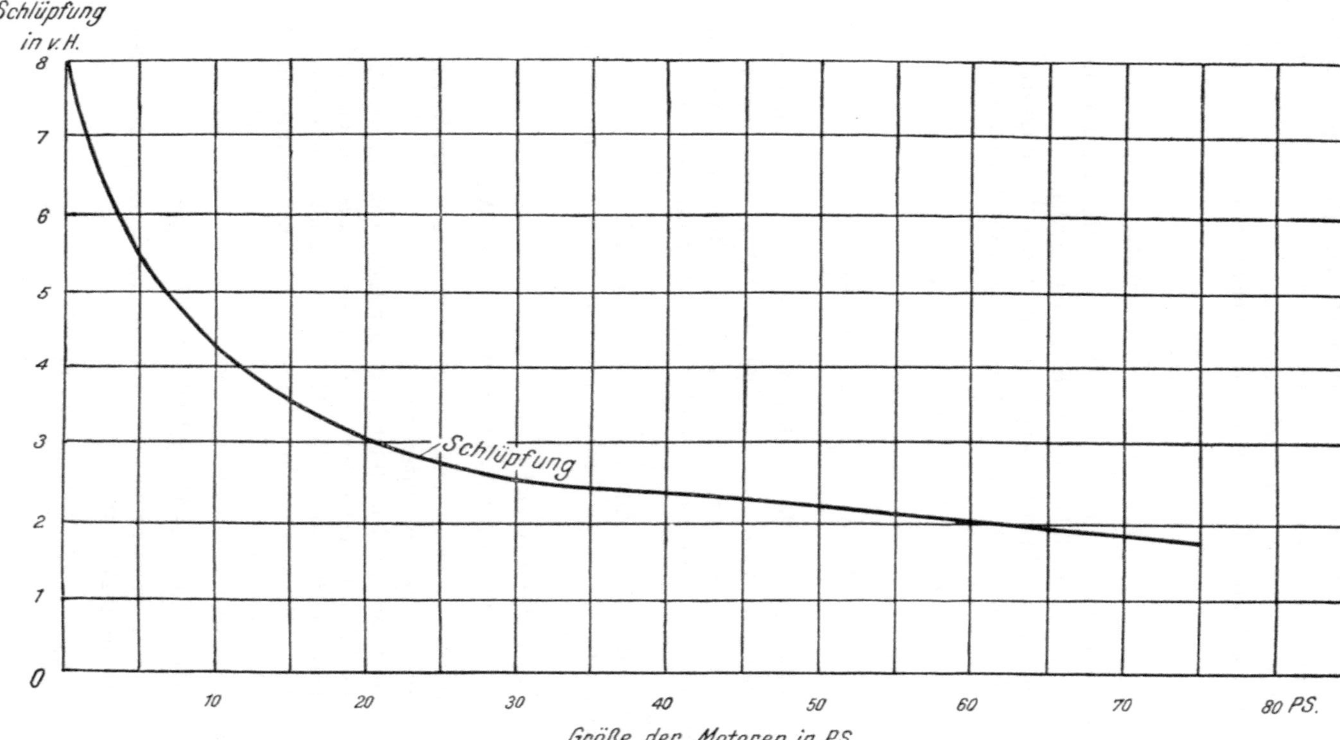

Fig. 76. Schlüpfung in Abhängigkeit von der Motorgröße.

Die Leistung eines Wechselstrommotors ist von der Größe der Phasenverschiebung abhängig. Werden Stromverbrauch und Spannung eines Motors an dem Amperemeter und Voltmeter abgelesen, so ergibt sich z. B. für einen Einphasen-Wechselstrommotor, der bei einer Spannung von 220 Volt 10 Ampere verbraucht und normalbelastet ist, die Leistungsaufnahme nach Gleichung (2)

$$L_{el} = E \cdot J \cdot \cos\varphi,$$

$$L_{el} = 220 \cdot 10 \cdot 0,8 = 1760 \text{ Watt}.$$

worin die Phasenverschiebung $\cos\varphi = 0,8$ vorläufig angenommen sei. Näheres wird hierüber im folgenden noch gesagt werden.

Zur Bestimmung der Leistungsabgabe ist noch der Wirkungsgrad zu berücksichtigen. Ist derselbe $\eta = 0,85$, so ist die effektive Leistung, die Leistungsabgabe

$$L_{el} = 1760 \cdot 0,85 = 1495 \text{ Watt}$$

oder nach Gleichung (1)

$$N_{eff} = \frac{1760}{736 \cdot 0,85} = 20,3 \text{ PS}.$$

Beim Drehstrommotor sind die aus den Ablesungen an Volt- und Amperemeter sich ergebenden Werte noch mit $\sqrt{3} = 1,732$ zu multiplizieren, weil das Voltmeter nur die Spannung zwischen zwei Leitern und das Amperemeter die Stromstärke in dem einen Leiter anzeigt, während drei Leitungen vorhanden sind.

Benutzen wir die obigen Zahlenwerte, so ergibt sich aus den Ablesungen der Meßinstrumente für einen Drehstrommotor die von ihm abgegebene Leistung

$$L_{el} = E \cdot J \cdot \cos\varphi \sqrt{3} \cdot \eta$$

$$L_{el} = 220 \cdot 10 \cdot 0,8 \cdot 1,732 \cdot 0,85 = 2590 \text{ Watt}.$$

Für die vorliegenden Untersuchungen sind die Beziehungen zwischen Leistung und Drehzahl von besonderem Interesse.

Diese Beziehungen werden durch das Drehmoment dargestellt. Das Drehmoment wird in mkg gemessen. Soll also die Leistung eines Motors in mkg ausgedrückt werden, so ist, da 1 Watt $= 0,102$ mkg/sec, die Leistung L_{el} mit 0,102 zu multiplizieren bzw. durch 9,81, den reziproken Wert, zu dividieren (vgl. Seite 192).

Für obigen Drehstrommotor ergeben sich

$$2590 \text{ Watt} = 2590 \cdot 0,102 = 264,2 \text{ mkg/sec}.$$

Das Drehmoment ist, wenn es aus der elektrischen Leistung L_{el} abgeleitet wird, nach Gleichung (12)

$$M_d = \frac{L_{el} \cdot 60}{n \cdot 2\pi \cdot 9,81} = \frac{L_{el} \cdot 0,974}{n} \quad \text{(mkg)}$$

worin L_{el} in Watt einzusetzen ist.

Ist L_{el} in kW gegeben, so folgt daraus

$$M_d = \frac{L_{el} \cdot 974}{n} \text{ mkg.}$$

Das Drehmoment für 2590 Watt oder 2,590 kW ist z. B. bei 1450 Umdrehungen

$$M_d = \frac{2,59 \cdot 974}{1450} = 18,02 \text{ mkg.}$$

Es ist dies das **effektive** oder **nützliche** Drehmoment für die vom Motor abgegebene Leistung, weil der Wirkungsgrad des Motors bei der Ermittlung der Leistung L_{el} berücksichtigt wurde.

Ausführung der Wechselstrommotoren. Auf die Einzelheiten der Ausführung der Wechselstrommotoren kann hier nicht näher eingegangen werden; es sei nur erwähnt, daß der Läufer oder Sekundäranker als Kurzschlußanker, mit in sich geschlossenen Wicklungen, oder als Schleifringanker ausgebildet wird. Bei letzterem werden die Wicklungsenden zu einem Regulierwiderstande geführt, mittels welches sowohl der Motor angelassen als auch seine Drehzahl verändert werden kann (vgl. Fig. 78). Für eine dauernde Änderung der Drehzahl muß aber der Anlasser entsprechend groß bemessen sein.

Motoren mit Kurzschlußanker werden im allgemeinen nur bis etwa 5 PS Leistung ausgeführt. Eine Regelung der Umlaufszahl bei Motoren mit Kurzschlußanker ist nicht möglich. Sie werden mit einem Anlasser im Stromkreise des Primärankers an das Netz angeschlossen.

Nur ganz kleine Motoren bis etwa $^1/_2$ PS können ohne Anlaßwiderstand an das Netz direkt mit einem Schalter angeschlossen werden, ferner wird vielfach eine Umschaltung der Wicklung von Stern- auf Dreieckschaltung zum Anlassen benutzt (siehe *Görges*, Grundzüge der Elektrotechnik, S. 159).

Bei allen Mehrphasenmotoren, bei welchen die Drehzahl regelbar sein soll, wird ein Schleifringanker angewendet, wobei der Regulierwiderstand zugleich als Anlaßwiderstand dient und in die Wicklungen des Läufers eingeschaltet wird (vgl. Fig. 79).

Eine andere Möglichkeit, die Drehzahl zu ändern, liegt in der Polumschaltung, indem z. B. bei einem sechspoligen Motor die Pole so geschaltet werden, daß der Motor mit 4 Polen läuft, wobei er dann die entsprechende Drehzahl eines vierpoligen Motors annimmt. Mit der Polumschaltung kann natürlich nur eine stufenweise Änderung der Drehzahl vorgenommen werden.

Außer diesen Möglichkeiten sind noch andere Methoden zur Änderung der Geschwindigkeit vorgeschlagen worden, so z. B. die verschiedenen Kaskadenschaltungen, die aber mehrere Maschinen erfordern und daher sehr umständlich sind, auch nur für größere Leistungen in Frage kommen, auf die aber hier nicht näher eingegangen werden soll.

A. Der Einphasenmotor.

Es gibt noch einige größere Elektrizitätswerke, welche Einphasen-Wechselstrom erzeugen, so z. B. die Elektrizitätswerke der Stadt Dresden.

Deshalb sei hier noch der Einphasenmotor erwähnt, obwohl uns unter den Wechselstrommotoren der Drehstrommotor hauptsächlich interessiert, da Drehstrom immer mehr Verbreitung findet.

Der Einphasenmotor läuft nicht ohne weiteres an und dann auch nur mit geringer Belastung bei normaler Stromstärke. Um den Motor in Gang zu setzen, ist eine Hilfswicklung einzuschalten, deren Strom eine Phasenverschiebung gegen den Strom der Hauptwicklung besitzen muß. Hierzu dient in der Regel eine Drosselspule (s. Fig. 77). Es entsteht dann im Motor ein unvollkommenes Drehfeld, welches den Anker in Bewegung bringt. Sobald der Motor seine normale Umlaufszahl erreicht hat, was an dem von ihm verursachten Geräusch erkennbar ist, wird die Hilfswirkung ausgeschaltet.

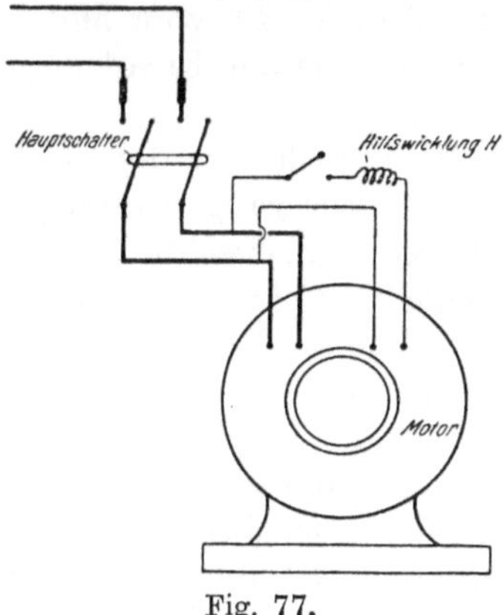

Fig. 77.
Einphasenmotor mit Kurz-
schlußanker.

Der Einphasenmotor mit Kurzschlußanker ist nur bei kleinen Typen anwendbar,
wo man ihn durch Andrehen mit der Hand in
Bewegung setzen kann.

Damit der Motor ohne Last anläuft, sind gegebenenfalls Fest- und Losscheibe oder einrückbare Kupplung vorzusehen. Zur Änderung der Drehrichtung sind die Enden der Hilfswicklung zu vertauschen.

Der Stromverbrauch beim Anlassen ist, besonders wenn der Motor mit Kraft anlaufen soll, verhältnismäßig groß, wodurch Schwankungen in der Netzspannung eintreten, die sich an den an das Netz angeschlossenen Lampen bemerkbar machen. Es werden deshalb, je nach den Bestimmungen der betreffenden Elektrizitätswerke, in Lichtleitungen solche Motoren bis nur etwa 5 PS zugelassen. Bei heiztechnischen Maschinen kommt der Einphasenmotor mit Kurzschlußanker nur für kleine Ventilatoren mit stets gleichbleibender Umlaufszahl in Betracht.

Muß der Motor mit der von ihm anzutreibenden Maschine gekuppelt werden, so ist der Schleifringanker anzuwenden, der überhaupt für größere Motoren als 5 PS in Frage kommt (vgl. Fig. 78). Bei dem Schleifringanker endigen die Wicklungen in Ringen, welche gegen die Welle, auf der sie sitzen, isoliert sind. Auf diesen Ringen schleifen Bürsten, die durch einen dreiteiligen, mit Widerstandsspiralen versehenen Anlasser untereinander verbunden sind.

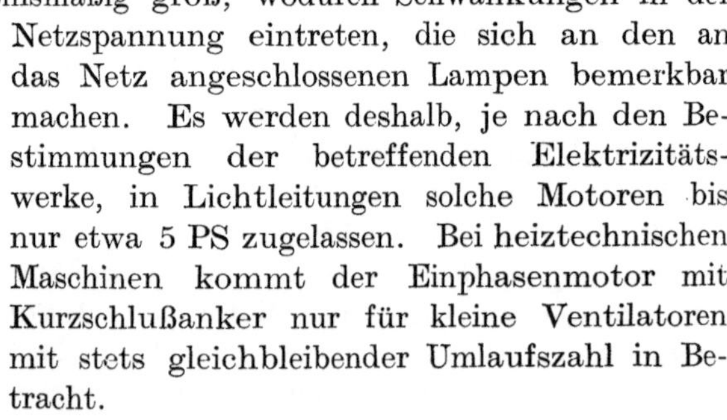
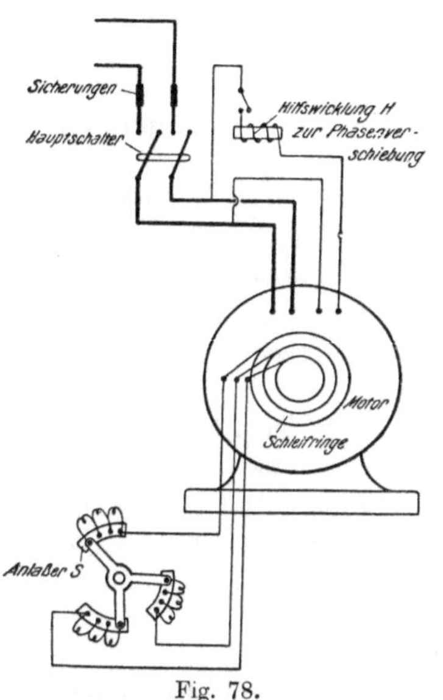

Fig. 78.
Einphasenmotor mit Schleifringanker.

Also auch hier stehen die Wicklungen des Ankers mit dem Außenstrom nicht in leitender Verbindung.

Beim Anlassen des Motors sind zunächst die Hilfswicklung H sowie der Anlaßwiderstand S ganz einzuschalten, bevor der Hauptschalter geschlossen wird. Während der Motor auf seine Umlaufzahl kommt, ist der Anlasser S langsam auszuschalten und, nachdem der Motor seine volle Umlaufzahl erreicht hat, wird auch die Hilfswicklung geöffnet, die bei regelrechtem Betriebe überhaupt nicht geschlossen bleiben darf. Eine Regelung der Geschwindigkeit kann beim Einphasenmotor nur durch Polumschaltung erfolgen.

B. Der Drehstrommotor.

Auch der Drehstrommotor wird mit Kurzschlußanker oder mit Schleifringanker ausgeführt. Bezüglich seiner Umlaufzahl gilt das über die Asynchronmotoren auf Seite 220 Gesagte.

Die Drehrichtung wird durch Vertauschen eines der drei mit den Klemmen des Primärankers verbundenen Außenstromleiter mit einem anderen geändert.

Das Anlassen des Drehstrommotors mit Kurzschlußanker einfachster Bauart verursacht eine starke Stromentnahme, weshalb man durch einen mit ausschaltbaren Widerständen versehenen Anlasser in den Hauptleitungen diesen Stromkreis mildert, damit nicht in benachbarten Betrieben Unregelmäßigkeiten entstehen.

Eine andere Art, solche Motoren anzulassen, besteht in dem Übergange von der Sternschaltung beim Einschalten in die Dreieckschaltung für den Dauerbetrieb mit der schon oben erwähnten Sterndreieckschaltung.

Die einfachste Ausführung des Kurzschlußankers ist der Käfiganker, der aber infolge eines starken Anlaßstromes nur für Motoren bis etwa 2 PS Anwendung findet. Bei Motoren bis etwa 10 PS wird die von *Gorges* vorgeschlagene Gegenschaltung angewendet.

Über die verschiedenen Ausführungen des Kurzschlußankers finden sich ausführliche Beschreibungen in der Literatur[1].

Durch den Anlaßwiderstand im Primärstromkreise (Hauptleitung) wird die Anzugskraft des Motors geschwächt, das Anlaufen unter Vollast ist daher nicht möglich, dagegen erreicht der Motor mit Kurzschlußanker in

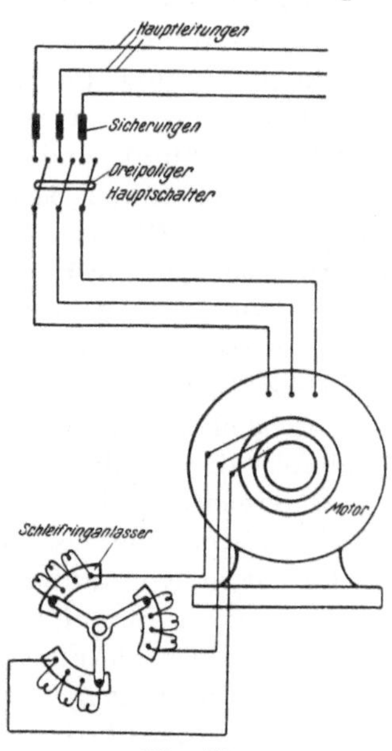

Fig. 79.
Drehstrommotor mit Schleifringanker.

---

[1] *S. E. Arnoldt,* Die Wicklungen der Wechselstrommaschinen. Verlag von Springer, Berlin. — *Görges,* Grundzüge der Elektrotechnik. Verlag W. Engelmann, Leipzig 1913.

Gegenschaltung ein erhöhtes Drehmoment und kann dann mit der von ihm anzutreibenden Maschine direkt gekuppelt werden.

Bei Motoren von mehr als 10 PS Leistungund überhaupt solchen, bei denen die Umlaufszahl herabgesetzt werden soll, ist der Schleifringanker-anzuwenden (Fig. 79). Eine Steigerung der Geschwindigkeit wie beim Gleichstrom-Nebenschlußmotor ist nicht möglich.

Im übrigen gilt hinsichtlich der Anwendung des Schleifringankers das beim Einphasenmotor Gesagte auch für den Drehstrommotor. Die im Widerstande des Schleifringankers vernichtete elektrische Leistung geht verloren. Dagegen ist mit der schon oben erwähnten Polumschaltung eine stufenweise Steigerung der Umdrehungszahl, sogar ohne erhebliche Verluste, verbunden. Die Polumschaltung kann aber nur bei großen Motoren mit mindestens 6 Polen angewendet werden.

Eine angenähert verlustfreie Regelung der Drehzahl bei Wechselstrom ist nur mit Kommutatormotoren zu erreichen.

6. Kommutatormotoren.

Der Einphasenkommutatormotor. Der Anker eines Kommutatormotors ist genau wie der eines Gleichstrommotors gebaut, das Magnetsystem hat entweder ausgeprägte Pole oder eine auf den ganzen Umfang des Ständers verteilte Wicklung.

Die Ausbildung der Kommutatormotoren ist noch verhältnismäßig neu, weshalb zur Zeit die verschiedensten Ausführungsarten bestehen, die meist gesetzlich geschützt sind.

Einige von ihnen besitzen Ankerwicklungen, die, wie beim Schleifring-anker, über die Bürsten kurz geschlossen sind, bei anderen wieder sind die Ankerwicklungen durch die Bürsten mit dem Außenstrom verbunden. Bei ersteren wird der Außenstrom direkt in die Wicklung des Primärankers eingeleitet, bei letzteren ist das Ende der Magnetwicklung an eine Bürste angeschlossen, während die andere Bürste mit dem Außenstrom verbunden ist, ganz ähnlich wie bei den Gleichstrommotoren.

Infolge dieser Ähnlichkeit finden sich hier dieselben Eigentümlichkeiten und Unterschiede wie beim Gleichstrom-Reihenschluß- (Hauptstrommotor) und Gleichstrom-Nebenschlußmotor.

. Diejenigen Kommutatormotoren, welche einen kurzgeschlossenen Anker besitzen, werden auch Repulsionsmotoren genannt. Sie können ohne Trans-formator an Hochspannungsnetze angeschlossen werden, während die meisten anderen Ausführungen nur an die Netze mit üblichen Spannungen an-geschlossen werden dürfen, in denen die Hochspannung auf Niederspannung transformiert ist.

Der hauptsächlichste Vorteil, den die Kommutatormotoren bieten, liegt in der Möglichkeit, die Umlaufszahl in weiten Grenzen zu regeln, was vielfach durch Verstellung der Bürsten geschieht. Hierzu sind bei großen Motoren besondere Vorrichtungen angebracht, die mit Stellmarkenverschiebung versehen sind. Anlasser sind bei Repulsionsmotoren meist nicht erforderlich, da auch ein Mildern des Stromstoßes durch Bürstenverschiebung erreicht werden kann.

Die Kommutatormotoren für Einphasenstrom haben meistens Reihenschlußcharakter, d. h. abnehmende Umlaufszahl bei wachsender Belastung und laufen dann mit großer Anzugskraft an, können also mit der von ihr betriebenen Maschine direkt gekuppelt werden. Motoren mit Nebenschlußcharakter, d. h. mit annähernd konstanter Geschwindigkeit bei wachsender Belastung laufen nicht von selbst an.

Der Drehstromkommutatormotor. Der Kommutatormotor für Drehstrom wird nur da angewendet, wo eine Herabminderung oder Erhöhung der Drehzahl gegenüber der normalen in weiten Grenzen und auf längere Zeit erforderlich ist, da im übrigen der gewöhnliche Drehstrommotor mit Schleifringanker im allgemeinen allen an einen Motor zu stellenden Anforderungen entspricht, also ohne besondere Vorkehrung auch bei Vollast anläuft, und bei Anwendung von Anlassern starke Schwankungen im Netz vermieden werden können.

Die Drehzahl wird auch bei ihm durch Verstellen der Bürsten geregelt, im übrigen verhält er sich, je nach seiner Wirkung, wie der Einphasen-Kommutatormotor, ähnlich den Gleichstrommotoren, bei denen der Hauptstrommotor seine Umlaufszahl vermindert, sobald die Belastung wächst und der Nebenschlußmotor bei allen Belastungen gleiche Umlaufszahl aufweist, nur ein schwächeres Drehmoment beim Anlaufen zeigt.

Die Umkehrung der Drehrichtung geschieht zunächst durch Austausch zweier Leitungen des Außenstromes und durch Verschieben der Bürsten um eine Polteilung.

Als Nachteile der Kommutatormotoren sind ihre immerhin weniger einfache Konstruktion und daher ihr wesentlich höherer Preis zu betrachten, außerdem unterliegen sie größerer Abnutzung als die gewöhnlichen Wechselstrommotoren und führen deshalb leichter zu Störungen.

Bei heiztechnischen Maschinen wird man mit dem gewöhnlichen Drehstrommotor meist auskommen, zumal die Regelung der Leistung in weiten Grenzen durch die Temperatur des Wärmeträgers möglich ist.

Dr.-Ing. *Buff* sagt in seiner Schrift: „Die Verwendbarkeit der Drehstrom-Kommutatormotoren" (Berlin 1913, Verlag von Julius Springer):

„Bei Ventilatoren kann das wirtschaftliche Gesamtergebnis in manchen Fällen durch Drehstrom-Kommutatormotoren verbessert werden, so daß sich ihre Anschaffung rechtfertigt. Die Ersparnis wird aber nie erheblich sein, und wo sie nicht mit voller Bestimmtheit erwartet werden kann, wird in der Regel der Asynchronmotor mit Widerstandsregelung wegen seines geringeren Anschaffungspreises zu bevorzugen sein.

Bei Schleuderpumpen können Kommutatormotoren insbesondere dann wirtschaftlich vorteilhaft sein, wenn auf verschiedene statische Druckhöhen zu fördern ist und die Motoren bei jeder Druckhöhe gut ausgenutzt arbeiten; doch werden sie auch hier keine große Bedeutung erlangen."

7. Leistungsfaktor cos φ und Wirkungsgrad η.

Der Leistungsfaktor ist für Motoren mit Wechselstrom von 50 Perioden,
wie er in Deutschland fast allgemein angewendet wird, etwa folgender[1]:

Zahlentafel 3.

Leistungsfaktor cos φ von Wechselstrommotoren bei Vollast
(50 Perioden).

2,5 PS	1,8 kW	cos φ = 0,78
5,0	3,6	0,80
10,0	7,2	0,82
15,0	10,8	0,85
20,0	14,4	0,86
30,0	21,6	0,88
50,0	36,0	0,90
70,0	50,4	0,91
100,0	72,0	0,91

(Diese Aufstellung gibt Mittelwerte an; sie ist nicht für alle Verhältnisse zutreffend.)

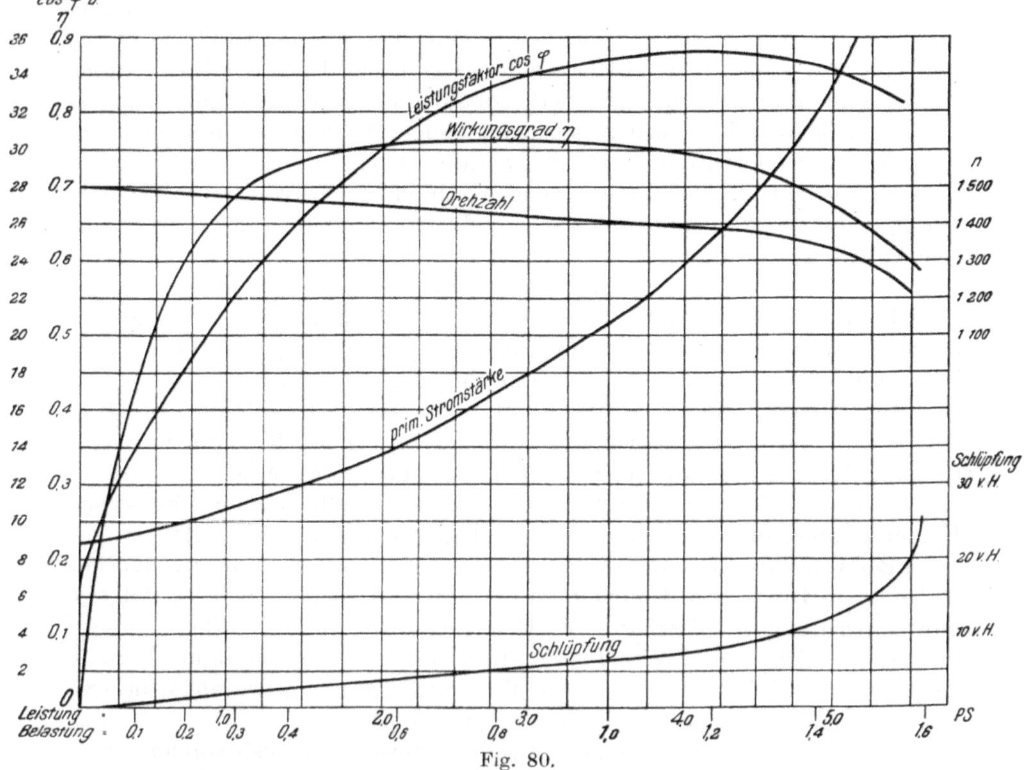

Fig. 80.
Schaulinien eines Drehstrommotors von 3,5 PS Normalleistung.

---

[1] Vgl. *Hobart,* Motoren. Verlag von Springer, Berlin.

Der Wert von cos φ nimmt mit Verminderung der Belastung stark ab. Bezeichnet man die Normalbelastung mit 1, so ergibt z. B. Fig. 80, welche die Betriebskurven eines Drehstrommotors von 3,5 PS darstellt, folgende Zusammenstellung:

Zahlentafel 4.
cos φ eines Motors von 3,5 PS

Belastung	N in PS	cos φ	in Hundertsteln vom Werte cos φ bei Normallast
0,1	0,35	0 34	0,39
0,2	0,70	0,45	0,52
0,3	1,15	0,55	0,63
0,4	1,40	0,63	0,73
0,6	2,10	0,76	0,88
0,8	2,80	0,84	0,96
1,0	3,50	0,87	1,00
1,2	4,20	0,88	1,01
1,4	4,55	0,87	1,00
1,6	4,90	0,86	0,98

Für einen Motor von 75 PS Normalleistung ergeben sich folgende Werte (nach *Hobart*):

Zahlentafel 5.
cos φ eines Motors von 75 PS.

Belastung	N in PS	cos φ	in Hundertsteln vom Werte cos φ bei Normallast
0,1	7,5	0,375	0,43
0,2	15,0	0,525	0,60
0,3	22,5	0,630	0,72
0,4	30,0	0,710	0,81
0,6	45,0	0,800	0,92
0,8	60,0	0,860	0,98
1,0	75,0	0,875	1,00
1,2	90,0	0,875	1,00
1,4	105,0	0,875	1,00
1,6	120,0	0,860	0,98

Die letzten Spalten der Zahlentafeln 4 und 5 geben das Verhältnis des Wertes von cos φ bei Teilbelastungen zu dem Werte bei der Belastung 1, also der Normalbelastung, für die der Motor gebaut ist, an. Aus einem Vergleich dieser Spalten ersieht man, daß trotz der Verschiedenheit der Größe der Motoren nur in den geringen Belastungen größere Unterschiede in den Werten für cos φ sich zeigen. In Fig. 81 sind diese Verhältniszahlen für Motoren verschiedener Größe graphisch dargestellt und mit ihrer Hilfe und der Zahlentafel 3, in welcher Mittelwerte für cos φ bei Normalleistung nach der Größe der Motoren angegeben sind, können nun für Teilbelastungen die Werte von cos φ angenähert bestimmt werden.

Ist bei Normallast $\cos\varphi = 0{,}85$, wie z. B. für einen Motor von 15 PS, so ist für die Belastung 0,5 nach Fig. 81 die Verhältniszahl etwa 0,83. Daraus ergibt sich für die Belastung 0,5 ein $\cos\varphi = 0{,}85 \cdot 0{,}83 = 0{,}70$. In dieser Weise kann auch für andere Teilbelastungen $\cos\varphi$ bestimmt und gegebenenfalls graphisch aufgetragen werden.

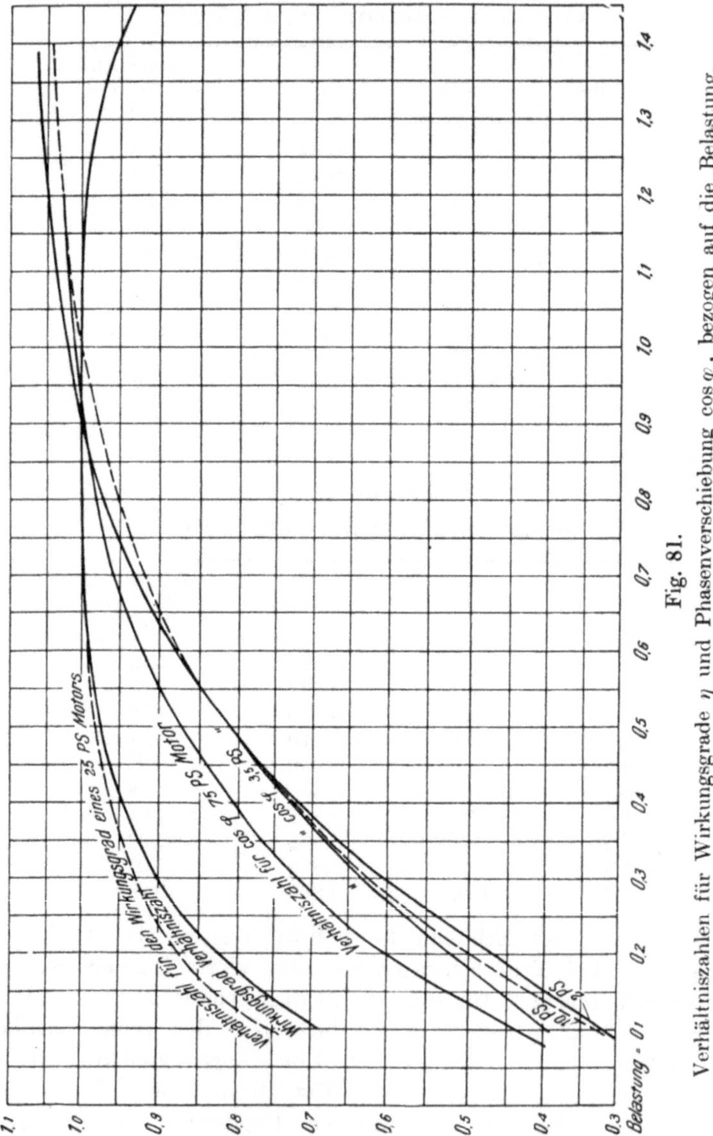

Fig. 81.

Verhältniszahlen für Wirkungsgrade η und Phasenverschiebung $\cos\varphi$, bezogen auf die Belastung.

Die Abweichungen der Verhältniszahlkurven voneinander sind für die vorliegenden Zwecke von geringer Bedeutung, denn es handelt sich ja nicht darum, was wiederholt festgestellt sei, genaue, sondern nur angenäherte

Werte zu ermitteln, mit denen das Verhalten der Motoren berechnet werden kann.

Die **Wirkungsgradkurve** kann ebenso behandelt werden. In den folgenden Zahlentafeln sind die Wirkungsgrade in Abhängigkeit von der Belastung nebst den Verhältniszahlen, wie oben, für Motoren verschiedener Größe angegeben und in Fig. 81 ebenfalls graphisch dargestellt.

Zahlentafel 6.

Wirkungsgrad η eines Drehstrommotors von 5,4 PS (4 kW).

Belastung	Leistung in PS	Wirkungsgrad η	Verhältniszahl in Bruch-teilen vom Werte η bei voller Belastung
0,1	0,54	0,53	0,64
0,2	1,08	0,68	0,83
0,3	1,62	0,76	0,93
0,4	2,16	0,78	0,95
0,6	3,24	0,81	0,99
0,8	4,32	0,82	1,00
1,0	5,40	0,82	1,00
1,2	6,48	0,79	0,96
1,4	7,56	0,77	0,94

Zahlentafel 7.

Wirkungsgrad η eines Drehstrommotors von 25 PS.

Belastung	Leistung in PS	Wirkungsgrad	Verhältniszahl
0,1	2,5	0,68	0,756
0,2	5,0	0,79	0,875
0,3	7,5	0,84	0,934
0,4	10,0	0,86	0,955
0,6	15,0	0,88	0,978
0,8	20,0	0,90	1,000
1,0	25,0	0,90	1,000
1,2	30,0	0,89	0,988
1,4	35,0	0,88	0,978
1,6	40,0	0,87	0,972

Zahlentafel 8.

Wirkungsgrad η eines Drehstrommotors von 75 PS

Belastung	Leistung in PS	Wirkungsgrad η	Verhältniszahl
0,1	7,5	0,72	0,767
0,2	15,0	0,82	0,878
0,3	22,5	0,88	0,936
0,4	30,0	0,91	0,968
0,6	45,0	0,93	0,990
0,8	60,0	0,94	1,000
1,0	75,0	0,94	1,000
1,2	90,0	0,94	1,000
1,4	105,0	0,93	0,990
1,6	120,0	0,92	0,985

Ein Vergleich der Verhältniszahlen der Zahlentafeln zeigt nur bei den Belastungen 0,1 und 0,2 erhebliche Unterschiede, trotz der Verschiedenheit der Motoren hinsichtlich der Leistungen.

Man ersieht bei einem Vergleich der letzten Spalten der Zahlentafeln 6 bis 8, welche das Verhältnis des Wirkungsgrades bei irgendeiner Belastung zum höchsten Wirkungsgrade desselben Motors angeben, daß schon bei Belastung 0,3 der Unterschied vernachlässigbar gering ist. Zahlentafel 9 enthält dann Mittelwerte der Wirkungsgrade, welche bei Normalbelastung der Drehstrommotoren verschiedener Größe erreicht werden.

Demnach können wir mit Hilfe der Verhältniszahlen auch den Wirkungsgrad eines beliebigen Motors bei irgendeiner Belastung angenähert ermitteln.

Zahlentafel 9.

Erreichbarer Wirkungsgrad bei Drehstrommotoren mit 50 Perioden.

Leistung		Wirkungsgrad η
PS	kW	
2,0	1,5	0,75 bis 0,82
5,0	3,6	0,82
10,0	7,2	0,87
15,0	10,8	0,89
20,0	14,4	0,90
25,0	18,0	0,90
30,0	21,6	0,92
50,0	36,0	0,92
75,0	50,4	0,93
100,0	72,0	0,93

Nehmen wir an, es sei der Wirkungsgrad eines Drehstrommotors von 10 PS für verschiedene Belastungen zu ermitteln und wählen hierzu die Verhältniszahlen des 5,4-PS-Motors und zum Vergleich die des Motors von 25 PS, so ergibt sich durch Multiplikation des höchsten Wirkungsgrades $\eta = 0,87$ (nach Zahlentafel 9) mit den Verhältniszahlen folgende Übersicht:

Zahlentafel 10.

Belastung	Wirkungsgrad nach den Verhältniszahlen des 5,4-PS-Motors (Zahlentafel 6)	Wirkungsgrad nach den Verhältniszahlen des 25-PS-Motors (Zahlentafel 7)
0,1	0,55	0,66
0,2	0,72	0,77
0,3	0,81	0,81
0,4	0,83	0,83
0,6	0,86	0,85
0,8	0,87	0,87
1,0	0,87	0,87
1,2	0,84	0,86
1,4	0,82	0,85

Die so ermittelten Wirkungsgrade weichen demnach so unerheblich voneinander ab, daß wir diese Bestimmung des Wirkungsgrades für die Genauigkeit, mit der hier die Berechnungen durchgeführt werden sollen, ohne weiteres annehmen können.

Hiernach ist für einen 10-PS-Motor folgende Zahlentafel aufgestellt.

Zahlentafel 11.

Drehstrommotor von 10 PS für 220 Volt Spannung und 50 Perioden $\cos\varphi = 0{,}83$.

Belastung	Leistung in PS	Leistung Watt	Wirkungsgrad η	$\cos\varphi$	Stromverbrauch Ampere
0,1	1,0	736	0,55	0,325	11,62
0,2	2,0	1 472	0,72	0,432	12,42
0,3	3,0	2 208	0,81	0,522	13,70
0,4	4,0	2 944	0,83	0,605	15,40
0,6	6,0	4 416	0,86	0,730	18,45
0,8	8,0	5 888	0,87	0,795	22,33
1,0	10,0	7 360	0,87	0,83	26,75
1,2	12,0	8 832	0,84	0,83	33,38
1,4	14,0	10 304	0.82	0,83	39,73

Der Stromverbrauch ergibt sich aus der Gleichung (5), Seite **193**

$$J = \frac{L_{\mathrm{mech}} \cdot 736}{E \cdot 1{,}732 \cdot \cos\varphi \cdot \eta} \quad \text{(in Ampere),}$$

worin

L_{mech} die effektive Leistung in Pferdestärken,

736 = Watt für 1 PS,

E = Spannung in Volt; $1{,}732 = \sqrt{3}$,

$\cos\varphi$ = Leistungsfaktor,

η = Wirkungsgrad

bedeuten. — Fig. 82 ist eine graphische Darstellung der berechneten Werte.

Um das Bild des betrachteten Motors zu vervollständigen, soll noch die Drehzahl in das Diagramm (Fig. 82) eingetragen werden. Der Motor sei vierpolig, dann ist die synchrone Drehzahl bei 50 Perioden nach Gleichung (13)

$$n = 120 \cdot \frac{50}{4} = 1500 \; .$$

Nehmen wir eine Schlüpfung von 1 Proz. bei Leerlauf an, so ist die wirkliche Drehzahl bei Leerlauf

$$n = 1500 - 1500 \cdot 0{,}01 = 1485/\text{min.}$$

Nach dem Diagramm für die Schlüpfung nach Größe des Motors (Fig. 76) beträgt die Schlüpfung für einen Motor von 10 PS bei Vollast etwa 4,2 Proz. Daher ist die wirkliche Drehzahl bei der Belastung 1

$$n = 1500 - 1500 \cdot 4{,}2 = 1437/\text{min.}$$

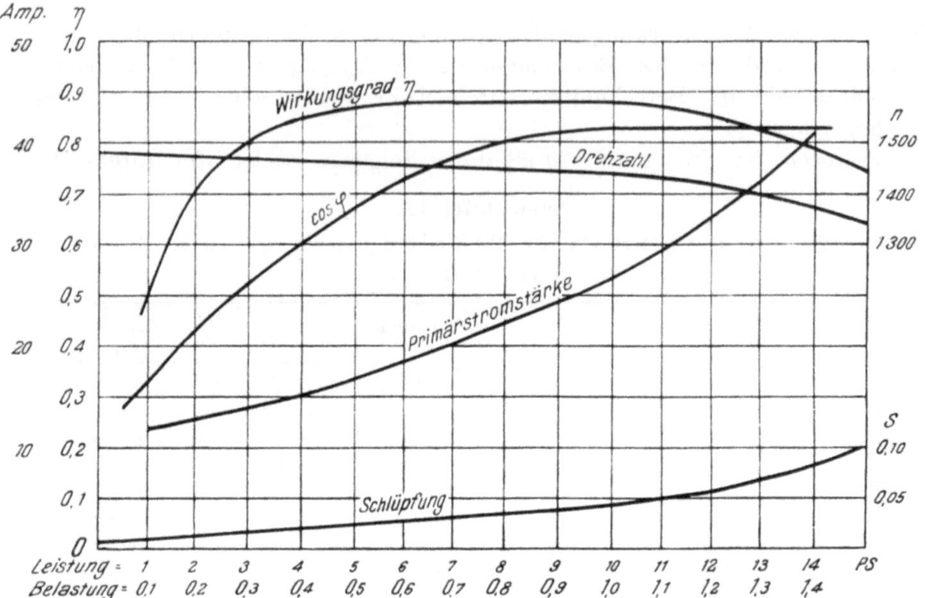

Fig. 82. Schaulinien eines Drehstrommotors von 10 PS nach Maßgabe der Verhältniszahlen aufgezeichnet.

Da die Schlüpfungskurve vom Leerlauf bis zur Normallast fast geradlinig
verläuft, kann auch die Linie für die Drehzahlen als Gerade bezeichnet werden.

Bei Überlastung ist die Schlüpfung zu schätzen, sie erreicht bei Belastung 1,5 etwa den doppelten Wert wie bei Vollast und wird bei der Belastung 1,4 etwa 8 Proz. betragen. Hiernach ist zunächst die Kurve für
die Schlüpfung, die vom Leerlauf bis zur Normalbelastung (10 PS) geradlinig verlaufend angenommen werden kann, zu zeichnen und aus ihr die
Drehzahl zu berechnen.

8. Verluste bei Änderung der Drehzahl.

Wie aus dem Abschnitt über Ventilatoren und Zentrifugalpumpen
hervorgeht, wird die Änderung der Fördermenge durch Änderung der Drehzahl herbeigeführt. Drehzahl und Fördermenge ändern sich dann nach
Maßgabe der Linien für die gleichbleibende gleichwertige Düse. Der Wirkungsgrad ändert sich dabei nur wenig, aber der Leistungsverbrauch und
mit ihm die Inanspruchnahme der Antriebmaschine ändert sich in der dritten
Potenz der Drehzahlen:

$$\frac{L_1}{L_2} = \left(\frac{n_1}{n_2}\right)^3.$$

Es ist also auch erwünscht, bei Drehstrommotoren, die sonst im allgemeinen
bei allen Belastungen mit angenähert gleichbleibender Drehzahl laufen, die
Drehzahl ändern zu können, was am einfachsten durch Herabminderung der

Spannung mittels eines genügend großen Widerstandes im Läuferstromkreise erfolgt. Allerdings wird hierbei ein Teil des Stromes vernichtet, indem er in dem Widerstande in Wärme umgesetzt wird. Der Widerstand muß daher so groß gewählt werden, daß seine Erhitzung sich in mäßigen Grenzen hält. Außerdem ist bei der Wahl des Motors zu beachten, daß eine Erhöhung der Drehzahl wie beim Gleichstrom-Nebenschlußmotor nicht möglich ist.

Es ist nun zu ermitteln, wie groß der hierbei entstehende Verlust ist, d. h. wie sich die Leistungsaufnahme des Motors zur Leistungsabgabe verhält.

Der Verlust kommt durch den Wirkungsgrad zum Ausdruck und, da hier der Wirkungsgrad in Beziehungen zu der Drehzahl tritt, so sind Wirkungsgrad und Drehzahl auf das Drehmoment zu beziehen. Aus Gleichung (12) geht hervor:

a) für Einphasen-Wechselstrom

$$M_d = \frac{E \cdot J \cdot 0{,}974 \cdot \eta \cdot \cos\varphi}{n} \, ,$$

b) für Drehstrom

$$M_d = \frac{E \cdot J \cdot 0{,}974 \cdot \eta \cdot \cos\varphi \sqrt{3}}{n} \, ,$$

worin E und J die an den Meßinstrumenten abgelesenen Werte für Spannung und Stromstärke bedeuten. In den meisten Fällen wird sich das Drehmoment direkt aus dem Leistungsverbrauch der angetriebenen Maschine ergeben, so daß nach Gleichung (9) und (11)

$$M_d = \frac{N \cdot 716}{n} \ \text{mkg}; \quad (N \text{ in PS})$$

bzw.

$$M_d = \frac{L_{\text{mech}} \cdot 9{,}55}{n} \ \text{mkg}; \quad (L_{\text{mech}} \text{ in mkg})$$

oder nach Umrechnung des mechanischen Leistungsverbrauches in elektrischen

$$M_d = \frac{L_{\text{el}} \cdot 0{,}974}{n} \ \text{mkg}; \quad (L_{\text{el}} \text{ in Watt})$$

ist.

Zur weiteren Behandlung der Frage müssen nun sowohl für den Elektromotor als auch für die angetriebene Maschine die Beziehungen zwischen Leistung, Wirkungsgrad und Drehzahl zu dem Drehmoment festgestellt werden.

An einem Beispiel soll das Verfahren gezeigt werden.

In Fig. 20 a des Abschnittes „Ventilatoren" sind die charakteristischen Linien eines *Meidinger*-Ventilators mit Gehäuse von 900 mm Flügeldurchmesser dargestellt. Derselbe fördert bei 900 Umdrehungen 5,5 cbm/sec Luft und erzeugt hierbei einen Gesamtdruck $p_g = 70$ mm. Diese Luftmenge sei bei diesem Drucke von dem Ventilator zu liefern, wobei ein Drehstrommotor als Antriebsmaschine dienen möge.

Wird nun verlangt, daß zeitweise die Fördermenge auf 3,5 cbm herabgesetzt werden könne, dann ist, wie Fig. 20a zeigt, bei sonst gleichbleibenden Widerstandsverhältnissen die Drehzahl des Ventilators auf

$$n_2 = \frac{3,5}{5,5} \cdot 900 = 573/\text{min}$$

zu vermindern.

Die Verminderung der Fördermenge kann aber auch auf mechanischem Wege durch Drosselung des Luftstromes herbeigeführt werden, indem ein geeigneter Widerstand in die Luftleitungen eingeschaltet wird, so daß die Luftmenge von 5,5 auf 3,5 cbm sinkt, während der Motor die Drehzahl beibehält.

Es besteht nun die Frage, welche der beiden Arten zur Verminderung der Fördermenge ist wirtschaftlicher, d. h. in welchem Falle ist der Leistungsverbrauch des Motors geringer?

Wenn wir zunächst eine überschlägige Berechnung der Leistungsaufnahme des Ventilators allein vornehmen, so ist

für Fall 1: $V = 5,5$ cbm/sec; $p_g = 70$ mm; $\eta = 0,52$; $n = 900$ (siehe Fig. 20a):

$$L_{\text{mech}} = \frac{5.5 \cdot 70}{0,52} = 740,4 \text{ mkg/sec}$$

$$L_{\text{el}} = 740,4 \cdot 9,81 = 7263 \text{ Watt};$$

für Fall 2: $V = 3,5$ cbm/sec; $p_g = 28,5$ mm; $\eta = 0,46$; $n = 573$:

$$L_{\text{mech}} = \frac{3,5 \cdot 28,5}{0,46} = 217 \text{ mkg},$$

$$L_{\text{el}} = 217 \cdot 9,81 = 2128 \text{ mkg};$$

für Fall 3: $V = 3,5$; $p_g = 96$ mm; $\eta = 0,63$; $n = 900$:
(Der Druck steigt durch Erhöhung der Widerstände auf 96 mm wie Fig. 20a zeigt.)

$$L_{\text{mech}} = \frac{3,5 \cdot 96}{0,63} = 533 \text{ mkg},$$

$$L_{\text{el}} = 533 \cdot 9,81 = 5230 \text{ Watt}.$$

Man sollte annehmen, daß hiernach ohne weiteres die Herabsetzung der Umlaufszahl wirtschaftlicher sein müsse. Es ist aber noch zu untersuchen, wie sich der Motor hierbei verhält, welchen Wirkungsgrad er annimmt und wie groß der Verlust in dem Regulierwiderstande des Motors ist. Erst dann kann die Antwort gegeben werden.

Bei 900 Umdrehungen kommt ein sechspoliger Motor in Betracht, wenn Ventilator und Motor miteinander gekuppelt sind.

Nehmen wir einen Wirkungsgrad des Motors $\eta = 0,87$ (nach Zahlentafel 9) an, so ist für die Höchstleistung ein Motor von

$$\frac{7263}{736 \cdot 0,87} = 11,3 \text{ PS} = 8,32 \text{ kW}$$

erforderlich, der nach Fig. 76 eine Schlüpfung von etwa 4 Proz. bei Normallast aufweisen wird. Die Drehzahl hierbei ist deshalb

$$n = 1000 - 1000 \cdot 0{,}04 = 960/\text{min}$$

und das Drehmoment

$$M_d = \frac{7263 \cdot 0{,}974}{0{,}87 \cdot 960} = 8{,}47 \text{ mkg},$$

(die um 60 Umdrehungen in der Minute höhere Drehzahl soll beibehalten werden). Wählt man einen Motor von 8,0 kW Normalleistung, so sind 8,32 kW nur eine geringe Überlastung auf 1,04.

Es sollen daher die Kurven eines Drehstrommotors von 8,0 kW Normalleistung zunächst über der Leistung in kW gezeichnet werden (Fig. 83). Die Schlüpfung mit 4 Proz. bei Normallast und 1,5 v. H. bei Leerlauf angenommen, ergibt die Drehzahl auch für Teilbelastungen, ebenso ist die Wirkungsgradkurve nach den in Fig. 81 angegebenen Verhältniszahlen über den Teilbelastungen zu zeichnen.

Als Abszisse dient hier die elektrische Leistung in kW. In Fig. 84 dagegen sind Drehzahl und Wirkungsgrad über dem Drehmoment, aus Fig. 83 berechnet, aufgetragen. Nun sind auch die Drehmomente des Ventilators zu berechnen und die hierbei auftretenden Drehzahlen ebenfalls über dem Drehmoment (Fig. 84) darzustellen.

Da zunächst gleichbleibende Widerstandsverhältnisse vorausgesetzt werden, so gelten für Fördermenge und Gesamtdruck diejenigen Werte von V und p_g des Ventilators, welche in Fig. 20a auf der Linie der gleichwertigen Düse $A = 0{,}1620$ liegen.

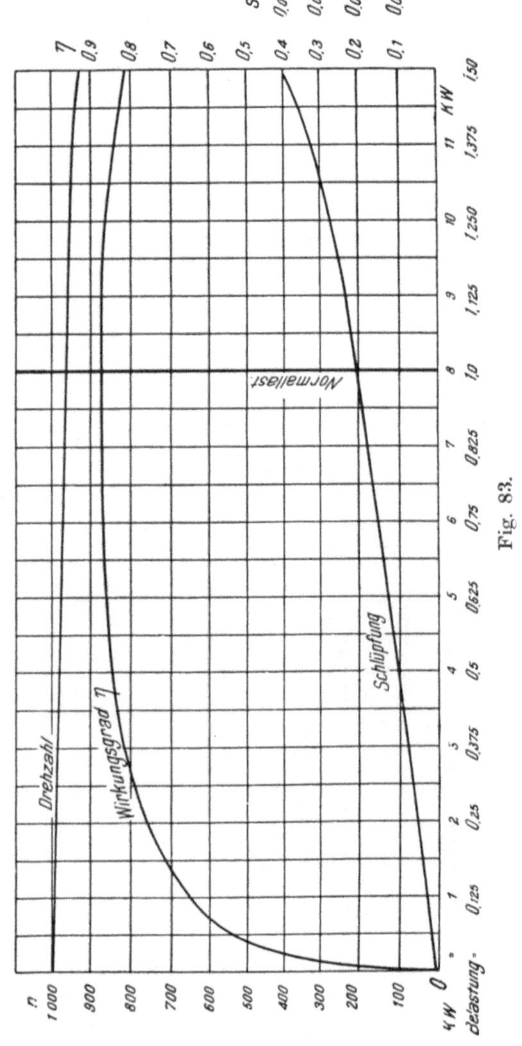

Aus diesen ist das jeweilige Drehmoment zu berechnen. Es ist z. B. für

$n =$	600	700	800	900	1000	i. d. Min.
$V =$	3,68	4,27	4,90	5,50	6,10	cbm/sec.
$p_g =$	31,5	42,3	55,7	70,0	87,0	mm WS.
$\eta =$	0,49	0,50	0,52	0,54	0,57	
$M_d =$	3,77	4,93	6,36	7,56	8,89	mkg.

Diese Werte von M_d in Fig. 84 eingetragen, ergeben eine Linie, welche die Drehzahllinie des Motors im Punkte $M_{d_1} = 8,38$ schneidet, woselbst der Motor etwa 959 Umdrehungen macht. (Die Abweichung von der Drehzahl bei Normallast

$$(M_d = \frac{8,0 \cdot 974}{960} = 8,12)$$

ist auf der Darstellung nicht zu unterscheiden.) Der Wirkungsgrad des Motors ist $\eta = 0,87$.

Der Ventilator fördert bei $n = 959/\text{min}$

$$V = \frac{5,5 \cdot 959}{900} = 5,86 \text{ cbm}$$

und erzeugt dabei einen Gesamtdruck von

$$p_g = 70\left(\frac{959}{900}\right)^2 = 79,6 \,\text{mm WS.}$$

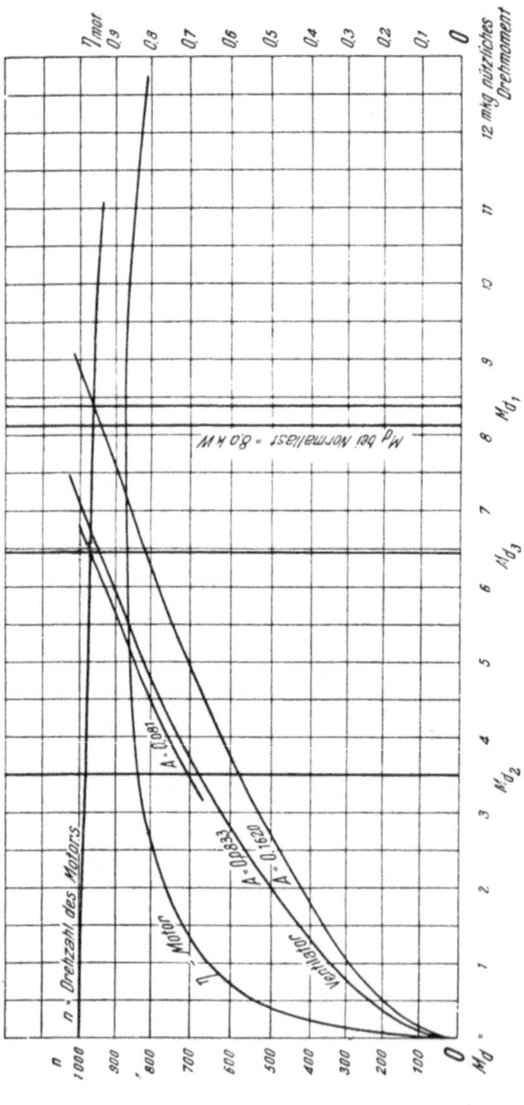

Nun soll die Luftmenge auf 3,5 cbm durch Herabsetzen der Drehzahl von $n = 959$ auf $n = 573$ vermindert werden. Zu diesem Zwecke ist der Widerstand des Schleifringankers einzuschalten. Der Gesamtdruck, den der Ventilator hierbei erzeugt, ist nach Fig. 20a $p_g = 28,5$ mm.

Es gilt also für diesen Fall der Wert der gleichwertigen Düse $A = 0,162$, folglich muß auch dieses Drehmoment auf der oben berechneten Drehmomentlinie des Ventilators der

Fig. 84.

Fig. 84 liegen. Das Drehmoment ist

$$M_{d_2} = \frac{3{,}5 \cdot 28{,}5 \cdot 9{,}55}{0{,}475 \cdot 573} = 3{,}50 \text{ mkg.}$$

Würde der Motor nun nicht geregelt, so würde er, wie Fig. 84 zeigt, bei dem Drehmoment $M_{d_2} = 3{,}5$ eine Drehzahl $n_2 = 977$ aufweisen und hierbei einen Wirkungsgrad $\eta = 0{,}832$ erreichen. Indessen wird die Drehzahl auf $n_3 = 573$ herabgesetzt, wobei sich ein Wirkungsgrad

$$\eta_3 = \eta_2 \frac{n_3}{n_2}$$

(siehe Gleichung 16 auf Seite 209) ergibt.

Die Wirkungsgrade verhalten sich wie die Drehzahlen:

$$\eta_3 = 0{,}832 \cdot \frac{573}{977} = 0{,}488.$$

Wir können daher den Leistungsverbrauch für die beiden Fälle bestimmen.

Der Ventilator erfordert eine Leistung

$$L_{\text{mech}} = \frac{5{,}86 \cdot 79{,}6}{0{,}55} = 848 \text{ mkg/sec,}$$

das sind

$$L_{\text{el}} = 848 \cdot 9{,}81 = 8320 \text{ Watt/sec.}$$

Da der Motor hierbei einen Wirkungsgrad $\eta = 0{,}87$ besitzt, so beträgt der Leistungsverbrauch

$$L_{\text{el}} = \frac{8320}{0{,}87} = 9570 \text{ Watt}_{\text{eff}}.$$

Im zweiten Falle ist die Ventilatorleistung

$$L_{\text{mech}} = \frac{3{,}50 \cdot 28{.}5}{0{,}475} = 210{,}0 \text{ mkg}$$

oder

$$L_{\text{el}} = 210{,}0 \cdot 9{,}81 = 2058 \text{ Watt.}$$

Der wirkliche Leistungsverbrauch des Motors mit $\eta = 0{,}488$ bei 573 Umdrehungen beträgt daher

$$L_{\text{el}} = \frac{2058}{0{,}488} = 4222 \text{ Watt}_{\text{eff}}.$$

Denselben Wert (4222 Watt) erhalten wir, wenn wir die Leistung des Motors bei dem Drehmoment M_{d_3} ermitteln, ohne Rücksicht auf die Herabminderung der Drehzahl. Die Leistung ist, da $M_{d_2} = 3{,}50$ mkg:

$$L_{\text{el}} = M_{d_2} \frac{2\pi}{60} \cdot 9{,}81 \cdot n_2 = \frac{3{,}5}{9{,}55} \cdot 9{,}81 \cdot 977 = 3513 \text{ Watt.}$$

Hierbei ist der Wirkungsgrad des Motors $\eta = 0{,}832$, daher die Leistungsaufnahme des Motors

$$L_{\text{el}} = \frac{3513}{0{.}832} = \mathbf{4222} \text{ Watt.}$$

Es geht daraus hervor, daß die Leistungsaufnahme bei gleichem Drehmoment die gleiche bleibt, auch wenn durch Einschalten eines Widerstandes in den Läuferstromkreis die Drehzahl hierbei herabgesetzt wird.

Der Verlust im Widerstande bei Herabsetzung der Umlaufszahl ist

$$R = L_{el}\left(1 - \frac{n_3}{n_2}\right),$$

$$R = 4222\,(1 - 0{,}586) = 1748 \text{ Watt}.$$

Der Verlust zeigt sich in der Erwärmung des Widerstandes.

Es ist nun noch die Frage zu beantworten, wie sich der Leistungsverbrauch stellt, wenn die Fördermenge mittels Erhöhung der Luftwiderstände auf 3,5 cbm gedrosselt wird, während am Motor und damit auch am Ventilator die Umlaufszahl durch den Widerstand im Läuferkreise nicht vermindert wird.

Hierbei tritt vor dem Widerstande ein höherer Druck auf, der sich dagegen hinter demselben wieder auf den dort herrschenden Gesamtdruck einstellt. Der Motor hat bei Normallast eine Drehzahl $n = 960$. Bei der Fördermenge von 3,5 cbm/sec wird jedenfalls eine Verminderung der Belastung entstehen, wenn auch der Druck steigt. Nehmen wir deshalb eine Drehzahl des Motors $n = 970$ nach Fig. 84 an, so müssen wir die Kurve für diese Drehzahl in Fig. 20a eintragen und den Druck ablesen, bei welchem die Kurve die Linie $V = 3{,}5$ cbm schneidet. Ob aber die Wahl $n = 970$ richtig ist, kann von vornherein nicht entschieden werden.

Die Kurve zeigt bei $V = 3{,}5$ einen Gesamtdruck $p_g = 114$ mm. Daraus ergibt sich eine gleichwertige Düse $A = 0{,}247 \cdot \dfrac{3{,}5}{114} = 0{,}081$ qm, womit aus Fig. 20b der Wirkungsgrad $\eta = 0{,}61$ entnommen werden kann. Das Drehmoment ist dann

$$M_{d_3} = \frac{3{,}5 \cdot 114 \cdot 9{,}55}{0{,}61 \cdot 970} = 6{,}44 \text{ mkg}$$

und hierfür die Drehzahl des Motors, aus Fig. 84 entnommen, $n = 968$.

Im Schnittpunkte der Linien, die in Fig. 84 mit den Werten A des Ventilators bezeichnet sind, mit der Drehzahllinie des Motors besteht Gleichgewicht zwischen dem Leistungsverbrauch des Ventilators und der Leistungsabgabe des Motors.

Der Wirkungsgrad des Motors ist für M_{d_3}

$$\eta = 0{,}87,$$

so daß der Leistungsverbrauch

$$L_{el} = \frac{3{,}5 \cdot 114 \cdot 9{,}81}{0{,}61 \cdot 0{,}87} = 7480 \text{ Watt}$$

beträgt, während bei Verminderung der Drehzahl nur 4222 Watt, also wesentlich weniger. verbraucht wurden.

Man ersieht daraus, daß die Herabdrosselung der Drehzahl vorteilhafter ist, als die Verminderung der Luftmenge durch mechanische Mittel, trotz des Verlustes im Widerstande. Die Ursache liegt darin, daß durch den in der Druckleitung des Ventilators einzuschaltenden Widerstand der Druck vor demselben auf 114 mm WS ansteigt, während bei Verminderung der Drehzahl für $V = 3,5$ cbm ein Druck von 28,5 mm genügt. Der Ventilator hat also im ersten Falle einen wesentlich größeren Gegendruck und daher einen größeren Leistungsverbrauch.

Ebenso wie für den Wert der gleichwertigen Düse $A = 0,162$ die Drehmomente eingetragen werden müssen, ist auch für jeden anderen Wert von A eine solche Linie gültig.

In Fig. 20a ist z. B. auch für $A = 0,0883$ die Parabel punktiert gezeichnet und in Fig. 84 für die entsprechenden Drehmomente eingetragen. Die Linie schneidet die Drehzahllinie des Motors bei $M_d = 6,76$ mit $n = 967$. Da der Ventilator bei 900 Umdrehungen (in Fig. 20a auf $A = 0,0883$ zu finden) $V = 3,52$ cbm mit $p_g = 95,7$ mm liefert, so ergibt sich bei 967 Umdrehungen eine Luftmenge:

$$V = 3,52 \cdot \frac{967}{900} = 3,78 \text{ cbm/sec.}$$

Der Wirkungsgrad des Ventilators ist $\eta = 0,61$ (siehe Fig. 20b), der Gesamtdruck $p_g = 110,5$ mm WS, das Drehmoment:

$$M_d = \frac{3,78 \cdot 110,5 \cdot 9,55}{0,61 \cdot 967} = 6,76 \text{ mkg.}$$

Der Motor hat dabei einen Wirkungsgrad $\eta = 0,87$. Der Leistungsverbrauch des Motors ist

$$L_{el} = \frac{M_d \cdot n}{0,974 \cdot \eta} = \frac{6,76 \cdot 967}{0,974 \cdot 0,87} = 7720 \text{ Watt.}$$

Soll bei diesen dem Werte $A = 0,0883$ entsprechenden Widerständen des Luftverteilungsnetzes die Luftmenge z. B. auf 3,0 cbm/sec durch Verminderung der Drehzahl herabgesetzt werden, so entspricht derselben nach Fig. 20a ein Gesamtdruck $p_g = 70$ mm.

Die Drehzahl ist

$$n = 967 \cdot \frac{3,0}{3,78} = 770/\text{min,}$$

der Wirkungsgrad des Ventilators nach Fig. 20b $\eta = 0,59$ und das Drehmoment

$$M_d = \frac{3,0 \cdot 70 \cdot 9,55}{0,59 \cdot 770} = 4,415 \text{ mkg.}$$

Der Motor würde ungedrosselt bei diesem Drehmoment 974 Umdrehungen machen und einen Wirkungsgrad $\eta = 0,85$ erreichen.

Bei Herabminderung der Drehzahl auf $n = 770$ sinkt der Wirkungsgrad auf

$$\eta = 0,85 \cdot \frac{770}{974} = 0,672$$

und es ist daher der Leistungsverbrauch

$$L_{el} = \frac{4{,}415 \cdot 770}{0{,}974 \cdot 0{,}672} = 5190 \text{ Watt.}$$

9. Darstellung der Drehmomente bei Riemenübersetzung.

In sehr vielen Fällen werden die Drehzahlen des Motors und der angetriebenen Maschine nicht übereinstimmen, häufig wird der Motor eine höhere Drehzahl zeigen, da sowohl für Zentrifugalpumpen als auch für Ventilatoren, wegen des mit hohen Umlaufszahlen verbundenen Geräusches, mäßige Geschwindigkeiten gewählt werden.

Um die Eintragung der Drehmomentkurven der Arbeitsmaschine in das M_d/n-Diagramm des Motors trotzdem möglich zu machen, bedarf es nur einer Umrechnung des Drehmomentes der Arbeitsmaschine im Verhältnis der Drehzahlen, wobei auch der durch die Übersetzung (Zahnradgetriebe, Riemenübertragung) entstehende Arbeitsverlust zu berücksichtigen ist.

Zahnradübersetzungen kommen kaum in Betracht. Bei Riemenantrieben erreicht der Arbeitsverlust selten mehr als 6 v. H. der übertragenen Arbeit. (Vgl. *Keller*: Berechnung und Konstruktion der Triebwerke, Münchner Verlag von Bassermann.) Die in Fig. 20a dargestellten Schaulinien des Ventilators sollen zu dem folgenden Beispiele benutzt werden.

Es sei verlangt, der Ventilator solle 3,75 cbm Luft von 20° bei einem Gesamtdruck von 49,5 mm WS fördern. Die Drehzahl hierbei ist $n = 700$. Die gleichwertige Düse hierfür ist:

$$A = 0{,}247 \cdot \frac{3{,}75}{\sqrt{49{,}5}} = 0{,}1316 \text{ qm,}$$

die diesbezügliche Parabel ist in Fig. 20a eingetragen. Aus Fig. 20b ergibt sich für $A = 0{,}1316$ der Wirkungsgrad $\eta = 0{,}54$ und der Leistungsverbrauch ist:

$$L_{\text{mech}} = \frac{3{,}75 \cdot 49{,}5}{0{,}54} = 344 \text{ mkg/sec,}$$

$$L_{el} = 344 \cdot 9{,}81 = 3375 \text{ Watt/sec.}$$

Als Antrieb diene ein Drehstrommotor mit einer Normalleistung von 4 kW, der hierbei 1420 Umdrehungen in der Minute macht; es ist also ein vierpoliger Motor mit $n = 1500$ bei Leerlauf.

Für die erforderliche Riemenübertragung nehmen wir einen Verlust von 5 Proz. an, so daß deren Wirkungsgrad $\eta_{\ddot{u}} = 0{,}952$ und daher der Leistungsverbrauch des Ventilators mit Einschluß der Übersetzung auf:

$$L_{el} = \frac{3375}{0{,}952} = 3544 \text{ Watt}$$

steigt. Wenn wir nun die Drehzahl des Motors über seinem Drehmoment aufzeichnen, so daß bei $L_{el} = 4{,}0$ kW

$$M_d = \frac{4 \cdot 974}{1420} = 2{,}74 \text{ mkg,}$$

$n = 1420$ und bei Leerlauf $M_d = 0$, $n = 1500$ ist, so ergibt sich die Linie für die Drehzahlen bei Minderbelastung fast als eine Gerade, die auch als solche mit genügender Genauigkeit gezeichnet werden kann (vgl. Fig. 85). Für die Mehrbelastung ist die Drehzahl aus der Schlüpfungskurve wie in Fig. 82 zu bestimmen.

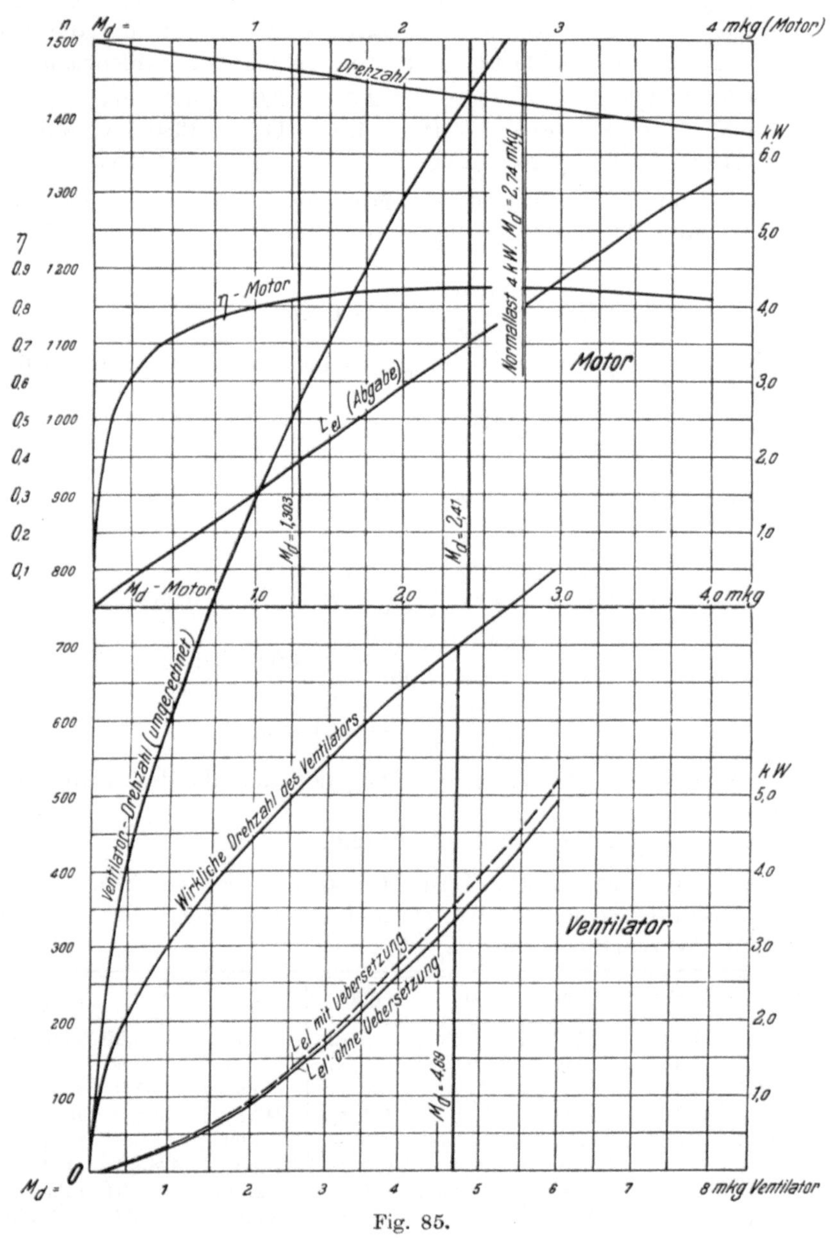

Fig. 85.

16*

Um nun die Drehzahl des Motors bei dem vom Ventilator beanspruchten Leistungsverbrauch $L_{el} = 3{,}54$ kW zu bestimmen, ist nur erforderlich, aus Gleichung (12)

$$L_{el} = \frac{M_d \cdot n}{974} \quad \text{in kW (Leistungsabgabe),}$$

die Leistungsabgabe für die Drehmomente von 0 bis 4,0 mkg zu berechnen und einzutragen, wobei zu beachten ist, daß bei $M_d = 2{,}74$ mkg die Normalleistung liegt und $n = 1420$ ist. Wir erhalten folgende Zahlenreihen:

$$M_d = 0{,}5 \quad 1{,}0 \quad 1{,}5 \quad 2{,}0 \quad 2{,}5 \quad 3{,}0 \quad 4{,}0 \quad \text{mkg}$$
$$n = 1485 \quad 1470 \quad 1455 \quad 1440 \quad 1425 \quad 1410 \quad 1380 \quad \text{i. d. Min.}$$
$$L_{el} = 0{,}76 \quad 1{,}51 \quad 2{,}24 \quad 2{,}96 \quad 3{,}66 \quad 4{,}35 \quad 5{,}67 \quad \text{kW}$$

Hiernach zeigt der Motor bei dem Leistungsverbrauch des Ventilators $L_{el} = 3{,}54$ kW eine Drehzahl $n = 1428$ über dem Drehmoment $M_{d\,(\text{mot})} = 2{,}41$; denn

$$M_d = \frac{3{,}54 \cdot 974}{1428} = 2{,}41 \text{ mkg.}$$

Da nun der Ventilator 700 Umdrehungen macht, so entsteht ein Übersetzungsverhältnis

$$m = \frac{1428}{700} = 2{,}04$$

und das Drehmoment des Ventilators wird

$$M_d' = \frac{M_{d\,(\text{Vent})}}{m \cdot \eta_{\ddot{u}}} .$$

Bei $V = 3{,}75$, $\dot{p}_g = 49{,}5$, $n = 700$, $\eta_{\text{Vent}} = 0{,}54$, $\eta_{\ddot{u}} = 0{,}952$ ist

$$M_{d\,(\text{Vent})} = \frac{3{,}75 \cdot 49{,}5 \cdot 9{,}55}{0{,}54 \cdot 700} = 4{,}69 \text{ mkg,}$$

$$M_d' = \frac{4{,}69}{2{,}04 \cdot 0{,}952} = 2{,}41 \text{ mkg,}$$

in gleichem Verhältnis ($m = 2{,}04$) ist auch die Drehzahl des Ventilators zu erhöhen:

$$\eta'_{(\text{Vent})} = 700 \cdot 2{,}04 = 1428 .$$

Aus der Linie der gleichwertigen Düse $A = 0{,}1315$ (Fig. 20a) entnehmen wir folgende zusammengehörende Werte für V, p_g und n und daraus durch Berechnung die Werte für M_d und L_{el}:

$n = 200$	300	400	500	600	700	800	i. d. Min.
$V = \ 1{,}07$	1,61	2,14	2,68	3,22	3,75	4,29	cbm/sec
$\eta = \ 0{,}46$	0,48	0,50	0,52	0,53	0,54	0,56	
$p_g = \ 3{,}94$	9,10	15,75	25,5	36,5	49,5	·65,0	mm WS
$L_{\text{mech}} = \ 9{,}16$	30,42	67,50	131,6	221,2	343,8	498,0	mkg
$M_d = \ 0{,}437$	0,969	1,611	2,53	3,52	4,69	5,94	mkg
$L_{el} = 89{,}55$	298,3	662,0	1292,0	2170,0	3375,0	4885,0	Watt
$M_d' = \ 0{,}225$	0,499	0,830	1,303	1,815	2,413	3,040	mkg
$n' = 408$	612	816	1020	1224	1428	1632	i. d. Min.

Die letzten beiden Zahlenreihen M_d' und n' sind nun, um das Verhalten des Ventilators zum Motor zu kennzeichnen, im oberen Teile der Fig. 85 graphisch dargestellt, darunter das des Ventilators vor der Umrechnung.

(Es ist darauf zu achten, daß die untere Abszisse das Drehmoment $M_{d\,(\text{Vent})}$ angibt, das Drehmoment des Motors ist in der Mitte gezeichnet, während die Drehzahlangaben für beide Diagramme gelten.)

(Der noch eingezeichnete Wirkungsgrad η_{mot} sowie der Leistungsverbrauch des Motors sind einem Originaldiagramm eines *Siemens-Schuckert*-Motors entnommen.)

Der Leistungsverbrauch des Motors ist, da bei $M_{d\,\text{mot}} = 2{,}41$ der Wirkungsgrad $\eta = 0{,}85$ ist,

$$L_{\text{el}} = \frac{3{,}54}{0{,}85} = 4{,}17 \text{ kW,}$$

Soll die Leistung des Ventilators bei gleichbleibenden Widerstandsverhältnissen geändert werden, so kann nur die Drehzahl durch Einschalten des Widerstandes im Läuferkreise herabgesetzt werden. Die Umlaufszahl des Ventilators möge auf $N = 500$ vermindert werden, dann ist $M_d = 2{,}53$ (Ventilator) (siehe obige Zusammenstellung), ferner $V = 2{,}68$ cbm, $p_g = 25{,}5$ mm, $L_{\text{el}} = 1{,}292$ kW.

Auf das Drehmoment des Motors umgerechnet ist, mit $m = 2{,}04$:

$$M_d' = \frac{2{,}53}{2{,}04 \cdot 0{,}952} = 1{,}303$$

und die Drehzahl $n' = 500 \cdot 2{,}04 = 1020$.

Hierfür ergibt sich nach Fig. 85 ein Wirkungsgrad des Motors $\eta = 0{,}82$ und eine Drehzahl des Motors $n_2 = 1462$, so daß nach Früherem

$$\eta = 0{,}82 \cdot \frac{1020}{1462} = 0{,}572 \ .$$

Der Motor würde ungedrosselt bei diesem Drehmomente $M_d' = 1{,}303$ eine Leistungsabgabe

$$L_{\text{el}} = \frac{1{,}303 \cdot 1462}{974} = 1{,}95 \text{ kW}$$

und einen Leistungsverbrauch

$$L_{\text{el}} = \frac{1{,}95}{0{,}82} = 2{,}38 \text{ kW}$$

aufweisen, indessen ist, infolge der Drehzahlverminderung, der Leistungsverbrauch

$$L_{\text{el}} = \frac{1{,}95}{0{,}572} = \mathbf{3{,}41} \text{ kW.}$$

10. Schlußbemerkungen.

Von den in vorstehendem Kapitel angeführten Motoren kommt für heiztechnische Maschinen bei Gleichstrom der Nebenschlußmotor, bei Drehstrom der Motor mit Schleifringanker hauptsächlich in Betracht.

Bei der Wahl der Größe des Motors ist ein reichlich stark bemessener Motor kein Fehler, zumal, wie die Darstellungen der Wirkungsgradkurven zeigen, der Wirkungsgrad bis etwa $^3/_4$ der Normallast nur sehr wenig abnimmt, d. h. der Motor hat auch bei geringerer Belastung keinen erheblich größeren spezifischen Stromverbrauch als bei Normallast.

Außerdem hat ein solcher Motor den Vorzug, auch an ihn gestellten höheren Ansprüchen hinsichtlich der Leistung noch gerecht zu werden; denn eine Überlastung darf eigentlich überhaupt nicht vorkommen und dann nur während ganz kurzer Zeit, also höchstens während einiger Minuten.

In der Praxis zeigt sich oft die Notwendigkeit einer erhöhten Leistung gegenüber der im Entwurfe berechneten. Sei es, daß beim Entwurfe nicht alle Einzelheiten genau festgelegt werden konnten, sei es, daß im Laufe der Bauausführung sich eine erhöhte Inanspruchnahme der Heizungsanlage als erforderlich herausstellt.

Bei einem Ventilator sowie auch bei einer Zentrifugalpumpe kann durch Erhöhung der Drehzahl die Leistung wesentlich gesteigert werden, so daß dann auch die Wirkung der Heizungsanlage erhöht wird, was, wie jeder Heizungsfachmann weiß, besonders bei Neubauten sehr erwünscht ist.

Durch Änderung des Übersetzungsverhältnisses des Riemenantriebes ist dann eine Erhöhung der Drehzahl in sehr einfacher Weise durchführbar.

Bei direkter Kupplung wird man die Widerstände im Leitungsnetz oder in den Heizapparaten oft leicht vermindern können, um eine erhöhte Leistung zu erzielen. Bei der dann auftretenden größeren Beanspruchung des Motors kommt ein reichlich bemessener Motor sehr zustatten.

1. Dampftabellen.

a) Gesättigter Wasserdampf von 0,02 bis 20 kg/qcm absolut.

Druck	Temperatur des Dampfes	Spezif. Volumen der Flüssigkeit in cbdm	Spezif. Volumen des Dampfes (Volumen v. 1 kg Dampf)	Spezif. Gewicht des Dampfes (Gewicht v. 1 cbm)	Flüssigkeitswärme	Verdampfungswärme	Gesamtwärme	Äußere Verdampfungswärme	Innere Verdampfungswärme	Absolute Temperatur
kg/qcm	°C	cbdm/kg	cbm/kg	kg/cbm	w/kg	w/kg	w/kg	w/kg	w/kg	°C
p	t	$1000\,v'$	v''	γ	q	r	$\lambda = q + r$	$Ap\,(v''-v')$	ϱ	T
0,02	17,2	1,0013	68,28	0,01465	17,2	586,0	603,2	32,0	554,0	290,2
0,04	28,6	1,0040	35,47	0,02819	28,6	580,0	608,6	33,2	546,8	301,6
0,06	35,8	1,0063	24,19	0,04134	35,7	576,2	611,9	34,0	542,2	308,8
0,08	41,15	1,0083	18,45	0,05420	41,1	573,4	614,5	34,7	538,7	314,5
0,10	45,4	1,0100	15,08	0,06631	45,3	571,4	616,7	35,3	536,1	318,4
0,15	53,6	1,0131	10,22	0,09785	53,5	566,6	620,1	36,1	530,5	326,6
0,20	59,7	1,0165	7,80	0,1282	59,6	563,1	622,7	36,6	526,5	332,7
0,25	64,6	1,0195	6,33	0,1580	64,5	560,1	624,6	37,0	523,1	337,6
0,30	68,7	1,0219	5,33	0,1876	68,6	557,9	626,5	37,5	520,4	341,7
0,35	72,3	1,0241	4,620	0,2164	72,2	555,7	627,9	37,8	517,9	345,3
0,40	75,4	1,0260	4,062	0,2462	75,3	553,9	629,2	38,1	515,8	348,4
0,45	78,2	1,0278	3,630	0,2755	78,1	552,2	630,3	38,3	513,9	351,2
0,50	80,9	1,0296	3,290	0,2517	80,8	550,4	631,2	38,5	511,9	353,9
0,60	85,45	1,0327	2,775	0,3603	85,4	547,2	632,6	39,0	508,2	358,4
0,70	89,4	1,0355	2,400	0,4167	89,4	544,6	634,0	39,3	505,3	362,4
0,80	93,0	1,0381	2,115	0,4728	93,0	542,5	635,4	39,6	502,9	366,0
0,90	96,2	1,0405	1,900	0,5263	96,2	540,6	636,8	40,0	500,6	369,2
1,00	99,1	1,0426	1,721	0,5811	99,1	539,1	638,2	40,3	499,0	372,1
1,20	104,25	1,0467	1,451	0,6892	104,3	536,5	640,8	40,7	495,8	377,2
1,40	108,7	1,0503	1,258	0,7949	108,8	533,8	642,6	41,2	492,6	381,7
1,60	112,7	1,0535	1,108	0,9025	112,8	531,0	643,9	41,6	489,4	385,7
1,80	116,3	1,0563	0,993	1,0070	116,5	528,3	644,8	41,9	486,4	389,3
2,00	119,6	1,0589	0,902	1,1086	119,9	525,7	645,6	42,2	483,5	392,6
2,50	126,8	1,0650	0,735	1,3605	127,2	520,3	647,5	42,9	477,4	399,8
3,00	132,9	1,0705	0,619	1,6155	133,4	516,1	649,5	43,4	472,7	405,9
3,50	138,2	1,0755	0,5335	1,8744	138,7	512,3	651,0	43,7	468,6	411,2
4 00	142,9	1,0803	0,4710	2,1321	143,8	508,7	652,5	44,1	464,6	415,9
4,50	147,2	1,0848	0,4220	2,3697	148,1	505,8	653,9	44,4	461,6	420,2
5,00	151,1	1,0890	0,3823	2,6158	152,0	503,2	655,2	44,7	458,5	424,1
5,50	154,7	1,0933	0,3494	2,8621	155,7	500,6	656,3	44,9	455,7	427,7
6,00	158,1	1,0973	0,3218	3,1075	159,3	498,0	657,3	45,1	452,9	431,1
6,50	161,2	1,1011	0,2983	3,3524	162,4	495,9	658,3	45,3	450,6	434,2

Druck	Temperatur des Dampfes	Spezif. Volumen der Flüssigkeit in cbdm	Spezif. Volumen des Dampfes (Volumen v. 1 kg Dampf)	Spezif. Gewicht des Dampfes (Gewicht v. 1 cbm)	Flüssigkeits-wärme	Verdampfungs-wärme	Gesamtwärme	Äußere Verdampfungs-wärme	Innere Verdampfungs-wärme	Absolute Temperatur
kg/qcm	° C	cbdm/kg	cbm/kg	kg/cbm	w/kg	w/kg	w/kg	w/kg	w/kg	° C
v	t	$1000\,v'$	v''	γ	q	r	$\lambda = q + r$	$Ap\,(v'-v'')$	ϱ	T
7,00	164,2	1,1049	0,2778	3,5997	165,5	493,8	659,3	45,5	448,3	437,2
7,50	167,0	1,1085	0,2608	3,8344	168,5	491,6	660,1	45,7	445,9	440,0
8,00	169,6	1,1119	0,2450	4,0816	171,2	489,7	660,9	45,8	443,9	442,6
8,50	172,2	1,1153	0,2318	4,3141	173,9	487,8	661,7	45,9	441,9	445,2
9,00	174,6	1,1186	0,2194	4,5574	176,4	486,1	662,5	46,0	440,1	447,6
9,50	176,9	1,1208	0,2080	4,8077	178,6	484,5	663,2	46,1	438,4	449,9
10,00	179,1	1,1246	0,1980	5,0505	181,2	482,6	663,8	46,2	436,4	452,1
10,50	181,2	1,1278	0,1896	5,2743	183,3	481,2	664,5	46,4	434,8	454,2
11,00	183,2	1,1308	0,1815	5,5096	185,4	479,8	665,2	46,5	433,3	456,2
11,50	185,2	1,1337	0,1740	5,7472	187,5	478,3	665,8	46,6	431,7	458,2
12,00	187,1	1,1364	0,1668	5,9952	189,5	476,9	666,4	46,6	430,3	460,1
12,50	189,0	1,1382	0,1607	6,2227	191,6	475,5	667,1	46,7	428,8	462,0
13,00	190,8	1,1419	0,1544	6,4767	193,4	474,1	667,5	46,8	427,3	463,8
13,50	192,5	1,1447	0,1492	6,7024	195,2	472,8	668,0	46,9	425,9	465,5
14,00	194,2	1,1474	0,1442	6,9348	197,0	471,4	668,4	47,0	424,4	467,2
14,50	195,8	1,1500	0,1395	7,1686	198,7	470,1	668,8	47,1	423,0	468,8
15,00	197,4	1,1525	0,1350	7,4075	200,4	468,9	669,3	47,2	421,7	470,4
16,00	200,5	1,156	0,1272	7,8616	203,7	466,6	670,3	47,3	419,3	473,5
17,00	203,4	1,163	0,1203	8,3125	206,8	464,1	670,9	47,5	416,6	476,4
18,00	206,2	1,167	0,1140	8,7721	209,8	461,8	671,6	47,6	414,2	479,2
19,00	208,9	1,171	0,1086	9,2081	212,7	459,5	672,2	47,8	411,7	481,9
20,00	211,45	1,176	0,1035	9,6619	215,4	457,4	672,8	47,8	409,6	484,4

b) Gesättigter Wasserdampf von 0° bis 220°.

Temperatur des Dampfes	Druck	Spezif. Volumen der Flüssigkeit in cbdm pro kg	Spezif. Volumen des Dampfes (Volumen v. 1 kg Dampf)	Spezif. Gewicht des Dampfes (Gewicht v. 1 cbm)	Flüssigkeits-wärme	Verdampfungs-wärme	Gesamtwärme	Äußere Verdampfungs-wärme	Innere Verdampfungs-wärme	Absolute Temperatur
° C	kg/qcm	cbdm/kg	cbm/kg	kg/cbm	w/kg	w/kg	w/kg	w/kg	w/kg	° C
t	p	$1000\,v'$	v''	γ	q	r	$\lambda = q + r$	$Ap\,(v''-v')$	ϱ	T
0	0,00622	1,0001	206,5	0,004843	0,00	594,8	594,8	30,4	564,4	273
5	0,00889	1,0000	147,1	0,006798	5,03	592,2	597,2	30,6	561,6	278
10	0,01252	1,0003	106,4	0,009398	10,05	589,5	599,5	31,3	558,2	283
15	0,0174	1,0009	77,95	0,01283	15,05	586,9	601,9	31,8	555,1	288
20	0,0238	1,0018	57,81	0,01730	20,05	584,3	604,3	32,3	552,0	293
25	0,0323	1,0029	43,38	0,02305	25,04	581,7	606,7	32,8	548,9	298
30	0,0433	1,0043	32,93	0,03037	30,03	579,2	609,2	33,4	545,8	303
35	0,0573	1,0060	25,24	0,03962	35,0	576,6	611,6	33,9	542,7	308
40	0,0752	1,0078	19,54	0,05118	39,9	574,0	613,9	34,4	539,6	313
45	0,0977	1,0098	15,28	0,06545	44,9	571,3	616,2	34,9	536,4	318
50	0,1258	1,0121	12,02	0,08320	49,9	568,5	618,4	35,4	533,1	323
55	0,1602	1,0145	9,581	0,10437	54,9	565,7	620,6	36,0	529,7	328
60	0,2028	1,0167	7,677	0,13026	59,9	562,9	622,8	36,5	526,4	333
65	0,2547	1,0198	6,200	0,16129	64,9	560,0	624,9	37,0	523,0	338
70	0,3175	1,0227	5,046	0,1982	69,9	557,1	627,0	37,5	519,6	343
75	0,3929	1,0258	4,123	0,2425	74,9	554,1	629,0	38,1	516,0	348
80	0,4827	1,0290	3,406	0,2936	79,9	551,1	631,0	38,6	512,5	353
85	0,5893	1,0324	2,835	0,3527	84,9	548,0	632,9	39,1	508,9	358
90	0,7148	1,0359	2,370	0,4219	89,9	545,0	634,9	39,6	505,4	363
95	0,8619	1,0396	1,988	0,5030	95,0	541,9	636,9	40,2	501,7	368
100	1,0333	1,0433	1,674	0,5974	100,0	538,7	638,7	40,7	498,0	373
105	1,2319	1,0473	1,420	0,7042	105,0	535,4	640,4	41,1	494,3	378
110	1,4608	1,0513	1,210	0,8264	110,1	532,1	642,2	41,5	490,6	383
115	1,7237	1,0556	1,030	0,9709	115,2	528,7	643,9	41,8	486,9	388
120	2,0242	1,0592	0,891	1,1223	120,2	532,5	645,5	42,2	483,1	393
125	2,3662	1,0635	0,771	1,2970	125,3	521,7	647,0	42,6	479,1	398
130	2,7538	1,0678	0,668	1,4970	130,5	518,2	648,7	43,0	475,2	403
135	3,1914	1,0725	0,581	1,7212	135,6	514,6	650,2	43,3	471,3	408
140	3,6835	1,0772	0,508	1,9685	140,7	510,9	651,6	43,7	467,2	413
145	4,2352	1,0825	0,446	2,2421	145,8	507,4	653,2	44,1	463,3	418
150	4,8517	1,0878	0,3926	2,5471	150,9	503,8	654,7	44,5	459,3	423
155	5,5373	1,0963	0,3470	2,8819	156,1	500,2	656,3	44,8	455,4	428
160	6,2986	1,0995	0,3074	3,2532	161,2	496,6	657,8	45,1	451,5	433
165	7,1414	1,1060	0,2725	3,6697	166,4	493,0	659,4	45,4	447,6	438
170	8,0714	1,1124	0,2431	4,1136	171,6	489,4	661,0	45,7	443,7	443
175	9,0937	1,1192	0,2170	4,6275	176,8	485,8	662,6	46,0	439,8	448
180	10,215	1,1260	0,1945	5,1414	182,0	482,2	664,2	46,2	436,0	453
185	11,443	1,1334	0,1743	5,7372	187,3	478,5	665,8	46,5	432,0	458
190	12,785	1,1407	0,1574	6,3534	192,6	474,7	667,3	46,8	427,9	463
195	14,246	1,1487	0,1417	7,0572	197,8	470,8	668,6	47,0	423,8	468
200	15,834	1,1566	0,1287	7,7700	203,1	467,0	670,1	47,3	419,7	473
205	17,56	1,165	0,1167	8,5690	208,5	462,9	671,4	47,5	415,4	478
210	19,43	1,173	0,1059	9,4428	213,8	458,8	672,6	47,7	411,1	483
215	21,45	1,182	0,0963	10,384	219,2	454,6	673,8	47,8	406,8	488
220	23,62	1,191	0,0879	11,377	224,6	450,2	674,8	48,0	402,2	493

2. Gewicht eines Kubikmeters Luft, Maximalspannung des Wasserdampfes und Maximalwassergehalt eines Kubikmeters Luft bei Temperaturen von — 25° bis + 100° Celsius.

Temperaturgrade in Celsius $t°$	Gewicht eines cbm Luft bei 760 mm Barometerstand γ in kg	Maximalspannung des Wasserdampfes in mm Quecksilber S mm	Maximalwassergehalt[1] eines cbm Luft G kg	Temperaturgrade in Celsius $t°$	Gewicht eines cbm Luft bei 760 mm Barometerstand γ in kg	Maximalspannung des Wasserdampfes in mm Quecksilber S mm	Maximalwassergehalt eines cbm Luft G kg
— 25	1,4236	0,540	0,00064	18	1,2131	15,357	0,01531
24	1,4179	0,605	0,00071	19	1,2090	16,346	0,01625
23	1,4122	0,670	0,00078	20	1,2049	17,391	0,01722
22	1,4065	0,745	0,00086	21	1,2008	18,495	0,01825
21	1,4008	0,825	0,00095	22	1,1967	19,659	0,01933
20	1,3955	0,910	0,00105	23	1,1927	20,888	0,02048
19	1,3901	1,000	0,00115	24	1,1888	22,184	0,02168
18	1,3845	1,095	0,00125	25	1,1847	23,550	0,02293
17	1,3791	1,190	0,00135	26	1,1807	24,988	0,02424
16	1,3738	1,290	0,00146	27	1,1768	26,505	0,02564
15	1,3683	1,400	0,00158	28	1,1728	28,101	0,02709
14	1,3631	1,520	0,00170	29	1,1689	29,782	0,02862
13	1,3579	1,635	0,00183	30	1,1650	31,548	0,03021
12	1,3527	1,780	0,00198	31	1,1613	33,406	0,03189
11	1,3475	1,930	0,00214	32	1,1574	35,359	0,03364
10	1,3424	2,093	0,00231	33	1,1537	37,411	0,03548
9	1,3373	2,267	0,00249	34	1,1497	39,565	0,03740
8	1,3323	2,455	0,00269	35	1,1462	41,827	0,03941
7	1,3272	2,658	0,00290	36	1,1424	44,201	0,04151
6	1,3223	2,876	0,00313	37	1,1388	46,691	0,04371
5	1,3173	3,113	0,00337	38	1,1352	49,302	0,04600
4	1,3124	3,368	0,00364	39	1,1315	52,039	0,04840
3	1,3076	3,644	0,00392	40	1,1279	54,906	0,05091
2	1,3027	3,941	0,00422	41	1,1243	57,910	0,05352
— 1	1,2979	4,263	0,00455	42	1,1208	61,055	0,05625
0	1,2932	4,600	0,00489	43	1,1172	64,346	0,05909
+ 1	1,2884	4,940	0,00523	44	1,1136	67,790	0,06205
2	1,2838	5,302	0,00560	45	1,1101	71,391	0,06514
3	1,2791	5,687	0,00598	46	1,1066	75,158	0,06836
4	1,2748	6,097	0,00639	47	1,1032	79,093	0,07173
5	1,2699	6,534	0,00682	48	1,0997	83,204	0,07522
6	1,2654	6,998	0,00728	49	1,0964	87,499	0,07886
7	1,2611	7,492	0,00776	50	1,0929	91,982	0,08263
8	1,2564	8,017	0,00828	55	1,0762	117,478	0,10393
9	1,2519	8,574	0,00882	60	1,0600	148,791	0,12965
10	1,2475	9,165	0,00939	65	1,0444	186,945	0,16049
11	1,2431	9,792	0,01001	70	1,0291	233,093	0,19719
12	1,2387	10,457	0,01064	75	1,0144	288,517	0,24058
13	1,2347	11,162	0,01132	80	1,0000	354,643	0,29153
14	1,2301	11,908	0,01203	85	0,9861	433,041	0,35097
15	1,2258	12,669	0,01282	90	0,9725	525,450	0,42004
16	1,2216	13,536	0,01359	95	0,9593	633,780	0,49977
17	1,2173	14,421	0,01443	100	0,9464	760,000	0,59122

[1] $G = 0{,}00106303 \dfrac{S}{1 + \alpha t}$, worin $\alpha = 0{,}003665$ ist.

Sachregister.

Additional material from *Die Zentrifugalventilatoren und Zentrifugalpumpen und ihre Antriebsmaschinen,der Elektromotor und die Kleindampfturbine in der Heizungstechnik,*

ISBN 978-3-662-33635-9, is available at http://extras.springer.com